PROGRAMMER INTERVIEW AND
WRITTEN EXAMINATION

Go程序员
面试笔试宝典

猿媛之家／组编
饶全成　欧长坤　楚秦　等／编著

Go 语言是一门既年轻、简捷，又强大、高效、充满潜力的服务器语言。本书使用浅显易懂的语言与大量流程图，深入介绍了 Go 语言。全书分为三大部分：第 1 部分（1～5 章）为 Go 语言基础。介绍了 Go 语言中最基础、最常见的逃逸分析、defer 延迟语句、切片、数组、散列表、通道和接口。第 2 部分（6～11 章）为 Go 语言类库。介绍了 Go 语言自身的类库，如 unsafe、context、错误、计时器、反射和 sync 包。第 3 部分（12～14 章）为 Go 语言高级特性。介绍了调度、内存分配、GC，从原理到源码分析，逐渐深入。这三大部分是 runtime 中最重要、最核心的内容，理解了这三者的原理，才算是对 Go 语言有了一个比较深入的理解和掌握。

本书是一本计算机相关专业毕业生面试笔试求职参考书，同时也适合有一定工作经验的开发工程师进一步提升自身水平。

图书在版编目（CIP）数据

Go 程序员面试笔试宝典 / 猿媛之家组编；饶全成等编著. —北京：机械工业出版社，2022.4（2023.4 重印）

ISBN 978-7-111-70242-9

Ⅰ. ①G… Ⅱ. ①猿… ②饶… Ⅲ. ①程序设计－资格考试－自学参考资料 Ⅳ. ①TP311.1

中国版本图书馆 CIP 数据核字（2022）第 035072 号

机械工业出版社（北京市百万庄大街 22 号 邮政编码 100037）
策划编辑：尚 晨 责任编辑：尚 晨 张淑谦
责任校对：张艳霞 责任印制：刘 媛

涿州市般润文化传播有限公司印刷

2023 年 4 月第 1 版 • 第 4 次印刷
184mm×260mm • 20 印张 • 493 千字
标准书号：ISBN 978-7-111-70242-9
定价：99.00 元

电话服务
客服电话：010-88361066
010-88379833
010-68326294

网络服务
机 工 官 网：www.cmpbook.com
机 工 官 博：weibo.com/cmp1952
金 书 网：www.golden-book.com
机工教育服务网：www.cmpedu.com

为什么要写这本书

因为Go语言在服务端的开发效率、服务性能有着不俗的表现，最近几年，Go 的热度越来越高。国内外很多大公司都在大规模地使用Go。Google就不用说了，它是Go语言诞生的地方，其他公司如Meta（Facebook）、uber、腾讯、字节跳动、知乎、脉脉等都在拥抱和转向Go。用Go 语言开发的著名开源项目也非常多，如k8s、docker、etcd、consul，每个名字都是如雷贯耳。

随着市场对Go语言人才需求的不断增长，很多开发人员都从其他语言，如PHP、C++、Java等转投Go语言的怀抱。因为Go语言自身的特点和优势，这些转型的开发人员也能写出性能不错的代码。但是，由于没有深入系统地学习Go的底层原理，在某些场景下，因为不懂底层原理，无法快速定位问题、无法进行性能优化。

有些人说，语言并不重要，架构、技术选型这些才是根本。笔者觉得这个说法不完全对，架构、技术选型固然重要，但语言其实是开发人员每天都要打交道的东西，会用是远远不够的，只有用好、知其所以然才能更全面地发挥其威力。

笔者自己亲身经历的一个事故是关于Go 1.14之前调度器的一个“坑”：执行无限循环且没有函数调用的 goroutine 无法被抢占，导致程序表现出“死机”。因为之前我对这个坑的原理已经非常熟悉了。所以在事故现场，第一时间就明确了原因。后续的工作就是排查问题代码，非常轻松。有些读者要问了，既然你知道了坑的原理，为何还会掉进去？我只能说 Bug 是必然存在的，只是发现的早晚而已。有 Bug 不可怕，怕的是发现 Bug 却无法定位出来。

当越来越多的开发人员都转向Go语言时，如何在众多求职者中脱颖而出便成了面试官和求职者共同面临的一个问题。早期从其他语言转过来的开发人员，以为只要简单学习Go语言，能写出可运行的代码就可以了。但现在竞争越来越激烈，懂原理和只会写代码的人马上就能被区分出来，那些“抱残守缺”，秉承“会用就行”的理念的求职者，除非你在其他方面有出色的能力，否则你在职场上的竞争力就会很低。

现在网上流传了很多看代码打印结果的题目，我想说的是，这是把人脑当成了编译器吗？面试不是背“八股文”，不是记语言点：不用记住 Go 语言里的运算符的优先级，不需要看出这个变量是否逃逸到了堆上，也不用背Go GC经历了哪些阶段……你只需要研究清楚它的原理，面试官问你什么问题就都能应对。

近一两年，笔者在中文世界论坛里发表了很多篇与Go源码阅读相关的文章，也是在写作本书的过程中做的功课。我通过看源码、做实验、请教大牛，对Go的“理解”逐渐加深。再去看很多文章就会感觉非常简单，为什么这些我都能掌握？因为我研究过，我知道原理是什么，所以也知道你想要说什么。

最后，希望通过本书，能让你的Go水平真正上升一个台阶。

天道酬勤，与君共勉！

读者交流及本书勘误

由于篇幅有限，本书不可能涵盖 Go 的所有内容，但关键的内容都呈现出来了，读者有扩展阅读及资源获取需求，可加入“猿媛之家”读者服务 QQ 群（496588733）进行交流。

本书为读者提供了 780 分钟的 Go 核心知识点讲解，读者可登录网站 https://golang.design/go-questions/获取，同时本书后续的勘误也将在该网站提供。读者也可以关注下方公众号进行批评指正。

码农桃花源

微信扫描二维码，关注我的公众号

本书的读者对象

无论你是面试官，还是求职者，这本书都能让你有所收获。另外，本书内容不仅仅是对面试有帮助，所有写 Go 的程序员都能从本书中有所收获。

致谢

在写作本书的过程中，和另一位学者欧长坤有很多交流讨论，欧长坤是在读博士，他对 Go 的理解非常深，他同时也是 Go Contributor，我们的交流和讨论让我对很多问题有了更深入的理解，非常感谢。

我从 Go 夜读社区的分享中学到了很多东西。并且我本人也担任讲师，分享了三期 Go 相关的内容，很多观众都表示很有帮助。教是最好的学，我本人的收获是最多的。感谢 Go 夜读社区的发起者杨文和 SIG 小组成员。

另外，我和“Go 圈”的很多博客作者也有很多交流，收获良多，在此一并感谢。

这两年，我在“码农桃花源”发表了很多文章，得到了很多读者的肯定，这也是我能不断写作的动力，感谢你们。

饶全成

目 录

第 2 部分 语言类库

第 3 部分 高级特性

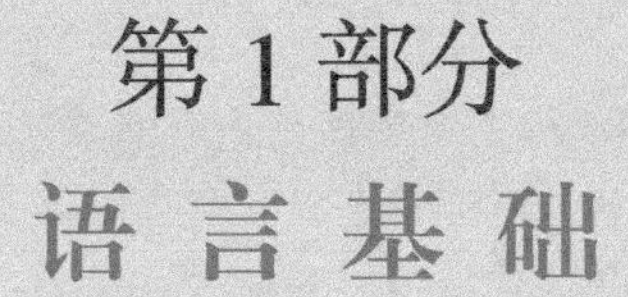

第1部分 语言基础

学习任何一门语言都需要掌握基础知识，除了语法知识外，还有一些该语言独有的知识需要深入理解，甚至掌握原理。逃逸分析、defer、slice、map、channel、接口等就是 Go 语言中较为特殊的知识，任何学习 Go 语言的人都应该理解并掌握原理。这些基础知识在企业面试中也会被经常问到，面试官通过候选人能否准确回答便可以快速判断其是否掌握了 Go 语言的基本原理。

第1章 逃逸分析

在 C/C++ 中，可以通过调用 malloc 函数或使用 new 运算符从堆上分配到一块内存，该内存的使用、销毁的责任都在程序员。一不小心，就会发生内存泄漏，使程序员胆战心惊。

而在 Go 语言中，程序员们基本上不需要再担心内存泄漏了。虽然 Go 也有内建函数 new，但调用 new 函数得到的内存不一定在堆上，还有可能在栈上。这是因为在 Go 语言中，堆和栈的区别被“模糊化”了，当然这一切都是 Go 编译器在后台完成的。

一个变量是在堆上分配，还是在栈上分配，是经过编译器的逃逸分析之后得出的“结论”。

1.1 逃逸分析是什么

在编写 C/C++ 代码时，为了提高效率，经常会将返回值修改成返回指针，企图避免构造函数的开销。

其实这里隐藏了一个陷阱：在函数内部定义了一个局部变量，函数结束时返回这个局部变量的地址（指针）。因为这些局部变量是在栈上分配的（即静态内存分配），函数一旦执行完毕，变量占据的内存空间会被销毁，任何对这个返回值做的操作（如解引用），都将扰乱程序的运行，甚至导致程序直接崩溃。比如下面的这段代码：

```
// c++
int* foo() {
	int t = 3;
	return &t;
}
```

有些人可能知道上面这个陷阱，做了一些改进：在函数内部使用 new 运算符构造一个变量（即动态内存分配），然后返回此变量的地址。因为变量是在堆上创建的，所以在函数退出时不会被销毁。改进后的代码如下：

```
// c++
int* foo() {
	int* t = new int;
	*t = 3;
	return t;
}
```

但是，这样就行了吗？新建出来的对象该在何时何地删除呢？调用者可能会忘记删除或者直接将返回值传给其他函数，之后就再也不能删除它了，也就发生了所谓的内存泄漏。

C++ 是公认的语法最复杂的语言，据说没有人可以完全掌握它的语法。而这一切在 Go 语言中就大不相同了，像上面示例的 C++ 代码放到 Go 里没有任何问题：

```
// go
func foo() *int {
	t := new(int)
	*t = 3
	return t
}
```

“你表面的光鲜，一定是背后有很多人在支撑”，放到 Go 语言里就是指编译器的逃逸分析：它是编译器执行静态代码分析后，对内存管理进行的优化和简化。

在编译原理中，分析指针动态范围的方法被称之为逃逸分析。通俗来讲，当一个对象的指针被多个方法或线程引用时，则称这个指针发生了逃逸。逃逸分析决定一个变量是分配在堆上还是分配在栈上。

1.2 逃逸分析有什么作用

前面讲的 C/C++中出现的问题，在 Go 语言中却作为一个语言特性被大力推崇，真是 C/C++之“毒药”Go 之“蜜糖”。

C/C++中动态分配的内存需要手动释放，导致程序员在写代码时，如履薄冰。这样做也有它的好处：程序员可以完全掌控内存。但是缺点也是很多的，例如经常忘记释放内存，导致内存泄漏。为此，很多现代语言都包含了垃圾回收机制。

Go 的垃圾回收，让堆和栈对程序员保持透明。真正解放了程序员的双手，让他们可以专注于业务，“高效”地完成代码编写，而把那些内存管理的复杂机制交给编译器。

逃逸分析把变量合理地分配到它该去的地方，“找准自己的位置”。即使是用 new 函数申请到的内存，如果编译器发现这块内存在退出函数后就没有使用了，那就分配到栈上，毕竟栈上的内存分配比堆上快很多；反之，即使表面上只是一个普通的变量，但是经过编译器的逃逸分析后发现，在函数之外还有其他的地方在引用，那就分配到堆上。真正地做到“按需分配”。

如果变量都分配到堆上，堆不像栈可以自动清理。就会引起 Go 频繁地进行垃圾回收，而垃圾回收会占用比较大的系统开销。

堆和栈相比，堆适合不可预知大小的内存分配。但是为此付出的代价是分配速度较慢，而且会形成内存碎片；栈内存分配则会非常快。栈分配内存只需要通过 PUSH 指令，并且会被自动释放；而堆分配内存首先需要去找到一个大小合适的内存块，之后要通过垃圾回收才能释放。

通过逃逸分析，可以尽量把那些不需要分配到堆上的变量直接分配到栈上，堆上的变量少了，会减轻堆内存分配的开销，同时也会减少垃圾回收（Garbage Collection，GC）的压力，提高程序的运行速度。

1.3 逃逸分析是怎么完成的

Go 语言逃逸分析最基本的原则是：如果一个函数返回对一个变量的引用，那么这个变量就会发生逃逸。

编译器会分析代码的特征和代码的生命周期，Go 中的变量只有在编译器可以证明在函数返回后不会再被引用的，才分配到栈上，其他情况下都是分配到堆上。

Go 语言里没有一个关键字或者函数可以直接让变量被编译器分配到堆上。相反，编译器通过分析代码来决定将变量分配到何处。

对一个变量取地址，可能会被分配到堆上。但是编译器进行逃逸分析后，如果考虑到在函数返回后，此变量不会被引用，那么还是会被分配到栈上。简单来说，编译器会根据变量是否被外部引用来决定是否逃逸：

1）如果变量在函数外部没有引用，则优先放到栈上。

2）如果变量在函数外部存在引用，则必定放到堆上。

针对第一条，放到堆上的情形：定义了一个很大的数组，需要申请的内存过大，超过了栈的存储能力。

1.4 如何确定是否发生逃逸

Go 提供了相关的命令，可以查看变量是否发生逃逸。使用前面提到的例子：

```
package main

import "fmt"

func foo() *int {
    t := 3
    return &t;
}

func main() {
    x := foo()
    fmt.Println(*x)
}
```

foo 函数返回一个局部变量的指针，使用 main 函数里变量 x 接收它。执行如下命令：

```
go build -gcflags '-m -l' main.go
```

其中 -gcflags 参数用于启用编译器支持的额外标志。例如，-m 用于输出编译器的优化细节（包括使用逃逸分析这种优化），相反可以使用 -N 来关闭编译器优化；而 -l 则用于禁用 foo 函数的内联优化，防止逃逸被编译器通过内联彻底的抹除。得到如下输出：

```
### command-line-arguments
src/main.go:7:9: &t escapes to heap
src/main.go:6:7: moved to heap: t
src/main.go:12:14: *x escapes to heap
src/main.go:12:13: main ... argument does not escape
```

foo 函数里的变量 t 逃逸了，和预想的一致，不解的是为什么 main 函数里的 x 也逃逸了？这是因为有些函数的参数为 interface 类型，比如 fmt.Println(a ...interface{})，编译期间很难确定其参数的具体类型，也会发生逃逸。

使用反汇编命令也可以看出变量是否发生逃逸。执行命令：

```
go tool compile -S main.go
```

截取部分结果如图 1-1 所示，图中标记出来的函数 newobject 用于在堆上分配一块内存，从而说明 t 被存放到了堆上，也就是发生了逃逸。

```
"".foo STEXT size=79 args=0x8 locals=0x18
        0x0000 00000 (./src/main.go:5)  TEXT    "".foo(SB), $24-8
        0x0000 00000 (./src/main.go:5)  MOVQ    (TLS), CX
        0x0009 00009 (./src/main.go:5)  CMPQ    SP, 16(CX)
        0x000d 00013 (./src/main.go:5)  JLS     72
        0x000f 00015 (./src/main.go:5)  SUBQ    $24, SP
        0x0013 00019 (./src/main.go:5)  MOVQ    BP, 16(SP)
        0x0018 00024 (./src/main.go:5)  LEAQ    16(SP), BP
        0x001d 00029 (./src/main.go:5)  FUNCDATA        $0, gclocals·2a5305abe05176240e61b8620e19a815(SB)
        0x001d 00029 (./src/main.go:5)  FUNCDATA        $1, gclocals·33cdeccccebe80329f1fdbee7f5874cb(SB)
        0x001d 00029 (./src/main.go:5)  LEAQ    type.int(SB), AX
        0x0024 00036 (./src/main.go:6)  MOVQ    AX, (SP)
        0x0028 00040 (./src/main.go:6)  PCDATA  $0, $0
        0x0028 00040 (./src/main.go:6)  CALL    runtime.newobject(SB)
        0x002d 00045 (./src/main.go:6)  MOVQ    8(SP), AX
        0x0032 00050 (./src/main.go:6)  MOVQ    $3, (AX)
        0x0039 00057 (./src/main.go:7)  MOVQ    AX, "".~r0+32(SP)
        0x003e 00062 (./src/main.go:7)  MOVQ    16(SP), BP
        0x0043 00067 (./src/main.go:7)  ADDQ    $24, SP
        0x0047 00071 (./src/main.go:7)  RET
        0x0048 00072 (./src/main.go:7)  NOP
        0x0048 00072 (./src/main.go:5)  PCDATA  $0, $-1
        0x0048 00072 (./src/main.go:5)  CALL    runtime.morestack_noctxt(SB)
        0x004d 00077 (./src/main.go:5)  JMP     0
```

● 图 1-1 反汇编结果

1.5 Go与C/C++中的堆和栈是同一个概念吗

在前面的分析中，其实隐式地默认了所提及 Go 中堆和栈这些概念与 C/C++ 中堆和栈的概念是同一种事物。但读者应该需要进一步认识到这里面的区别。

首先要明确，C/C++ 中提及的“程序堆栈”本质上其实是操作系统层级的概念，它通过 C/C++ 语言的编译器和所在的系统环境来共同决定。在程序启动时，操作系统会自动维护一个所启动程序消耗内存的地址空间，并自动将这个空间从逻辑上划分为堆内存空间和栈内存空间。这时，“栈”的概念是指程序运行时自动获得的一小块内存，而后续的函数调用所消耗的栈大小，会在编译期间由编译器决定，用于保存局部变量或者保存函数调用栈。如果在 C/C++ 中声明一个局部变量，则会执行逻辑上的压栈操作，在栈中记录局部变量。而当局部变量离开作用域之后，所谓的自动释放本质上是该位置的内存在下一次函数调用压栈的过程中，可以被无条件的覆盖；对于堆而言，每当程序通过系统调用向操作系统申请内存时，会将所需的空间从维护的堆内存地址空间中分配出去，而在归还时则会将归还的内存合并到所维护的地址空间中。

Go 程序也是运行在操作系统上的程序，自然同样拥有前面提及的堆和栈的概念。但区别在于传统意义上的“栈”被 Go 语言的运行时全部消耗了，用于维护运行时各个组件之间的协调，例如调度器、垃圾回收、系统调用等。而对于用户态的 Go 代码而言，它们所消耗的“堆和栈”，其实只是 Go 运行时通过管理向操作系统申请的堆内存，构造的逻辑上的“堆和栈”，它们的本质都是从操作系统申请而来的堆内存。由于用户态 Go 程序的“栈空间”是由运行时管理堆内存得来，相较于只有 1MB 的 C/C++ 中的“栈”而言，Go 程序拥有“几乎”无限的栈内存（1GB）。更进一步，对于用户态 Go 代码消耗的栈，Go 语言运行时会为了防止内存碎片化，会在适当的时候对整个栈进行深拷贝，将其整个复制到另一块内存区域（当然，这个过程对用户态的代码是不可见的），这也是相较于传统意义上栈是一块固定分配好的内存所出现的另一处差异。也正是由于这个特点的存在，指针的算术运算不再能奏效，因为在没有特殊说明的情况下，无法确定运算前后指针所指向的地址的内容是否已经被 Go 运行时移动。

第2章 延迟语句

延迟语句（defer）是 Go 语言里一个非常有用的关键字，它能把资源的释放语句与申请语句放到距离相近的位置，从而减少了资源泄漏的情况发生。当然 defer 用得不对，也会造成一些问题甚至是故障。本章内容从 defer 的使用、原理、历史变迁等方面展开介绍，几乎涵盖了 defer 的方方面面。

2.1 延迟语句是什么

编程的时候，经常需要申请一些资源，比如数据库连接、文件、锁等，这些资源需要在用完之后释放掉，否则会造成内存泄漏。但编程人员经常容易忘记释放这些资源，从而造成一些事故。Go 语言直接在语言层面提供 defer 关键字，在申请资源语句的下一行，可以直接用 defer 语句来注册函数结束后执行释放资源的操作。因为这样一颗小小的语法糖，忘写关闭资源语句的情况就大大地减少了。

defer 是 Go 语言提供的一种用于注册延迟调用的机制：让函数或语句可以在当前函数执行完毕后（包括通过 return 正常结束或者 panic 导致的异常结束）执行。在需要释放资源的场景非常有用，可以很方便地在函数结束前做一些清理操作。在打开资源语句的下一行，直接使用 defer 就可以在函数返回前释放资源，可谓相当有效。

defer 通常用于一些成对操作的场景：打开连接/关闭连接、加锁/释放锁、打开文件/关闭文件等。使用非常简单：

```
f,err := os.Open(filename)
if err != nil {
    panic(err)
}

if f != nil {
    defer f.Close()
}
```

在打开文件的语句附近，用 defer 语句关闭文件。这样，在函数结束之前，会自动执行 defer 后面的语句来关闭文件。注意，要先判断 f 是否为空，如果 f 不为空，再调用 f.Close()函数，避免出现异常情况。

当然，defer 会有短暂延迟，对时间要求特别高的程序，可以避免使用它，其他情况一般可以忽略它带来的延迟。特别是 Go 1.14 又对 defer 做了很大幅度的优化，效率提升了不少。

我们以一个反面例子来结束这一节：

```
r.mu.Lock()
rand.Intn(param)
r.mu.Unlock()
```

上面只有三行代码，看起来这里不用 defer 执行 Unlock 并没有什么问题。其实并不是这样，中间这行代码 rand.Intn(param)其实是有可能发生 panic 的，更严重的情况是，这段代码很有可能被其他人修改，增加更多的逻辑，而这完全不可控。也就是说，在 Lock 和 Unlock 之间的代码一旦出现异常情况导致 panic，就会形成死锁。因此这里的逻辑是，即使是看起来非常简单的代码，使用 defer 也是有必要的，因为需求总是在变化，代码也总会被修改。

2.2 延迟语句的执行顺序是什么

先看一下官方文档对 defer 的解释：

Each time a “defer” statement executes, the function value and parameters to the call are evaluated as usual and saved anew but the actual function is not invoked. Instead, deferred functions are invoked immediately before the surrounding function returns, in the reverse order they were deferred. If a deferred function value evaluates to nil, execution panics when the function is invoked, not when the “defer” statement is executed.（每次 defer 语句执行的时候，会把函数“压栈”，函数参数会被复制下来；当外层函数（注意不是代码块，如一个 for 循环块并不是外层函数）退出时，defer 函数按照定义的顺序逆序执行；如果 defer 执行的函数为 nil，那么会在最终调用函数的时候产生 panic。）

defer 语句并不会马上执行，而是会进入一个栈，函数 return 前，会按先进后出的顺序执行。也就是说，最先被定义的 defer 语句最后执行。先进后出的原因是后面定义的函数可能会依赖前面的资源，自然要先执行；否则，如果前面先执行了，那后面函数的依赖就没有了，因而可能会出错。

在 defer 函数定义时，对外部变量的引用有两种方式：函数参数、闭包引用。前者在 defer 定义时就把值传递给 defer，并被 cache 起来；后者则会在 defer 函数真正调用时根据整个上下文确定参数当前的值。

defer 后面的函数在执行的时候，函数调用的参数会被保存起来，也就是复制了一份。真正执行的时候，实际上用到的是这个复制的变量，因此如果此变量是一个“值”，那么就和定义的时候是一致的。如果此变量是一个“引用”，那就可能和定义的时候不一致。

举个例子：

```
func main() {
    var whatever [3]struct{}

    for i := range whatever {
        defer func() {
            fmt.Println(i)
        }()
    }
}
```

执行结果：

```
2
2
2
```

defer 后面跟的是一个闭包（后面小节会讲到），i 是“引用”类型的变量，for 循环结束后 i 的值为 2，因此最后打印了 3 个 2。

有了上面的基础，再来看一个例子：

```
type number int

func (n number) print()    { fmt.Println(n) }
func (n *number) pprint() { fmt.Println(*n) }

func main() {
    var n number

    defer n.print()
    defer n.pprint()
    defer func() { n.print() }()
```

```
        defer func() { n.pprint() }()

        n = 3
}
```

执行结果是：

```
3
3
3
0
```

注意，defer 语句的执行顺序和定义的顺序相反。

第四个 defer 语句是闭包，引用外部函数的 n，最终结果是 3；第三个 defer 语句同上；第二个 defer 语句，n 是引用，最终求值是 3； 第一个 defer 语句，对 n 直接求值，开始的时候 n=0，所以最后是 0。

我们再来看两个延伸情况。例如，下面的例子中，return 之后的 defer 语句会执行吗？

```
func main() {
    defer func(){
        fmt.Println("before return")
    }()

    if true {
        fmt.Println("during return")
        return
    }

    defer func(){
        fmt.Println("after return")
    }()
}
```

运行结果：

```
during return
before return
```

解析：return 之后的 defer 函数不能被注册，因此不能打印出 after return。

第二个延伸示例则可以视为对 defer 的原理的利用。某些情况下，会故意用到 defer 的"先求值，再延迟调用"的性质。想象这样的场景：在一个函数里，需要打开两个文件进行合并操作，合并完成后，在函数结束前关闭打开的文件句柄。

```
func mergeFile() error {
    // 打开文件一
    f, _ := os.Open("file1.txt")
    if f != nil {
        defer func(f io.Closer) {
            if err := f.Close(); err != nil {
                fmt.Printf("defer close file1.txt err %v\n", err)
            }
        }(f)
    }

    // 打开文件二
    f, _ = os.Open("file2.txt")
    if f != nil {
        defer func(f io.Closer) {
            if err := f.Close(); err != nil {
                fmt.Printf("defer close file2.txt err %v\n", err)
            }
        }(f)
    }

  // ......
```

```
    return nil
}
```

上面的代码中就用到了 defer 的原理，defer 函数定义的时候，参数就已经复制进去了，之后，真正执行 close() 函数的时候就刚好关闭的是正确的“文件”了，很巧妙。如果不这样将 f 当成函数参数传递进去的话，最后两个语句关闭的就是同一个文件了：都是最后一个打开的文件。

在调用 closc() 函数的时候，要注意一点：先判断调用主体是否为空，否则可能会解引用了一个空指针，进而 panic。

2.3 如何拆解延迟语句

如果 defer 像前面介绍的那样简单，这个世界就完美了。但事情总是没这么简单，defer 用得不好，会陷入泥潭。

避免陷入泥潭的关键是必须深刻理解下面这条语句：

```
return xxx
```

上面这条语句经过编译之后，实际上生成了三条指令：

1）返回值 = xxx。

2）调用 defer 函数。

3）空的 return。

第 1 和第 3 步是 return 语句生成的指令，也就是说 return 并不是一条原子指令；第 2 步是 defer 定义的语句，这里可能会操作返回值，从而影响最终结果。

下面来看两个例子，试着将 return 语句和 defer 语句拆解到正确的顺序。

第一个例子：

```
func f() (r int) {
    t := 5

    defer func() {
      t = t + 5
    }()

    return t
}
```

拆解后：

```
func f() (r int) {
    t := 5

    // 1. 赋值指令
    r = t

    // 2. defer 被插入到赋值与返回之间执行，这个例子中返回值 r 没被修改过
    func() {
        t = t + 5
    }()

    // 3. 空的 return 指令
    return
}
```

这里第二步实际上并没有操作返回值 r，因此，main 函数中调用 f() 得到 5。

第二个例子：

```
func f() (r int) {
    defer func(r int) {
          r = r + 5
```

```
    }(r)

    return 1
}
```

拆解后：

```
func f() (r int) {
    // 1. 赋值
    r = 1

    // 2. 这里改的 r 是之前传进去的 r，不会改变要返回的那个 r 值
    func(r int) {
        r = r + 5
    }(r)

    // 3. 空的 return
    return
}
```

第二步，改变的是传值进去的 r，是形参的一个复制值，不会影响实参 r。因此，main 函数中需要调用 f()得到 1。

2.4 如何确定延迟语句的参数

defer 语句表达式的值在定义时就已经确定了。下面通过三个不同的函数来理解：

```
func f1() {
    var err error
    defer fmt.Println(err)
    err = errors.New("defer1 error")
    return
}

func f2() {
    var err error
    defer func() {
        fmt.Println(err)
    }()
    err = errors.New("defer2 error")
    return
}

func f3() {
    var err error
    defer func(err error) {
        fmt.Println(err)
    }(err)
    err = errors.New("defer3 error")
    return
}

func main() {
    f1()
    f2()
    f3()
}
```

运行结果：

```
<nil>
defer2 error
<nil>
```

第 1 和第 3 个函数中，因为作为参数，err 在函数定义的时候就会求值，并且定义的时候 err 的值都是 nil，所以最后打印的结果都是 nil；第 2 个函数的参数其实也会在定义的时候求值，但

第 2 个例子中是一个闭包，它引用的变量 err 在执行的时候值最终变成 defer2 error 了。

现实中第 3 个函数比较容易犯错误，在生产环境中，很容易写出这样的错误代码，导致最后 defer 语句没有起到作用，造成一些线上事故，要特别注意。

2.5 闭包是什么

闭包是由函数及其相关引用环境组合而成的实体，即：闭包=函数+引用环境。

一般的函数都有函数名，而匿名函数没有。匿名函数不能独立存在，但可以直接调用或者赋值于某个变量。匿名函数也被称为闭包，一个闭包继承了函数声明时的作用域。在 Go 语言中，所有的匿名函数都是闭包。

有个不太恰当的例子：可以把闭包看成是一个类，一个闭包函数调用就是实例化一个类。闭包在运行时可以有多个实例，它会将同一个作用域里的变量和常量捕获下来，无论闭包在什么地方被调用（实例化）时，都可以使用这些变量和常量。而且，闭包捕获的变量和常量是引用传递，不是值传递。

举个简单的例子：

```
func main() {
	var a = Accumulator()
	fmt.Printf("%d\n", a(1))
	fmt.Printf("%d\n", a(10))
	fmt.Printf("%d\n", a(100))

	fmt.Println("------------------------")

	var b = Accumulator()
	fmt.Printf("%d\n", b(1))
	fmt.Printf("%d\n", b(10))
	fmt.Printf("%d\n", b(100))
}

func Accumulator() func(int) int {
	var x int

	return func(delta int) int {
		fmt.Printf("(%+v, %+v) - ", &x, x)
		x += delta
		return x
	}
}
```

执行结果是：

```
(0xc420014070, 0) - 1
(0xc420014070, 1) - 11
(0xc420014070, 11) - 111
------------------------
(0xc4200140b8, 0) - 1
(0xc4200140b8, 1) - 11
(0xc4200140b8, 11) – 111
```

闭包引用了 x 变量，a，b 可看作 2 个不同的实例，实例之间互不影响。实例内部，x 变量是同一个地址，因此具有“累加效应”。

2.6 延迟语句如何配合恢复语句

Go 语言被诟病多次的就是它的 error，实际项目里经常出现各种 error 满天飞，正常的代码逻辑里有很多 error 处理的代码块。函数总是会返回一个 error，留给调用者处理；而如果是致命的错误，比如程序执行初始化的时候出问题，最好直接 panic 掉，避免上线运行后出更大的问题。

有些时候，需要从异常中恢复。比如服务器程序遇到严重问题，产生了 panic，这时至少可以在程序崩溃前做一些“扫尾工作”，比如关闭客户端的连接，防止客户端一直等待等；并且单个请求导致的 panic，也不应该影响整个服务器程序的运行。

panic 会停掉当前正在执行的程序，而不只是当前线程。在这之前，它会有序地执行完当前线程 defer 列表里的语句，其他协程里定义的 defer 语句不作保证。所以在 defer 里定义一个 recover 语句，防止程序直接挂掉，就可以起到类似 Java 里 try...catch 的效果。

注意，recover() 函数只在 defer 的函数中直接调用才有效。例如：

```
func main() {
	defer fmt.Println("defer main")
	var user = os.Getenv("USER_")

	go func() {
		defer func() {
			fmt.Println("defer caller")
			if err := recover(); err != nil {
				fmt.Println("recover success. err: ", err)
			}
		}()

		func() {
			defer func() {
				fmt.Println("defer here")
			}()

			if user == "" {
				panic("should set user env.")
			}

			// 此处不会执行
			fmt.Println("after panic")
		}()
	}()

	time.Sleep(100)
	fmt.Println("end of main function")
}
```

程序的执行结果：

```
defer here
defer caller
recover success. err:   should set user env.
end of main function
defer main
```

代码中的 panic 最终会被 recover 捕获到。这样的处理方式在一个 http server 的主流程常常会被用到。一次偶然的请求可能会触发某个 bug，这时用 recover 捕获 panic，稳住主流程，不影响其他请求。

同样，我们再来看几个延伸示例。这些例子都与 recover() 函数的调用位置有关。

考虑以下写法，程序是否能正确 recover 吗？如果不能，原因是什么：

```
func main() {
	defer f()
	panic(404)
}

func f() {
	if e := recover(); e != nil {
		fmt.Println("recover")
		return
	}
}
```

能。在 defer 的函数中调用，生效。

```
func main() {
    recover()
    panic(404)
}
```

不能。直接调用 recover，返回 nil。

```
func main() {
    defer recover()
    panic(404)
}
```

不能。要在 defer 函数里调用 recover。

```
func main() {
    defer func() {
        if e := recover(); e != nil {
            fmt.Println("recover")
        }
    }()
    panic(404)
}
```

能。在 defer 的函数中调用，生效。

```
func main() {
    defer func() {
        recover()
    }()
    panic(404)
}
```

能。在 defer 的函数中调用，生效。

```
func main() {
    defer func() {
        defer func() {
            recover()
        }()
    }()

    panic(404)
}
```

不能。多重 defer 嵌套。

2.7 defer 链如何被遍历执行

为了在退出函数前执行一些资源清理的操作，例如关闭文件、释放连接、释放锁资源等，会在函数里写上多个 defer 语句，被 defered 的函数，以“先进后出”的顺序，在 RET 指令前得以执行。

在一条函数调用链中，多个函数中会出现多个 defer 语句。例如：a()→b()→c() 中，每个函数里都有 defer 语句，而这些 defer 语句会创建对应个数的 _defer 结构体，这些结构体以链表的形式“挂”在 G 结构体下。看起来像这样，如图 2-1 所示。

多个 _defer 结构体形成一个链表，G 结构体中某个字段指向此链表。

在编译器的“加持下”，defer 语句会先调用 deferproc 函数，new 一个_defer 结构体，挂到 G 上。当然，调用 new 之前会优先从当前 G 所绑定的 P 的 defer pool 里取，没取到则会去全局的 defer pool 里取，实在没有的话才新建一个。这是 Go runtime 里非常常见的操作，即设置多级缓存，提升运行效率。

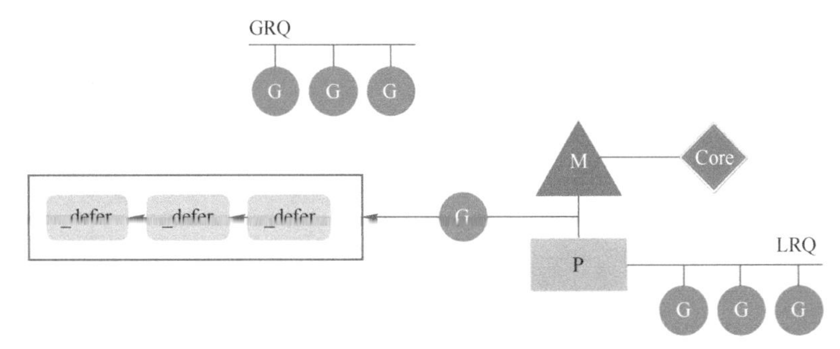

● 图 2-1　defer 挂在 G 结构体上

在执行 RET 指令之前（注意不是 return 之前），调用 deferreturn 函数完成 _defer 链表的遍历，执行完这条链上所有被 defered 的函数（如关闭文件、释放连接、释放锁资源等）。在 deferreturn 函数的最后，会使用 jmpdefer 跳转到之前被 defered 的函数，这时控制权从 runtime 转移到了用户自定义的函数。这只是执行了一个被 defered 的函数，那这条链上其他的被 defered 的函数，该如何得到执行？

答案就是控制权会再次交给 runtime，并再次执行 deferreturn 函数，完成 defer 链表的遍历。那这一切是如何完成的？

这就要从 Go 汇编的栈帧说起了。先看一个汇编函数的声明：

```
TEXT runtime·gogo(SB), NOSPLIT, $16-8
```

最后两个数字分别表示：①gogo 函数的栈帧大小为 16B，即函数的局部变量和为调用子函数准备的参数、返回值共需要 16B 的栈空间；②参数和返回值的大小加起来是 8B。

实际上，gogo 函数的声明是这样的：

```
// func gogo(buf *gobuf)
```

参数及返回值的大小是给调用者“看”的，调用者根据这个数字可以构造栈：准备好被调函数需要的参数及返回值。

典型的函数调用场景下参数布局图如图 2-2 所示：

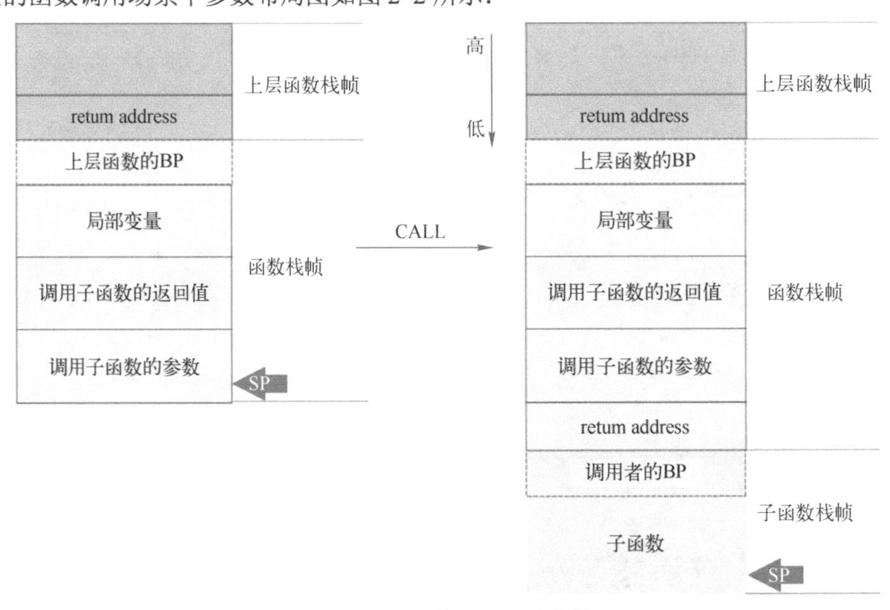

● 图 2-2　函数调用参数布局

图 2-2 中左半部分，主调函数准备好调用子函数的参数及返回值，执行 CALL 指令，将返回地址 return address 压入栈顶，相当于执行了 PUSH IP。之后，将 BP 寄存器的值入栈，相当于执行了 PUSH BP，再 JMP 到被调函数。BP 指的是栈基址指针，SP 是指栈顶指针。

图中 return address 表示子函数执行完毕后，返回到上层函数中调用子函数语句的下一条要执行的指令，它属于 caller 的栈帧；而调用者的 BP 则属于被调函数的栈帧。

子函数执行完毕后，执行 RET 指令：首先将子函数栈底部的值（图 2-2 中的调用者的 BP）赋到 CPU 的 BP 寄存器中，于是 BP 指向上层函数的 BP；再将 return address 赋到 IP 寄存器中，这时 SP 回到左图所示的位置。相当于还原了整个调用子函数的现场，好像一切都没发生过，而实际上"调用子函数的返回值"已经被填充上了正确的值，例如两个数相加的结果；接着，CPU 继续执行 IP 寄存器里的下一条指令。

再回到 defer 上来，其实在构造 _defer 结构体的时候，需要将当前函数的 SP、被 defered 的函数指针保存到 _defer 结构体中。并且会将被 defered 的函数所需要的参数复制到和 _defer 结构体相邻的位置。最终在调用被 defered 的函数的时候，用的就是这时被复制的值，相当于使用了它的一个"快照"，如果此参数不是指针或引用类型的话，会产生一些意料之外的 bug。

最后，在 deferreturn 函数里，遍历 _defer 链表，这些被 defered 的函数得以执行，_defer 链表也会被逐渐"消耗"完。

来看一个例子：

```
package main

import "fmt"

func sum(a, b int) {
    c := a + b
    fmt.Println("sum:" , c)
}

func f(a, b int) {
    defer sum(a, b)

    fmt.Printf("a: %d, b: %d\n", a, b)
}

func main() {
    a, b := 1, 2
    f(a, b)
}
```

执行完 f 函数时，最终会进入 deferreturn 函数：

```
// src/runtime/panic.go

func deferreturn(arg0 uintptr) {
    gp := getg()
    d := gp._defer
    if d == nil {
        return
    }

    ......

    switch d.siz {
    case 0:
        // Do nothing.
    case sys.PtrSize:
        *(*uintptr)(unsafe.Pointer(&arg0)) = *(*uintptr)(deferArgs(d))
    default:
        memmove(unsafe.Pointer(&arg0), deferArgs(d), uintptr(d.siz)) // 移动参数
    }

    fn := d.fn
    d.fn = nil
```

```
        gp._defer = d.link
        freedefer(d)

        _ = fn.fn
        jmpdefer(fn, uintptr(unsafe.Pointer(&arg0)))
    }
```

因为是在遍历 _defer 链表，所以得加入一个终止的条件：

```
d := gp._defer
if d == nil {
        return
}
```

当 _defer 链表为空的时候，终止遍历。在后面的代码里会看到，每执行完一个被 defered 的函数后，都会将 _defer 结构体从链表中删除并回收，所以 _defer 链表会越来越短，直至为空。

函数中 switch 语句里要做的就是准备好被 defered 的函数（例子中就是 sum 函数）所需要的 a、b 两个 int 型参数。参数从哪来？从 _defer 结构体相邻的位置，还记得吗，这是在 deferproc 函数里复制过去的。deferArgs(d) 返回的就是当时复制的目的地址。那要复制到哪去？答案是：unsafe.Pointer(&arg0)。因为，arg0 是 deferreturn 函数的参数，而在 Go 汇编中，一个函数的参数是由它的主调函数准备的。因此 arg0 的地址实际上就是它的上层函数（在这里就是 f 函数）的栈上放调用子函数参数的位置，回忆一下前面讲函数栈帧的图。

函数的最后，通过 jmpdefer 跳转到被 defered 的 sum 函数：

```
jmpdefer(fn, uintptr(unsafe.Pointer(&arg0)))
```

这里 fn 就是 sum 函数。核心在于 jmpdefer 所做的事：

```
// src/runtime/asm_amd64.s

TEXT runtime·jmpdefer(SB), NOSPLIT, $0-16
    MOVQ    fv+0(FP), DX      // fn，defer 的函数的地址
    MOVQ    argp+8(FP), BX
    LEAQ    -8(BX), SP   // caller sp after CALL
    MOVQ    -8(SP), BP   // restore BP as if deferreturn returned (harmless if framepointers not in use)
    SUBQ    $5, (SP)      // return to CALL again
    MOVQ    0(DX), BX
    JMP BX    // but first run the deferred function
```

首先将 sum 函数的地址放到 DX 寄存器中，最后通过 JMP 指令去执行。

```
MOVQ    argp+8(FP), BX
LEAQ    -8(BX), SP   // 执行 CALL 指令后 f 函数的栈顶
```

这两行实际上是调整了下当前 SP 寄存器的值，因为 argp+8(FP) 实际上是 jmpdefer 的第二个参数（它在 deferreturn 函数中），它指向 f 函数栈帧中的刚被复制过来的 sum 函数的参数。而 -8(BX) 就代表了 f 函数调用 deferreturn 的返回地址，实际上就是 f 调用 deferreturn 函数的下一条指令地址。

接着，MOVQ -8(SP), BP 这条指令重置了 BP 寄存器，使它指向了 f 栈帧 的 BP。这样，SP、BP 寄存器回到了 f 函数调用 deferreturn 之前的状态：f 刚准备好调用 deferreturn 的参数，并且把返回值压栈了。也就相当于抛弃了 deferreturn 函数的栈帧。

接着 SUBQ $5, (SP) 把返回地址减少了 5B，刚好是一个 CALL 指令的长度。什么意思？当执行完 deferreturn 函数之后，执行流程会返回到 CALL deferreturn 的下一条指令，将这个值减少 5B，也就又回到了 CALL deferreturn 指令，从而实现了“递归地”调用 deferreturn 函数的效果。当然，栈却不会再增长。

上面所描述的整个过程，结合图 2-3 会更容易理解：

jmpdefer 函数的最后会执行 sum 函数，看起来就像是 f 函数直接调用 sum 函数一样，参数、返回值都是就绪的。

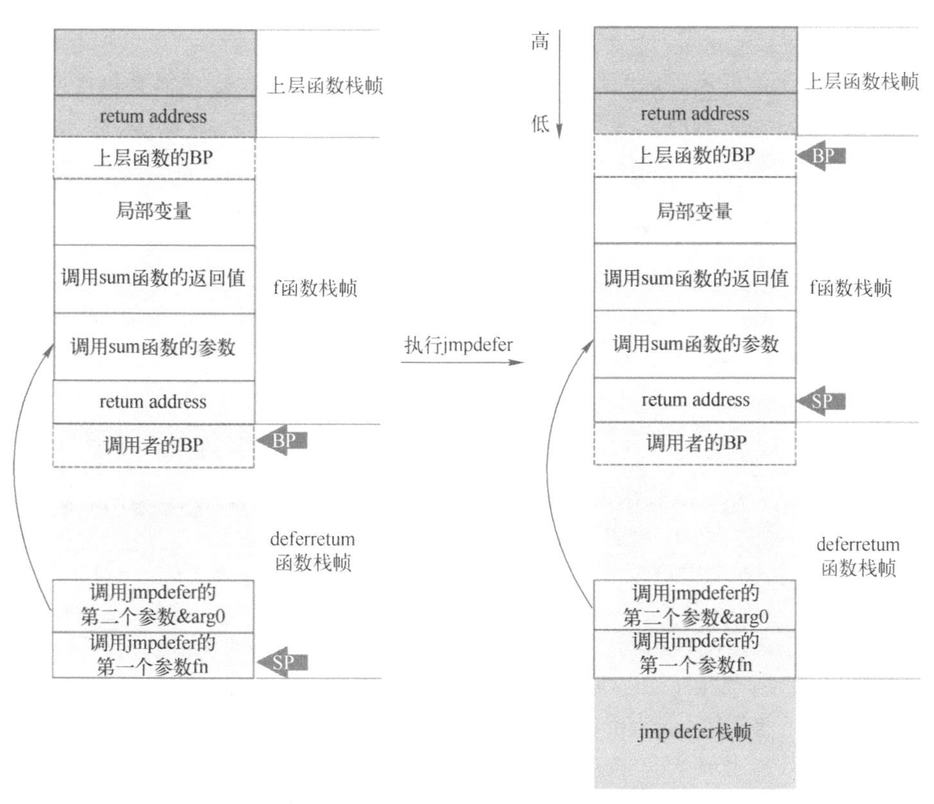

● 图 2-3　执行 jmpdefer

等到 sum 函数执行完，执行流程就会跳转到 call deferreturn 指令处重新进入 deferreturn 函数，遍历完所有的_defer 结构体，执行完所有的被 defered 的函数，才真正执行完 deferretrun 函数，如图 2-4 所示。

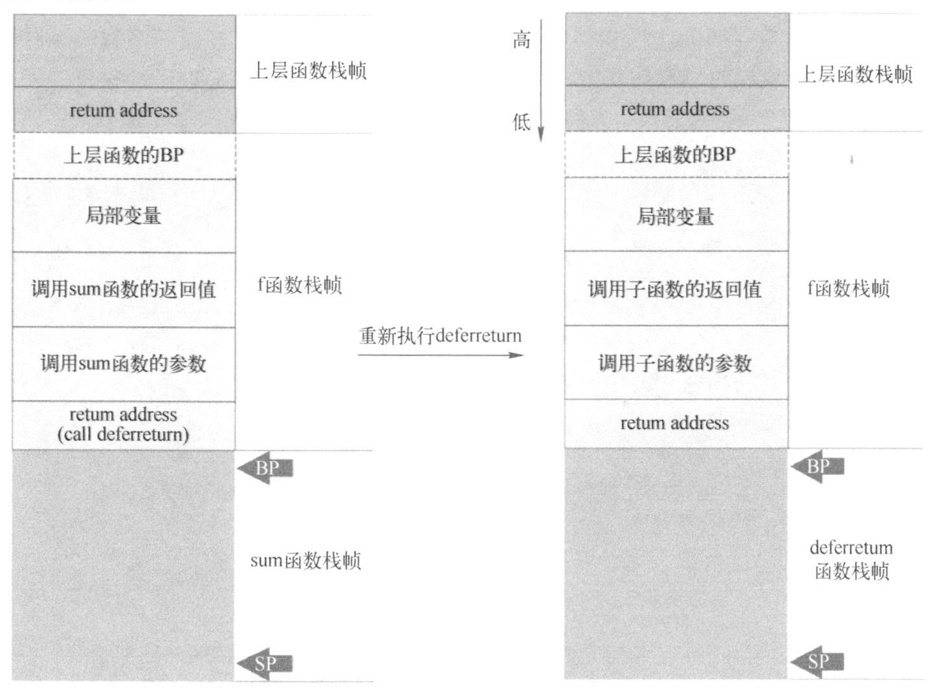

● 图 2-4　重新调用 deferretum

综上所述，实现遍历 defer 链表的关键就是 jmpdefer 函数所做的一些“见不得人”的工作，将调用 deferreturn 函数的返回地址减少了 5 个字节，使得被 defered 的函数执行完后，又回到 CALL deferreturn 指令处，从而实现“递归地”调用 deferreturn 函数，完成 _defer 链表的遍历。

2.8 为什么无法从父 goroutine 恢复子 goroutine 的 panic

对于这个问题，其实更普遍问题是：为什么无法 recover 其他 goroutine 里产生的 panic？

读者可能会好奇为什么会有人希望从父 goroutine 中恢复子 goroutine 内产生的 panic。这是因为，如果以下的情况发生在应用程序内，那么整个进程必然退出：

```
go func() { panic("die die die") }()
```

当然，上面的代码是显式的 panic，实际情况下，如果不注意编码规范，极有可能触发一些本可以避免的恐慌错误，例如访问越界：

```
go func() {
    a := make([]int, 1)
    println(a[1])
}()
```

发生这种恐慌错误对于服务端开发而言几乎是致命的，因为开发者将无法预测服务的可用性，只能在错误发生时发现该错误，但这时服务不可用的损失已经产生了。

那么，为什么不能从父 goroutine 中恢复子 goroutine 的 panic？或者一般地说，为什么某个 goroutine 不能捕获其他 goroutine 内产生的 panic？

其实这个问题从 Go 诞生以来就一直被长久地讨论，而答案可以简单地认为是设计使然：**因为 goroutine 被设计为一个独立的代码执行单元，拥有自己的执行栈，不与其他 goroutine 共享任何数据。这意味着，无法让 goroutine 拥有返回值、也无法让 goroutine 拥有自身的 ID 编号等**。若需要与其他 goroutine 产生交互，要么可以使用 channel 的方式与其他 goroutine 进行通信，要么通过共享内存同步方式对共享的内存添加读写锁。

那一点办法也没有了吗？方法自然有，但并不是完美的方法，这里给读者提供一种思路。例如，如果希望有一个全局的恐慌捕获中心，那么可以通过创建一个恐慌通知 channel，并在产生恐慌时，通过 recover 字段将其恢复，并将发生的错误通过 channel 通知给这个全局的恐慌通知器：

```
package main

import (
    "fmt"
    "time"
)

var notifier chan interface{}

func startGlobalPanicCapturing() {
    notifier = make(chan interface{})
    go func() {
        for {
            select {
            case r := <-notifier:
                fmt.Println(r)
            }
        }
    }()
}

func main() {
    startGlobalPanicCapturing()
```

```
    // 产生恐慌，但该恐慌会被捕获
    Go(func() {
        a := make([]int, 1)
        println(a[1])
    })

    time.Sleep(time.Second)
}

// Go 是一个恐慌安全的 goroutine
func Go(f func()) {
    go func() {
        defer func() {
            if r := recover(); r != nil {
                notifier <- r
            }
        }()

        f()
    }()
}
```

上面的 func Go(f func()) 本质上是对 go 关键字进行了一层封装，确保在执行并发单元前插入一个 defer，从而能够保证恢复一些可恢复的错误。

之所以说这个方案并不完美，原因是如果函数 f 内部不再使用 Go 函数来创建 goroutine，而且含有继续产生必然恐慌的代码，那么仍然会出现不可恢复的情况。

```
go func() { panic("die die die") }()
```

读者可能也许会想到，强制某个项目内均使用 Go 函数不就好了？事情也并没有这么简单。因为除了可恢复的错误外，还有一些不可恢复的运行时恐慌（例如并发读写 map），如果这类恐慌一旦发生，那么任何补救都是徒劳的。笔者认为，解决这类问题的根本途径是提高程序员自身对语言的认识，多进行代码测试，以及多通过运维技术来增强容灾机制。

第3章 数据容器

容器是用来存储一组相关的事物。Go 语言里 slice 和 map 是非常有用的两个内置数据结构，线上的工程代码几乎不可能绕开它们。而要想用好 slice 和 map，必须理解其原理。

 数组与切片

因为切片（slice）比数组更好用，也更安全，Go 推荐使用 slice 而不是数组。本节内容比较了 slice 和数组的区别，也研究了 slice 的一些特有的性质。

3.1.1 数组和切片有何异同

Go 语言中的切片（slice）结构的本质是对数组的封装，它描述一个数组的片段。无论是数组还是切片，都可以通过下标来访问单个元素。

数组是定长的，长度定义好之后，不能再更改。在 Go 语言中，数组是不常见的，因为其长度是类型的一部分，限制了它的表达能力，比如 [3]int 和 [4]int 就是不同的类型。而切片则非常灵活，它可以动态地扩容，且切片的类型和长度无关。例如：

```
func main() {
    arr1 := [1]int{1}
    arr2 := [2]int{1, 2}
    if arr1 == arr2 {
        fmt.Println("equal type")
    }
}
```

尝试运行，报编译错误：

```
./test.go:16:10: invalid operation: arr1 == arr2 (mismatched types [1]int and [2]int)
```

因为两个数组的长度不同，根本就不是同一类型，因此不能进行比较。

数组是一片连续的内存，切片实际上是一个结构体，包含三个字段：长度、容量、底层数组。

```
// src/runtime/slice.go

type slice struct {
    array unsafe.Pointer //  元素指针
    len    int            // 长度
    cap    int            // 容量
}
```

切片的数据结构如图 3-1 所示。

注意，底层数组可以被多个切片同时指向，因此对一个切片的元素进行操作有可能会影响到其他切片。

slice | array | len=3 | cap=5 —— 0 1 2（底层数组）

slice

● 图 3-1　切片数据结构

3.1.2 切片如何被截取

截取也是一种比较常见的创建 slice 的方法，可以从数组或者 slice 直接截取，需要指定起、止索引位置。

基于已有 slice 创建新 slice 对象，被称为 reslice。新 slice 和老 slice 共用底层数组，新老 slice 对底层数组的更改都会影响到彼此。基于数组创建的新 slice 也是同样的效果：对数组或 slice 元素做的更改都会影响到彼此。

值得注意的是，新老 slice 或者新 slice 老数组互相影响的前提是两者共用底层数组，如果因为执行 append 操作使得新 slice 或老 slice 底层数组扩容，移动到了新的位置，两者就不会相互影响了。所以，问题的关键在于两者是否会共用底层数组。

截取操作采用如下方式：

```
data := [...]int{0, 1, 2, 3, 4, 5, 6, 7, 8, 9}
slice := data[2:4:6] // data[low, high, max]
```

对 data 使用 3 个索引值，截取出新的 slice。这里 data 可以是数组或者 slice。low 是最低索引值，这里是闭区间，也就是说第一个元素是 data 位于 low 索引处的元素；而 high 和 max 则是开区间，表示最后一个元素只能是索引 high-1 处的元素，而最大容量则只能是索引 max-1 处的元素。

要求：max >= high >= low

当 high == low 时，新 slice 为空。

还有一点，high 和 max 必须在老数组或者老 slice 的容量（cap）范围内。

来看一个例子：运行下面的代码，输出是什么？

```
package main

import "fmt"

func main() {
    slice := []int{0, 1, 2, 3, 4, 5, 6, 7, 8, 9}
    s1 := slice[2:5]
    s2 := s1[2:6:7]

    s2 = append(s2, 100)
    s2 = append(s2, 200)

    s1[2] = 20

    fmt.Println(s1)
    fmt.Println(s2)
    fmt.Println(slice)
}
```

运行此段程序，得到如下输出：

```
[2 3 20]
[4 5 6 7 100 200]
[0 1 2 3 20 5 6 7 100 9]
```

得到这样结果的原因是：

s1 从 slice 索引 2（闭区间）到索引 5（开区间，元素真正取到索引 4），长度为 3，容量默认到数组结尾，为 8。

s2 从 s1 的索引 2（闭区间）到索引 6（开区间，元素真正取到索引 5），容量到索引 7（开区间，真正到索引 6），为 5。slice、s1 和 s2 的关系如图 3-2 所示。

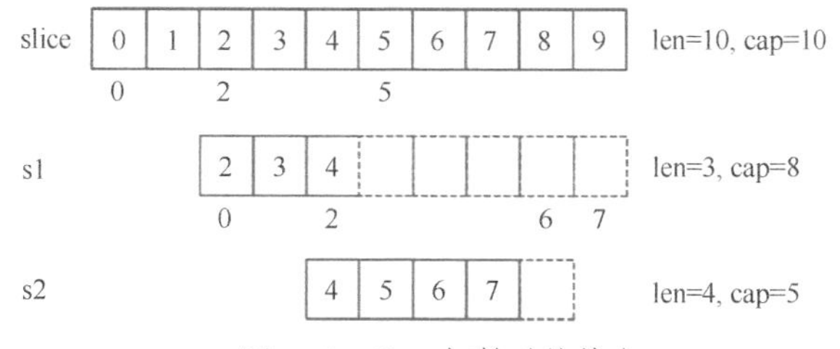

● 图 3-2　slice 初始时的状态

注意，slice、s1 和 s2 三者的元素指向同一个底层数组。接着，向 s2 尾部追加一个元素 100：

```
s2 = append(s2, 100)
```

此时，s2 容量刚好够，直接追加。不过，这会修改原始数组对应位置的元素。这一改动，数组和 s1 都可以看得到，如图 3-3 所示。

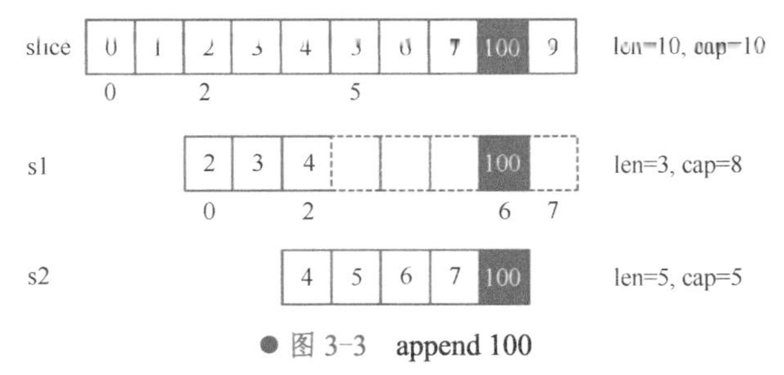

● 图 3-3 append 100

再次向 s2 追加元素 200：

```
s2 = append(s2, 100)
```

此时，s2 的容量不够用，需要进行扩容。于是，s2 “另起炉灶”，将原来的元素复制到新的位置，扩大自己的容量。并且为了应对未来可能的 append 带来的再一次扩容，s2 会在此次扩容的时候多留一些 buffer，将新的容量将扩大为原始容量的 2 倍，也就是 10。slice、s1 和 s2 的关系如图 3-4 所示。

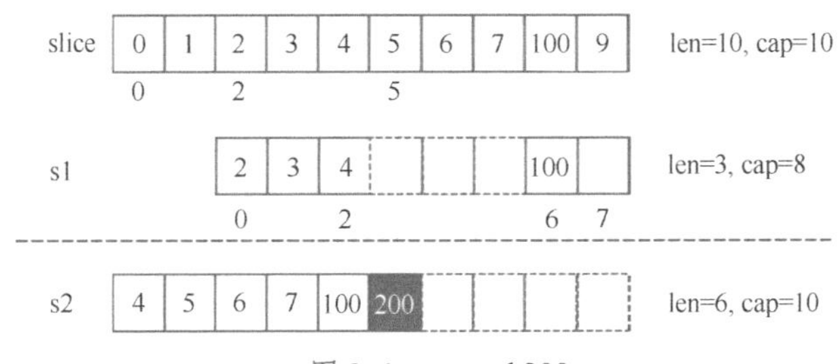

● 图 3-4 append 200

注意，s2 此时的底层数组元素和 slice、s1 已经没有关系了。最后，修改 s1 索引为 2 位置的元素：

```
s1[2] = 20
```

这次操作只会影响原始数组相应位置的元素，影响不到 s2 了，它已经“远走高飞”了，如图 3-5 所示。

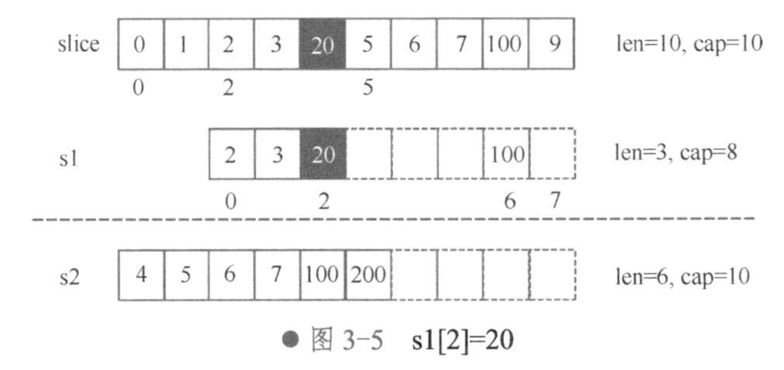

● 图 3-5 s1[2]=20

最后执行打印操作，打印 s1 的时候，只会打印出 s1 长度以内的元素。所以，只会打印出 3 个元素，虽然它的底层数组不止 3 个元素。

3.1.3 切片的容量是怎样增长的

一般都是在向切片追加了元素之后，由于容量不足，才会引起扩容。向切片追加元素调用的是 append 函数。append 函数的原型如下：

```
// src/builtin/builtin.go
func append(slice []Type, elems ...Type) []Type
```

Append 函数的参数长度可变，因此可以追加多个值到 slice 中，还可以在切片后面追加“...”符号直接传入 slice，即追加切片里所有的元素。

```
slice = append(slice, elem1, elem2)
slice = append(slice, anotherSlice...)
```

Append 函数的返回值是一个新的切片，Go 语言的编译器不允许调用了 append 函数后不使用返回值。所以下面的用法是错的，不能通过编译：

```
append(slice, elem1, elem2)
append(slice, anotherSlice...)
```

使用 append 函数可以向 slice 追加元素，实际上是往底层数组相应的位置放置要追加的元素。但是底层数组的长度是固定的，如果索引 len-1 所指向的元素已经是底层数组的最后一个元素，那就不能再继续放置新的元素了。

这时，slice 会整体迁移到新的位置，并且新底层数组的长度也会增加，使得可以继续放置新增的元素。同时，为了应对未来可能再次发生的 append 操作，新的底层数组的长度，也就是新 slice 的容量需要预留一定的 buffer。否则，每次添加元素的时候，都会发生迁移，成本太高。

新 slice 预留的 buffer 大小是有一定规律的。注意，下面这些说法是不准确的：

说法 1：当原 slice 容量小于 1024 的时候，新 slice 容量变成原来的 2 倍；

说法 2：当原 slice 容量超过 1024，新 slice 容量变成原来的 1.25 倍。

为了说明切片的扩容规律，首先通过下面的程序来验证一下扩容的行为：

```
package main

import "fmt"

func main() {
	s := make([]int, 0)
	oldCap := cap(s)
	for i := 0; i < 2048; i++ {
		s = append(s, i)
		newCap := cap(s)
		if newCap != oldCap {
			fmt.Printf("[%d -> %4d] cap = %-4d  |  after append %-4d  cap = %-4d\n", 0, i-1, oldCap, i, newCap)
			oldCap = newCap
		}
	}
}
```

首先创建一个空的 slice：s，接着，在一个循环里不断地向它 append 新的元素。同时，记录容量的变化，并且每当容量发生变化的时候，记录下老的容量，以及添加完元素之后新的容量，并且记下此时向 s 添加的元素。这样就可以观察，新老 s 的容量变化情况，从而找出规律。

代码的运行结果如下：

```
[0 ->   -1] cap = 0     |  after append 0     cap = 1
[0 ->    0] cap = 1     |  after append 1     cap = 2
[0 ->    1] cap = 2     |  after append 2     cap = 4
[0 ->    3] cap = 4     |  after append 4     cap = 8
[0 ->    7] cap = 8     |  after append 8     cap = 16
[0 ->   15] cap = 16    |  after append 16    cap = 32
```

```
[0 ->     31] cap = 32     |  after append 32      cap = 64
[0 ->     63] cap = 64     |  after append 64      cap = 128
[0 ->    127] cap = 128    |  after append 128     cap = 256
[0 ->    255] cap = 256    |  after append 256     cap = 512
[0 ->    511] cap = 512    |  after append 512     cap = 1024
[0 -> 1023] cap = 1024   |  after append 1024   cap = 1280
[0 -> 1279] cap = 1280   |  after append 1280   cap = 1696
[0 -> 1695] cap = 1696   |  after append 1696   cap = 2304
```

在老 s 容量小于 1024 的时候，新 s 的容量的确是老 s 的 2 倍，目前还算正确。

但当老 s 容量大于等于 1024 的时候，情况就有变化了。例如，向 s 中添加元素 1280，老 s 的容量为 1280，新 s 的容量则变成了 1696，两者并不是 1.25 倍的关系（1696/1280=1.325）；添加完 1696 后，新的容量 2304 当然也不是 1696 的 1.25 倍（2304/1696=1.358）。

要想弄清真实的扩容规律是怎样的，需要深入 Go 源码，研究一下扩容函数的具体逻辑。切片的扩容行为本质上是一个运行时特性，因此 Go 语言的编译器在针对扩容行为发生时会将其跳转到对应的扩容函数。最简单的寻找入口的方式是对编译后的文件进行逆向工程，这可以通过使用 go tool compile 工具添加 -S 参数来查看汇编代码。

执行命令：

```
go tool compile -S main.go
```

从实际的汇编代码能够看到，向 s 追加元素的时候，若容量不够，会调用 growslice 函数，所以直接看它的代码：

```
// src/runtime/slice.go

func growslice(et *_type, old slice, cap int) slice {
    // ......
    newcap := old.cap
    doublecap := newcap + newcap
    if cap > doublecap {
        newcap = cap
    } else {
        if old.len < 1024 {
            newcap = doublecap
        } else {
            for 0 < newcap && newcap < cap {
                newcap += newcap / 4
            }

            if newcap <= 0 {
                newcap = cap
            }
        }
    }
    // ......
     capmem = roundupsize(capmem)
     newcap = int(capmem / et.size)
    // ......
}
```

如果只看前半部分，现在网络上各种文章里说的 newcap 的规律就是对的。现实是，代码的后半部分还对 newcap 进行了内存对齐，而这个和内存分配策略相关。进行内存对齐之后，新 s 的容量要大于等于老 s 容量的 2 倍或者 1.25 倍。

之后，向 Go 内存管理器申请内存，将老 s 中的数据复制过去，并且将 append 的元素添加到新的底层数组中。最后，向 growslice 函数调用者返回一个新的切片，这个切片的长度并没有变化，而容量却增大了。

再来看一个例子，写出代码的运行结果：

```
package main
```

```
import "fmt"

func main() {
    s := []int{5}
    s = append(s, 7)
    s = append(s, 9)
    x := append(s, 11)
    y := append(s, 12)
    fmt.Println(s, x, y)
}
```

直接来一步步地分析上述代码所做的动作，见表 3-1。

表 3-1　代码分析

代码	切片对应状态
s := []int{5}	s 只有一个元素 5，[5]
s = append(s, 7)	s 扩容，容量变为 2，[5, 7]
s = append(s, 9)	s 扩容，容量变为 4，[5, 7, 9]。注意，这时 s 长度是 3，只有 3 个元素
x := append(s, 11)	由于 s 的底层数组仍然有空间，因此并不会扩容。这样，底层数组就变成了 [5, 7, 9, 11]。注意，此时 s = [5, 7, 9]，容量为 4；x = [5, 7, 9, 11]，容量为 4。这里 s 不变
y := append(s, 12)	还是在 s 元素的尾部追加元素，由于 s 的长度为 3，容量为 4，所以直接在底层数组索引为 3 的地方填上 12。结果：s = [5, 7, 9]，y = [5, 7, 9, 12]，x = [5, 7, 9, 12]，x，y 的长度均为 4，容量也均为 4

所以最后程序的执行结果是：

```
[5 7 9] [5 7 9 12] [5 7 9 12]
```

这里要注意的是，append 函数执行完后，返回的是一个全新的切片，并且对传入的切片不产生影响。

关于 append 内建函数，最后来看一个例子：

```
package main

import "fmt"

func main() {
    s := []int{1,2}
    s = append(s,4,5,6)
    fmt.Printf("len=%d, cap=%d",len(s),cap(s))
}
```

代码的运行结果是：

```
len=5, cap=6
```

如果按照“原 s 长度小于 1024 的时候，扩容后容量增加 1 倍。添加元素 4 的时候，容量变为 4；添加元素 5 的时候容量不变；添加元素 6 的时候容量增加 1 倍，变成 8”，那么运行结果应该是：

```
len=5, cap=8
```

这显然是错误的，再来仔细看看源代码：

```
// src/runtime/slice.go

func growslice(et *_type, old slice, cap int) slice {
    // ......
    newcap := old.cap
    doublecap := newcap + newcap
    if cap > doublecap {
        newcap = cap
```

```
    } else {
        if old.len < 1024 {
            newcap = doublecap
        } else {
            for 0 < newcap && newcap < cap {
                newcap += newcap / 4
            }
            if newcap <= 0 {
                newcap = cap
            }
        }
    }
    // ……
        capmem = roundupsize(capmem)
        newcap = int(capmem / et.size)
    // ……
}
```

这个函数的参数依次是元素的类型，老 slice，新 slice 要求的最小容量。

例子中 s 原来只有 2 个元素，len 和 cap 都为 2，append 了 3 个元素后，长度变为 5，容量最小要变成 5。当调用 growslice 函数时，传入的第 3 个参数应该为 5。即 cap=5。而另一方面，doublecap 是原 slice 容量的 2 倍，等于 4。满足第一个 if 条件，所以 newcap 变成了 5。

接着调用了 roundupsize 函数，传入 40。因为 capmem 会被赋值成 40：

```
capmem = roundupsize(uintptr(newcap) * sys.PtrSize) // sys.PtrSize 大小为 8。注意，为了节省篇幅，这行代码并没有在上面展示出来
```

再看内存对齐相关的 roundupsize 函数的代码：

```
// src/runtime/msize.go

func roundupsize(size uintptr) uintptr {
    if size < _MaxSmallSize {
        if size <= smallSizeMax-8 {
            return uintptr(class_to_size[size_to_class8[(size+smallSizeDiv-1)/smallSizeDiv]])
        } else {
            //……
        }
    }
    //……
}

const (
    _MaxSmallSize    = 32768
    smallSizeDiv     = 8
    smallSizeMax     = 1024
)
```

最终将返回这个式子的结果：

```
class_to_size[size_to_class8[(size+smallSizeDiv-1)/smallSizeDiv]]
```

这是 Go 源码中有关内存分配的两个 slice。class_to_size 通过 spanClass 获取 span 划分的 object 大小，而 size_to_class8 通过 size 获取它的 spanClass。

```
var size_to_class8 = [smallSizeMax/smallSizeDiv + 1]uint8{0, 1, 2, 3, 3, 4, 4, 5, 5, 6, 6, 7, 7, 8, 8, 9, 9, 10, 10, 11, 11, 12, 12, 13, 13, 14, 14, 15, 15, 16, 16, 17, 17, 18, 18, 18, 18, 19, 19, 19, 19, 20, 20, 20, 20, 21, 21, 21, 21, 22, 22, 22, 22, 23, 23, 23, 23, 24, 24, 24, 24, 25, 25, 25, 25, 26, 26, 26, 26, 26, 26, 26, 26, 27, 27, 27, 27, 27, 27, 27, 27, 28, 28, 28, 28, 28, 28, 28, 28, 29, 29, 29, 29, 29, 29, 29, 29, 30, 30, 30, 30, 30, 30, 30, 30, 30, 30, 30, 30, 30, 30, 30, 30, 31, 31, 31, 31, 31, 31, 31, 31, 31, 31, 31, 31, 31, 31, 31, 31}

var class_to_size = [_NumSizeClasses]uint16{0, 8, 16, 32, 48, 64, 80, 96, 112, 128, 144, 160, 176, 192, 208, 224, 240, 256, 288, 320, 352, 384, 416, 448, 480, 512, 576, 640, 704, 768, 896, 1024, 1152, 1280, 1408, 1536, 1792, 2048, 2304, 2688, 3072, 3200, 3456, 4096, 4864, 5376, 6144, 6528, 6784, 6912, 8192, 9472, 9728, 10240, 10880, 12288, 13568, 14336, 16384, 18432, 19072, 20480, 21760, 24576, 27264, 28672, 32768}
```

传进去的 size 等于 40。所以 (size+smallSizeDiv-1)/smallSizeDiv = 5；获取 size_to_class8 数

组中索引为 5 的元素为 4；获取 class_to_size 中索引为 4 的元素为 48。

最终，新的 slice 的容量为 6：

```
newcap = int(capmem / ptrSize) // 48/8=6
```

最后读者可能还会问，可以直接向一个 nil 的切片添加元素吗？会发生什么？

答案是可以。其实向 nil 切片或者空切片执行 append 操作时，都会调用 append 函数来使底层数组进行扩容。最终都是调用 mallocgc 来向 Go 的内存管理器申请到一块内存，然后再赋给原来的 nil 切片或空切片。

3.1.4 切片作为函数参数会被改变吗

前面说到，切片其实是一个结构体，包含了三个成员：len, cap, array，分别表示切片长度，容量，底层数组的地址。

当 slice 作为函数参数时，就是一个普通的结构体。从这个角度其实很好理解：若直接传 slice，在调用者看来，实参 slice 并不会被函数中对形参的操作改变，形参是实参的一个复制；若传的是 slice 的指针，则会影响实参。

需要注意，不论传的是 slice 还是 slice 指针，如果改变了 slice 底层数组的数据，都会反映到实参 slice 的底层数据。为什么会改变底层数组的数据呢？因为底层数组在 slice 结构体里是一个指针，尽管 slice 结构体自身不会被改变，也就是说底层数组的地址不会被改变。但是通过指向底层数组的指针，当然可以改变切片的底层数组的数据。

通过 slice 的 array 字段就可以拿到数组的地址。在代码里，可以直接通过类似 s[i]=10 这种操作改变 slice 底层数组元素值。

另外，需要说明的是，Go 语言中的函数参数传递，只有值传递，没有引用传递。

来看一个代码片段：

```go
package main

func main() {
	s := []int{1, 1, 1}
	f(s)
	fmt.Println(s)
}

func f(s []int) {
	// i 只是一个副本，不能改变 s 中元素的值
	//
	// for _, i := range s {
	//	i++
	// }

	for i := range s {
		s[i] += 1
	}
}
```

程序的输出结果是：

```
[2 2 2]
```

确实改变了原始 slice 的底层数据。这里向 f 函数传递的是一个 slice 的副本，在 f 函数中，s 只是 main 函数中 s 的一个复制。在 f 函数内部，对 s 的作用并不会改变外层 main 函数的 s。注意，这里的不会改变指的是 slice 结构体。

要想改变外层 slice 结构体，只有将返回的新 slice 赋值到原始 slice 中，或者向函数传递一个指向 slice 的指针。再来看一个例子：

```go
package main
```

```
import "fmt"

func myAppend(s []int) []int {
    // 这里 s 结构体虽然改变了，但并不会改变外层函数的 s 结构体
    s = append(s, 100)
    return s
}

func myAppendPtr(s *[]int) {
    // 会改变外层 s 结构体本身
    *s = append(*s, 100)
    return
}

func main() {
    s := []int{1, 1, 1}
    newS := myAppend(s)

    fmt.Println(s)
    fmt.Println(newS)

    s = newS

    myAppendPtr(&s)
    fmt.Println(s)
}
```

运行结果：

```
[1 1 1]
[1 1 1 100]
[1 1 1 100 100]
```

在 myAppend 函数里，虽然改变了 s，但它只是一个值传递，并不会影响外层的 s 结构体，也就是说长度、容量、底层数组的地址都不会变，因此第一行打印出来的结果仍然是 [1 1 1]。

而 newS 是一个新的切片，它是基于 s 得到的，长度增加了 1，容量变成 s 的 2 倍。因此打印的是追加了 100 之后的结果： [1 1 1 100]。

之后，将 newS 赋值给了 s，s 这时变成了一个新的切片。最后，再给 myAppendPtr 函数传入一个 s 指针，这次它真的被改变了：[1 1 1 100 100]。

3.1.5 内建函数 make 和 new 的区别是什么

首先 make 和 new 均是 Go 语言的内置的用来分配内存的函数。但适用的类型不同：前者适用于 slice，map，channel 等引用类型；后者适用于 int 型、数组、结构体等值类型。

其次，两者的函数形式及调用形式不同，函数形式如下：

```
func make(t Type, size ...IntegerType) Type
func new(Type) *Type
```

前者返回一个值，后者返回一个指针。

使用上，make 返回初始化之后的类型的引用，new 会为类型的新值分配已置零的内存空间，并返回指针。例如：

```
s := make([]int, 0, 10) // 使用 make 创建一个长度为 0，容量为 10 的切片

a := new(int) // 使用 new 分配一个零值的 int 型
*a = 5
```

【思考一下】类似于 make 函数的声明里参数类型前的三个点：“...”有什么作用呢？

“...”表示可以传一个或多个实参，这使得函数调用更加灵活。例如：

```
func append(slice []Type, elems ...Type) []Type
```

Go 内置的 append 函数向切片中追加元素，elems 参数是“...”的形式。因此，调用 append 函数时比较灵活。既可以追加单个元素，也可以多加元素，还可以追加一个切片：

```
func main() {
    s := make([]int, 0) // s = []
    fmt.Println(s)

    s = append(s, 1) //追加单个元素
    fmt.Println(s) // s = [1]

    s = append(s, []int{2, 3, 4}...) // 追加一个切片
    fmt.Println(s) // s = [1 2 3 4]

    s = append(s, 5, 6, 7) // 追加多个元素
    fmt.Println(s) // s = [1 2 3 4 5 6 7]
}
```

运行结果：

```
[]
[1]
[1 2 3 4]
[1 2 3 4 5 6 7]
```

3.2 散列表 map

map 几乎是每门编程语言里都有的数据结构，然而底层的原理却不尽相同。线上环境和 map 相关的常见问题就是并发读写导致的 panic，这背后的考虑和代码实现都在本节进行探讨。

3.2.1 map 是什么

维基百科里这样定义 map：在计算机科学里，被称为相关数组、map、符号表或者字典，它是由一组 <key, value> 对组成的抽象数据结构，并且同一个 key 只会出现一次。

这里有两个关键点：map 是由 <key-value> 对组成的；key 只会出现一次。

和 map 相关的操作主要是：

1）增加一个 k-v 对 —— Add or Insert。

2）删除一个 k-v 对 —— Remove or Delete。

3）修改某个 k 对应的 v —— Reassign。

4）查询某个 k 对应的 v —— Lookup。

也就是最基本的增、删、查、改。

map 的设计也被称为“The dictionary problem”，它的任务是设计一种数据结构用来维护一个集合的数据，并且可以同时对集合进行增删查改的操作。最主要的数据结构有两种：哈希查找表（Hash table）、搜索树（Search tree）。

哈希查找表用一个哈希函数将 key 分配到不同的 bucket（桶，类似于数组中的不同索引）。于是，开销主要在哈希函数的计算以及数组的常数访问时间。在很多场景下，哈希查找表的性能很高。

哈希查找表一般会存在“碰撞”的问题，就是说不同的 key 被哈希到了同一个 bucket。一般有两种应对方法：链表法和开放地址法。链表法将一个 bucket 实现成一个链表，落在同一个 bucket 中的 key 都会插入这个链表；开放地址法则在碰撞发生后，根据一定的规律，在 bucket 的后面挑选“空位”，用来放置新的 key。

搜索树一般采用自平衡搜索树，包括：AVL 树、红黑树等。

自平衡搜索树法的最差搜索效率是 O(logN)，而哈希查找表是 O(N)。当然，哈希查找表的平均查找效率是 O(1)，如果哈希函数设计得很好，最坏的情况基本不会出现。还有一点，遍历自平衡搜索树，返回的 key 序列，一般会按照从小到大的顺序；而哈希查找表则是乱序的。

3.2.2 map 的底层实现原理是什么

前面说了 map 实现的几种方案，Go 语言采用的是哈希查找表，并且使用链表法解决哈希冲突。接下来的内容将探索 map 的核心原理，一窥它的内部结构。

1．map 内存模型

在源码中，表示 map 的结构体是 hmap，它是 hashmap 的缩写：

```
// src/runtime/map.go

type hmap struct {
    // 元素个数，调用 len(map) 时，直接返回此值
    count      int
    flags      uint8
    // buckets 的对数 log_2
    B          uint8
    // overflow 的 bucket 近似数
    noverflow uint16
    // 计算 key 的哈希的时候会传入哈希函数
    hash0      uint32
    // 指向 buckets 数组，大小为 2^B
    // 如果元素个数为 0，就为 nil
    buckets    unsafe.Pointer
    // 扩容的时候，buckets 长度会是 oldbuckets 的两倍
    oldbuckets unsafe.Pointer
    // 指示扩容进度，小于此地址的 buckets 完成迁移
    nevacuate  uintptr
    extra *mapextra
}
```

B 是 buckets 数组的长度的对数，即 buckets 数组的长度为 2^B，bucket 里面存储了 key 和 value，buckets 是一个指针，指向的是一个结构体：

```
// src/runtime/map.go

type bmap struct {
    tophash [bucketCnt]uint8
}
```

但这只是“表面”的结构，编译器会给它“加料”，动态地创建一个新的结构：

```
type bmap struct {
    topbits  [8]uint8
    keys     [8]keytype
    values   [8]valuetype
    pad      uintptr
    overflow uintptr
}
```

bmap 就是人们常说的“桶”，桶里面会最多装 8 个 <key,value> 对。这些 key 之所以会落入同一个桶，是因为它们经过哈希计算后，得到的结果是“一类”的，注意，哈希值并不是完全相等。在桶内，又会根据 key 计算出来的 hash 值的高 8 位来决定 key 到底落入桶内的哪个槽位。

Hashmap 整体如图 3-6 所示。

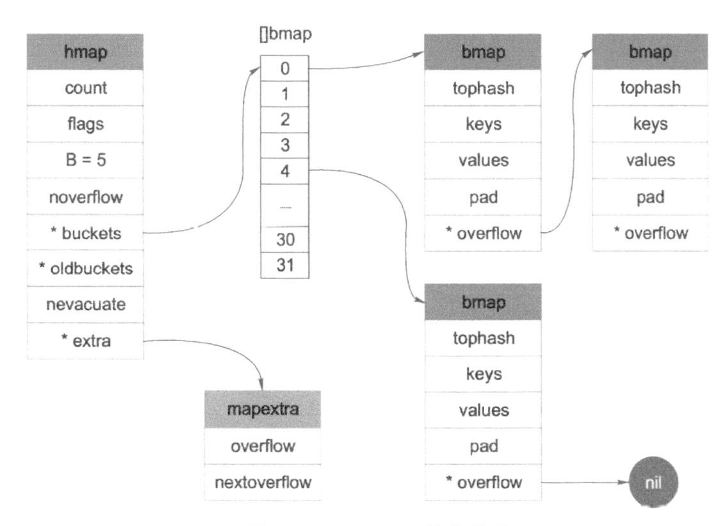

● 图 3-6　hashmap 整体结构

当 map 的 key 和 value 都不是指针，并且 size 都小于 128 字节的情况下，会把 bmap 标记为不含指针，这样可以避免 GC 时扫描整个 hmap，提升效率。但是，bmap 其实有一个 overflow 的字段，是指针类型的，破坏了 bmap 不含指针的设想，这时会把 overflow 移动到 extra 字段来。当 key/value 都不含指针的情况下，启用 overflow 和 oldoverflow 字段。

```
// src/runtime/map.go

type mapextra struct {
    overflow     *[]*bmap
    oldoverflow *[]*bmap

    // nextOverflow 包含空闲的 overflow bucket，这是预分配的 bucket
    nextOverflow *bmap
}
```

bmap 是存放 k-v 的地方，bmap 的内存模型如图 3-7 所示。

HOB Hash 指的就是 top hash。注意到 key 和 value 是各自放在一起的，并不是 key/value/key/value/... 这样的形式。这样做的好处是在某些情况下可以省略掉 padding 字段，节省内存空间。

例如，有如下类型的 map：

```
map[int64]int8
```

如果按照 key/value/key/value/... 这样的模式存储，那在每一个 key/value 对之后都要额外 padding 7 个字节（注意，这里为了防止伪共享，需要“凑齐”8 字节）；而将所有的 key，value 分别放到一起，使用这种形式 key/key/.../value/value/...，则只需要在最后添加 padding。

每个 bucket 设计成最多只能放 8 个 key-value 对，如果有第 9 个 key-value 落入当前的 bucket，则需要再构建一个 bucket，并且通过 overflow 指针连接起来。这就是所谓的“链表法”。

[0]	[1]	[2]	[3]	[4]	[5]	[6]	[7]
	HOB Hash	HOB Hash	HOB Hash	Empty	Empty	HOB Hash	HOB Hash
key0							
key1							
key2							
key3							
key6							
key7							
value0							
value1							
value2							
value3							
value6							
value7							
*overflow							

● 图 3-7　bmap 内存模型

2．创建 map

从语法层面上来说，创建 map 非常简单：

```
ageMp := make(map[string]int)

// 指定 map 长度
ageMp := make(map[string]int, 8)

// ageMp 为 nil，不能向其添加元素，会直接 panic
var ageMp map[string]int
```

通过汇编分析可以得知，创建 map 底层调用的是 makemap 函数，主要做的工作是初始化 hmap 结构体的各种字段，例如计算 B 的大小，设置哈希种子 hash0 等。

```
// src/runtime/map.go

func makemap(t *maptype, hint int, h *hmap) *hmap {
	// 检查 bucket 个数乘以 bucket 大小，看是否超出了内存申请的限制
	mem, overflow := math.MulUintptr(uintptr(hint), t.bucket.size)
	if overflow || mem > maxAlloc {
		hint = 0
	}

	// 初始化 hmap
	if h == nil {
		h = new(hmap)
	}
	h.hash0 = fastrand()

	// 找到一个 B，使得 map 的装载因子在正常范围内
	B := uint8(0)
	for overLoadFactor(hint, B) {
		B++
	}
	h.B = B

	// 初始化 hash table
	// 如果 B 等于 0，那么 buckets 就会在赋值的时候再分配（懒汉式）
	// 如果长度比较大，清理内存花费的时间会长一点
	if h.B != 0 {
		var nextOverflow *bmap
		h.buckets, nextOverflow = makeBucketArray(t, h.B, nil)
		if nextOverflow != nil {
			h.extra = new(mapextra)
			h.extra.nextOverflow = nextOverflow
		}
	}

	return h
}
```

【思考一下】slice 和 map 分别作为函数参数时有什么区别？

Makemap 函数返回的结果 *hmap，是一个指针，而之前讲过的 makeslice 函数返回的则是 slice 结构体：

```
func makeslice(et *_type, len, cap int) slice
回顾一下 slice 的结构体定义：
// runtime/slice.go

type slice struct {
	array unsafe.Pointer // 元素指针
	len   int // 长度
	cap    int // 容量
}
```

结构体内部包含底层的数据指针。

Makemap 和 makeslice 返回值的区别，使得当 map 和 slice 作为函数参数时，在函数内部对 map 的操作会影响 map 结构体；而对 slice 操作却不会（注意，这里的不变指的是 slice 结构体

自身，slice 底层数组的元素可能会被改变）。

主要原因：前者是指针（*hmap），后者是结构体（slice）。Go 语言中的函数传参都是值传递，在函数内部，参数会被复制到本地。*hmap 指针复制完之后，仍然指向同一个 map，因此函数内部对 map 的操作会影响实参。而 slice 被复制后，成为一个新的 slice，对它进行的操作不会影响到实参。

3．哈希函数

map 的一个关键点在于哈希函数的选择。在程序启动时，Go 会检测 CPU 是否支持 aes，如果支持，则使用 aes hash，否则使用 memhash。这在函数 alginit()中完成，源码位于路径 src/runtime/alg.go 下。

对于 hash 函数，有加密型和非加密型。加密型的一般用于加密数据、数字摘要等，典型代表就是 md5、sha1、sha256、aes256 这类；非加密型的一般就是查找，如 MurmurHash 等。

在 map 的应用场景中，hash 函数用于查找功能。选择 hash 函数主要考察两点：性能、碰撞概率。

表示类型的结构体：

```
// src/runtime/type.go

type _type struct {
    size       uintptr
    ptrdata    uintptr
    hash       uint32
    tflag      tflag
    align      uint8
    fieldalign uint8
    kind       uint8
    equal func(unsafe.Pointer, unsafe.Pointer) bool
    gcdata     *byte
    str        nameOff
    ptrToThis typeOff
}
```

其中 equal 字段就和哈希相关，equal 函数用于计算两个类型是否“哈希相等”。

例如，对于 string 类型，它的 equal 函数如下：

```
// src/runtime/alg.go

func strequal(p, q unsafe.Pointer) bool {
    return *(*string)(p) == *(*string)(q)
}
```

根据 key 的类型，_type 结构体的 equal 字段会被设置对应的 equal 函数。

4．key 定位过程

Key 经过哈希计算后得到哈希值，共 64 个 bit 位（针对 64 位机，32 位机就不讨论了，现在主流都是 64 位机），但计算它到底要落在哪个 bucket 时，只会用到最后 B 个 bit 位。还记得前面提到过的 B 吗？回顾一下，如果 B = 5，那么桶的数量，也就是 buckets 数组的长度是 2^5 = 32。

例如，现在有一个 key 经过哈希函数计算后，得到的哈希结果是：

```
10010111 | 000011110110110010001111001010100010010110010101010  |  00110
```

用最后的 5 个 bit 位，即 00110，转换为十进制，值为 6，也就是 6 号桶。

再取哈希值的高 8 位，找到此 key 在 bucket 中的槽位。最开始因为桶内还没有 key，在遍历完 bucket 中的所有槽位，包括 overflow 的槽位后，找不到相同的 key，因此会被放到第一个槽位。

因为根据后 B 个 bit 位决定 key 落入的 bucket 编号，也就是桶编号，因此肯定会存在冲突。当两个不同的 key 落在同一个桶中，也就是发生了哈希冲突。冲突的解决手段是用链表法：在 bucket 中，从前往后找到第一个空位，放入新加入的有冲突的 key。之后，在查找某个 key 时，先找到对应的桶，再去遍历 bucket 中所有的 key。

具体的 key 定位过程的示意图如图 3-8 所示。

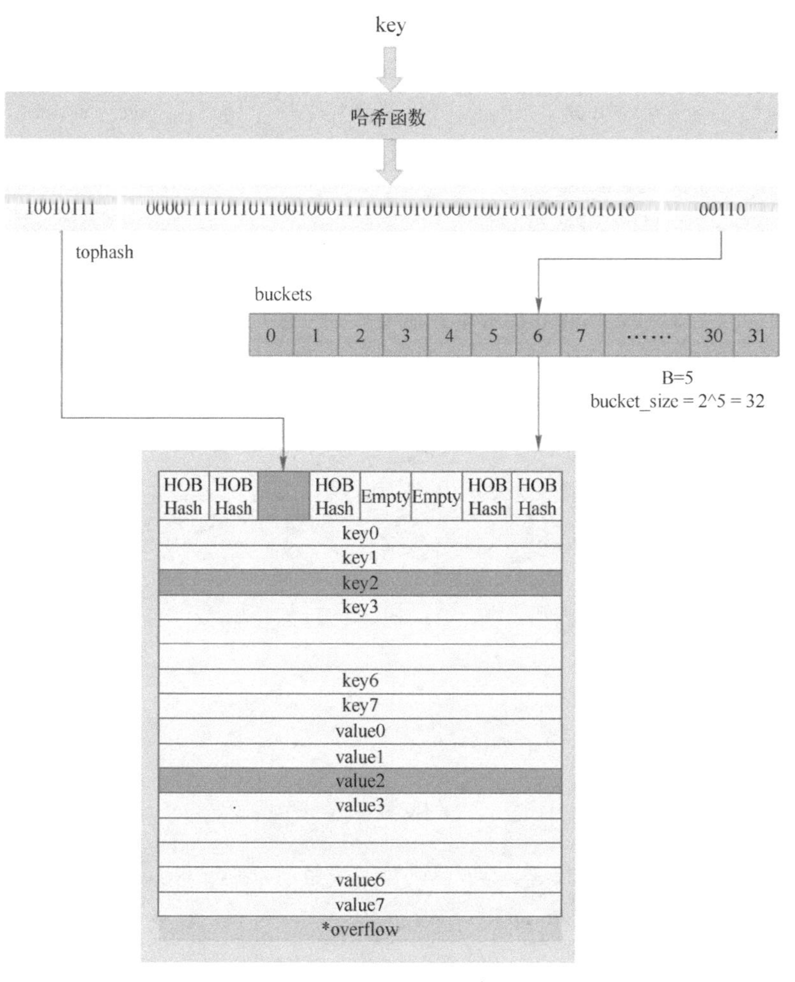

● 图 3-8　key 定位过程

图 3-8 中，假定 B = 5，所以 bucket 总数就是 2^5 = 32。首先计算出待查找 key 的哈希，使用低 5 位 00110，找到对应的 bucket，也就是 6 号 bucket。使用哈希值的高 8 位 10010111，对应十进制 151，在 6 号 bucket 中寻找 tophash 值（HOB hash）为 151 的 key，找到了 2 号槽位，这样整个查找过程就结束了。

如果在 bucket 中没找到，并且 overflow 不为空，还要继续去 overflow bucket 中寻找，直到找到或者所有的槽位都找遍了，仍然没有找到。

最后来看下源码，通过汇编分析可知查找某个 key 的底层函数是 mapacess 系列函数，这些函数的作用类似，直接看 mapacess1 函数：

```
// src/runtime/map.go

func mapaccess1(t *maptype, h *hmap, key unsafe.Pointer) unsafe.Pointer {
    // ……

    // 如果 hmap 为空或元素个数为零，返回零值
    if h == nil || h.count == 0 {
        if t.hashMightPanic() {
            t.hasher(key, 0) // see issue 23734
        }
        return unsafe.Pointer(&zeroVal[0])
    }
    // 写和读冲突
```

```
        if h.flags&hashWriting != 0 {
            throw("concurrent map read and map write")
        }
        // 计算哈希值，并且加入 hash0 引入随机性
        hash := t.hasher(key, uintptr(h.hash0))

        // 比如 B=5，那 m 就是 31，二进制低 5 位是全 1
        // 求 bucket num 时，将 hash 与 m 相与
        // 达到 bucket num 由 hash 的低 5 位决定的效果
        // 即 m := uintptr(1)<<h.B - 1
        m := bucketMask(h.B)
        // b 就是 bucket 的地址
        b := (*bmap)(add(h.buckets, (hash&m)*uintptr(t.bucketsize)))
         // oldbuckets 不为 nil，说明发生了扩容
        if c := h.oldbuckets; c != nil {
            // 如果不是同 size 扩容（参考后面扩容的内容）
            if !h.sameSizeGrow() {
                // 新 bucket 数量是老的 2 倍
                m >>= 1
            }
            // 求出 key 在老的 map 中的 bucket 位置
            oldb := (*bmap)(add(c, (hash&m)*uintptr(t.bucketsize)))
            // 如果 oldb 没有搬迁到新的 bucket
            // 那就在老的 bucket 中寻找
            if !evacuated(oldb) {
                b = oldb
            }
        }

        // 计算出高 8 位的 hash
        // 相当于右移 56 位，只取高 8 位
        // top := uint8(hash >> (sys.PtrSize*8 - 8))

        // 增加一个 minTopHash
        // if top < minTopHash {
        //   top += minTopHash
        // }
        top := tophash(hash)
    bucketloop:
        for ; b != nil; b = b.overflow(t) { // bucket 找完（还没找到），继续到 overflow bucket 里找
            // 遍历 8 个槽位
            for i := uintptr(0); i < bucketCnt; i++ {
                if b.tophash[i] != top {
                    if b.tophash[i] == emptyRest {
                        break bucketloop // tophash 不匹配，且后面也没有槽位有数据，直接 break
                    }
                    continue // tophash 不匹配，继续
                }
                // tophash 匹配，定位到 key 的位置
                k := add(unsafe.Pointer(b), dataOffset+i*uintptr(t.keysize))
                if t.indirectkey() { // key 是指针
                    k = *((*unsafe.Pointer)(k)) // 解引用
                }
                if t.key.equal(key, k) { // 如果 key 相等
                    e := add(unsafe.Pointer(b), dataOffset+bucketCnt*uintptr(t.keysize)+i*uintptr(t.elemsize)) // 定位到 value
的位置

                    if t.indirectelem() {
                        e = *((*unsafe.Pointer)(e)) // value 解引用
                    }
                    return e
                }
            }
        }
        return unsafe.Pointer(&zeroVal[0]) // 没找到，返回零值
    }
```

代码整体比较明晰，没什么难懂的地方，对照注释比较容易理解。函数返回 key 对应的 value，如果 hmap 中没有此 key，则返回一个 value 相应类型的零值。

重点看定位 key 和 value 的方法以及整个循环的写法：

```
// key 定位公式
k := add(unsafe.Pointer(b), dataOffset+i*uintptr(t.keysize))

// value 定位公式
e := add(unsafe.Pointer(b), dataOffset+bucketCnt*uintptr(t.keysize)+i*uintptr(t.elemsize))
```

定位公式中，b 是 bmap 的地址，bmap 即源码里定义的结构体，只包含一个 tophash 数组，经过编译器扩充之后的结构体会包含 key，value，overflow 这些字段。另外，dataOffset 是 key 相对于 bmap 起始地址的偏移：

```
dataOffset = unsafe.Offsetof(struct {
	b bmap
	v int64
}{}.v)
```

因此 map 里 key 的起始地址就是 unsafe.Pointer(b)+dataOffset。第 i 个 key 的地址就要在此基础上跨过 i 个 key 的大小；并且，value 放在了所有 key 之后，因此第 i 个 value 的地址还需要加上所有 key 的偏移。

再看整个大循环的写法，共有两层循环。最外层是一个循环，通过：

```
b = b.overflow(t)
```

遍历所有的 bucket，相当于是一个 bucket 链表。里层循环则是当定位到一个具体的 bucket 时，遍历这个 bucket 里所有的 cell，或者说所有的槽位，当前的实现是 bucketCnt=8 个槽位。整个循环过程如图 3-9 所示。

再看判断一个 bucket 是否搬迁的函数：

```
// src/runtime/map.go

func evacuated(b *bmap) bool {
	h := b.tophash[0]
	return h > emptyOne && h < minTopHash
}
```

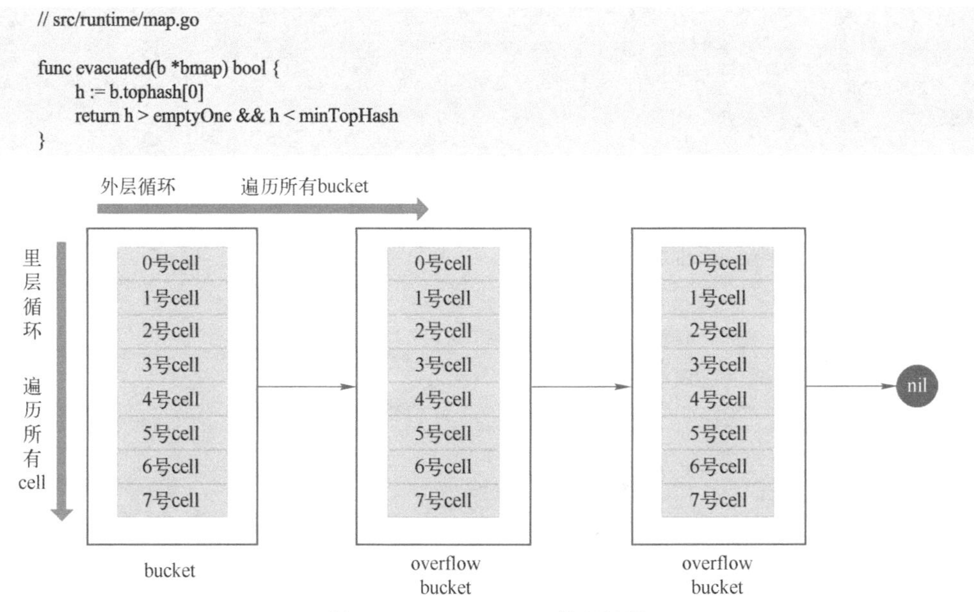

● 图 3-9　mapacess loop 循环过程

主要判断的依据就是 tophash：当第一个 cell 的 tophash 值（tophash[0]）小于 minTopHash 且大于 emptyone 时，表明这个 bucket 里所有的槽位均已被搬迁到新地址。因为这个状态值是放在 tophash 数组里，为了和正常的哈希值区分开，会将所有的 key 计算出来的哈希值加上一个增量：minTopHash。这样就能区分正常的 top hash 值和表示搬迁状态的哈希值。

下面的这几种状态就表征了一个 bucket 里所有的 key/value 的情况：

```go
// src/runtime/map.go

// 空的 cell，也是初始时 bucket 的状态
// 并且此 bucket 的后续 cell 后也都是空的，包括 overflow bucket
emptyRest      = 0
// 空的 cell
emptyOne       = 1
// key,value 已经搬迁完毕，但是 key 都在新 bucket 前半部分
evacuatedX     = 2
// 同上，key 在后半部分
evacuatedY     = 3
// 空的 cell，cell 已经被迁移到新的 bucket
evacuatedEmpty = 4
// tophash 的最小正常值
minTopHash     = 5
```

对比上面的常量，当 tophash[0] 是 evacuatedEmpty、evacuatedX、evacuatedY 这三个值之一时，说明此 bucket 中的 key 全部被搬迁到了新 bucket。

5. map 的赋值过程是怎样的

通过汇编分析可以得知，向 map 插入或者修改 key，调用的是 mapassign 函数。

实际上插入或修改 key 的语法是一样的，区别是前者操作的 key 在 map 中不存在，而后者操作的 key 存在于 map 中。

实际上，mapassign 有一系列的函数，根据 key 类型的不同，编译器会将其优化为相应的“快速函数”，见表 3-2。

表 3-2 快速函数

key 类型	插　入
uint32	mapassign_fast32(t maptype, h hmap, key uint32) unsafe.Pointer
uint64	mapassign_fast64(t maptype, h hmap, key uint64) unsafe.Pointer
string	mapassign_faststr(t maptype, h hmap, ky string) unsafe.Pointer

逻辑都是大同小异，只需要研究最一般的赋值函数 mapassign。

整体来看，流程非常简单：对 key 计算 hash 值，根据 hash 值按照之前的流程，找到要赋值的位置（可能是插入新 key，也可能是更新老 key），在相应位置进行赋值操作。

源码大体和前面 key 定位的过程类似，核心仍然是一个双层循环：外层遍历 bucket 和 overflow bucket，内层遍历单个 bucket 的所有槽位。限于篇幅，这部分代码的注释就不展开了。

整个赋值过程有几点比较重要的，说明如下：

mapassign 函数首先会检查 map 的标志位 flags。如果 flags 的写标志位被置成 1 了，说明有其他协程正在执行“写”操作，由于 assign 本身也是写操作，因此产生了并发写，直接使程序 panic。这也就说明 map 不是协程安全的。

map 的扩容是渐进式的。如果 map 处在扩容的过程中，那么当定位 key 到了某个 bucket 后，需要确保这个 bucket 对应的老 bucket 已经完成了迁移过程。即老 bucket 里的 key 都要迁移到新 bucket 中来（老 bucket 中的 key 会被分散到 2 个新 bucket），才能在新的 bucket 中进行插入或者更新的操作。

只有在完成了迁移操作后，才能安全地在新 bucket 里定位 key 要安置的地址，再进行之后的赋值操作。

现在到了定位 key 应该放置的位置了：准备两个指针，一个（inserti）指向 key 的 hash 值在 tophash 数组所处的位置，另一个（insertk）指向 cell 的位置（也就是 key 最终放置的地址）。当然，对应 value 的位置就很容易就能计算出来：在 tophash 数组中的索引位置决定了 key 在整个 bucket 中的位置（共 8 个 key），而 value 的位置需要“跨过”8 个 key 的长度。

在循环的过程中，inserti 和 insertk 分别指向第一个空的 tophash、第一个空闲的 cell。如果之

后在 map 没有找到 key 的存在，也就是说 map 中没有此 key，这意味着插入新 key，而不是更新原有的 key。那最终 key 的安置地址就是第一次发现的空闲的 cell。

如果这个 bucket 的 8 个 key 都已经放置满了，在跳出循环后，会发现 inserti 和 insertk 都为空，这时需要在 bucket 后面挂上 overflow bucket。当然，也有可能是在 overflow bucket 后面再挂上一个 overflow bucket。这就说明，有太多 key 被哈希到了此 bucket。在这种情况下，正式放置 key 之前，还要检查 map 的状态，看它是否需要进行扩容，如果满足扩容的条件，就主动触发一次扩容操作。

扩容完成之后，之前的查找定位 key 的过程，还得再重新走一次。因为扩容之后，key 的分布发生了变化。

最后，会更新 map 相关的值，如果是插入新 key，map 的元素数量字段 count 值会加 1；并且会将 hashWriting 写标志位清零。

另外，前面说的找到 key 的位置，进行赋值操作，实际上并不准确。观察 mapassign 函数的原型就知道，函数并没有传入 value 值，所以赋值操作是什么时候执行的呢？

```
func mapassign(t *maptype, h *hmap, key unsafe.Pointer) unsafe.Pointer
```

答案还得从汇编分析中寻找。实际上，mapassign 函数返回的指针就是指向的 key 所对应的 value 值的位置，有了地址，就很好操作赋值了。

6. map 的删除过程是怎样的

删除操作底层的执行函数是 mapdelete：

```
func mapdelete(t *maptype, h *hmap, key unsafe.Pointer)
```

根据 key 类型的不同，删除操作会被优化成更具体的函数，见表 3-3。

表 3-3　优化后的函数

key 类型	删　除
uint32	mapdelete_fast32(t maptype, h hmap, key uint32)
uint64	mapdelete_fast64(t maptype, h hmap, key uint64)
string	mapdelete_faststr(t maptype, h hmap, ky string)

当然，只需关心 mapdelete 函数。它首先会检查 h.flags 标志，如果发现写标志位是 1，直接 panic，因为这表明有其他协程同时在进行写操作。大致的逻辑如下：

1）检测是否存在并发写操作。
2）计算 key 的哈希，找到落入的 bucket。
3）设置写标志位。
4）检查此 map 是否正在扩容的过程中，如果是则直接触发一次搬迁操作。
5）两层循环，核心是找到 key 的具体位置。寻找过程都是类似的，在 bucket 中挨个 cell 寻找。
6）找到对应位置后，对 key 或者 value 进行“清零”操作。
7）将 count 值减 1，将对应位置的 tophash 值置成 emptyOne。
8）最后，检测此槽位后面是否都是空，若是将 tophash 改成 emptyRest。
9）若前一步成功，则继续向前扩大战果：将此 cell 之前的 tophash 值为 emptyOne 的槽位都置成 emptyRest。

7. map 的扩容过程是怎样的

使用哈希表的目的就是要快速查找到目标 key，然而，随着向 map 中添加的 key 越来越多，key 发生哈希碰撞的概率也越来越大。bucket 中的 8 个 cell 会被逐渐塞满，查找、插入、删除 key 的效率也会越来越低。最理想的情况是一个 bucket 只装一个 key，这样，就能达到 O(1) 的效率，但这样空间消耗太大，用空间换时间的代价太高。

Go 语言中一个 bucket 装载 8 个 key，所以在定位到某个 bucket 后，还需要再定位到具体的槽位，这实际上又用了时间换空间。

当然，这样做，要有一个度，不然所有的 key 都落在了同一个 bucket 里，直接退化成了链表，各种操作的效率直接降为 O(n)，也是不行的。

因此，需要有一个指标来衡量前面描述的情况，这就是装载因子。Go 源码里这样定义装载因子：

```
loadFactor := count / (2^B)
```

公式中的 count 就是 map 里的元素个数，2^B 表示总的 bucket 数量。

在向 map 插入新 key 时，会进行条件检测，符合下面这两个条件，就会触发扩容：

1）装载因子超过阈值（源码里定义的阈值是 6.5）。

2）overflow 的 bucket 数量过多：当 B<15，也就是 bucket 总数 2^B 小于 2^15 时，overflow 的 bucket 数量超过 2^B；当 B >= 15，也就是 bucket 总数 2^B 大于等于 2^15，overflow 的 bucket 数量超过 2^15。

通过汇编分析可以找到赋值操作对应源码中的函数是 mapassign，对应扩容条件的源码如下：

```
// src/runtime/map.go

// 触发扩容时机
if !h.growing() && (overLoadFactor(int64(h.count+1), h.B) || tooManyOverflowBuckets(h.noverflow, h.B)) {
    hashGrow(t, h)
}

// 装载因子超过 6.5
func overLoadFactor(count int64, B uint8) bool {
    return count >= bucketCnt && float32(count) >= loadFactor*float32((uint64(1)<<B))
}

// overflow buckets 太多
func tooManyOverflowBuckets(noverflow uint16, B uint8) bool {
    if B > 15 {
        B = 15
    }
    return noverflow >= uint16(1)<<(B&15)
}
```

具体解释一下触发扩容的两个条件：

第 1 点：每个 bucket 有 8 个空位，在没有溢出，且所有的桶都装满了的情况下，装载因子算出来的结果是 8。因此当装载因子超过 6.5 时，表明很多 bucket 都快要装满了，查找、插入、删除效率都变低了，在这个时候进行扩容是有必要的。

第 2 点：是对第 1 点的补充。就是说在装载因子比较小的情况下，这时候 map 的操作效率也很低，而第 1 点却识别不出来。表面现象就是计算装载因子的分子比较小，即 map 里元素总数少，但是 bucket 数量多（真实分配的 bucket 数量多，包括大量的 overflow bucket）。

造成这种情况的原因是：不停地插入、删除元素。先插入很多元素，导致创建了很多 bucket，但是装载因子达不到第 1 点的临界值，没有触发扩容来缓解这种情况。之后，不断删除元素减小元素总数量，再插入很多元素，导致创建了很多的 overflow bucket，但就是不会触犯第 1 点的规定，因为 overflow bucket 数量太多，使得 key 会很分散，查找插入效率低得吓人，因此用第 2 点规定进行缓解。这就像是一座空城，房子很多，但是住户很少，住得很分散，找起人来很困难。

当满足了条件 1、2 的限制时，就会发生扩容。但是二者扩容的策略并不相同，毕竟两个条件应对的场景不同。

对于条件 1，元素太多，而 bucket 数量太少，策略很简单：将 B 加 1，bucket 总数（2^B）直接变成原来的 2 倍。于是，就有了新老 bucket 。注意，这时候元素都在老 bucket 里，还没迁移到新的 bucket 来。而且，新 bucket 只是最大数量变为原来最大数量（2^B）的 2 倍（2^B * 2）。

对于条件 2，其实元素并没那么多，但是 overflow bucket 数特别多，说明很多 bucket 都没装满。解决办法就是开辟一个新的 bucket 空间，将老 bucket 中的元素移动到新 bucket，使得同一个 bucket 中的 key 排列地更紧密。这样，原来，在 overflow bucket 中的 key 可以移动到新 bucket 中来。结果是节省空间，提高 bucket 利用率，map 的操作效率自然就会提升。

对于条件 2 的解决方案，还有一个极端的情况：如果插入 map 的 key 的哈希值都一样，就会落到同一个 bucket 里，超过 8 个就会产生 overflow bucket，结果也会造成 overflow bucket 数过多。移动元素其实解决不了问题，因为这时整个哈希表已经退化成了一个链表，操作效率变成了 O(n)。

再来看一下扩容具体是怎么做的。由于 map 扩容需要将原有的 key/value 重新搬迁到新的内存地址，如果有大量的 key/value 需要搬迁，会非常影响性能。因此 Go map 的扩容采取了一种称为“渐进式”地方式，原有的 key 并不会一次性搬迁完毕，每次最多只会搬迁 2 个 bucket。

实际上，hashGrow() 函数并没有真正地进行“搬迁”，它只是分配好了新的 buckets，并将老的 buckets 加载到 oldbuckets 字段上。真正搬迁 buckets 的动作在 growWork() 函数中，而调用 growWork() 函数的动作是在 mapassign 和 mapdelete 函数中。也就是在插入、修改、删除 key 的时候，都会先检查 oldbuckets 是否搬迁完毕，具体来说就是检查 oldbuckets 是否为 nil，再尝试进行搬迁 buckets 的工作。

先看 hashGrow() 函数所做的工作，再来看具体的搬迁 buckets 是如何进行的：

```
// src/runtime/map.go

func hashGrow(t *maptype, h *hmap) {
    // B+1 相当于是原来 2 倍的空间
    bigger := uint8(1)
    if !overLoadFactor(h.count+1, h.B) { // 进行等量的内存扩容，所以 B 不变
        bigger = 0
        h.flags |= sameSizeGrow
    }
    oldbuckets := h.buckets // 将老 buckets 挂到 oldbuckets 上
    newbuckets, nextOverflow := makeBucketArray(t, h.B+bigger, nil) // 申请新的 buckets 空间

    flags := h.flags &^ (iterator | oldIterator)
    if h.flags&iterator != 0 {
        flags |= oldIterator
    }
    // 提交 grow 的动作
    h.B += bigger
    h.flags = flags
    h.oldbuckets = oldbuckets
    h.buckets = newbuckets
    h.nevacuate = 0 // 搬迁进度为 0
    h.noverflow = 0 // overflow buckets 数为 0

    // ......
}
```

可以看到，hashGrow 函数主要的工作是申请到了新的 buckets 空间，把相关的标志位都进行了处理：如果是同等 size 扩容，设置 h.flags 为 sameSizeGrow；标志 nevacuate 被置为 0，表示当前搬迁进度为 0。

值得一说的是对 h.flags 的处理：

```
flags := h.flags &^ (iterator | oldIterator)
if h.flags&iterator != 0 {
    flags |= oldIterator
}
```

这里得先说下运算符：&^，称为按位置 0 运算符。例如：

```
x = 01010011
y = 01010100
z = x &^ y = 00000011
```

如果 y 的 bit 位为 1，那么结果 z 对应 bit 位就为 0；否则 z 对应 bit 位就和 x 对应 bit 位的值相同。

所以上面那段对 h.flags 的操作的意思是：先把 h.flags 中 iterator 和 oldIterator 对应位清 0，然后如果发现 iterator 位为 1，那就把它转接到 oldIterator 位，使得 oldIterator 对应位变成 1。潜台词就是：buckets 现在挂到了 oldBuckets 名下了，对应的标志位也转接过去。

几个标志位如下：

```
// src/runtime/map.go

// 可能有迭代器使用 buckets
iterator      = 1
// 可能有迭代器使用 oldbuckets
oldIterator   = 2
// 有协程正在向 map 中写入 key
hashWriting   = 4
// 等量扩容（对应条件 2）
sameSizeGrow = 8
```

可能前面这段仍然不好理解，iterator 实际上就是 01，而 oldIterator 就是 10，(iterator | oldIterator) 的结果就是 11。所以：

```
flags := h.flags &^ (iterator | oldIterator)
```

相当于将 h.flags 的低两位清零，表示没有迭代器正在使用 buckets，接着 ：

```
if h.flags&iterator != 0 {
    flags |= oldIterator
}
```

如果 h.flags 的最低位为 1，表示现在有迭代器正在使用 buckets。因为 map 马上要进行搬迁了，之后 buckets 就挂到 oldBuckets 名下了，因此需要将 flags 的倒数第 2 位置为 1。表明有迭代器正在使用 oldBuckets。

再来看看真正执行搬迁工作的 growWork() 函数。

```
// src/runtime/map.go

func growWork(t *maptype, h *hmap, bucket uintptr) {
    // 确认搬迁老的 bucket 对应正在使用的 bucket
    evacuate(t, h, bucket&h.oldbucketmask())

    // 再搬迁一个 bucket，以加快搬迁进程
    if h.growing() {
        evacuate(t, h, h.nevacuate)
    }
}
```

函数 h.growing() 非常简单：

```
// src/runtime/map.go

func (h *hmap) growing() bool {
    return h.oldbuckets != nil
}
```

如果 oldbuckets 不为空，说明还没有搬迁完毕，还得继续搬。

表达式 bucket&h.oldbucketmask() 的作用，如源码里注释的，是为了确认搬迁的 bucket 是正在使用的 bucket。oldbucketmask() 函数返回扩容前的 map 的 bucketmask。

所谓的 bucketmask，作用是将它与哈希值相与，得到的结果就是 key 应该落入的桶编号。比如 B = 5，那么 bucketmask 的低 5 位是 11111，其余位都是 0，hash 值与其相与的意思是，只用 hash 值的低 5 位决策 key 到底落入哪个 bucket。

接下来，关注搬迁的关键函数 evacuate。源码如下：

```
// src/runtime/map.go

func evacuate(t *maptype, h *hmap, oldbucket uintptr) {
    // 定位老的 bucket 地址
    b := (*bmap)(add(h.oldbuckets, oldbucket*uintptr(t.bucketsize)))
    newbit := h.noldbuckets() // 结果是 2^B，假如 B = 5，结果为 32
    if !evacuated(b) { // 如果 b 没有被搬迁过
        var xy [2]evacDst // 表示 bucket 移动的目标地址
        x := &xy[0]
        // 默认是等 size 扩容，前后 bucket 序号不变。使用 x 来进行搬迁
        x.b = (*bmap)(add(h.buckets, oldbucket*uintptr(t.bucketsize)))
        x.k = add(unsafe.Pointer(x.b), dataOffset)
        x.e = add(x.k, bucketCnt*uintptr(t.keysize))

        // 如果不等 size 扩容，前后 bucket 序号有变
        // 使用 y 来进行搬迁
        if !h.sameSizeGrow() {
            y := &xy[1]
            // y 代表的 bucket 序号增加了 2^B
            y.b = (*bmap)(add(h.buckets, (oldbucket+newbit)*uintptr(t.bucketsize)))
            y.k = add(unsafe.Pointer(y.b), dataOffset)
            y.e = add(y.k, bucketCnt*uintptr(t.keysize))
        }

        // 遍历所有的 bucket，包括 overflow buckets
        // b 是老的 bucket 地址
        for ; b != nil; b = b.overflow(t) {
            k := add(unsafe.Pointer(b), dataOffset)
            e := add(k, bucketCnt*uintptr(t.keysize))
            // 遍历 bucket 中的所有 cell
            for i := 0; i < bucketCnt; i, k, e = i+1, add(k, uintptr(t.keysize)), add(e, uintptr(t.elemsize)) {
                top := b.tophash[i] // 当前 cell 的 top hash 值
                if isEmpty(top) { // 如果 cell 为空，即没有保存 key
                    b.tophash[i] = evacuatedEmpty // 那就标志它被"搬迁"过
                    continue // 继续下个 cell
                }
                // 正常不会出现这种情况
                // 未被搬迁的 cell 只可能是 empty 或是
                // 正常的 top hash（大于 minTopHash）
                if top < minTopHash {
                    throw("bad map state")
                }
                k2 := k
                if t.indirectkey() {
                    k2 = *((*unsafe.Pointer)(k2)) // 如果 key 是指针，则解除引用
                }
                var useY uint8
                if !h.sameSizeGrow() { // 如果不是等量扩容
                    // 计算 hash 值，和 key 第一次写入时一样
                    hash := t.hasher(k2, uintptr(h.hash0))
                    // 如果有协程正在遍历 map
                    // 并且如果出现相同的 key 值，算出来的 hash 值不同
                    // 只有在 float 变量的 NaN() 情况下会出现
                    if h.flags&iterator != 0 && !t.reflexivekey() && !t.key.equal(k2, k2) {
                        useY = top & 1 // 由 tophash 最低位决定
                        top = tophash(hash) // 取高 8 位作为 top hash 值
                    } else { // 一般情况下
                        if hash&newbit != 0 { // 取决于新哈希值的 oldB+1 位是 0 还是 1
                            useY = 1 // 为 1
                        }
                    }
                }

                if evacuatedX+1 != evacuatedY || evacuatedX^1 != evacuatedY {
                    throw("bad evacuatedN")
                }
```

```
                b.tophash[i] = evacuatedX + useY // evacuatedX + 1 == evacuatedY
                dst := &xy[useY]                  // evacuation destination

                if dst.i == bucketCnt { // 如果 dst.i 等于 8，说明要溢出了
                    dst.b = h.newoverflow(t, dst.b) // 新建一个 bucket
                    dst.i = 0 // 从 0 开始计数
                    dst.k = add(unsafe.Pointer(dst.b), dataOffset) // 表示 key 要移动到的位置
                    dst.e = add(dst.k, bucketCnt*uintptr(t.keysize)) // 表示 value 要移动到的位置
                }
                dst.b.tophash[dst.i&(bucketCnt-1)] = top // 设置 top hash 值
                if t.indirectkey() { // key 是指针
                    *(*unsafe.Pointer)(dst.k) = k2 // 将原 key（是指针）复制到新位置
                } else {
                    typedmemmove(t.key, dst.k, k) // 将原 key（是值）复制到新位置
                }
                if t.indirectelem() { // value 是指针，操作同 key
                    *(*unsafe.Pointer)(dst.e) = *(*unsafe.Pointer)(e)
                } else {
                    typedmemmove(t.elem, dst.e, e)
                }
                dst.i++ // 定位到下一个 cell
                dst.k = add(dst.k, uintptr(t.keysize))
                dst.e = add(dst.e, uintptr(t.elemsize))
            }
        }
        // 如果没有协程在使用老的 buckets，就把老 buckets 清除掉，帮助 GC
        if h.flags&oldIterator == 0 && t.bucket.ptrdata != 0 {
            b := add(h.oldbuckets, oldbucket*uintptr(t.bucketsize))
            // 只清除 bucket 的 key,value 部分，保留 top hash 部分，指示搬迁状态
            ptr := add(b, dataOffset)
            n := uintptr(t.bucketsize) - dataOffset
            memclrHasPointers(ptr, n)
        }
    }

    // 更新搬迁进度
    if oldbucket == h.nevacuate { // 如果此次搬迁的 bucket 等于当前进度
        advanceEvacuationMark(h, t, newbit)
    }
}

func advanceEvacuationMark(h *hmap, t *maptype, newbit uintptr) {
    h.nevacuate++ // 进度加 1
    stop := h.nevacuate + 1024 // 尝试往后看 1024 个 bucket
    if stop > newbit {
        stop = newbit
    }
    // 寻找没有搬迁的 bucket
    for h.nevacuate != stop && bucketEvacuated(t, h, h.nevacuate) {
        h.nevacuate++
    }
    // 现在 h.nevacuate 之前的 bucket 都被搬迁完毕

    // 所有的 buckets 搬迁完毕
    if h.nevacuate == newbit {
        h.oldbuckets = nil // 清除老的 buckets
        // 清除老的 overflow bucket
        if h.extra != nil {
            h.extra.oldoverflow = nil
        }
        h.flags &^= sameSizeGrow // 清除正在扩容的标志位
    }
}
```

函数 evacuate() 的代码注释非常清晰，对着代码和注释很容易看懂整个的搬迁过程。

搬迁的目的是将老的 buckets 搬迁到新的 buckets。而通过前面的说明已经知道，应对条件 1，新的 buckets 数量是之前的一倍；应对条件 2，新的 buckets 数量和之前相等。

对于条件 2，从老的 buckets 搬迁到新的 buckets，由于 bucktes 数量不变，因此可以按序号来搬，比如 key 原来在 0 号 bucktes，到新的地方后，仍然放在 0 号 buckets。

对于条件 1，就没这么简单了。要重新计算 key 的哈希，才能决定它到底落在哪个 bucket。例如，原来 B = 5，计算出 key 的哈希后，只用看它的低 5 位，就能决定它落在哪个 bucket。扩容后，B 变成了 6，因此需要多看一位，哈希值的低 6 位决定 key 落在哪个 bucket。这称为 map rehash，如图 3-10 所示。

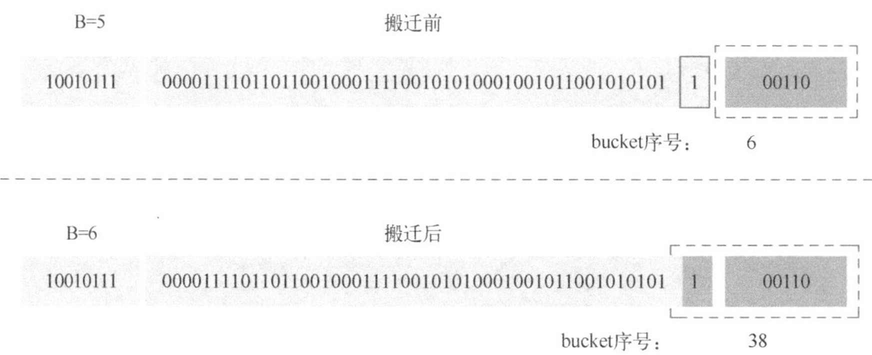

● 图 3-10　map rehash

因此，某个 key 在搬迁前后落入的 bucket 序号可能和原来相等，也可能是相比原来加上 2^B，取决于 hash 值的第 (B+1) bit 位是 0 还是 1。

如果扩容后，B 增加了 1，意味着 buckets 总数是原来的 2 倍，原来一个桶将“裂变”到两个桶。

例如，原始 B = 2，1 号 bucket 中有 2 个 key 的哈希值低 3 位分别为：010，110。由于原来 B = 2，所以低 2 位都是 10 决定它们落在 2 号桶，现在 B 变成 3，所以 010、110 分别落入 2、6 号桶，如图 3-11 所示。

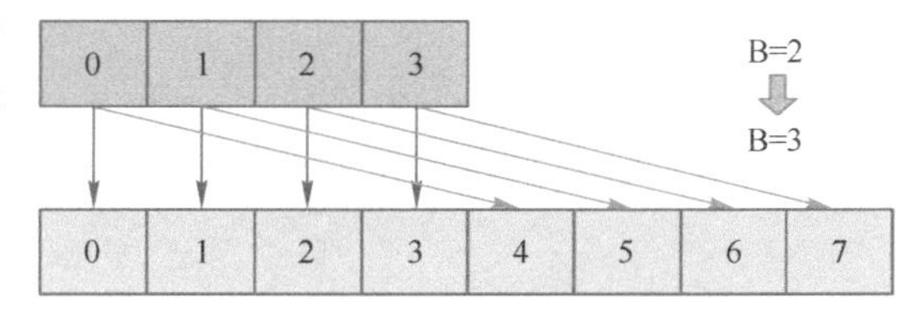

● 图 3-11　bucket split

先理解这个过程，后面讲 map 迭代的时候会用到。

再来讲搬迁函数中的几个关键点：

函数 evacuate() 每次只完成一个 bucket 的搬迁工作，需要遍历完此 bucket 的所有的 cell，将有值的 cell 复制到新的地方。并且 bucket 还会连接 overflow bucket，它们同样需要搬迁。因此需要两层循环，外层遍历 bucket 和 overflow bucket，内层遍历 bucket 的所有 cell。类似的循环在 map 的源码里到处都是，要理解透彻。

源码里有一个 bool 型变量，useY，其实代表的是落入 X, Y part 的哪个 part。前面说过，如果是扩容后 B 增加了 1，那么桶的数量是原来的 2 倍。前一半桶被称为 X part，后一半桶被称为 Y part。一个 bucket 中的 key 可能会分裂到两个桶，一个位于 X part，一个位于 Y part。所以在搬迁一个 cell 之前，需要知道这个 cell 中的每个 key 具体落到哪个 part。当然也很简单，重新计算 cell 中 key 的 hash，并向前“多看”一位，再决定落入哪个 part，这个前面也说得很详细了。

有一个特殊情况是：有一种 key，每次对它计算 hash，得到的结果都不一样。这个 key 就是 math.NaN() 的结果，它的含义是 not a number，类型是 float64。当它作为 map 的 key，在搬迁的时候，会遇到一个问题：再次计算它的哈希值和它当初插入 map 时的计算出来的哈希值不一样。

读者可能想到了，这样带来的一个后果是，这个 key 是永远不会被 Get 操作获取到的。当使用 m[math.NaN()] 语句的时候，是查不出来结果的。这个 key 只有在遍历整个 map 的时候，才有机会“现身”。所以，可以向一个 map 插入任意数量的 math.NaN() 作为 key。

当搬迁碰到 math.NaN() 的 key 时，只通过 tophash 的最低位决定分配到 X part 还是 Y part

（如果扩容后是原来 buckets 数量的 2 倍）。如果 tophash 的最低位是 0，分配到 X part；如果是 1，则分配到 Y part。

其实这样的 key 随便搬迁到哪个 bucket 都行，当然，还是要搬迁到裂变后对应的两个 bucket 中去。当然现在这样做是有好处的，在后面讲 map 迭代的时候会再详细解释，暂时只需要知道是这样分配的就行。

确定了要搬迁到的目标 bucket 后，搬迁操作就比较好进行了。

1）将源 key/value 值复制到目的地相应的位置。

2）设置 key 在原始 buckets 的 tophash 为 evacuatedX 或是 evacuatedY，表示已经搬迁到了新 map 的 x part 或是 y part。

3）新 map 的 tophash 取 key 哈希值的高 8 位。

下面来宏观地看一下扩容前后的变化，不妨假设扩容前 B 等于 2。

扩容前，B = 2，共有 4 个 buckets，lowbits 表示 hash 值的低位。假设不关注其他 buckets 情况，只专注在 2 号 bucket。并且假设 overflow bucket 太多，触发了等量扩容（对应于前面的条件 2），如图 3-12 所示。

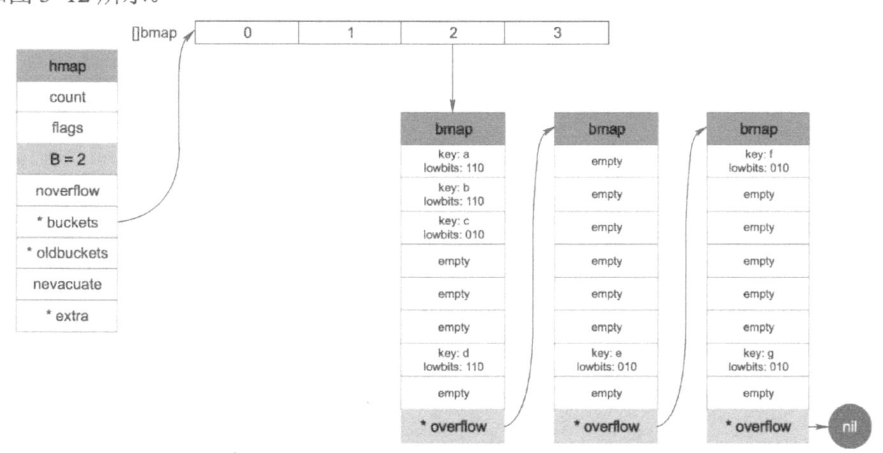

● 图 3-12　扩容前

扩容完成后，overflow bucket 消失了，key 都集中到了一个 bucket 中，更紧凑了，提高了查找的效率，如图 3-13 所示。

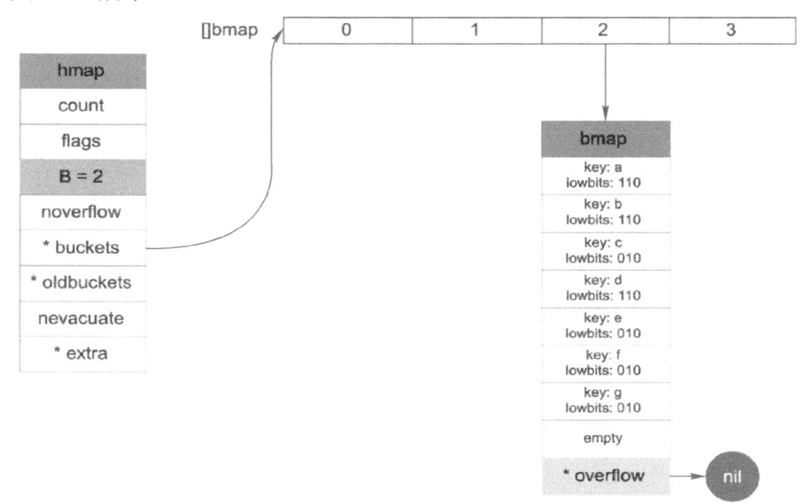

● 图 3-13　map same size 扩容

假设触发了 2 倍的扩容，那么扩容完成后，老 buckets 中的 key 就分裂出了 2 个新的 bucket。一个在 X part，一个在 Y part。依据是 hash 的 lowbits。新 map 中 0-3 bucket 称为 X part，4-7 bucket 称为 Y part，如图 3-14 所示。

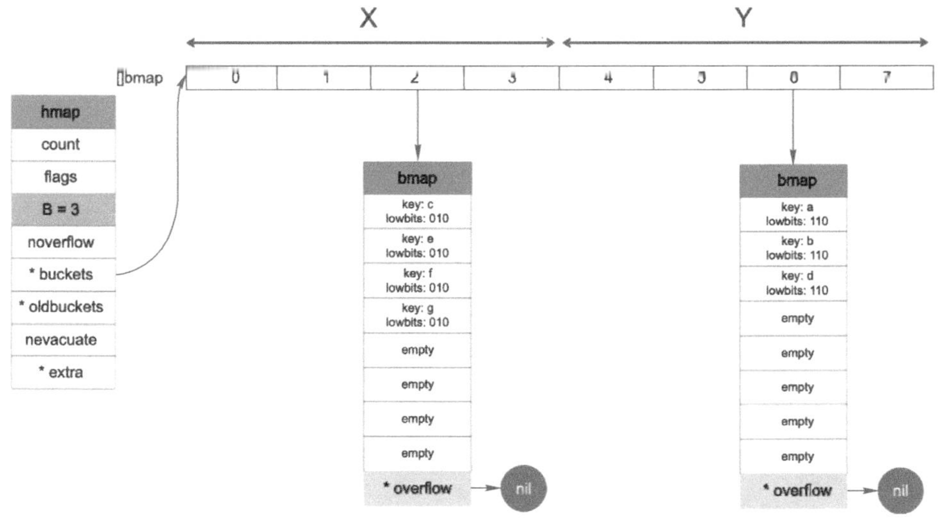

● 图 3-14　map 2 倍扩容

注意，上面的两张图忽略了其他 buckets 的搬迁情况，并且只展示了所有的 bucket 都搬迁完毕后的情形。实际上，搬迁是一个“渐进”的过程，并不会一次就全部搬迁完毕。所以在搬迁过程中，oldbuckets 指针还会指向原来老的 []bmap，并且已经搬迁完毕的 key 的 tophash 值会是一个状态值，表示 key 的搬迁去向。

8. map 的遍历过程是怎样的

本来 map 的遍历过程比较简单：遍历所有的 bucket 以及它后面挂的 overflow bucket，同时挨个遍历 bucket 中的所有 cell。每个 bucket 中包含 8 个 cell，从 cell 中取出 key 和 value，遍历过程就完成了。

但是，现实并没有这么简单。还记得前面讲过的扩容过程吗？扩容过程不是一个原子的操作，它每次最多只搬运 2 个 bucket，所以如果触发了扩容操作，那么在很长时间里，map 的状态都是处于一个中间态：有些 bucket 已经搬迁到“新家”，而有些 bucket 还待在“老家”。

因此，遍历如果发生在扩容的过程中，就会涉及遍历新老 bucket 的过程，这是难点所在。

先看一个简单的代码样例，假装不知道遍历过程具体调用的是什么函数：

```
package main

import "fmt"

func main() {
	ageMp := make(map[string]int)
	ageMp["qcrao"] = 18

	for name, age := range ageMp {
		fmt.Println(name, age)
	}
}
```

执行命令：

```
go tool compile -S main.go
```

得到汇编指令，关键的几行代码如下：

```
// ......
0x0124 00292 (test16.go:9)      CALL    runtime.mapiterinit(SB)

// ......
0x01fb 00507 (test16.go:9)      CALL    runtime.mapiternext(SB)
0x0200 00512 (test16.go:9)      MOVQ    ""..autotmp_4+160(SP), AX
0x0208 00520 (test16.go:9)      TESTQ   AX, AX
0x020b 00523 (test16.go:9)      JNE     302

// ......
```

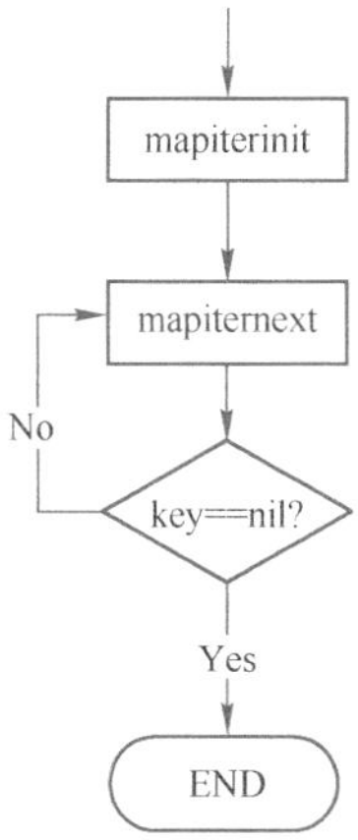

关于 map 如何迭代，底层的函数调用关系就非常清楚了。先是调用 mapiterinit 函数初始化迭代器，然后循环调用 mapiternext 函数进行 map 遍历，如图 3-15 所示。

● 图 3-15　map iter loop 迭代

迭代器的结构体定义：

```
// src/runtime/map.go

type hiter struct {
    key         unsafe.Pointer // key 指针
    elem        unsafe.Pointer // value 指针
    t           *maptype // map 类型，包含如 key size 大小等
    h           *hmap // map header
    buckets     unsafe.Pointer // 初始化时指向的 bucket
    bptr        *bmap          // 当前遍历到的 bmap
    overflow    *[]*bmap       // keeps overflow buckets of hmap.buckets alive
    oldoverflow *[]*bmap       // keeps overflow buckets of hmap.oldbuckets alive
    startBucket uintptr        // 起始遍历的 bucet 编号
    offset      uint8          // 遍历开始时 cell 的编号（每个 bucket 中有 8 个 cell）
    wrapped     bool           // 是否从头遍历了
    B           uint8 // B 的大小
    i           uint8 // 指示当前 cell 序号
    bucket      uintptr // 指向当前的 bucket
    checkBucket uintptr // 因为扩容，需要检查的 bucket
}
```

函数 mapiterinit() 就是对 hiter 结构体里的字段进行初始化赋值操作。

新手很可能会掉的一个坑是认为 Go map 的遍历顺序是有序的，实际上即使是对一个写死的 map 进行遍历，每次出来的结果也是无序的。下面就可以“近距离地”观察这个特性。

```
// src/runtime/map.go

// 生成随机数 r
r := uintptr(fastrand())
if h.B > 31-bucketCntBits {
    r += uintptr(fastrand()) << 31
}

// 从哪个 bucket 开始遍历
it.startBucket = r & (uintptr(1)<<h.B - 1)
// 从 bucket 的哪个 cell 开始遍历
it.offset = uint8(r >> h.B & (bucketCnt - 1))
```

例如，假设 B = 2，那 uintptr(1)<<h.B - 1 的结果就是 3，低 8 位为 0000 0011，将 r 与之相与，就可以得到一个 0~3 的起始 bucket 序号；同理，bucketCnt - 1 等于 7，低 8 位为 0000 0111，将 r 右移 2 位后，与 7 相与，就可以得到一个 0～7 号的起始 cell 序号。

于是，在 mapiternext 函数中就会从 it.startBucket 的 it.offset 号的 cell 开始遍历，取出其中的 key 和 value，直到又回到起点 bucket，完成遍历过程。

源码部分比较好看懂，尤其是理解了前面注释的几段代码后，再看这部分代码就没什么压力

了。所以，接下来将通过图形化的方式讲解整个遍历过程。

假设有如下图所示的一个 map，起始时 B = 1，有两个 bucket，后来触发了扩容（这里不用深究是否符合扩容条件，只是一个设定），B 变成 2。并且，1 号 bucket 中的内容搬迁到了新的 bucket，1 号裂变成 1 号和 3 号；0 号 bucket 暂未搬迁。老的 bucket 挂在 *oldbuckets 指针上面，新的 bucket 则挂在 *buckets 指针上面，如图 3-16 所示。

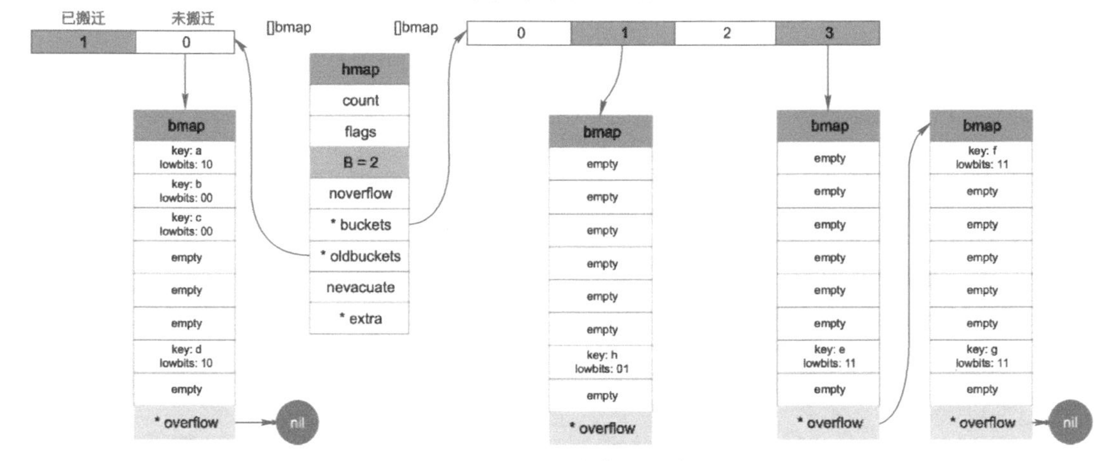

● 图 3-16　map 初始时的状态

这时，对此 map 进行遍历。假设经过初始化后，startBucket = 3，offset = 2。于是，遍历的起点就是 3 号 bucket 的 2 号 cell，图 3-17 就是开始遍历时的状态：

标红的方框表示起始位置，bucket 遍历顺序为：3 -> 0 -> 1 -> 2。

因为 3 号 bucket 对应老的 1 号 bucket，因此先检查老 1 号 bucket 是否已经被搬迁过。判断方法就是：

```
// src/runtime/map.go

func evacuated(b *bmap) bool {
	h := b.tophash[0]
	return h > emptyOne && h < minTopHash
}
```

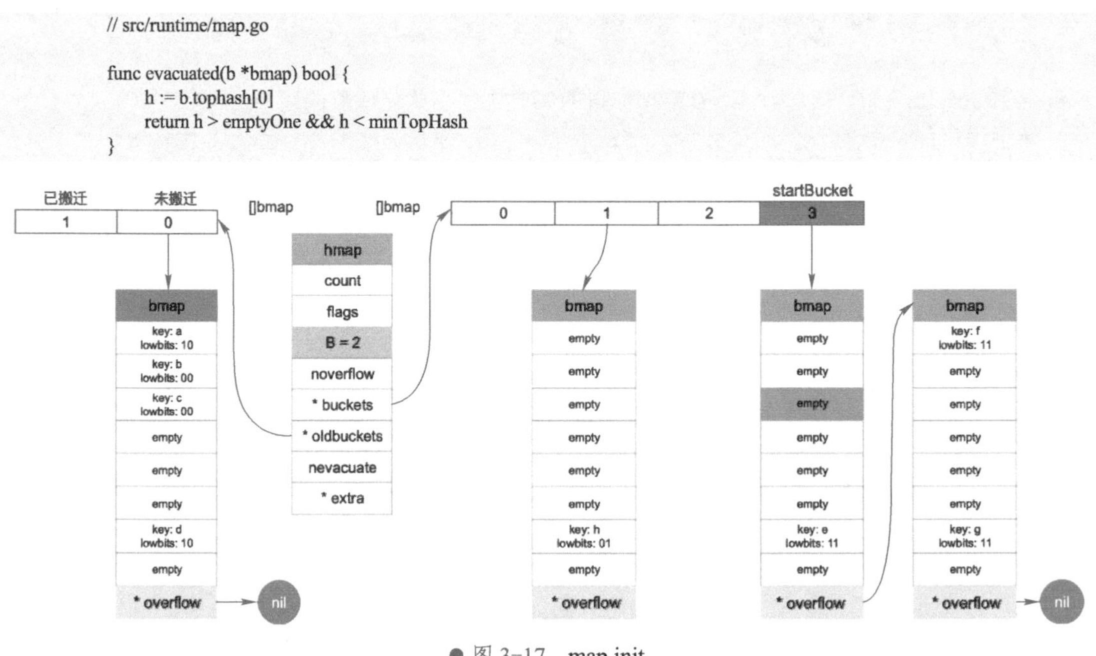

● 图 3-17　map init

如果 b.tophash[0] 的值在标志值范围内，即在 [2,4] 区间里，说明已经被搬迁过了。

在本例中，老 1 号 bucket 已经被搬迁过了。所以它的 tophash[0] 值在 [2,4] 范围内，因此只需遍历新的 3 号 bucket。

依次遍历 3 号 bucket 的 cell，这时候会找到第一个非空的 key：元素 e。到这里，mapiternext 函数返回，这时遍历结果仅有一个元素，如图 3-18 所示。

由于返回的 key 不为空，所以会继续调用 mapiternext 函数。继续从上次遍历到的地方往后遍历，从新 3 号 overflow bucket 中找到了元素 f 和元素 g。遍历结果集也因此扩大，如图 3-19 所示。

key:e
lowbits:11

● 图 3-18　遍历结果集（一）

key:e	key:f	key:g
lowbits:11	lowbits:11	lowbits:11

● 图 3-19　遍历结果集（二）

新 3 号 bucket 遍历完之后，回到了新 0 号 bucket。0 号 bucket 对应老的 0 号 bucket，经检查，老 0 号 bucket 并未搬迁，因此对新 0 号 bucket 的遍历就改为遍历老 0 号 bucket。那是不是把老 0 号 bucket 中的所有 key 都取出来呢？

并没有这么简单，回忆一下，老 0 号 bucket 在搬迁后将裂变成 2 个 bucket：新 0 号、新 2 号。而此时正在遍历的只是新 0 号 bucket（注意，遍历都是遍历的*bucket 指针，也就是所谓的新 buckets）。所以，只会取出老 0 号 bucket 中那些在裂变之后，分配到新 0 号 bucket 中的那些 key。

因此，lowbits 等于 00 的 key 将进入遍历结果集，如图 3-20 所示。

key:e	key:f	key:g	key:c	key:b
lowbits:11	lowbits:11	lowbits:11	lowbits:00	lowbits:00

● 图 3-20　遍历结果集（三）

这里需要说明的是，每次都会从一个 bucket 的固定序号的 cell 开始遍历，因此加入结果集中的顺序是：c，b。

和之前的流程一样，继续遍历新 1 号 bucket，发现老 1 号 bucket 已经搬迁，只用遍历新 1 号 bucket 中现有的元素就可以了。结果集如图 3-21 所示。

key:e	key:f	key:g	key:c	key:b	key:h
lowbits:11	lowbits:11	lowbits:11	lowbits:00	lowbits:00	lowbits:01

● 图 3-21　遍历结果集（四）

继续遍历新 2 号 bucket，它来自老 0 号 bucket，因此需要在老 0 号 bucket 中那些会裂变到新 2 号 bucket 中的 key，也就是 lowbit 等于 10 的那些 key。

这样，遍历结果集如图 3-22 所示。

key:e	key:f	key:g	key:c	key:b	key:h	key:d	key:a
lowbits:11	lowbits:11	lowbits:11	lowbits:00	lowbits:00	lowbits:01	lowbits:10	lowbits:10

● 图 3-22　遍历结果集（五）

最后，继续遍历到新 3 号 bucket 时，发现所有的 bucket 都已经遍历完毕，整个遍历过程执行完毕。

顺便说一下，如果碰到 key 是 math.NaN() 这种的，处理方式是类似的。核心还是要看它被分裂后具体落入哪个 bucket。只不过只用看它 top hash 的最低位。如果 top hash 的最低位是 0，分配到 X part；如果是 1，则分配到 Y part。据此决定是否取出 key，放到遍历结果集里。

综上，map 遍历的核心在于理解 2 倍扩容时，老 bucket 会分裂到 2 个新 bucket 中去。而遍历操作，会按照新 bucket 的序号顺序进行，碰到老 bucket 未搬迁的情况时，要在老 bucket 中找到将来要搬迁到新 bucket 来的 key。

3.2.3 map 中的 key 为什么是无序的

随着 map 中 key 数量的增多，原有的空间无法保证高效地进行增删查改的操作时就会发生扩容。而 map 在扩容时，会发生 key 的搬迁，原来落在同一个 bucket 中的 key，搬迁后，有些 key 会搬迁到其他 bucket，bucket 序号加上了 2^B。

而遍历的过程，则是按顺序遍历 bucket，同时按顺序遍历 bucket 中的 cell。搬迁后，key 的位置发生了重大的变化，有些 key 移到了其他的 bucket，有些 key 则“原地不动”（仅仅指 bucket 序号不变）。这样，再次遍历 map 的结果就不可能仍然按原来的顺序了。

如果整个程序在运行过程中就只有一个 hard code 的 map，即 map 里的 key 都是写死的，也不会进行插入、删除的操作，按理说每次遍历这样的 map 都会返回一个固定顺序的 key/value 序列吧？理论上可以这样，但是 Go 杜绝了这种做法，因为这样会给新手程序员带来误解，以为这是一定会发生的事情，在某些情况下，可能会酿成大错。

实际上，在 Go 的实现中，当遍历 map 时，并不是固定地从 0 号 bucket 开始遍历，而是每次都从一个随机序号的 bucket 开始，并且从这个 bucket 的一个随机序号的 cell 开始遍历。这样，即使是一个写死的 map，仅仅只是遍历它，也不太可能会返回一个固定序列的 key/value 对。

另外，“遍历 map 的结果是无序的”这个特性是从 Go 1.0 开始加入的。

3.2.4 map 是线程安全的吗

从 map 的源码上看，map 不是线程安全的。

在查找、赋值、遍历、删除的过程中都会检测写标志，一旦发现写标志置位（等于 1），则直接 panic。赋值和删除函数在检测完写标志是复位状态（等于 0）之后，先将写标志位置位（置为 1），才会进行之后的操作。

检测写标志：

```
if h.flags&hashWriting == 0 {
        throw("concurrent map writes")
}
```

设置写标志：

```
h.flags |= hashWriting
```

写标志其实就是低三位为 100：

```
hashWriting    = 4 // a goroutine is writing to the map
```

3.2.5 float 类型可以作为 map 的 key 吗

从语法上看，是可以的：Go 语言中只要是可比较的类型都可以作为 key。除了 slice、map、functions 这几种类型，其他类型都可以作为 map 的 key。具体包括：布尔值、数字、字符串、指针、通道、接口类型、结构体、只包含上述类型的数组。这些类型的共同特征是支持 == 和 != 操作符，当 k1 == k2 时，可认为 k1 和 k2 是同一个 key。如果是结构体，只有 hash 后的值相等以及字面值相等，才被认为是相同的 key。

顺便说一句，任何类型都可以作为 value，包括 map 类型。

来看个例子：

```
func main() {
    m := make(map[float64]int)
    m[1.4] = 1
    m[2.4] = 2
    m[math.NaN()] = 3
    m[math.NaN()] = 3
```

```
        for k, v := range m {
            fmt.Printf("[%v, %d] ", k, v)
        }

        fmt.Printf("\nk: %v, v: %d\n", math.NaN(), m[math.NaN()])
        fmt.Printf("k: %v, v: %d\n", 2.400000000001, m[2.400000000001])
        fmt.Printf("k: %v, v: %d\n", 2.4000000000000000000000001, m[2.4000000000000000000000001])

        fmt.Println(math.NaN() == math.NaN())
    }
```

程序的输出：

```
[2.4, 2] [NaN, 3] [NaN, 3] [1.4, 1]
k: NaN, v: 0
k: 2.400000000001, v: 0
k: 2.4, v: 2
false
```

例子中定义了一个 key 类型是 float64 的 map，并向其中插入了 4 个 key：1.4，2.4，NAN，NAN。

遍历 map 打印的时候也打印出了 4 个 key，读者可能感到疑惑，map 里的 key 怎么会有重复的呢？前面提到过 NAN != NAN，因为他们比较的结果不相等，自然在 map 看来就是两个不同的 key 了。

接着，查询了几个 key，发现 NAN 不存在，2.400000000001 也不存在，而 2.4000000000000000000000001 却存在。

有点诡异，不是吗？通过汇编分析发现了如下的事实：当用 float64 作为 key 的时候，先要将其转成 unit64 类型，再插入 key 中。

具体通过 Float64frombits 函数完成：

```
func Float64frombits(b uint64) float64 { return *(*float64)(unsafe.Pointer(&b)) }
```

也就是将浮点数表示成 IEEE 754 规定的格式。如赋值语句对应的汇编代码：

```
0x00bd 00189 (test18.go:9)      LEAQ      "".statictmp_0(SB), DX
0x00c4 00196 (test18.go:9)      MOVQ      DX, 16(SP)
0x00c9 00201 (test18.go:9)      PCDATA    $0, $2
0x00c9 00201 (test18.go:9)      CALL      runtime.mapassign(SB)
```

"".statictmp_0(SB) 变量是这样的：

```
"".statictmp_0 SRODATA size=8
        0x0000 33 33 33 33 33 33 03 40
"".statictmp_1 SRODATA size=8
        0x0000 ff 3b 33 33 33 33 03 40
"".statictmp_2 SRODATA size=8
        0x0000 33 33 33 33 33 33 03 40
```

将 float 64 转成十六进制：

```
package main

import (
    "fmt"
    "math"
)

func main() {
    m := make(map[float64]int)
    m[2.4] = 2

    fmt.Println(math.Float64bits(2.4))
    fmt.Println(math.Float64bits(2.400000000001))
    fmt.Println(math.Float64bits(2.4000000000000000000000001))
}
```

程序输出：

```
4612586738352862003
4612586738352864255
4612586738352862003
```

转成十六进制为：

```
0x4003333333333333
0x4003333333333BFF
0x4003333333333333
```

和前面的 "".statictmp_0 比较一下，很清晰了吧。2.4 和 2.4000000000000000000000001 经过 math.Float64bits() 函数转换后的结果是一样的。因此，这二者在 map 看来，就是同一个 key 了。

再来看一下 NAN（not a number）：

```
func NaN() float64 { return Float64frombits(uvnan) }
```

uvan 的定义为：

```
uvnan     = 0x7FF8000000000001
```

NAN()直接调用 Float64frombits，传入写死的 const 型变量 0x7FF8000000000001，得到 NAN 型值。既然 NAN 是从一个常量解析得来的，为什么插入 map 时，会被认为是不同的 key？

这其实是由类型的哈希函数决定的，例如，对于 64 位的浮点数，它的哈希函数如下：

```
// src/runtime/alg.go
func f64hash(p unsafe.Pointer, h uintptr) uintptr {
	f := *(*float64)(p)
	switch {
	case f == 0:
		return c1 * (c0 ^ h) // +0, -0
	case f != f:
		return c1 * (c0 ^ h ^ uintptr(fastrand()))
	default:
		return memhash(p, h, 8)
	}
}
```

第 2 个 case，f != f 就是针对 NAN，这里会再加一个随机数。

这样，所有的谜题都解开了。由于 NAN 的特性：

```
NAN != NAN
hash(NAN) != hash(NAN)
```

因此如果从 map 中查找的 key 为 NAN 时，什么也查不到；如果向其中增加了 4 次 NAN，遍历会得到 4 个 NAN。

结论：float 型可以作为 key，但是由于精度的问题，会导致一些诡异的问题出现，故慎用之。

3.2.6 map 如何实现两种 get 操作

Go 语言中读取 map 有两种语法：带 comma 和不带 comma。当要查询的 key 不在 map 里，带 comma 的用法会返回一个 bool 型变量提示 key 是否在 map 中；而不带 comma 的语句则只会返回一个 key 类型的零值。如果 key 是 int 型就会返回 0，如果 key 是 string 类型，则会返回空字符串。

两种用法的示例如下：

```
package main

import "fmt"

func main() {
	ageMap := make(map[string]int)
	ageMap["qcrao"] = 18
```

```
    // 不带 comma 用法
    age1 := ageMap["stefno"]
    fmt.Println(age1)

    // 带 comma 用法
    age2, ok := ageMap["stefno"]
    fmt.Println(age2, ok)
}
```

运行结果：

```
0
0 false
```

读者可能会感到奇怪，Go 语言并不支持重载，为什么同样的赋值语句会有两种不同类型的返回值呢？这其实是编译器在背后做的工作：编译器在分析完用户代码后，会将这两种语法分别对应到 runtime 两个不同的函数。

```
// src/runtime/map.go

func mapaccess1(t *maptype, h *hmap, key unsafe.Pointer) unsafe.Pointer
func mapaccess2(t *maptype, h *hmap, key unsafe.Pointer) (unsafe.Pointer, bool)
```

从上面两个函数的声明也可以看出差别，mapaccess2 函数返回值多了一个 bool 型变量，两者的代码也是完全一样的，只是 mapaccess2 函数在返回值后面多返回了一个 bool 型的值。

另外，根据 key 的类型，编译器还会将查找、插入、删除的函数用更具体的函数替换，以提升效率，见表 3-4。

表 3-4 优化为更具体的函数

key 类型	查找
uint32	mapaccess1_fast32(t maptype, h hmap, key uint32) unsafe.Pointer
uint32	mapaccess2_fast32(t maptype, h hmap, key uint32) (unsafe.Pointer, bool)
uint64	mapaccess1_fast64(t maptype, h hmap, key uint64) unsafe.Pointer
uint64	mapaccess2_fast64(t maptype, h hmap, key uint64) (unsafe.Pointer, bool)
string	mapaccess1_faststr(t maptype, h hmap, ky string) unsafe.Pointer
string	mapaccess2_faststr(t maptype, h hmap, ky string) (unsafe.Pointer, bool)

这些函数的参数类型直接是具体的 uint32、unt64、string，在函数内部由于提前知晓了 key 的类型，所以内存布局是很清楚的，因此能节省很多类型相关的操作，提高效率。

3.2.7 如何比较两个 map 是否相等

两个 map 深度相等的条件如下：

1）都为 nil。

2）非空、长度相等，指向同一个 map 实体对象。

3）相应的 key 指向的 value “深度”相等。

三个条件是或的关系，满足任何一条即认为两个 map 深度相等。

直接使用 map1 == map2 是错误的，这种写法只能比较 map 是否为 nil。

```
package main

import "fmt"

func main() {
    var m map[string]int
    var n map[string]int
```

```
        fmt.Println(m == nil)
        fmt.Println(n == nil)

        // 下面这条语句，不能通过编译
        //fmt.Println(m == n)
}
```

输出结果：

```
true
true
```

因此只能通过遍历 map 的每个元素，比较元素是否都是深度相等。

3.2.8 可以对 map 的元素取地址吗

无法对 map 的 key 或 value 进行取址。以下代码不能通过编译：

```
package main

import "fmt"

func main() {
        m := make(map[string]int)

        fmt.Println(&m["qcrao"])
}
```

编译报错：

```
./main.go:8:14: cannot take the address of m["qcrao"]
```

如果通过其他 hack 的方式，例如 unsafe.Pointer 等获取到了 key 或 value 的地址，也不能长期持有，因为一旦发生扩容，key 和 value 的位置就会改变，之前保存的地址也就失效了。

3.2.9 可以边遍历边删除吗

前面讲过，map 并不是一个线程安全的数据结构。同时读写一个 map 是未定义的行为，如果被检测到，会直接 panic。

上面说的是发生在多个线程同时读写同一个 map 的情况下。如果在同一个协程内边遍历边删除，并不会检测到同时读写，理论上是可以这样做的。在 Go 官方文档中也有这样的例子支撑：

```
for key := range m {
        if key.expired() {
                delete(m, key)
        }
}
```

能够这样做的原因可以追溯到语言规范，在 Go 的语言规范中并没有指定 map 的迭代顺序，因此遍历一个 map 时不能保证每次迭代的顺序相同。如果在迭代过程中删除了尚未访问的 map 键值对，则不会产生相应的迭代值。同样的道理，如果在迭代过程中创建了新的 map 条目，该条目既可能在迭代过程中产生，也可能被跳过。对于每一个创建的条目，以及从一个迭代到下一个迭代，选择可能会有所不同。如果 map 为 nil，则迭代次数为 0。上面的例子中，只会删除当前正在迭代的 key。

实际上，sync.Map 是 Go 标准库提供的线程安全的 map，在存在多个读者和写者的情况下，应该优先考虑使用。

第4章 通 道

goroutine 和 channel（通道）并称 Go 并发的两大基石。channel 可以放心地在多个 goroutine 之间使用，因为它是并发安全的。channel 使得并发编程变得如此容易，这在传统语言里，例如 C/C++，是无法想象的。当然，表面上的简单一定是把复杂性藏在了底层中，本节内容将探索 channel 底层的原理。

4.1 CSP 是什么

Go 有一句经典的格言：

Do not communicate by sharing memory; instead, share memory by communicating.

不要通过共享内存来通信，而要通过通信来实现内存共享。这也是 Go 的并发哲学，它依赖 CSP 模型，基于 goroutine 和 channel 实现。

CSP 通常被认为是 Go 语言在并发编程上取得成功的关键因素。CSP 全称是“Communicating Sequential Processes”，这也是 C.A.R Hoare 在 1978 年发表在 ACM 的一篇论文的主题。论文里指出一门编程语言应该重视 input 和 output，尤其是注重并发编程。

在那篇文章发表的时代，人们正在研究模块化编程的思想，该不该用 goto 语句在当时是最激烈的议题。彼时，面向对象编程的思想正在崛起，几乎没什么人关心并发编程。

在文章中，CSP 也是一门自定义的编程语言，作者定义了用于过程（process）间的通信（communicatiton）的输入输出语句。Process 需要输入驱动，并且产生输出，供其他 process 消费，process 可以是进程、线程、甚至是代码块。输入命令是：!，用来向 process 写入；输出是：?，用来从 process 读出。channel 正是借鉴了这一设计。

Hoare 还提出了一个 -> 命令，如果 -> 左边的语句返回 false，那它右边的语句就不会执行。

通过这些输入输出命令，Hoare 证明了如果一门编程语言中把过程间的通信看得第一等重要，那么并发编程的问题就会变得简单。

Go 语言则进一步将 CSP 发扬光大。尽管内存同步访问控制（memory access synchronization）在某些情况下大有用处，Go 语言也有相应的 sync 包支持，但是用在大型程序中还是很容易出错。因此 Go 一开始就把 CSP 的思想融入语言的核心里，所以并发编程成为 Go 的一个独特的优势，而且很容易理解。

大多数的编程语言的并发编程模型是基于线程和内存同步访问控制，Go 的并发编程的模型则用 goroutine 和 channel 来替代。goroutine 和线程类似，channel 则和 mutex（用于内存同步访问控制）类似。

goroutine 解放了程序员，让他们更能贴近业务去思考问题。而不用考虑各种像线程库、线程开销、线程调度等这些烦琐的底层问题，goroutine 天生就把这些问题解决好了。

channel 则天生就可以和其他 channel 组合，可以把各种收集各种子系统结果的 channel 输入到同一个 channel。channel 还可以和 select, cancel, timeout 结合起来，而 Mutex 就没有这些功能。

Go 的并发原则非常优秀，目标很简单：尽量使用 channel；把 goroutine 当作免费的资源，随便使用。

4.2 通道有哪些应用

channel 和 goroutine 的结合是 Go 并发编程的大杀器。而 channel 的实际应用也经常让人眼前一亮，通过与 select、cancel、timer 等结合，它能实现各种各样的功能。接下来梳理一下 channel 的应用。

1．停止信号

channel 用于停止信号的场景很多，通常是通过关闭某个 channel 或者向 channel 发送一个元素，使得接收 channel 的那一方获知道此信息，进而做一些其他的操作，如停止某个循环等。

2．定时任务

与计时器结合，一般有两种做法：实现超时控制、实现定期执行某个任务。

有时候，需要执行某项操作，但又不想它耗费太长时间，上一个定时器就可以搞定。这就是超时控制：

```
select {
    case <-time.After(100 * time.Millisecond):
    case <-s.stopc:
        return false
}
```

等待 100 ms 后，如果 s.stopc 还没有读出数据或者被关闭，就直接结束。这是来自 etcd 源码里的一个例子，这样的写法随处可见。

定时执行某个任务，也比较简单：

```
func worker() {
    ticker := time.Tick(1 * time.Second)
    for {
        select {
        case <- ticker:
            // 执行定时任务
            fmt.Println("执行 1s 定时任务")
        }
    }
}
```

每隔 1s，执行一次定时任务。

和定时任务相关的两个例子虽然主要依赖于 timer/ticker 的作用，但收到定时消息的途径仍然是 channel。

3．解耦生产方和消费方

服务启动时，启动 N 个 worker，作为工作协程池，这些协程工作在一个 for {} 无限循环里，从某个 channel 消费工作任务并执行：

```
func main() {
    taskCh := make(chan int, 100)
    go worker(taskCh)

    // 阻塞任务
    for i := 0; i < 10; i++ {
        taskCh <- i
    }

    // 等待 1 小时
    select {
    case <-time.After(time.Hour):
    }
}

func worker(taskCh <-chan int) {
    const N = 5
    // 启动 5 个工作协程
    for i := 0; i < N; i++ {
        go func(id int) {
```

```
                for {
                    task := <- taskCh
                    fmt.Printf("finish task: %d by worker %d\n", task, id)
                    time.Sleep(time.Second)
                }
            }(i)
        }
    }
```

作为消费方的 5 个工作协程不断地从工作队列里取任务，生产方只管往 channel 发送任务即可，解耦了生产方和消费方。

程序输出：

```
    finish task: 1 by worker 4
    finish task: 2 by worker 2
    finish task: 4 by worker 3
    finish task: 3 by worker 1
    finish task: 0 by worker 0
    finish task: 6 by worker 0
    finish task: 8 by worker 3
    finish task: 9 by worker 1
    finish task: 7 by worker 4
    finish task: 5 by worker 2
```

4．控制并发数

有时需要定时执行几百个任务，例如每天定时按城市来执行一些离线计算的任务。但是并发数又不能太高，因为任务执行过程会依赖第三方的一些资源，对请求的速率有限制。这时就可以通过 channel 来控制并发数：

```
    var token = make(chan int, 3)

    func main() {
        // …………
        for _, w := range work {
            go func() {
                token <- 1
                w()
                <-token
            }()
        }
        // …………
    }
```

构建一个缓冲型的 channel，容量为 3。接着遍历任务列表，每个任务启动一个 goroutine 去完成。真正执行任务、访问第三方的动作在 w() 中完成，在执行 w() 之前，先要从 token 中拿“许可证”，拿到许可证之后，才能执行 w()。并且执行完任务后，要将“许可证”归还，这样就可以控制同时运行的 goroutine 数目。

这里，token <- 1 放在 func 内部而不是外部，原因是：

如果放在外层，就是控制系统 goroutine 的数量，可能会阻塞 for 循环，影响业务逻辑。而 token 其实和逻辑无关，只是性能调优，放在内层和外层的语义不太一样。

还有一点要注意的是，如果 w() 发生 panic，那“许可证”可能就还不回去了，这可以使用 defer 来保证。

4.3 通道的底层结构

4.3.1 数据结构

底层数据结构直接看源码：

```
// src/runtime/chan.go

type hchan struct {
    qcount    uint              // chan 里元素数量
    dataqsiz uint               // chan 底层循环数组的长度
    buf       unsafe.Pointer    // 指向底层循环数组的指针，只针对有缓冲的 channel
    elemsize uint16             // chan 中元素大小
    closed    uint32            // chan 是否被关闭的标志
    elemtype *_type             // chan 中元素类型
    sendx     uint              // 已发送元素在循环数组中的索引
    recvx     uint              // 已接收元素在循环数组中的索引
    recvq     waitq             // 等待接收的 goroutine 队列
    sendq     waitq             // 等待发送的 goroutine 队列

    lock mutex                  // 保护 hchan 中所有字段以及 sudog 上一些字段
}
```

关于字段的含义都写在注释里了，来重点看几个字段：

字段 buf 指向底层循环数组，只有缓冲型的 channel 才有效。

字段 sendx，recvx 均指向底层循环数组，表示当前可以发送和接收的元素位置索引值（相对于底层数组）。

字段 sendq，recvq 分别表示被阻塞的 goroutine，这些 goroutine 由于尝试读取 channel 或向 channel 发送数据而被阻塞。阻塞的原因是 channel 为空，没有元素可被读取或者 channel 已满，无法向其发送更多的元素。

字段 waitq 是 sudog 的一个双向链表，而 sudog 实际上是对 goroutine 的一个封装：

```
// src/runtime/chan.go

type waitq struct {
    first *sudog
    last  *sudog
}
```

字段 lock 用来保证每个读 channel 或写 channel 的操作都是原子的操作。

例如，创建一个容量为 6 的，元素为 int 型的 channel 数据结构如图 4-1 所示。

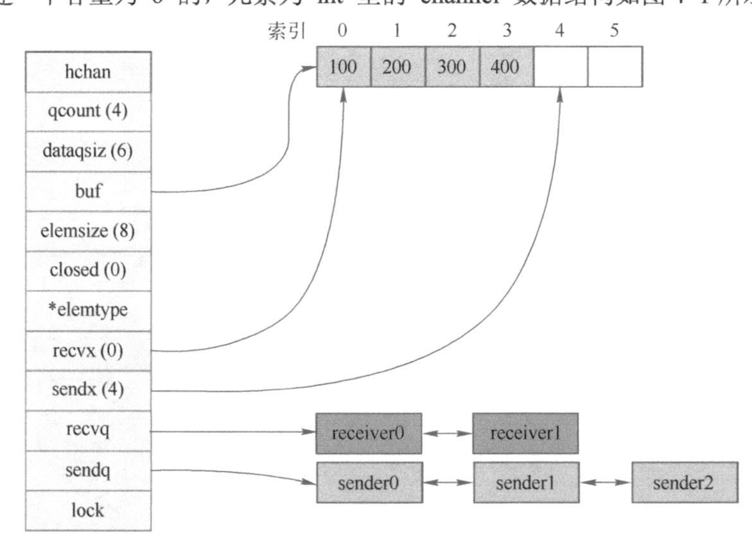

● 图 4-1 channel 数据结构

4.3.2 创建过程

channel 有两个方向：发送和接收。理论上来说，可以创建一个只发送或只接收的通道，但是这种通道创建出来后，怎么使用呢？一个只能发的通道，怎么接收呢？同样，一个只能收的通道，如何向其发送数据呢？答案是作为函数参数，只发送或只接收可以保证函数内部对 channel 的操作是“安全”的。

使用 make 创建一个能收能发的通道：

```
// 无缓冲通道
ch1 := make(chan int)
// 有缓冲通道
ch2 := make(chan int, 10)
```

通过对汇编分析，可以得到最终创建 chan 的函数是 makechan：

```
func makechan(t *chantype, size int64) *hchan
```

从函数原型来看，创建的 chan 是一个指针。所以能在函数间直接传递 channel 本身，而不用传递 channel 的指针。

具体来看下代码：

```
// src/runtime/chan.go

// hchanSize 的大小
const hchanSize = unsafe.Sizeof(hchan{}) + uintptr(-int(unsafe.Sizeof(hchan{}))&(maxAlign-1))

func makechan(t *chantype, size int) *hchan {
	elem := t.elem

	// 省略了检查 channel size，align 的代码
	// ......

	// 计算 chan 需要的内存大小，以及计算是否超出最大值而溢出
	mem, overflow := math.MulUintptr(elem.size, uintptr(size))
	if overflow || mem > maxAlloc-hchanSize || size < 0 {
		panic(plainError("makechan: size out of range"))
	}

	var c *hchan
	switch {
	case mem == 0:
		// channel 容量或元素大小为零
		// 1. 非缓冲型的，buf 没用，直接指向 chan 起始地址处
		// 2. 缓冲型的，能进入到这里，说明元素无指针且元素类型为 struct{}，也无影响
		// 因为只会用到接收和发送游标，不会真正复制东西到 c.buf 处（这会覆盖 chan 的内容）
		c = (*hchan)(mallocgc(hchanSize, nil, true))
		// Race detector uses this location for synchronization.
		c.buf = c.raceaddr() // 实际上 c.buf = unsafe.Pointer(&c.buf)
	case elem.ptrdata == 0:
		// 如果 hchan 结构体中不含指针，GC 就不会扫描 chan 中的元素
		// 只分配 "hchan 结构体大小 + 元素大小*个数" 的内存
		// 只进行一次内存分配操作
		c = (*hchan)(mallocgc(hchanSize+mem, nil, true))
		c.buf = add(unsafe.Pointer(c), hchanSize)
	default:
		// 进行两次内存分配操作
		c = new(hchan)
		c.buf = mallocgc(mem, elem, true)
	}

	c.elemsize = uint16(elem.size)
	c.elemtype = elem
	c.dataqsiz = uint(size) // 循环数组长度
	lockInit(&c.lock, lockRankHchan)

	// ......

	return c // 返回 hchan 指针
}
```

主要是分配内存，初始化相关的字段，新建一个 chan 后，在堆上分配分存，如图 4-2 所示。

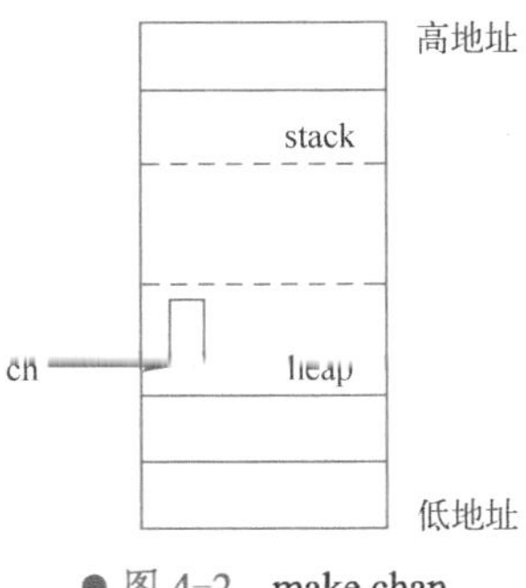

● 图 4-2　make chan

4.3.3　接收过程

1　源码分析

先来看接收相关的源码，在理解了接收的具体过程之后，再根据一个实际的例子来具体研究。

接收操作有两种写法，一种带“ok”，反应 channel 是否关闭；一种不带“ok”，当接收到相应类型的零值时无法知道是真实的发送者发送过来的值，还是 channel 被关闭后，channel 返回给接收者的默认类型的零值。两种写法，都有各自的应用场景。

经过编译器的处理后，这两种写法最后对应源码里如下两个函数：

```
// src/runtime/chan.go

func chanrecv1(c *hchan, elem unsafe.Pointer) {
    chanrecv(c, elem, true)
}

func chanrecv2(c *hchan, elem unsafe.Pointer) (received bool) {
    _, received = chanrecv(c, elem, true)
    return
}
```

函数 chanrecv1 处理不带“ok”情形，chanrecv2 则通过返回“received”这个字段来得知 channel 是否被关闭。接收值则比较特殊，会被“放到”参数 elem 所指向的地址，这很像 C/C++ 里的写法：通过指针“携带”返回值。如果代码里忽略了接收值，这里的 elem 传的实参为 nil。

两者最终都会调用 chanrecv 函数：

```
// src/runtime/chan.go

// chanrecv 函数接收 channel c 的元素并将其写入 ep 所指向的内存地址
// 如果 ep 是 nil，说明调用者忽略了接收值
// 如果 block == false，即非阻塞型接收，在没有数据可接收的情况下，返回 (false, false)
// 否则，如果 c 处于关闭状态，将 ep 指向的地址清零，返回 (true, false)
// 否则，用返回值填充 ep 指向的内存地址。返回 (true, true)
// 如果 ep 非空，则应该指向堆或者函数调用者的栈
func chanrecv(c *hchan, ep unsafe.Pointer, block bool) (selected, received bool) {
    // ...
    // 如果是一个 nil 的 channel
    if c == nil {
        if !block { // 如果是非阻塞调用，直接返回 (false, false)
            return
        }
        // 否则，从一个 nil 的 channel 接收，对应的 goroutine 被挂起，永远不会被唤醒
        gopark(nil, nil, waitReasonChanReceiveNilChan, traceEvGoStop, 2)
        throw("unreachable")
    }

    // 快速通道：对于非阻塞调用，不用获取锁，快速检测失败
    if !block && empty(c) { // 对于非阻塞型调用，且 channel 是空的
        // 当观测到 channel 是空的时候，再来观察 channel 是否是 closed
        if atomic.Load(&c.closed) == 0 {
            // 因为 channel 不可能被重复打开，所以前一个观测的时候 channel 也是未关闭的
            // 因此在这种情况下可以直接宣布接收失败，返回 (false, false)
            return
        }
        //channel 已经被关闭，并且不会再打开。再检查一下 channel 是否还有数据
        if empty(c) {
            //……
```

```
            // 如果要接收数据，那返回零值
            if ep != nil {
                typedmemclr(c.elemtype, ep)
            }
            return true, false // 被选中，但没收到数据
        }
    }

    var t0 int64
    if blockprofilerate > 0 {
        t0 = cputicks()
    }

    lock(&c.lock)

    // channel 已关闭，并且循环数组 buf 里没有元素
    // 这里可以处理非缓冲型关闭 和 缓冲型关闭但 buf 无元素的情况
    // 相对的情况是，即使是关闭状态，但在缓冲型的 channel，buf 里有元素的情况下还能接收到元素
    if c.closed != 0 && c.qcount == 0 {
        if raceenabled {
            raceacquire(c.raceaddr())
        }
        unlock(&c.lock)
        if ep != nil {
      // 从一个已关闭的 channel 执行接收操作，且未忽略返回值
            // 那么接收的值将是一个该类型的零值
            // typedmemclr 根据类型清理相应地址的内存
            typedmemclr(c.elemtype, ep)
        }
        return true, false // 从一个已关闭的 channel 接收，selected 会返回 true
    }

    // 等待发送队列里有 goroutine 存在，说明 buf 是满的
    // 这有可能是：
    // 1. 非缓冲型的 channel
    // 2. 缓冲型的 channel，但 buf 满了
    // 针对 1，直接进行内存复制（从 sender goroutine -> receiver goroutine）
    // 针对 2，接收到循环数组头部的元素，并将发送者的元素放到循环数组尾部
    if sg := c.sendq.dequeue(); sg != nil {
        recv(c, sg, ep, func() { unlock(&c.lock) }, 3)
        return true, true
    }

  // 缓冲型，buf 里有元素，可以正常接收
    if c.qcount > 0 {
        qp := chanbuf(c, c.recvx) // 直接从循环数组里找到要接收的元素
        // ......
    // 代码里，没有忽略要接收的值，不是 "<- ch"，而是 "val <- ch"，ep 指向 val
        if ep != nil {
            typedmemmove(c.elemtype, ep, qp)
        }
        typedmemclr(c.elemtype, qp) // 清理掉循环数组里相应位置的值
        c.recvx++ // 接收游标向前移动
        if c.recvx == c.dataqsiz {
            c.recvx = 0 // 接收游标归零
        }
        c.qcount-- // buf 数组里的元素个数减 1
        unlock(&c.lock) // 解锁
        return true, true
    }

    if !block { // 非阻塞接收，解锁。selected 返回 false，因为没有接收到值
        unlock(&c.lock)
        return false, false
    }

    // 接下来就是处理被阻塞的情况了
    // 构造一个 sudog
    gp := getg()
```

```
        mysg := acquireSudog()
        mysg.releasetime = 0
        if t0 != 0 {
            mysg.releasetime = -1
        }

        mysg.elem = ep // 待接收数据的地址保存下来
        mysg.waitlink = nil
        gp.waiting = mysg
        mysg.g = gp
        mysg.isSelect = false
        mysg.c = c
        gp.param = nil
        c.recvq.enqueue(mysg) // 进入 Channel 的等待接收队列
        gopark(chanparkcommit, unsafe.Pointer(&c.lock), waitReasonChanReceive, traceEvGoBlockRecv, 2) // 将当前 goroutine 挂起

        // 被唤醒了，接着从这里继续执行一些扫尾工作
        if mysg != gp.waiting {
            throw("G waiting list is corrupted")
        }
        gp.waiting = nil
        gp.activeStackChans = false
        if mysg.releasetime > 0 {
            blockevent(mysg.releasetime-t0, 2)
        }
        closed := gp.param == nil
        gp.param = nil
        mysg.c = nil
        releaseSudog(mysg)
        return true, !closed
    }
```

上面的代码注释地比较详细，建议读者仔细阅读完源码，再跟着接下来的内容进行梳理：

1）如果 channel 是一个空值（nil），在非阻塞模式下，会直接返回。在阻塞模式下，会调用 gopark 函数挂起 goroutine，这个会一直阻塞下去。因为在 channel 是 nil 的情况下，要想不阻塞，只有关闭它，但关闭一个 nil 的 channel 又会产生 panic，所以 goroutine 没有机会被唤醒了。

2）在非阻塞模式下，不用获取锁，快速检测到失败并且返回。顺带插一句，平时在写代码的时候，找到一些边界条件，快速返回，能让代码逻辑更清晰，因为接下来处理正常情况就更聚焦了，看代码的人也能专注地看核心代码逻辑。

当观察到 channel 没准备好接收：

```
    // src/runtime/chan.go

    // empty 报告从 channel 读是否应该被 block，也就是 channel 是“空”的，才会被 block
    func empty(c *hchan) bool {
        // 一旦 channel 被创建，c.dataqsiz 就不会被修改
        if c.dataqsiz == 0 {
            // sendq 里是否有向 channel 发送的 goroutine。若没有，则说明 channel 为 “空”
            return atomic.Loadp(unsafe.Pointer(&c.sendq.first)) == nil
        }
        // 缓冲型的 channel，元素个数是否为 0
        return atomic.Loaduint(&c.qcount) == 0
    }
```

1）非缓冲型，等待发送列队里没有 goroutine 在等待。

2）缓冲型，但 buf 里没有元素。

之后，又观察到 closed 等于 0，即 channel 未关闭。

因为 channel 不可能被重复打开，所以前一个观测的时候，channel 也是未关闭的，因此在这种情况下可以直接宣布接收失败，快速返回。因为没被选中，也没接收到数据，所以返回值为(false, false)。

接下来的操作，首先会上一把锁，粒度比较大。

如果 channel 已关闭，并且循环数组 buf 里没有元素。对应非缓冲型关闭、缓冲型关闭但 buf

无元素的情况，返回对应类型的零值，并且 received 标识是 false，告诉调用者此 channel 已关闭，取出来的值并不是正常由发送者发送过来的数据。但是如果处于 select 语境下，这种情况是被选中了的。很多将 channel 用作通知信号的场景就是应用于这里。

如果有等待发送的队列，说明 channel 已经满了，要么是非缓冲型的 channel，要么是缓冲型的 channel，但 buf 满了。这两种情况下都可以正常接收数据。调用 recv 函数：

```
// src/runtime/chan.go

func recv(c *hchan, sg *sudog, ep unsafe.Pointer, unlockf func(), skip int) {
    if c.dataqsiz == 0 { // 如果是非缓冲型的 channel
        if raceenabled {
            racesync(c, sg)
        }
        if ep != nil { // 未忽略接收的数据
            // 直接复制数据，从 sender goroutine -> receiver goroutine
            recvDirect(c.elemtype, sg, ep)
        }
    } else {
    // 缓冲型的 channel，但 buf 已满
        // 将循环数组 buf 队首的元素复制到接收数据的地址
        // 将发送者的数据入队。实际上这时 revx 和 sendx 值相等
        // 找到接收游标
        qp := chanbuf(c, c.recvx)

        //……

        if ep != nil { // 将接收游标处的数据复制给接收者
            typedmemmove(c.elemtype, ep, qp)
        }
        // 将发送者数据复制到 buf
        typedmemmove(c.elemtype, qp, sg.elem)
        c.recvx++ // 更新游标值
        if c.recvx == c.dataqsiz {
            c.recvx = 0
        }
        c.sendx = c.recvx // c.sendx = (c.sendx+1) % c.dataqsiz
    }
    sg.elem = nil
    gp := sg.g
    unlockf() // 解锁
    gp.param = unsafe.Pointer(sg)
    if sg.releasetime != 0 {
        sg.releasetime = cputicks()
    }
    goready(gp, skip+1) // 唤醒发送的 goroutine。需要等到调度器的“光临”
}
```

如果是非缓冲型的，就直接从发送者的栈复制到接收者的栈：

```
// src/runtime/chan.go

func recvDirect(t *_type, sg *sudog, dst unsafe.Pointer) {
    src := sg.elem
    typeBitsBulkBarrier(t, uintptr(dst), uintptr(src), t.size)
    memmove(dst, src, t.size)
}
```

否则，就是缓冲型 channel，而 buf 又满了的情形。说明发送游标和接收游标重合了，因此需要先找到接收游标：

```
// src/runtime/chan.go

func chanbuf(c *hchan, i uint) unsafe.Pointer {
    return add(c.buf, uintptr(i)*uintptr(c.elemsize))
}
```

将该处的元素复制到接收地址，然后将发送者待发送的数据复制到接收游标处。这样就完成了

接收数据和发送数据的操作。接着，分别将发送游标和接收游标向前进一，如果发生“环绕”，再从 0 开始。

最后，取出 sudog 里的 goroutine，调用 goready 将其状态改成“runnable”，待发送者被唤醒，等待调度器的调度。

再次回到 chanrecv 函数：

1）此时，如果 channel 的 buf 里还有数据，说明可以比较正常地接收。注意，即使是在 channel 已经关闭的情况下，也是可以走到这里的。这一步比较简单，正常地将 buf 里接收游标处的数据复制到接收数据的地址。

2）最后一步，走到这里来的情形是要阻塞的。当然，如果 block 传进来的值是 false，那就不阻塞，直接返回就好了。

3）真要阻塞时，先构造一个 sudog，保存各种值。注意，这里会将接收数据的地址存储到了 elem 字段，当被唤醒时，接收到的数据就会保存到这个字段指向的地址。然后将 sudog 添加到 channel 的 recvq 队列里。调用 goparkunlock 函数将 goroutine 挂起。

剩下的代码就是 goroutine 被唤醒后的各种收尾工作了。

用图 4-3 所示流程图来总结一下：

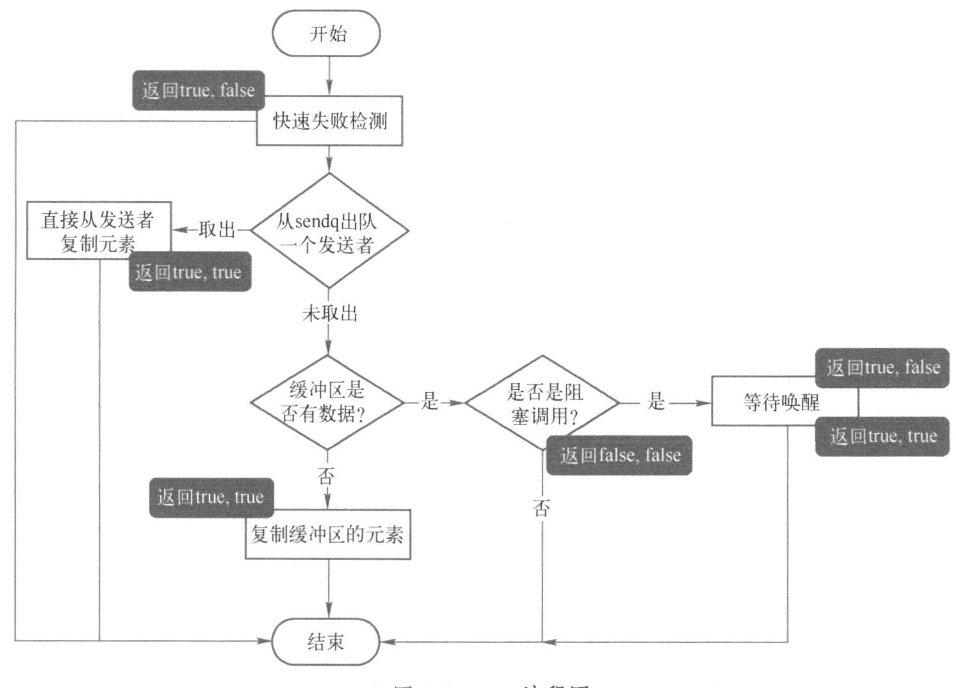

● 图 4-3　recv 流程图

案例分析

从 channel 接收数据以及向 channel 发送数据的过程都会使用下面这个例子来进行说明：

```
func GoroutineA(a <-chan int) {
    val := <- a
    fmt.Println("G1 received data: ", val)
    return
}

func GoroutineB(b <-chan int) {
    val := <- b
    fmt.Println("G2 received data: ", val)
    return
```

```
}

func main() {
    ch := make(chan int)
    go GoroutineA(ch)
    go GoroutineB(ch)
    ch <- 3
    time.Sleep(time.Second)
}
```

首先创建了一个无缓冲的 channel，接着启动两个 goroutine，并将前面创建的 channel 作为函数参数传递进去。然后，向这个 channel 中发送数据 3，最后主动休眠 1s 后主程序退出。

Main 函数第 1 行创建了一个非缓冲型的 channel，只看 chan 结构体中的一些重要字段，来从整体层面看一下 chan 的状态。一开始是一个初始化的 channel，什么都没有，如图 4-4 所示。

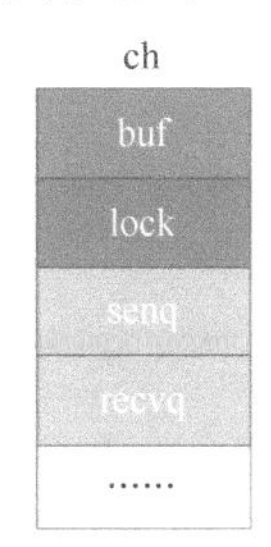

● 图 4-4　unbuffered chan

接着，main 函数第 2、3 行分别创建了一个 goroutine，各自执行了一个接收操作。通过前面的源码分析得知，这两个 goroutine（后文分别称为 G1 和 G2）都会被阻塞在接收操作。G1 和 G2 会挂在 channel 的 recq 队列中，形成一个双向循环链表。

在程序的 17 行之前，chan 的一些关键字段的值见表 4-1。

表 4-1　关键字段的值

字段	值
qcount	0
datasiz	0
elemsize	8
buf	*[0]int []
closed	0
sendx	0
recvx	0
recvq	waitq<int> {first: *(*sudog<int>)(0xc000088000), last: *(*sudog<int>)(0xc000088060)}
sendq	waitq<int> {first: *(*sudog<int>)nil, last: *(*sudog<int>)nil}
lock	runtime.mutex {key: 0}

chan struct at the runtime

字段 buf 指向一个长度为 0 的数组，qcount 为 0，表示 channel 中没有元素。重点关注 recvq 和 sendq，它们是 waitq 结构体，而 waitq 实际上就是一个双向链表，链表的元素是 sudog。而 sudog 结构体包含 g 字段，g 表示一个 goroutine，所以 sudog 可以简单地看成一个 goroutine。字段 recvq 存储那些尝试读取 channel 但被阻塞的 goroutine，sendq 则存储那些尝试写入 channel，但被阻塞的 goroutine。

此时，可以看到，recvq 里挂了两个 goroutine，也就是前面启动的 G1 和 G2。因为没有元素给 goroutine 接收，而 channel 又是无缓冲类型，所以 G1 和 G2 被阻塞。另外，sendq 上则没有存储被阻塞的 goroutine。

字段 recvq 的结构如图 4-5 所示。

再从整体上来看一下 chan 此时的状态，如图 4-6 所示。

G1 和 G2 被挂起了，状态是 waiting。关于 goroutine 以及调度器相关内容不是本节的重点，简单说明一下：goroutine 由 runtime 进行管理，作为对比，内核线程由 OS 进行管理。goroutine 更轻量，因此 Go 程序中可以轻松创建数万 goroutine。

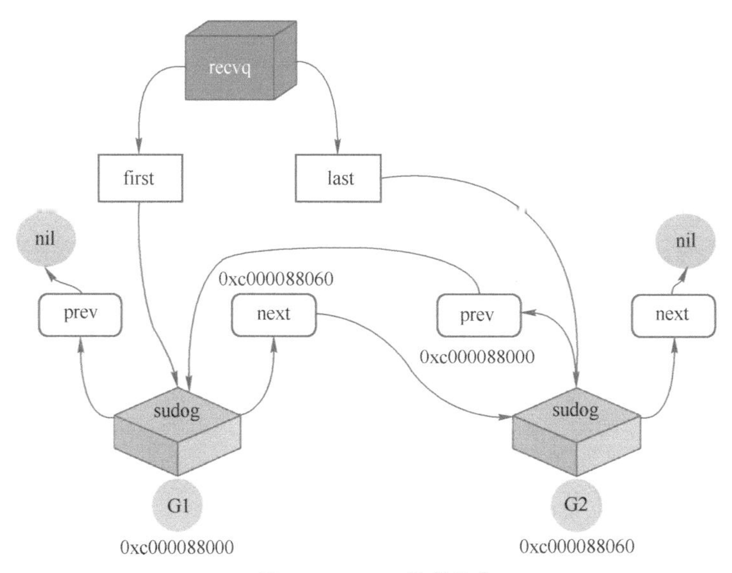

● 图 4-5　recvq 数据结构

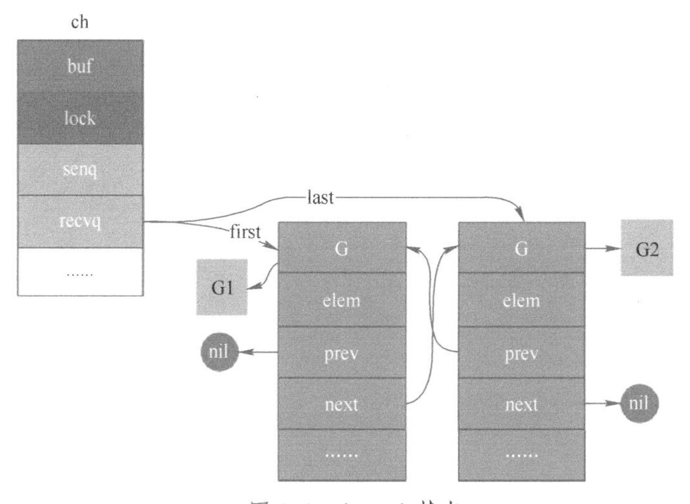

● 图 4-6　channel 状态

一个内核线程可以管理多个 goroutine，当其中一个 goroutine 阻塞时，内核线程可以调度其他的 goroutine 来运行，而内核线程本身不会阻塞。这就是通常所说的 M:N 模型，如图 4-7 所示。

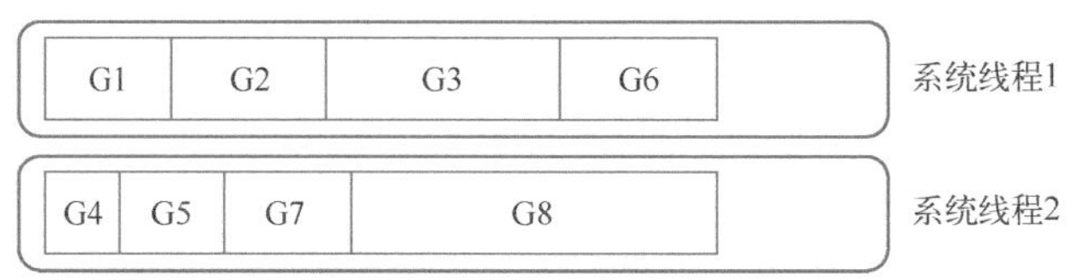

● 图 4-7　M:N scheduling

M:N 模型通常由三部分构成：G、P、M。G 是待运行的 goroutine；P 是逻辑处理器，保存 goroutine 运行所需要的上下文，它还维护了可运行（runnable）的 goroutine 列表；M 是内核线程，负责运行 goroutine。P 和 M 是 G 运行的基础，如图 4-8 所示。

继续回到例子。假设只有一个 M，当 G1（go GoroutineA(ch)）运行到 val := <- a 时，它由本来的 running 状态变成了 waiting 状态（这是调用了 gopark 之后的结果），如图 4-9 所示。

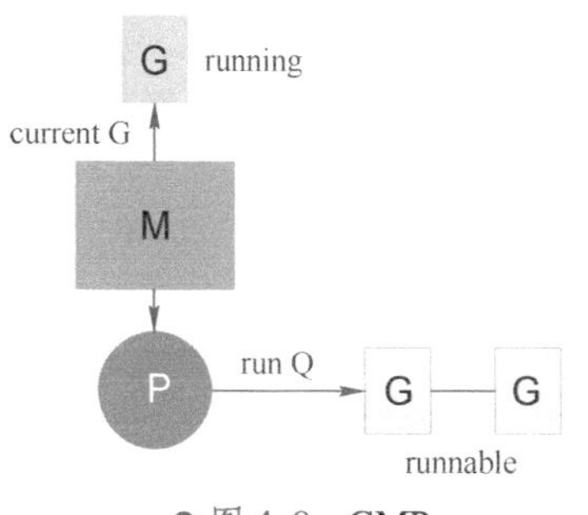

● 图 4-8　GMP

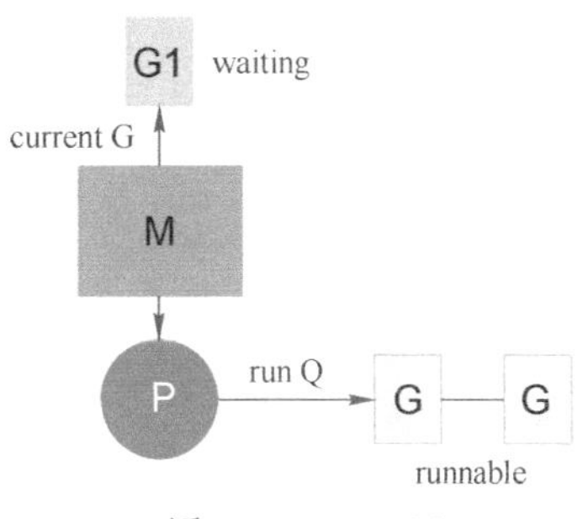

● 图 4-9　G1 waiting

G1 脱离与 M 的绑定，但调度器可不会让 M“闲”着，所以会接着调度另一个 goroutine 来运行，如图 4-10 所示。

G2 也是同样的遭遇。现在 G1 和 G2 都被挂起了，等待着一个 sender 往 channel 里发送数据，才能“得到解救”。

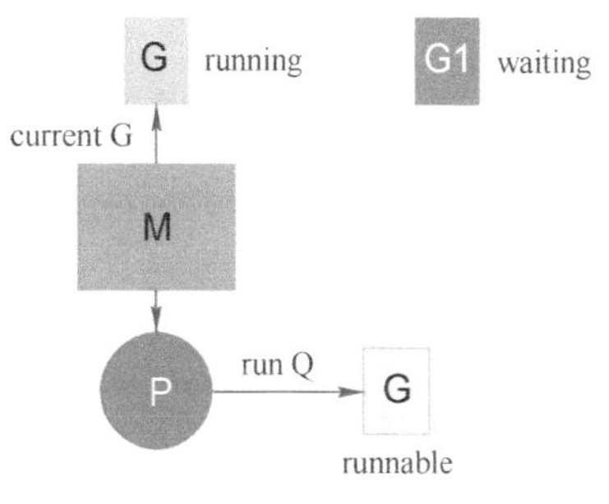

● 图 4-10　G running

4.3.4　发送过程

1. 源码分析

发送操作最终会调用 chansend 函数，直接贴上源码。同样大部分都注释了，可以看懂主流程：

```
// src/runtime/chan.go

func chansend(c *hchan, ep unsafe.Pointer, block bool, callerpc uintptr) bool {
    if c == nil { // 如果 channel 是 nil
        if !block { // 不能阻塞，直接返回 false，表示未发送成功
            return false
        }
    // 当前 goroutine 被挂起
        gopark(nil, nil, waitReasonChanSendNilChan, traceEvGoStop, 2)
        throw("unreachable")
    }

    // ......

    // 对于不阻塞的 send，快速检测失败场景
    //
    // 如果 channel 未关闭且 channel 没有多余的缓冲空间。这可能是：
    // 1. channel 是非缓冲型的，且等待接收队列里没有 goroutine
    // 2. channel 是缓冲型的，但循环数组已经装满了元素
    if !block && c.closed == 0 && full(c) {
        return false
    }

    var t0 int64
    if blockprofilerate > 0 {
        t0 = cputicks()
    }

    lock(&c.lock) // 锁住 channel，并发安全

    if c.closed != 0 { // 如果 channel 关闭了
        unlock(&c.lock) // 解锁
        panic(plainError("send on closed channel")) // 直接 panic
    }

  // 如果接收队列里有 goroutine，直接将要发送的数据复制到接收 goroutine
    if sg := c.recvq.dequeue(); sg != nil {
        send(c, sg, ep, func() { unlock(&c.lock) }, 3)
        return true
```

```
    }

    // 对于缓冲型的 channel，如果还有缓冲空间
    if c.qcount < c.dataqsiz {
        // qp 指向 buf 的 sendx 位置
        qp := chanbuf(c, c.sendx)
        // ......
        typedmemmove(c.elemtype, qp, ep) // 将数据从 ep 处复制到 qp
        c.sendx++ // 发送游标值加 1
        if c.sendx == c.dataqsiz { // 如果发送游标值等于容量值，游标值归 0
            c.sendx = 0
        }
        c.qcount++ // 缓冲区的元素数量加 1
        unlock(&c.lock) // 解锁
        return true
    }

    if !block { // 如果不需要阻塞，则直接返回错误
        unlock(&c.lock)
        return false
    }

   // channel 满了，发送方会被阻塞。接下来会构造出一个 sudog

   // 获取当前 goroutine 的指针
    gp := getg()
    mysg := acquireSudog()
    mysg.releasetime = 0
    if t0 != 0 {
        mysg.releasetime = -1
    }
    mysg.elem = ep
    mysg.waitlink = nil
    mysg.g = gp
    mysg.isSelect = false
    mysg.c = c
    gp.waiting = mysg
    gp.param = nil
    c.sendq.enqueue(mysg) // 当前 goroutine 进入发送等待队列
    gopark(chanparkcommit, unsafe.Pointer(&c.lock), waitReasonChanSend, traceEvGoBlockSend, 2) // 当前 goroutine 被挂起
    KeepAlive(ep)

    // 从这里开始被唤醒了（channel 有机会可以发送了）
    if mysg != gp.waiting {
        throw("G waiting list is corrupted")
    }
    gp.waiting = nil
    gp.activeStackChans = false
    if gp.param == nil {
        if c.closed == 0 {
            throw("chansend: spurious wakeup")
        }
        // 被唤醒后，channel 关闭了，导致 panic
        panic(plainError("send on closed channel"))
    }
    gp.param = nil
    if mysg.releasetime > 0 {
        blockevent(mysg.releasetime-t0, 2)
    }
    // 去掉 mysg 上绑定的 channel
    mysg.c = nil
    releaseSudog(mysg)
    return true
}
```

上面的代码注释地比较详细了，来详细看看。首先是不加锁快速检测失败并且返回的三种情况：

1）如果检测到 channel 是空的，并且是一个非阻塞型地发送，直接返回 false，通知发送失败。

2）如果检测到 channel 是空的，并且属于阻塞型发送，那么当前 goroutine 就会被挂起，并且永远不会被唤醒。

3）对于不阻塞的发送操作，如果 channel 未关闭并且“满了”，说明：①channel 是非缓冲型的，且等待接收队列里没有 goroutine；②channel 是缓冲型的，但循环数组已经装满了元素。直接返回 false。

对于最后一点，runtime 源码里的注释内容比较多。这一条判断语句是为了在不阻塞发送的场景下快速检测到发送失败，快速返回。

```
// src/runtime/chan.go

// full 反应向 channel 发送元素是否应该被阻塞，阻塞的原因是已满
func full(c *hchan) bool {
    // c.dataqsiz 不可变，可以随时并发安全地读
    if c.dataqsiz == 0 {
        return c.recvq.first == nil
    }

    return c.qcount == c.dataqsiz
}
```

注释里主要讲为什么这一块可以不加锁，详细解释一下：if 条件里先读取了两个变量，block 和 c.closed，block 是函数的参数，不会变；c.closed 可能被其他 goroutine 改变，因为没加锁，这是“与”条件前面的两个表达式。

最后一项，也就是 full 函数里的内容。涉及三个变量：c.dataqsiz，c.recvq.first，c.qcount。c.dataqsiz == 0 && c.recvq.first == nil 指的是非缓冲型的 channel，并且 recvq 里没有等待接收的 goroutine；c.dataqsiz > 0 && c.qcount == c.dataqsiz 指的是缓冲型的 channel，但循环数组已经满了。这里 c.dataqsiz 实际上也不会被修改，在创建的时候就已经确定了。不加锁真正影响的是 c.qcount 和 c.recvq.first。

当发现 c.closed == 0 为真，也就是 channel 未被关闭，再去检测第三部分的条件时，观测到 c.recvq.first == nil 或者 c.qcount == c.dataqsiz 时，就将这次发送操作判定为失败，快速返回 false。

这里涉及两个观测项：channel 未关闭、channel 满了。这两项都会因为没加锁而出现观测前后不一致的情况。例如，先观测到 channel 未关闭，再观察到 channel 满了，这时以为能满足这个 if 条件了，但是如果这时 c.closed 变成 1，这时其实就不满足条件了，因为没加锁，所以 c.closed 可能会发生变化。

但是，当观测到“满了”时，说明前面观测到 closed == 0 为真，这是依据 && 语句的求值顺序决定：如果已经检测到前一个条件为假，不会继续检测其他条件。并且一个 closed channel 不能将 channel 状态从“满了”变成“没满”。即使现在 c.closed == 1 为真，即 channel 是在这两个观测中间被关闭的，那也说明在这两个观测中间，channel 满足两个条件：未关闭和“满了”，这时，直接返回 false 也是没有问题的。

这部分解释比较“绕”，其实这样做的目的就是少获取一次锁，提升性能。

下面的操作是在加锁的情况下进行：

1）如果检测到 channel 已经关闭，直接 panic。

2）如果能从等待接收队列 recvq 里出队一个 sudog（代表一个 goroutine），说明此时 channel 是空的，没有元素，所以才会有等待接收者。这时调用 send 函数将元素直接从发送者的栈复制到接收者的栈，由 sendDirect 函数完成复制。

```
// src/runtime/chan.go

// send 函数处理向一个空的 channel 发送元素
// ep 指向被发送的元素，会被直接复制到接收的 goroutine
// 之后，接收元素的 goroutine 会被唤醒
```

```
// c 必须是空的（因为等待队列里有 goroutine，肯定是空的）
// c 必须被上锁，发送操作执行完后，会使用 unlockf 函数解锁
// sg 必须已经从等待队列里取出来了
// ep 必须是非空，并且它指向堆或调用者的栈
func send(c *hchan, sg *sudog, ep unsafe.Pointer, unlockf func(), skip int) {
    // 省略一些竞态检测
    // ……

    // sg.elem 指向接收到的值存放的位置，如 val <- ch，指的就是 &val
    if sg.elem != nil {
        sendDirect(c.elemtype, sg, ep) // 直接复制内存（从发送者到接收者）
        sg.elem = nil
    }
    gp := sg.g // sudog 上绑定的 goroutine
    unlockf() // 解锁
    gp.param = unsafe.Pointer(sg)
    if sg.releasetime != 0 {
        sg.releasetime = cputicks()
    }
    goready(gp, skip+1) // 唤醒接收的 goroutine. skip 和打印栈相关，暂时不理会
}
```

继续看 sendDirect 函数：

```
// src/runtime/chan.go

// 向一个非缓冲型的 channel 发送数据、从一个无元素的（非缓冲型或缓冲型但空）的 channel
// 接收数据，都会导致一个 goroutine 直接操作另一个 goroutine 的栈
// 由于 GC 假设对栈地写操作只能发生在 goroutine 正在运行中并且由当前 goroutine 来写
// 所以这里实际上违反了这个假设。可能会造成一些问题，所以需要用到写屏障来规避
func sendDirect(t *_type, sg *sudog, src unsafe.Pointer) {
    // src 在当前 goroutine 的栈上，dst 是另一个 goroutine 的栈

    // 直接进行内存"搬迁"
    // 如果目标地址的栈发生了栈收缩，当读出了 sg.elem 后
    // 就不能修改真正的 dst 位置的值了
    // 因此需要在读和写之前加上一个屏障
    dst := sg.elem
    typeBitsBulkBarrier(t, uintptr(dst), uintptr(src), t.size)
    memmove(dst, src, t.size)
}
```

这里涉及一个 goroutine 直接写另一个 goroutine 栈的操作，一般而言，不同 goroutine 的栈是各自独有的，这样实际上也违反了 GC 的一些假设。为了不出问题，写的过程中增加了写屏障，保证正确地完成写操作。这样做的好处是减少了一次内存复制：不用先复制到 channel 的 buf，直接由发送者到接收者，“没有中间商赚差价”，效率得以提高。

接着，解锁、唤醒接收者，接收者也得以“重见天日”，当被调度器调度执行时，就可以继续执行接收操作之后的代码了。

继续回到 chansend 函数：

1）如果 c.qcount < c.dataqsiz，说明缓冲区可用（肯定是缓冲型的 channel），先通过函数获取待发送元素应该去的位置：

```
// src/runtime/chan.go

qp := chanbuf(c, c.sendx)

// 返回循环队列里第 i 个元素的地址处
func chanbuf(c *hchan, i uint) unsafe.Pointer {
    return add(c.buf, uintptr(i)*uintptr(c.elemsize))
}
```

调用 typedmemmove 函数将 ep 指向的待发送的元素复制到循环数组中 qp 指向的位置：

```
typedmemmove(c.elemtype, qp, ep)
```

游标 c.sendx 指向下一个待发送元素在循环数组中的位置，之后 c.sendx 加 1，元素总量加 1，最后，解锁并返回。

2）如果没有命中以上条件的，说明 channel 已经满了。不管这个 channel 是缓冲型的还是非缓冲型的，都要将这个 sender“关起来”（goroutine 被阻塞）。如果 block 为 false，直接解锁，返回 false。

3）最后就是真的需要被阻塞的情况。先构造一个 sudog，将其入队（channel 的 sendq 字段）。然后调用 goparkunlock 将当前 goroutine 挂起，并解锁，等待合适的时机再唤醒 goroutine。

唤醒之后，从 goparkunlock 下一行代码开始继续往下执行。

这里有一些绑定操作，sudog 通过 g 字段绑定 goroutine，而 goroutine 通过 waiting 绑定 sudog，sudog 还通过 elem 字段绑定待发送元素的地址，以及 c 字段绑定被“困”在此处的 channel。

所以，待发送的元素地址其实是存储在 sudog 结构体里，也就是当前 goroutine 里。

用如图 4-11 所示流程图来总结一下：

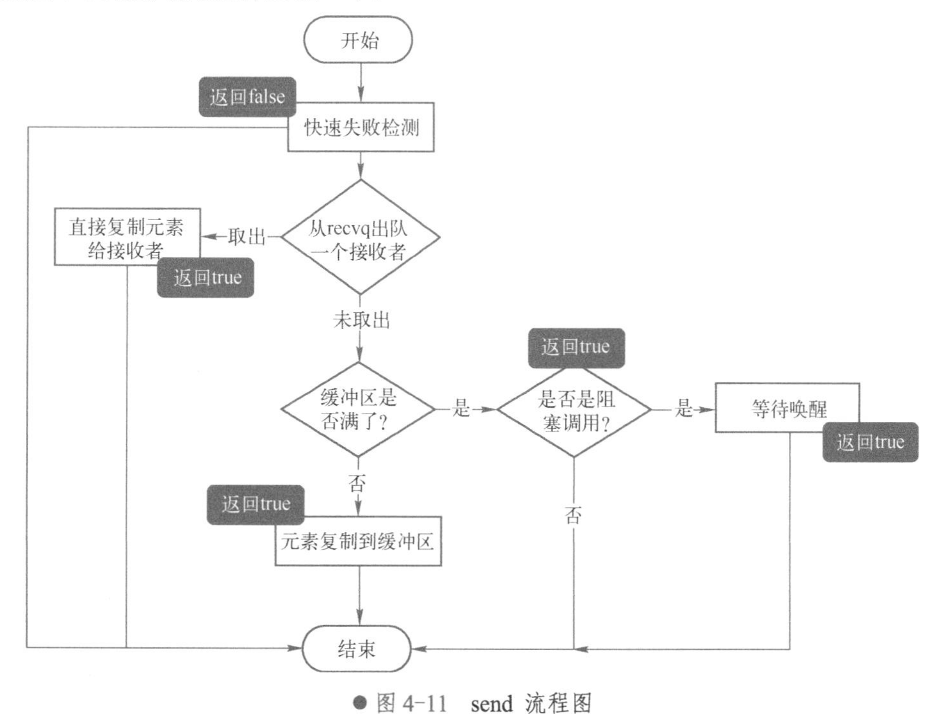

● 图 4-11 send 流程图

2. 案例分析

分析完源码，接着来分析例子，代码如下：

```
func GoroutineA(a <-chan int) {
    val := <- a
    fmt.Println("goroutine A received data: ", val)
    return
}

func GoroutineB(b <-chan int) {
    val := <- b
    fmt.Println("goroutine B received data: ", val)
    return
}

func main() {
```

```
	ch := make(chan int)
	go GoroutineA(ch)
	go GoroutineB(ch)
	ch <- 3
	time.Sleep(time.Second)

	ch1 := make(chan struct{})
}
```

在 4.3.3 小节里说到 G1 和 G2 现在被“挂”起来了，等待 sender 的解救。在第 17 行，主协程向 ch 发送了一个元素 3，来看看接下来会发生什么。

根据前面源码分析的结果得知，sender 发现 ch 的 recvq 里有 receiver 在等待着接收，就会出队一个 sudog，把 recvq 里 first 指针的 sudog“推举”出来了，并将其加入 P 的可运行 goroutine 队列中。

然后，sender 把发送元素复制到 sudog 的 elem 地址处，最后会调用 goready 将 G1 唤醒，状态变为 runnable，如图 4-12 所示。

当调度器调度到 G1 时，将 G1 变成 running 状态，执行 goroutineA 接下来的代码，G 表示其他可能有的 goroutine。

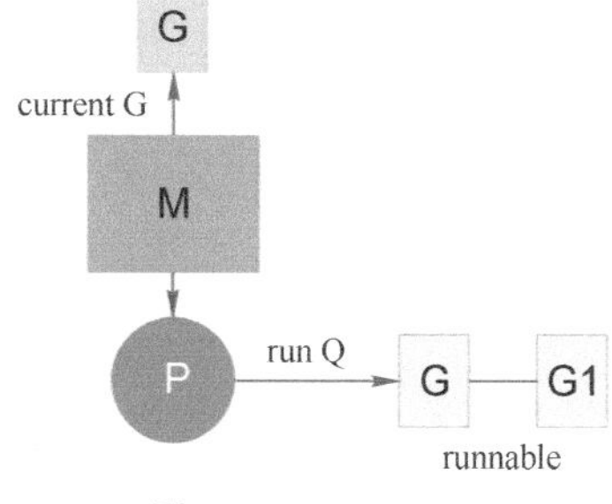

● 图 4-12　G1 runnable

这里其实涉及一个协程写另一个协程栈的操作。有两个 receiver 在 channel 的一边“虎视眈眈”地等着，这时 channel 另一边来了一个 sender 准备向 channel 发送数据，为了高效，不通过 channel 的 buf “中转”一次，直接从源地址把数据复制目的地址就可以了，如图 4-13 所示。

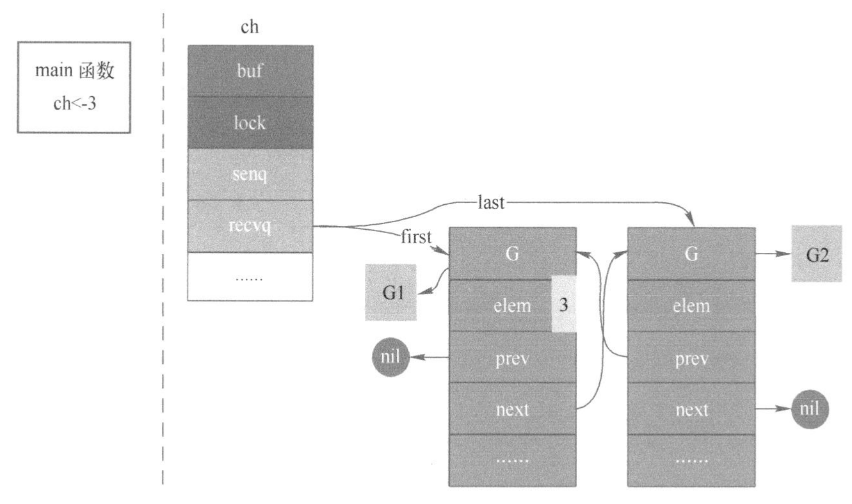

● 图 4-13　send direct

上图是一个示意图，3 会被复制到 G1 栈上的某个位置，也就是 val 的地址处，保存在 elem 字段。

↗4.3.5　收发数据的本质

收发数据的本质可以用一句话回答：

```
All transfer of value on the go Channels happens with the copy of value.
```

就是说 channel 的发送和接收操作本质上都是“值的复制”，无论是从 sender goroutine 的栈到 chan buf，还是从 chan buf 到 receiver goroutine，或者是直接从 sender goroutine 到 receiver goroutine。

来看一个例子：

```
type Student struct {
	name string
	age   int
}

var s = Student{name: "qcrao", age: 18}
var g = &s

func modifyUser(pu *Student) {
	fmt.Println("modifyUser received value:", pu)
	pu.name = "Old Old qcrao"
	pu.age = 200
}

func printUser(u <-chan *Student) {
	time.Sleep(2 * time.Second)
	fmt.Println("printUser get:", <-u)
}

func main() {
	c := make(chan *Student, 5)
	c <- g
	fmt.Println(g)
	// modify g
	g = &Student{name: "Old qcrao", age: 100}
	go printUser(c)
	go modifyUser(g)
	time.Sleep(5 * time.Second)
	fmt.Println(g)
}
```

运行结果：

```
&{qcrao 18}
modifyUser received value: &{Old qcrao 100}
printUser get: &{qcrao 18}
&{Old Old qcrao 200}
```

这里就是一个很好的 share memory by communicating 的例子，如图 4-14 所示。

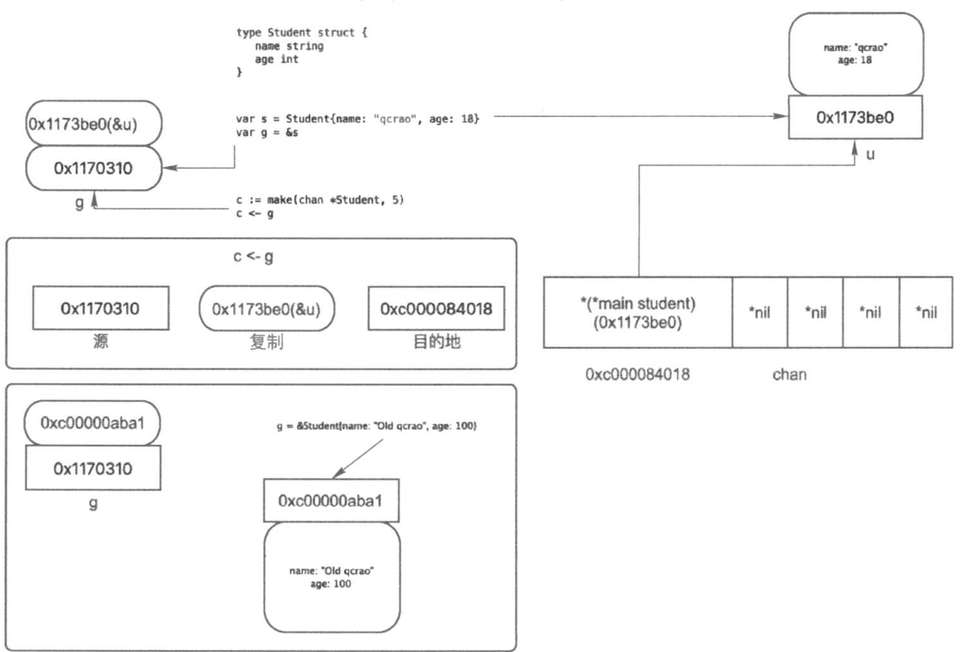

● 图 4-14　output

如上图所示，一开始构造一个结构体 u，地址是 0x1173be0，图中右上地址的上方就是它的内容。接着把 &u 赋值给指针 g，g 的地址是 0x1170310，它的内容就是一个地址，指向 u。

在 main 函数里，先把 g 发送到 c，根据 copy value 的本质，进入到 chan buf 里地就是 0x1173be0，它是指针 g 的值（不是它指向的内容），所以打印从 channel 接收到的元素时，它就是 &{qcrao 25}。因此，这里并不是将指针 g“发送”到了 channel 里，只是复制它的值而已。

再强调一次：

Remember all transfer of value on the go Channels happens with the copy of value. 即 channel 的发送和接收操作本质上都是“值的复制”。

 通道的关闭过程发生了什么

关闭某个 channel，会执行函数 closechan：

```
// src/runtime/chan.go

func closechan(c *hchan) {
    if c == nil { // 关闭一个 nil channel，panic
        panic(plainError("close of nil channel"))
    }

    lock(&c.lock) // 上锁
    if c.closed != 0 { // 如果 channel 已经关闭
        unlock(&c.lock)
        panic(plainError("close of closed channel"))
    }

    if raceenabled {
        callerpc := getcallerpc()
        racewritepc(c.raceaddr(), callerpc, funcPC(closechan))
        racerelease(c.raceaddr())
    }

    c.closed = 1 // 修改关闭状态，指示 channel 已被关闭

    var glist gList

    // 将 channel 所有等待接收队列的里 sudog 释放
    for {
        sg := c.recvq.dequeue() // 从接收队列里出队一个 sudog
        if sg == nil { // 出队完毕，跳出循环
            break
        }
        // 如果 elem 不为空，说明此 receiver 未忽略接收数据
        // 给它赋一个相应类型的零值
        if sg.elem != nil {
            typedmemclr(c.elemtype, sg.elem)
            sg.elem = nil
        }
        if sg.releasetime != 0 {
            sg.releasetime = cputicks()
        }
        // 取出 goroutine
        gp := sg.g
        gp.param = nil
        if raceenabled {
            raceacquireg(gp, c.raceaddr())
        }
        // 相连，形成链表
        glist.push(gp)
    }

  // 将 channel 等待发送队列里的 sudog 释放
```

```
        // 如果存在，这些 goroutine 将会 panic
        for {
            // 从发送队列里出队一个 sudog
            sg := c.sendq.dequeue()
            if sg == nil {
                break
            }
            // 发送者会 panic
            sg.elem = nil
            if sg.releasetime != 0 {
                sg.releasetime = cputicks()
            }
            gp := sg.g
            gp.param = nil
            if raceenabled {
                raceacquireg(gp, c.raceaddr())
            }
            glist.push(gp) // 形成链表
        }
        unlock(&c.lock) // 解锁

        // 遍历链表
        for !glist.empty() {
            gp := glist.pop() // 取最后一个
            gp.schedlink = 0
            goready(gp, 3) // 唤醒相应 goroutine
        }
    }
```

关闭 channel 的逻辑相对比较简单，对于一个 channel，recvq 和 sendq 中分别保存了阻塞的发送者和接收者。关闭 channel 后，对于等待接收者而言，会收到一个相应类型的零值；对于等待发送者，会直接 panic。所以，在不清楚 channel 还有没有接收者的情况下，不能贸然关闭它。

函数 closechan() 先上了一把大锁，接着把所有挂在这个 channel 上的 sender 和 receiver 全都连成一个 sudog 链表，再解锁。最后，再将所有的 sudog 全都唤醒。

唤醒之后，sender 会继续执行 chansend 函数里 goparkunlock 函数之后的代码，很不幸，检测到 channel 已经关闭了，发生 panic。而 receiver 则比较幸运，在进行一些扫尾工作后，函数返回。这里，selected 返回 true，而返回值 received 则要根据 channel 是否关闭，返回不同的值。如果 channel 关闭，received 的值为 false，否则为 true。

4.5 从一个关闭的通道里仍然能读出数据吗

从一个有缓冲的 channel 里读数据。，当 channel 被关闭，依然能读出有效值，只有当返回的 ok 为 false 时，读出的数据才是无效的。

来看一个例子：

```
func main() {
    ch := make(chan int, 5)
    ch <- 18
    close(ch)
    x, ok := <-ch
    if ok {
        fmt.Println("received: ", x)
    }

    x, ok = <-ch
    if !ok {
        fmt.Println("channel closed, data invalid.")
    }
}
```

运行结果：

```
received:  18
channel closed, data invalid.
```

先创建一个有缓冲的 channel，向其发送一个元素，然后关闭此 channel。之后两次尝试从 channel 中读取数据，第一次仍然能正常读出值；第二次返回的 ok 为 false，说明 channel 已关闭，且通道里没有数据。

4.6 如何优雅地关闭通道

关于 channel 有几个使用不便的地方：

1）在不改变 channel 自身状态的情况下，无法得知一个 channel 是否关闭。

2）关闭一个 closed channel 会导致 panic。所以，如果关闭 channel 的一方在不知道 channel 是否处于关闭状态时就去贸然关闭 channel 是很危险的事情。

3）向一个 closed channel 发送数据会导致 panic。所以，如果向 channel 发送数据的一方不知道 channel 是否处于关闭状态时就去贸然向 channel 发送数据也是很危险的事情。

一个比较粗糙的检查 channel 是否关闭的函数如下：

```
func IsClosed(ch <-chan T) bool {
    select {
    case <-ch:
        return true
    default:
    }

    return false
}

func main() {
    c := make(chan T)
    fmt.Println(IsClosed(c)) // false
    close(c)
    fmt.Println(IsClosed(c)) // true
}
```

仔细看一下代码，其实存在很多问题。首先，IsClosed 函数是一个有副作用的函数：每调用一次；都会读出 channel 里的一个元素，改变了 channel 的状态。这不是一个好的函数。

其次，IsClosed 函数返回的结果仅代表调用的那个瞬间，并不能保证调用之后会不会有其他 goroutine 对它进行了一些操作，改变了它的状态。例如，IsClosed 函数返回 false，但这时有另一个 goroutine 关闭了 channel，如果还拿着这个过时的“channel 未关闭”的信息，向其发送数据，就会导致 panic。当然，一个 channel 不会被重复关闭两次，如果 IsClosed 函数返回的结果是 true，说明 channel 是真的关闭了。

有一条广泛流传的关闭 channel 的原则：

```
Don't close a channel from the receiver side and don't close a channel if the channel has multiple concurrent senders.
```

翻译过来：不要从 receiver 侧关闭 channel；也不要在有多个 sender 时，关闭 channel。

比较好理解，向 channel 发送元素的就是 sender，因此 sender 可以决定何时不发送数据，并且关闭 channel。但是如果有多个 sender，某个 sender 同样无法确定其他 sender 的情况，这时也不能贸然关闭 channel。

其实上面所说的并不是最本质的，最本质的原则就只有一条：Don't close (or send values to) closed Channels.

也就是不要关闭一个 closed channel，也不要向一个 closed channel 发送数据。

有两个不那么优雅地关闭 channel 的方法：

1）使用 defer-recover 机制，放心大胆地关闭 channel 或者向 channel 发送数据。即使发生了 panic，也有 defer-recover 在兜底。

2）使用 sync.Once 来保证只关闭一次。

那到底应该如何优雅地关闭 channel？根据 sender 和 receiver 的个数，分下面几种情况：

1）一个 sender，一个 receiver。

2）一个 sender，M 个 receiver。

3）N 个 sender，一个 receiver。

4）N 个 sender，M 个 receiver。

对于第 1、2 种情况，只有一个 sender 的情况就不用说了，直接从 sender 端关闭就好了，没有问题。重点关注第 3、4 种情况。

第 3 种情形下，优雅关闭 channel 的方法是：The only receiver says "please stop sending more" by closing an additional signal channel。翻译一下：唯一的接收者通过关闭一个第三方充当信号的 channel，来关闭 channel。

所以，第 3 种情形的解决方案就是增加一个传递关闭信号的 channel，receiver 通过关闭信号 channel 下达关闭数据 channel 的指令。当 senders 监听到关闭信号后，停止发送数据。代码如下：

```
func main() {
    rand.Seed(time.Now().UnixNano())

    const Max = 100000
    const NumSenders = 1000

    dataCh := make(chan int, 100)
    stopCh := make(chan struct{})

    // senders
    for i := 0; i < NumSenders; i++ {
        go func() {
            for {
                select {
                case <- stopCh:
                    return
                case dataCh <- rand.Intn(Max):
                }
            }
        }()
    }

    // the receiver
    go func() {
        for value := range dataCh {
            if value == Max-1 {
                fmt.Println("send stop signal to senders.")
                close(stopCh)
                return
            }

            fmt.Println(value)
        }
    }()

    select {
    case <- time.After(time.Hour):
    }
}
```

这里的 stopCh 就是信号 channel，它本身只有一个 sender，因此可以直接关闭它。senders 收到了关闭信号后，select 分支"case <- stopCh"被选中，return 退出函数，不再发送数据。

需要说明的是，上面的代码并没有明确关闭 dataCh。在 Go 语言中，对于一个 channel，如果最终没有任何 goroutine 引用它，不管 channel 有没有被关闭，最终都会被 GC 回收。所以，在这种情形下，所谓的优雅地关闭 channel 就是不关闭 channel，让 GC 代劳。

第 4 种情形下，优雅关闭 channel 的方法是：Any one of them says “let’s end the game” by notifying a moderator to close an additional signal channel（通知中间人来关闭一个额外的信号 channel，从而关闭 channel）。

和第 3 种情形不同，这里有 M 个 receiver，如果直接采取第 3 种解决方案，由 receiver 直接关闭 stopCh 的话，M 个 receiver 就会重复关闭一个 channel，导致 panic。因此需要增加一个“中间人”，M 个 receiver 都向它发送关闭 dataCh 的“请求”，中间人收到第一个请求后，就会直接下达关闭 dataCh 的指令。通过关闭 stopCh，这时就不会发生重复关闭的情况，因为 stopCh 的发送方只有中间人一个。另外，这里的 N 个 sender 也可以向中间人发送关闭 dataCh 的请求。代码如下：

```
func main() {
	rand.Seed(time.Now().UnixNano())

	const Max = 100000
	const NumReceivers = 10
	const NumSenders = 1000

	dataCh := make(chan int, 100)
	stopCh := make(chan struct{})

	// It must be a buffered channel.
	toStop := make(chan string, 1)

	var stoppedBy string

	// moderator
	go func() {
		stoppedBy = <-toStop
		close(stopCh)
	}()

	// senders
	for i := 0; i < NumSenders; i++ {
		go func(id string) {
			for {
				value := rand.Intn(Max)
				if value == 0 {
					select {
					case toStop <- "sender#" + id:
					default:
					}
					return
				}

				select {
				case <- stopCh:
					return
				case dataCh <- value:
				}
			}
		}(strconv.Itoa(i))
	}

	// receivers
	for i := 0; i < NumReceivers; i++ {
		go func(id string) {
			for {
				select {
				case <- stopCh:
					return
```

```
                    case value := <-dataCh:
                        if value == Max-1 {
                            select {
                            case toStop <- "receiver#" + id:
                            default:
                            }
                            return
                        }

                        fmt.Println(value)
                    }
                }
            }(strconv.Itoa(i))
        }

        select {
        case <- time.After(time.Hour):
        }
    }
```

代码里 toStop 就是中间人的角色，用它来接收 senders 和 receivers 发送过来的关闭 dataCh 请求信号。

代码里将 toStop 声明成了一个缓冲型的 channel。假设 toStop 声明的是一个非缓冲型的 channel，那么第一个发送的关闭 dataCh 请求可能会丢失，因为无论是 sender 还是 receiver 都是通过 select 语句来发送请求，如果中间人所在的 goroutine 没有准备好接收信号，那 sender 或 receiver 发送信号的 select 语句就不会被选中，而是直接执行 default 选项，什么也不做。这样，第一个关闭 dataCh 的请求就会丢失。

如果把 toStop 的容量声明成 Num(senders) + Num(receivers)，那发送 dataCh 请求的部分可以改成更简洁的形式：

```
...
toStop := make(chan string, NumReceivers + NumSenders)
...
            value := rand.Intn(Max)
            if value == 0 {
                toStop <- "sender#" + id
                return
            }
...
                if value == Max-1 {
                    toStop <- "receiver#" + id
                    return
                }
...
```

直接向 toStop 发送请求，因为 toStop 容量足够大，所以不用担心阻塞，自然也就不用 select 语句再加一个 default case 来避免阻塞。

可以看到，这里同样没有真正关闭 dataCh，原因同第 3 种情形。

以上，就是最基本的一些情形，但已经能覆盖几乎所有的情况及其变种了。读者只要记住：

```
Don't close a channel from the receiver side and don't close a channel if the channel has multiple concurrent senders.
```

以及更本质的原则：

```
Don't close (or send values to) closed Channels.
```

4.7 关于通道的 happens-before 有哪些

关于 happens-before 的概念，维基百科上给出的定义：

In computer science, the happened-before relation (denoted: ->) is a relation between the result of two events, such that if one event should happen before another event, the result must reflect that, even if those events are in reality executed out of order (usually to optimize program flow).

简单来说就是如果事件 a 和事件 b 存在 happened-before 关系，即 a -> b，那么 a，b 完成后的结果一定要体现出这种关系。由于现代编译器、CPU 会做各种优化，包括编译器重排、内存重排等，在并发代码里，happened before 限制就非常重要了。

关于 channel 的发送（send）、发送完成（send finished）、接收（receive）、接收完成（receive finished）的 happened-before 关系如下：

1）第 n 个 send 一定 happens-before 第 n 个 receive finished，无论是缓冲型还是非缓冲型的 channel。

2）对于容量为 m 的缓冲型 channel，第 n 个 receive 一定 happens-before 第 n+m 个 send finished。

3）对于非缓冲型的 channel，第 n 个 receive 一定 happens-before 第 n 个 send finished。

4）channel close 一定 happens-before receiver 得到通知。

第 1 条，从源码的角度看也是对的，send 不一定是 happens-before receive，因为有时候先 receive，然后 goroutine 被挂起，之后被 sender 唤醒，send happened after receive。但不管怎样，要想完成接收，一定是要先有发送。

第 2 条，缓冲型的 channel，当第 n+m 个 send 发生后，有下面两种情况：

若第 n 个 receive 没发生。这时，channel 被填满了，send 就会被阻塞。那当第 n 个 receive 发生时，sender goroutine 会被唤醒，之后再继续发送过程。这样，第 n 个 receive 一定 happens-before 第 n+m 个 send finished。

若第 n 个 receive 已经发生过了，直接就符合了要求。

第 3 条，比较好理解。如果第 n 个 send 被阻塞，sender goroutine 挂起，第 n 个 receive 这时到来，先于第 n 个 send finished。如果第 n 个 send 未被阻塞，说明第 n 个 receive 早就在那等着了，它不仅可以实现 happens-before send finished，它还可以实现 happens-before send。

第 4 条，回忆一下源码，先设置完 closed = 1，再唤醒等待的 receiver，并将零值复制给 receiver。

关于 happens-before，这里再看一个例子：

```
var done = make(chan bool)
var msg string

func aGoroutine() {
    msg = "hello, world"
    done <- true
}

func main() {
    go aGoroutine()
    <-done
    println(msg)
}
```

上述代码先定义了一个 done channel 和一个待打印的字符串。在 main 函数里，启动一个 goroutine，等待从 done 里接收到一个值后，执行打印 msg 的操作。如果 main 函数中没有<-done 这行代码，打印出来的 msg 为空，因为 aGoroutine 来不及被调度，还来不及给 msg 赋值，主程序就会退出。而在 Go 语言里，主协程退出时不会等待其他协程。

加了<-done 这行代码后，就会阻塞在此。等 aGoroutine 里向 done 发送了一个值之后，才会被唤醒，继续执行打印 msg 的操作。而在这之前，msg 已经被赋值过了，所以会打印出“hello, world”。

这里依赖的 happens-before 就是前面讲的第一条。第一个 send 一定 happens-before 第一个 receive finished，即 done <- true 先于 <-done 发生，这意味着 main 函数里执行完 <-done 后接着执行 println(msg) 这一行代码时，msg 已经被赋过值了，所以会打印出想要的结果。

进一步利用前面提到的第 3 条 happens-before 规则，修改一下代码：

```
var done = make(chan bool)
var msg string

func aGoroutine() {
	msg = "hello, world"
	<-done
}

func main() {
	go aGoroutine()
	done <- true
	println(msg)
}
```

同样可以得到相同的结果，为什么？根据第三条规则，对于非缓冲型的 channel，第一个 receive 一定 happens-before 第一个 send finished。也就是说，在 done <- true 完成之前，<-done 就已经发生了，也就意味着 msg 已经被赋上值了，最终也会打印出 hello, world。

 4.8 通道在什么情况下会引起资源泄漏

通道（channel）可能会引发 goroutine 泄漏。

泄漏的原因是 goroutine 操作 channel 后，处于发送或接收阻塞状态，而 channel 处于满或空的状态，一直得不到改变。同时，垃圾回收器也不会回收此类资源，进而导致 gouroutine 会一直处于等待队列中，“不见天日”。

另外，程序运行过程中，对于一个 channel，如果没有被任何 goroutine 引用，GC 会对其进行回收操作，不会引起内存泄漏。

 4.9 通道操作的情况总结

总结一下操作 channel 的结果，见表 4-2。

表 4-2　操作 channel 结果汇总

操作	nil channel	closed channel	not nil, not closed channel
close	panic	panic	正常关闭
读 <- ch	阻塞	读到对应类型的零值	阻塞或正常读取数据。缓冲型 channel 为空或非缓冲型 channel 没有等待的发送者时会阻塞
写 ch <-	阻塞	panic	阻塞或正常写入数据。非缓冲型 channel 没有等待的接收者或缓冲型 channel buf 满时会被阻塞

发生 panic 的情况有三种：向一个关闭的 channel 进行写操作；关闭一个 nil 的 channel；关闭一个已经被关闭的 channel。

读、写一个 nil channel 都会被无限阻塞。

第5章 接　口

独特的“非侵入式”接口设计是 Go 语言的又一个亮点。接口使得 Go 这样一门静态编译型语言有了动态解释型语言的特性，提供了非常大的灵活性。Go 语言的成功，接口功不可没。本节内容将探索接口的使用及其原理。

5.1 Go 接口与 C++接口有何异同

接口定义了一种规范，描述了类的行为和功能，而不做具体实现。

C++ 的接口使用抽象类实现，如果类中至少有一个函数被声明为纯虚函数，则这个类就是抽象类。纯虚函数是通过在声明中使用“= 0”来指定的。例如：

```
class Shape
{
    public:
        // 纯虚函数
        virtual double getArea() = 0;
    private:
        string name;        // 名称
};
```

其中，getArea() 就是纯虚函数。

设计抽象类的目的是为了给其他类提供一个可以继承的适当的基类。抽象类不能被用于实例化对象，它只能作为接口使用。

派生类需要明确地声明它继承自基类，并且需要实现基类中所有的纯虚函数。

C++ 定义接口的方式称为“侵入式”，而 Go 采用的是“非侵入式”，不需要显式声明，只需要实现接口定义的函数，编译器就会自动识别。

C++ 和 Go 在定义接口方式上的不同，也导致了在底层实现上的不同。C++ 通过虚函数表来实现基类调用派生类的函数；而 Go 通过 itab 中的 fun 字段来实现接口变量调用实体类型的函数。C++ 中的虚函数表是在编译期生成的；而 Go 的 itab 中的 fun 字段是在运行期间动态生成的。原因在于，Go 程序中实体类型可能会无意中实现 N 个接口，很多接口并不是开发人员需要的，所以不能为类型实现的所有接口都生成一个 itab，这也是“非侵入式”带来的影响；而这在 C++ 中是不存在的，因为派生需要显示声明它继承自哪个基类。

5.2 Go 语言与“鸭子类型”的关系

什么是“鸭子类型”，先来看维基百科里的定义：

```
If it looks like a duck, swims like a duck, and quacks like a duck, then it probably is a duck.
```

翻译过来就是：如果某个东西长得像鸭子，像鸭子一样会游泳，像鸭子一样嘎嘎叫，那它就可以被看成是一只鸭子。

Duck Typing，鸭子类型，是动态编程语言的一种对象推断策略，它更关注对象能如何被使用，而不是对象的类型本身。Go 语言作为一门静态语言，它通过接口的方式完美支持鸭子类型。

例如，在动态语言 Python 中，定义一个这样的函数：

```
def hello_world(coder):
    coder.say_hello()
```

当调用此函数时，可以传入任意类型，只要它实现了 say_hello() 函数就可以。如果没有实现，运行过程中会报错。

而在静态语言如 Java、C++ 中，类型必须显示地声明实现了某个接口之后，才能用在任何需要这个接口的地方。如果在程序中调用 hello_world 函数，却传入了一个根本就没有实现 say_hello() 的类型，那在编译阶段就会报错。这也是静态语言比动态语言更安全的原因。

动态语言和静态语言的差别在此就有所体现。静态语言在编译期间就能发现类型不匹配的错误，而动态语言，必须运行到那一行代码才会报错。当然，静态语言要求程序员在编码阶段就要按照规定来编写程序，为每个变量规定数据类型，这在某种程度上，加大了工作量，也加长了代码量。动态语言则没有这些要求，可以让人更专注在业务上，代码也更短，写起来更快。

Go 语言作为一门现代静态语言，是有后发优势的。它引入了动态语言的便利，同时又会进行静态语言的类型检查。Go 实际上采用了折中的做法：不要求类型显示地声明实现了某个接口，只要实现了相关地方法即可，因为编译器能检测到。

来看个例子，先定义一个接口，以及使用此接口作为参数的函数：

```
type IGreeting interface {
    sayHello()
}

func sayHello(i IGreeting) {
    i.sayHello()
}
```

再来定义两个结构体：

```
type Go struct {}
func (g Go) sayHello() {
    fmt.Println("Hi, I am GO!")
}

type PHP struct {}
func (p PHP) sayHello() {
    fmt.Println("Hi, I am PHP!")
}
```

最后，在 main 函数里调用 sayHello() 函数：

```
func main() {
    golang := Go{}
    php := PHP{}

    sayHello(golang)
    sayHello(php)
}
```

程序输出：

```
Hi, I am GO!
Hi, I am PHP!
```

在 main 函数中，调用 sayHello() 函数时，传入 golang、php 对象，它们并没有显式地声明实现 IGreeting 接口，只是实现了接口所规定的 sayHello() 函数。实际上，编译器在调用 sayHello() 函数时，会隐式地将 golang、php 对象转换成 IGreeting 类型，这也是静态语言的类型检查功能。

总结一下，鸭子类型是一种动态语言的风格。在这种风格中，一个对象有效的语义，不是由继承自特定的类或实现特定的接口决定，而是由它“当前方法和属性的集合”决定。Go 作为一种静态语言，通过接口实现了鸭子类型，实际上是因为 Go 的编译器在其中作了隐匿的转换工作。

 iface 和 eface 的区别是什么

类型 iface 和 eface 都是 Go 中描述接口的底层结构体，区别在于 iface 描述的接口包含方法，而 eface 则是不包含任何方法的空接口：interface{}。

从源码层面看：

```
// src/runtime/runtime2.g

type iface struct {
	tab   *itab
	data unsafe.Pointer
}

type itab struct {
	inter   *interfacetype
	_type   *_type
	link    *itab
	hash    uint32 // copy of _type.hash. Used for type switches.
	_       [4]byte
	fun     [1]uintptr // variable sized
}
```

结构体 iface 内部维护两个指针，字段 tab 指向一个 itab 实体，它表示接口的类型以及赋给这个接口的实体类型；字段 data 则指向接口具体的值，一般是一个指向堆内存的指针。

再来仔细看一下 itab 结构体：_type 字段描述了实体的类型，包括内存对齐方式、大小等；inter 字段则描述了接口的类型；fun 字段放置和接口方法对应的具体数据类型的方法地址，实现接口调用方法的动态分派，一般在每次给接口赋值发生转换时会更新此表。

这里只会列出实体类型和接口相关的方法，实体类型的其他方法并不会出现在这里，可以类比 C++ 中虚函数的做法。

另外，读者可能会觉得奇怪，为什么 fun 数组的大小为 1，要是接口定义了多个方法怎么办？实际上，这里存储的是第一个方法的函数指针，如果有更多的方法，会在它之后的内存空间里继续存储。从汇编角度来看，通过增加地址值就能获取到这些函数指针，没什么影响。另外，这些方法是按照函数名称的字典序进行排列的。

再看一下 interfacetype 类型，它描述的是接口的类型：

```
// src/runtime/type.go

type interfacetype struct {
	typ       _type
	pkgpath name
	mhdr      []imethod
}
```

可以看到，它包装了_type 类型，_type 实际上是描述 Go 语言中各种数据类型的结构体。注意到，这里还包含一个 mhdr 字段，表示接口所定义的函数列表，pkgpath 记录定义了接口的包名。

如图 5-1 为 iface 结构体的全貌：

接着来看 eface 的源码：

```
// src/runtime/runtime2.go

type eface struct {
	_type *_type
	data   unsafe.Pointer
}
```

相比 iface，eface 就比较简单了，它只维护了一个*_type 字段，表示空接口所承载地具体的实体类型。data 描述了具体的值，如图 5-2 所示。

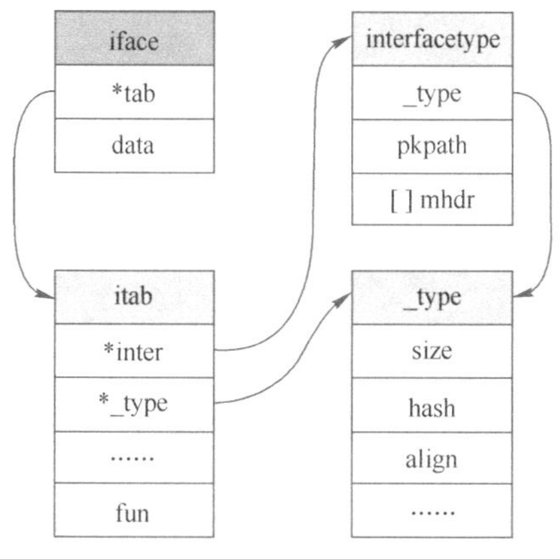

● 图 5-1　iface 结构体

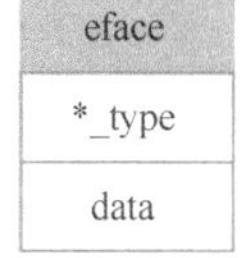

● 图 5-2　eface 结构体

来看个例子：

```
package main

import "fmt"

func main() {
	x := 200
	var any interface{} = x
	fmt.Println(any)

	g := Gopher{"Go"}
	var c coder = g
	fmt.Println(c)
}

type coder interface {
	code()
	debug()
}

type Gopher struct {
	language string
}

func (p Gopher) code() {
	fmt.Printf("I am coding %s language\n", p.language)
}

func (p Gopher) debug() {
	fmt.Printf("I am debuging %s language\n", p.language)
}
```

执行如下命令，打印出汇编语言：

```
go tool compile -S ./src/main.go
```

可以看到，main 函数里调用了两个函数：

```
func convT2E64(t *_type, elem unsafe.Pointer) (e eface)
func convT2I(tab *itab, elem unsafe.Pointer) (i iface)
```

上面两个函数的参数和 iface 及 eface 结构体的字段是可以联系起来的：两个函数都是将参数组装一下，形成最终的接口类型。

作为补充，最后再来看下 _type 结构体：

```
// src/runtime/type.go

type _type struct {
    // 类型大小
    size        uintptr
    ptrdata     uintptr
    // 类型的 hash 值
    hash        uint32
    // 类型的 flag，和反射相关
    tflag       tflag
    // 内存对齐相关
    align       uint8
    fieldalign uint8
    // 类型的编号，有 bool, slice, struct 等
    kind        uint8
    equal func(unsafe.Pointer, unsafe.Pointer) bool
    // GC 相关
    gcdata      *byte
    str         nameOff
    ptrToThis typeOff
}
```

Go 语言各种数据类型都是在 _type 字段的基础上，增加一些额外的字段来进行管理的：

```
// src/reflect/type.go

type arraytype struct {
    typ     _type
    elem    *_type
    slice *_type
    len     uintptr
}

type chantype struct {
    typ  _type
    elem *_type
    dir  uintptr
}

type slicetype struct {
    typ  _type
    elem *_type
}

type structtype struct {
    typ       _type
    pkgPath name
    fields  []structfield
}
```

这些数据类型的结构体定义，是反射实现的基础。

5.4 值接收者和指针接收者的区别

5.4.1 方法

方法能给用户自定义的类型添加新的行为。它和函数的区别在于方法有一个接收者，给一个函数添加一个接收者，它就变成了方法。接收者可以是值接收者，也可以是指针接收者。

在调用方法的时候，值类型既可以调用值接收者的方法，也可以调用指针接收者的方法；指针类型既可以调用指针接收者的方法，也可以调用值接收者的方法。

也就是说，不管方法的接收者是什么类型，该类型的值和指针都可以调用，不必严格符合接收者的类型。

来看个例子：

```
package main

import "fmt"

type Person struct {
    age int
}

func (p Person) howOld() int {
    return p.age
}

func (p *Person) growUp() {
    p.age += 1
}

func main() {
    // qcrao 是值类型
    qcrao := Person{age: 18}

    // 值类型 调用接收者也是值类型的方法
    fmt.Println(qcrao.howOld())

    // 值类型 调用接收者是指针类型的方法
    qcrao.growUp()
    fmt.Println(qcrao.howOld())

    // ----------------------

    // stefno 是指针类型
    stefno := &Person{age: 100}

    // 指针类型 调用接收者是值类型的方法
    fmt.Println(stefno.howOld())

    // 指针类型 调用接收者也是指针类型的方法
    stefno.growUp()
    fmt.Println(stefno.howOld())
}
```

输出的结果是：

```
18
19
100
101
```

调用了 growUp 函数后，不管调用者是值类型还是指针类型，它的 Age 值都改变了。

实际上，当类型和方法的接收者类型不同时，其实是编译器在背后做了一些工作，用表 5-1 来呈现：

表 5-1　不同类型调用者和接收者

	值接收者	指针接收者
值类型调用者	方法会使用调用者的一个副本，类似于“传值”	使用值的引用来调用方法，上例中，qcrao.growUp() 实际上是 (&qcrao).growUp()
指针类型调用者	指针被解引用为值，上例中，stefno.howOld() 实际上是 (*stefno).howOld()	实际上也是“传值”，方法里的操作会影响到调用者，类似于指针传参，复制了一份指针

5.4.2　值接收者和指针接收者

前面说过，不管接收者是值类型还是指针类型，都可以通过值类型或指针类型调用，这里面实际上是语法糖起的作用。

先说结论：实现了接收者是值类型的方法，相当于自动实现了接收者是指针类型的方法；而实现了接收者是指针类型的方法，不会自动生成对应接收者是值类型的方法。

来看一个例子，就会完全明白：

```
package main

import "fmt"

type coder interface {
    code()
    debug()
}

type Gopher struct {
    language string
}

func (p Gopher) code() {
    fmt.Printf("I am coding %s language\n", p.language)
}

func (p *Gopher) debug() {
    fmt.Printf("I am debuging %s language\n", p.language)
}

func main() {
    var c coder = &Gopher{"Go"}
    c.code()
    c.debug()
}
```

上述代码里定义了一个接口 coder，接口定义了两个函数：

```
code()
debug()
```

接着定义了一个结构体 Gopher，它实现了两个方法，一个是值接收者，一个是指针接收者。最后，在 main 函数里通过接口类型的变量调用了定义的两个函数。

运行结果如下：

```
I am coding Go language
I am debuging Go language
```

但是如果把 main 函数的第一条语句换一下：

```
func main() {
    var c coder = Gopher{"Go"}
    c.code()
    c.debug()
}
```

运行一下，出现报错：

```
src/main.go:23:6: cannot use Gopher literal (type Gopher) as type coder in assignment:
    Gopher does not implement coder (debug method has pointer receiver)
```

看出这两处代码的差别了吗？第一次是将 &Gopher 赋给了 coder；第二次则是将 Gopher 赋给了 coder。

第二次报错是说，Gopher 没有实现 coder。很明显了吧，因为 Gopher 类型并没有实现 debug 方法；表面上看，*Gopher 类型也没有实现 code 方法，但是因为 Gopher 类型实现了 code 方法，所以让 *Gopher 类型自动拥有了 code 方法。

当然，上面的结论背后有一个简单地解释：接收者是指针类型的方法，很可能在方法中会对接收者的属性进行更改操作，从而影响接收者；而对于接收者是值类型的方法，在方法中不会对接收者本身产生影响。

所以，当实现了一个接收者是值类型的方法，就可以自动生成一个接收者是对应指针类型的方法，因为两者都不会影响接收者；而当实现了一个接收者是指针类型的方法，如果此时自动生成一个接收者是值类型的方法，原本期望对接收者的改变（通过指针实现），现在无法实现，因为值类型只会产生一个复制，不会真正影响调用者。

最后，只要记住下面这点就可以了：

如果实现了接收者是值类型的方法，会隐含地也实现了接收者是指针类型的方法。

5.4.3 两者分别在何时使用

如果方法的接收者是值类型，无论调用者是对象还是对象指针，修改的都是对象的副本，不影响调用者；如果方法的接收者是指针类型，则调用者修改的是指针指向的对象本身。

使用指针作为方法的接收者的理由如下：

1）方法能够修改接收者指向的值。

2）避免在每次调用方法时复制该值，在值的类型为大型结构体时，这样做会更加高效。

但是决定使用值接收者还是指针接收者，不是由该方法是否修改了调用者（也就是接收者），而是应该基于该类型的本质。

如果类型具备“原始的本质”，也就是说它的成员都是由 Go 语言里内置的原始类型，如字符串、整型值等构成，那就定义值接收者类型的方法。像内置的引用类型，如 slice、map、interface、channel，这些类型比较特殊，声明它们的时候，实际上是创建了一个 header，对于它们也是直接定义值接收者类型的方法。这样，调用函数时，是直接复制了这些类型的 header，而 header 本身就是为复制设计的。这种也应该是声明值接收者类型的方法。

如果类型具备非原始的本质，不能被安全地复制，这种类型总是应该被共享，那就定义指针接收者的方法。比如 Go 源码里的文件结构体（struct File）就不应该被复制，应该只有一份实体，就要定义指针接收者类型的方法。

5.5 如何用 interface 实现多态

Go 语言并没有设计诸如虚函数、纯虚函数、继承、多重继承等概念，但它通过接口却非常优雅地支持了面向对象的特性。

多态是一种运行期的行为，它有以下几个特点：

1）一种类型具有多种类型的能力。

2）允许不同的对象对同一消息做出灵活的反应。

3）以一种通用的方式对待使用的对象。

4）非动态语言必须通过继承和接口的方式来实现。

来看一个实现了多态的例子：

```
package main

import "fmt"

func main() {
	qcrao := Student{age: 18}
	whatJob(&qcrao)

	growUp(&qcrao)
	fmt.Println(qcrao)

	stefno := Programmer{age: 100}
```

```
        whatJob(stefno)

        growUp(stefno)
        fmt.Println(stefno)
    }

    func whatJob(p Person) {
        p.job()
    }

    func growUp(p Person) {
        p.growUp()
    }

    type Person interface {
        job()
        growUp()
    }

    type Student struct {
        age int
    }

    func (p Student) job() {
        fmt.Println("I am a student.")
        return
    }

    func (p *Student) growUp() {
        p.age += 1
        return
    }

    type Programmer struct {
        age int
    }

    func (p Programmer) job() {
        fmt.Println("I am a programmer.")
        return
    }

    func (p Programmer) growUp() {
        // 程序员老得太快 ^_^
        p.age += 10
        return
    }
```

代码里先定义了 1 个 Person 接口，包含两个函数：

```
job()
growUp()
```

然后，又定义了 2 个结构体，Student 和 Programmer，同时，类型 *Student、Programmer 实现了 Person 接口定义的两个函数。注意，*Student 类型实现了接口，Student 类型却没有。

之后，又定义了函数参数是 Person 接口的两个函数：

```
func whatJob(p Person)
func growUp(p Person)
```

在 main 函数里先生成 Student 和 Programmer 的对象，再将它们分别传入到函数 whatJob 和 growUp 函数中，直接调用接口拥有的函数，实际执行的时候是看最终传入的实体类型是什么，调用的是实体类型实现的函数。于是，不同对象针对同一消息就有多种表现形态，多态就实现了。

更深入一点来说的话，在函数 whatJob() 或者 growUp() 内部，接口 person 绑定了实体类型 *Student 或者 Programmer。根据前面分析的 iface 源码，这里会直接调用 fun 里保存的函数，类似于：s.tab->fun[0]，而因为 fun 数组里保存的是实体类型实现的函数，所以当函数传入不同的实体类型时，调用的实际上是不同的函数实现，从而实现多态。

运行一下代码，输出如下：

```
I am a student.
{19}
I am a programmer.
{100}
```

5.6 接口的动态类型和动态值是什么

回顾一下前面的内容，iface 包含两个字段：tab 是接口表指针，指向类型信息；data 是数据指针，则指向具体的数据，它们分别被称为动态类型和动态值，而接口值则包括动态类型和动态值。

我们来看一个接口类型和 nil 做比较的例子，当仅且当动态类型和动态值这两部分的值都为 nil 的情况下，接口值 == nil 为 true：

```go
package main

import "fmt"

type Coder interface {
	code()
}

type Gopher struct {
	name string
}

func (g Gopher) code() {
	fmt.Printf("%s is coding\n", g.name)
}

func main() {
	var c Coder
	fmt.Println(c == nil)
	fmt.Printf("c: %T, %v\n", c, c)

	var g *Gopher
	fmt.Println(g == nil)

	c = g
	fmt.Println(c == nil)
	fmt.Printf("c: %T, %v\n", c, c)
}
```

输出如下：

```
true
c: <nil>, <nil>
true
false
c: *main.Gopher, <nil>
```

例子中，c 是一个接口，g 则是一个指针。一开始，c 的动态类型和动态值都为 nil，g 的值也为 nil，当把 g 赋值给 c 后，c 的动态类型变成了 *main.Gopher 尽管 c 的动态值仍为 nil，但是当 c 和 nil 做比较的时候，结果就是 false 了。

来看一个**隐含的类型转换**的例子：

```go
package main

import "fmt"
```

```
type MyError struct {}

func (i MyError) Error() string {
    return "MyError"
}

func main() {
    err := Process()
    fmt.Println(err)

    fmt.Println(err == nil)
}

func Process() error {
    var err *MyError = nil
    return err
}
```

函数运行结果：

```
<nil>
false
```

这里先定义了一个 MyError 结构体，实现了 Error 函数，也就实现了 error 接口。Process 函数返回了一个 error 接口，这里隐含了类型转换，即 MyError 类型转换成 error 接口。所以，虽然它的动态值是 nil，但是它的动态类型是 *MyError，最后和 nil 比较的时候，结果为 false。

如何打印出接口的动态类型和值？下面的代码给出了一个例子：

```
package main

import (
    "unsafe"
    "fmt"
)

type iface struct {
    itab, data uintptr
}

func main() {
    var a interface{} = nil

    var b interface{} = (*int)(nil)

    x := 5
    var c interface{} = (*int)(&x)

    ia := *(*iface)(unsafe.Pointer(&a))
    ib := *(*iface)(unsafe.Pointer(&b))
    ic := *(*iface)(unsafe.Pointer(&c))

    fmt.Println(ia, ib, ic)

    fmt.Println(*(*int)(unsafe.Pointer(ic.data)))
}
```

代码里直接定义了一个 iface 结构体，用两个指针来描述 itab 和 data，之后将 a, b, c 在内存中的内容强制解释成自定义的 iface。最后就可以打印出动态类型和动态值的地址。

运行结果如下：

```
{0 0} {17426912 0} {17426912 842350714568}
5
```

可见，a 的动态类型和动态值的地址均为 0，也就是 nil；b 的动态类型和 c 的动态类型一致，都是 *int；最后，c 的动态值为 5。

5.7 接口转换的原理是什么

通过前面讲到的 iface 源码可以看到，iface 包含接口的类型 interfacetype 和实体类型的类型 _type，两者都是 iface 的字段 itab 的成员。也就是说生成一个 itab 同时需要接口的类型和实体的类型。

```
<interface 类型，实体类型> -> itab
```

当判定一种类型是否满足某个接口时，Go 将类型的方法集和接口所需要的方法集进行匹配，如果类型的方法集完全包含接口的方法集，则可认为该类型实现了该接口。

例如，某类型有 m 个方法，某接口有 n 个方法，很容易知道这种判定的时间复杂度为 O(mn)，Go 会对方法集的函数按照函数名的字典序进行排序，所以实际的时间复杂度为 O(m+n)。

本节来探索将一个接口转换为另外一个接口背后的原理，当然，能转换的原因必然是类型兼容。

来看一个例子：

```
package main

import "fmt"

type coder interface {
	code()
	run()
}

type runner interface {
	run()
}

type Gopher struct {
	language string
}

func (g Gopher) code() {
	return
}

func (g Gopher) run() {
	return
}

func main() {
	var c coder = Gopher{}

	var r runner
	r = c
	fmt.Println(c, r)
}
```

简单解释下上述代码，定义了两个 interface: coder 和 runner，定义了一个实体类型 Gopher，类型 Gopher 实现了两个方法，分别是 run() 和 code()。在 main 函数里定义了一个接口变量 c，绑定了一个 Gopher 对象，之后将 c 赋值给另外一个接口变量 r 。赋值成功的原因是 c 中包含 run() 方法。这样，两个接口变量完成了转换。

执行命令：

```
go tool compile -S main.go
```

得到 main 函数的汇编命令，可以看到：r = c 这一行语句实际上是调用了 runtime.convI2I(SB)，也就是 convI2I 函数，从函数名来看，就是将一个 interface 转换成另外一个 interface，来看它的源代码：

```go
// src/runtime/iface.go

func convI2I(inter *interfacetype, i iface) (r iface) {
	tab := i.tab
	if tab == nil {
		return
	}
	if tab.inter == inter {
		r.tab = tab
		r.data = i.data
		return
	}
	r.tab = getitab(inter, tab._type, false)
	r.data = i.data
	return
}
```

代码比较简单，函数参数 inter 表示接口类型，i 表示绑定了实体类型的接口，r 则表示完成了接口转换了之后的新的 iface。通过前面的分析得知，iface 是由 tab 和 data 两个字段组成。所以，实际上 convI2I 函数真正要做的事，找到新 interface 的 tab 和 data，就大功告成了。

并且，tab 由接口类型 interfacetype 和实体类型 _type 组成，所以最关键的语句是 r.tab = getitab(inter, tab._type, false)。

因此，重点来看下 getitab 函数的源码，看下关键的地方：

```go
// src/runtime/iface.go

func getitab(inter *interfacetype, typ *_type, canfail bool) *itab {
	// ……

	var m *itab

	t := (*itabTableType)(atomic.Loadp(unsafe.Pointer(&itabTable)))
	if m = t.find(inter, typ); m != nil { // 根据 inter, typ 在 itabTable 中寻找 itab
		goto finish
	}

	// 没找到，上锁
	lock(&itabLock)
	if m = itabTable.find(inter, typ); m != nil { // 再找一次
		unlock(&itabLock)
		goto finish
	}

	// 在哈希表中没有找到 itab，那就新生成一个 itab
	m = (*itab)(persistentalloc(unsafe.Sizeof(itab{})+uintptr(len(inter.mhdr)-1)*sys.PtrSize, 0, &memstats.other_sys))
	m.inter = inter
	m._type = typ
	m.hash = 0
	m.init()
	itabAdd(m) // 添加到全局的 itab 表中
	unlock(&itabLock)
finish:
	if m.fun[0] != 0 {
		return m
	}
	if canfail {
		return nil
	}

	panic(&TypeAssertionError{concrete: typ, asserted: &inter.typ, missingMethod: m.init()})
}
```

首先，getitab 函数会根据 interfacetype 和 _type 去全局的 itab 哈希表中查找，如果能找到，则直接返回；否则，会根据给定的 interfacetype 和 _type 新生成一个 itab，并插入到 itab 哈希表，这样下一次就可以直接拿到 itab。

在 getitab 函数中，进行了两次查找，并且第二次加上了锁，这是因为如果第一次没找到，在第二次仍然没有找到相应的 itab 的情况下，需要新生成一个，并且写入到 itab 哈希表，加锁保证并发安全。

来看下 find 函数的代码：

```
// src/runtime/iface.go

func (t *itabTableType) find(inter *interfacetype, typ *_type) *itab {
	mask := t.size - 1
	h := itabHashFunc(inter, typ) & mask
	for i := uintptr(1); ; i++ {
		p := (**itab)(add(unsafe.Pointer(&t.entries), h*sys.PtrSize))
		m := (*itab)(atomic.Loadp(unsafe.Pointer(p)))
		if m == nil {
			return nil
		}
		if m.inter == inter && m._type == typ {
			return m
		}
		h += i
		h &= mask
	}
}
```

参数类型 itabTableType 的定义如下，核心就是 entries，但实际上是一个 itab 指针数组：

```
// src/runtime/iface.go

type itabTableType struct {
	size    uintptr
	count   uintptr
	entries [itabInitSize]*itab
}
```

find 函数会调用 itabHashFunc 求出哈希值，根据哈希值定位到 itab 在 entries 中的位置，找出已缓存的 itab。如果没有找到，则返回 nil。

回到 getitab 函数，若没有找到缓存的 itab，则新建一个 itab，并通过 itabAdd 函数将其加入 entries 中。而 itabAdd 的核心就是 add 函数：

```
// src/runtime/iface.go

func (t *itabTableType) add(m *itab) {
	mask := t.size - 1
	h := itabHashFunc(m.inter, m._type) & mask
	for i := uintptr(1); ; i++ {
		p := (**itab)(add(unsafe.Pointer(&t.entries), h*sys.PtrSize))
		m2 := *p
		if m2 == m {
			return
		}
		if m2 == nil {
			atomic.StorepNoWB(unsafe.Pointer(p), unsafe.Pointer(m))
			t.count++
			return
		}
		h += i
		h &= mask
	}
}
```

可以看到，add 函数的逻辑和 find 函数相似，都是先求出 hash 值，然后定位到 entries 中的位置，再将 itab 保存到 entries 中。求 hash 值的函数如下：

```
// src/runtime/iface.go
```

```
func itabHashFunc(inter *interfacetype, typ *_type) uintptr {
	// compiler has provided some good hash codes for us.
	return uintptr(inter.typ.hash ^ typ.hash)
}
```

更一般地，当把实体类型赋值给接口的时候，会调用 conv 系列函数，例如空接口调用 convT2E 系列、非空接口调用 convT2I 系列。这些函数比较相似：

1）具体类型转空接口时，_type 字段直接复制源类型的 _type；调用 mallocgc 获得一块新内存，把值复制进去，data 再指向这块新内存。

2）具体类型转非空接口时，入参 tab 是编译器在编译阶段预先生成好的，新接口 tab 字段直接指向入参 tab 指向的 itab；调用 mallocgc 获得一块新内存，把值复制进去，data 再指向这块新内存。

3）而对于接口转接口，itab 调用 getitab 函数获取，只用生成一次，之后直接从 itab 哈希表中获取。

5.8 类型转换和断言的区别是什么

Go 语言中不允许隐式类型转换，也就是说符号“=”两边，不允许出现类型不相同的变量。

类型转换、类型断言本质都是把一个类型转换成另外一个类型。不同之处在于类型断言是对接口变量进行的操作。

1. 类型转换

对于类型转换而言，转换前后的两个类型要相互兼容才行。类型转换的语法为：

```
<结果类型> := <目标类型> (<表达式>)
```

来看一下例子：

```
package main

import "fmt"

func main() {
	var i int = 9

	var f float64
	f = float64(i)
	fmt.Printf("%T, %v\n", f, f)

	f = 10.8
	a := int(f)
	fmt.Printf("%T, %v\n", a, a)

	// s := []int(i)
}
```

上面的代码里，定义了一个 int 型和 float64 型的变量，在它们之间相互转换，结果是成功的：int 型和 float64 是相互兼容的。

如果把最后一行代码的注释去掉并运行，编译器会报告类型不兼容的错误：

```
cannot convert i (type int) to type []int
```

2. 断言

因为空接口 interface{} 没有定义任何函数，因此 Go 中所有类型都实现了空接口。当一个函数的形参是 interface{}，那么在函数中，需要对形参进行断言，从而得到它的真实类型。

断言的语法为：

```
<目标类型的值>, <布尔参数> := <表达式>.(目标类型) // 安全类型断言
<目标类型的值> := <表达式>.(目标类型)      //非安全类型断言
```

类型转换和类型断言有些相似，不同之处，在于类型断言是对接口进行的操作。来看一个简短的例子：

```
package main

import "fmt"

type Student struct {
    Name string
    Age int
}

func main() {
    var i interface{} = new(Student)
    s := i.(Student)

    fmt.Println(s)
}
```

运行一下：

```
panic: interface conversion: interface {} is *main.Student, not main.Student
```

直接 panic 了，这是因为 i 是 *Student 类型，并非 Student 类型，所以断言失败。如果是生产环境的代码，可以采用“安全断言”的语法：

```
func main() {
    var i interface{} = new(Student)
    s, ok := i.(Student)
    if ok {
        fmt.Println(s)
    }
}
```

这样，即使断言失败也不会 panic。

断言其实还有另一种形式，就是用于 switch 语句判断接口的类型，每一个 case 会被顺序地考虑。当命中一个 case 时，就会执行 case 中的语句，因此 case 语句的顺序是很重要的，因为可能会有多个 case 匹配的情况。

代码示例如下：

```
func main() {
    //var i interface{} = new(Student)
    //var i interface{} = (*Student)(nil)
    var i interface{}

    fmt.Printf("%p %v\n", &i, i)

    judge(i)
}

func judge(v interface{}) {
    fmt.Printf("%p %v\n", &v, v)

    switch v := v.(type) {
    case nil:
        fmt.Printf("%p %v\n", &v, v)
        fmt.Printf("nil type[%T] %v\n", v, v)

    case Student:
        fmt.Printf("%p %v\n", &v, v)
        fmt.Printf("Student type[%T] %v\n", v, v)

    case *Student:
```

```
            fmt.Printf("%p %v\n", &v, v)
            fmt.Printf("*Student type[%T] %v\n", v, v)

        default:
            fmt.Printf("%p %v\n", &v, v)
            fmt.Printf("unknow\n")
        }
}

type Student struct {
    Name string
    Age int
}
```

在 main 函数里有三行不同的声明，按顺序每次运行一行，注释另外两行，得到三组运行结果：

```
// --- var i interface{} = new(Student)
0xc4200701b0 [Name: ], [Age: 0]
0xc4200701d0 [Name: ], [Age: 0]
0xc420080020 [Name: ], [Age: 0]
*Student type[*main.Student] [Name: ], [Age: 0]

// --- var i interface{} = (*Student)(nil)
0xc42000e1d0 <nil>
0xc42000e1f0 <nil>
0xc42000c030 <nil>
*Student type[*main.Student] <nil>

// --- var i interface{}
0xc42000e1d0 <nil>
0xc42000e1e0 <nil>
0xc42000e1f0 <nil>
nil type[<nil>] <nil>
```

对于第一行语句：

```
var i interface{} = new(Student)
```

因为 i 是 *Student 类型，匹配上第三个 case。从打印的 3 个地址来看，这 3 处的变量实际上都是不一样的。在 main 函数里有一个局部变量 i，调用函数时，实际上是复制了一份参数，因此函数里又有一个变量 v，它是 i 的复制。断言之后，又生成了一份新的复制。所以最终打印的三个变量的地址都不一样。

对于第二行语句：

```
var i interface{} = (*Student)(nil)
```

这里想说明的其实是 i 在这里的动态类型是 *Student, 数据为 nil，它的类型并不是 nil，它与 nil 做比较的时候，得到的结果也是 false。

最后一行语句：

```
var i interface{}
```

这回 i 才是 nil 类型。

最后需要提醒一点的是，代码 v.(type) 中，v 只能是一个接口类型，如果是其他类型，例如 int 型，会导致编译不通过。

函数 fmt.Println 的参数是 interface。对于内置类型，函数内部会用穷举法，得出它的真实类型，然后转换为字符串打印。而对于自定义类型，首先确定该类型是否实现了 String() 方法，如果实现了，则直接打印输出 String() 方法的结果；否则，会通过反射来遍历对象的成员进行打印。

再来看一个简短的例子：

```
package main

import "fmt"
```

```
type Student struct {
    Name string
    Age int
}

func main() {
    var s = Student{
        Name: "qcrao",
        Age: 18,
    }

    fmt.Println(s)
}
```

因为 Student 结构体没有实现 String() 方法，所以 fmt.Println 会利用反射挨个打印成员变量：

```
{qcrao 18}
```

如果增加一个 String() 方法的实现：

```
func (s Student) String() string {
    return fmt.Sprintf("[Name: %s], [Age: %d]", s.Name, s.Age)
}
```

打印结果如下：

```
[Name: qcrao], [Age: 18]
```

可以看到，会按照自定义的方法来打印。

针对上面的例子，如果改一下 String 方法的接收者类型：

```
func (s *Student) String() string {
    return fmt.Sprintf("[Name: %s], [Age: %d]", s.Name, s.Age)
}
```

注意看两个函数的接收者类型不同，现在 Student 结构体只有一个接收者类型为指针类型的 String() 函数，打印结果如下：

```
{qcrao 18}
```

为什么会这样？前面讲过：类型 T 只有接受者是 T 的方法；而类型 *T 拥有接受者是 T 和 *T 的方法。语法上 T 能直接调 *T 的方法仅仅是 通过 Go 语言的语法糖。

所以，当 Student 结构体定义了接受者类型是值类型的 String() 方法时，通过

```
fmt.Println(s)
fmt.Println(&s)
```

均可以按照自定义的格式来打印。

如果 Student 结构体定义了接受者类型是指针类型的 String() 方法时，只有通过

```
fmt.Println(&s)
```

才能按照自定义的格式打印。

有一个值得注意的问题是需要防止有关自定义 String() 方法时无限递归，例如：

```
type Student struct {
    Name string
    Age int
}

func (s Student) String() string {
    return fmt.Sprintf("%v", s)
}

func main() {
    s := Student{
```

```
            Name: "qcrao",
            Age:   19,
        }

        fmt.Printf("%v", s)
    }
```

直接运行，最后会导致栈溢出：

```
    fatal error: stack overflow
```

如果类型实现了 String() 方法，格式化输出时就会自动调用 String() 方法。上面这段代码是在该类型的 String() 方法内使用格式化输出，导致递归调用 String() 方法，引发栈溢出。

改进的办法是修改 String() 方法的实现：

```
    func (s Student) String() string {
        return fmt.Sprintf("%v", s.Name+ " " + strconv.Itoa(s.Age))
    }
```

Go 语言的 switch 用法多样，非常灵活。那么 switch 有哪几种用法？和其他语言，如 C/C++、Java 等不同的是，Go 的 switch 语句从上到下进行匹配，仅执行第一个匹配成功的分支。因此 Go 不用在每个分支里都增加 break 语句。另外一个不同点在于，Go switch 语句的 case 值不需要是常量，也不必是整数。

用法一：比较单个值和多个值。

```
    func main() {
        fmt.Print("Go runs on ")
        switch os := runtime.GOOS; os {
        case "darwin":
            fmt.Println("OS X.")
        case "linux":
            fmt.Println("Linux.")
        default:
            // freebsd, openbsd,
            // plan9, windows...
            fmt.Printf("%s.\n", os)
        }
    }
```

直接在 switch 语句内声明 os 变量，使得 os 的作用范围仅在 switch 语句内。

用法二：每个分支单独设置比较条件。

```
    func main() {
        t := time.Now()
        switch {
        case t.Hour() < 12:
            fmt.Println("Good morning!")
        case t.Hour() < 17:
            fmt.Println("Good afternoon.")
        default:
            fmt.Println("Good evening.")
        }
    }
```

直接在 case 语句中判断表达式的真假，并且只会执行第一个满足条件的 case。

用法三：使用 fallthrough 关键字。

```
    func main() {
        t := time.Now()
        switch {
        case t.Hour() < 12:
            fmt.Println("Good morning!")
            fallthrough
        case t.Hour() < 17:
            fmt.Println("Good afternoon.")
```

```
        default:
            fmt.Println("Good evening.")
        }
}
```

分支中的 fallthrough 关键字，表示执行下一个分支。如果当前时间的小时数既小于 12，也小于 17，那么程序最后就会打印出：

```
Good morning!
Good afternoon.
```

为了使 switch 语句看起来更简洁，可以将多个 case 用逗号分隔，合并成一个分支：

```
func main() {
        fmt.Println("When's Saturday?")
        today := time.Now().Weekday()
        switch time.Saturday {
        case today + 0, today + 1:
            fmt.Println("coming...")
        case today + 2:
            fmt.Println("In two days.")
        default:
            fmt.Println("Too far away.")
        }
}
```

将 today+0 和 today+1 放在一个 case 分支里，如果今天是周五或周六都会打印出：

```
coming...
```

5.9 如何让编译器自动检测类型是否实现了接口

经常看到一些开源库里会有一些类似下面这种奇怪的用法：

```
var _ io.Writer = (*myWriter)(nil)
```

这时候会有点懵，不知道作者想要干什么，实际上这就是本节问题的答案。编译器会由此检查 *myWriter 类型是否实现了 io.Writer 接口。

来看一个例子：

```
package main

import "io"

type myWriter struct {

}

/*func (w myWriter) Write(p []byte) (n int, err error) {
        return
}*/

func main() {
        // 检查 *myWriter 类型是否实现了 io.Writer 接口
        var _ io.Writer = (*myWriter)(nil)

        // 检查 myWriter 类型是否实现了 io.Writer 接口
        var _ io.Writer = myWriter{}
}
```

注释掉为 myWriter 定义的 Write 函数后，运行程序：

```
src/main.go:14:6: cannot use (*myWriter)(nil) (type *myWriter) as type io.Writer in assignment:
        *myWriter does not implement io.Writer (missing Write method)
src/main.go:15:6: cannot use myWriter literal (type myWriter) as type io.Writer in assignment:
```

```
        myWriter does not implement io.Writer (missing Write method)
```

报错信息：*myWriter/myWriter 未实现 io.Writer 接口，也就是未实现 Write 方法。要知道例子中并没有直接调 Write 方法，所以是“var _ io.Writer = (*myWriter)(nil)”这种写法让编译器进行了类型检查。

解除注释后，运行程序不报错。

实际上，上述赋值语句会发生隐式地类型转换，在转换的过程中，编译器会检测等号右边的类型是否实现了等号左边接口所定义的函数。

总结一下，可通过在代码中添加类似如下的代码，用于检测类型是否实现了接口：

```
var _ io.Writer = (*myWriter)(nil)
var _ io.Writer = myWriter{}
```

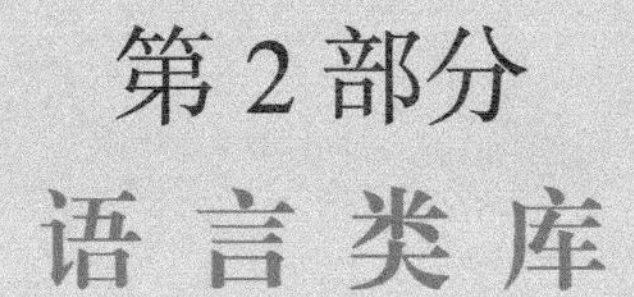

第2部分 语言类库

要想写好 Go 代码，对语言类库的使用是不可能绕开的。Go 中的一些类库由于使用频率非常高，但用好它们并不是一件容易的事，涉及对原理的深入理解。不会使用或者使用的方式不对，都可能会使写出的 Go 程序复杂难懂、执行效率低。因此，对 Go 语言中常见的类库的使用及其原理的掌握也是 IT 企业非常喜欢考查的一个要点。

第 6 章 unsafe

从 unsafe 这个名字就可以看出，Go 并不推荐使用它。有谁能忍受在 Go 代码里到处可见的 unsafe 提示吗？但 unsafe 却像“瑞士军刀”一样，在 Go 的类型系统上撕开了一道口子，在某些场景下，能发挥出“天降奇兵”的效果。

6.1 如何利用 unsafe 包修改私有成员

对于一个结构体，通过 offset 函数可以获取结构体成员的偏移量，进而获取成员的地址，读写该地址的内存，就可以达到改变成员值的目的。

这里有一个内存分配相关的事实：结构体会被分配一块连续的内存，结构体的地址也代表了第一个成员的地址。

来看一个例子：

```
package main

import (
	"fmt"
	"unsafe"
)

type Programmer struct {
	name string
	language string
}

func main() {
	p := Programmer{"stefno", "go"}
	fmt.Println(p)

	name := (*string)(unsafe.Pointer(&p))
	*name = "qcrao"

	lang := (*string)(unsafe.Pointer(uintptr(unsafe.Pointer(&p)) + unsafe.Offsetof(p.language)))
	*lang = "Golang"

	fmt.Println(p)
}
```

运行代码，输出：

```
{stefno go}
{qcrao Golang}
```

字段 name 是结构体的第一个成员，因此可以直接将 &p 解析成 *string，接着直接修改 name 的值。有了第一个字段的地址后，可以通过 offset 求出第二个字段的地址：

```
lang := (*string)(unsafe.Pointer(uintptr(unsafe.Pointer(&p)) + unsafe.Offsetof(p.language)))
```

先将 unsafe.Pointer 转成 uintptr，然后进行数学计算，再转换为 unsafe.Pointer，最后再转成字符串指针。

对于结构体的私有成员，现在有办法可以通过 unsafe.Pointer 改变它的值了。把 Programmer 结构体升级，多加一个字段：

```
type Programmer struct {
    name string
    age int
    language string
}
```

并且放在其他包里，这样在 main 函数中，它的三个字段都是私有成员变量，不能直接修改，也不能对字段取 offset。但可以通过 unsafe.Sizeof() 函数可以获取成员大小，进而计算出成员的地址，直接修改内存。

```
func main() {
    p := Programmer{"stefno", 18, "go"}
    fmt.Println(p)

    lang := (*string)(unsafe.Pointer(uintptr(unsafe.Pointer(&p)) + unsafe.Sizeof(int(0)) + unsafe.Sizeof(string(""))))
    *lang = "Golang"

    fmt.Println(p)
}
```

输出如下：

```
{stefno 18 go}
{stefno 18 Golang}
```

 如何利用 unsafe 获取 slice 和 map 的长度

通过前面关于 slice 的章节内容介绍，知道了 slice header 的结构体定义：

```
// runtime/slice.go

type slice struct {
    array unsafe.Pointer // 元素指针
    len   int // 长度
    cap   int // 容量
}
```

使用 make 新建一个 slice，底层调用的是 makeslice 函数，返回的是 slice 结构体指针：

```
func makeslice(et *_type, len, cap int) unsafe.Pointer
```

因此可以通过 unsafe.Pointer 和 uintptr 进行转换，进而得到 slice 的长度和容量：

```
func main() {
    s := make([]int, 9, 20)
    var Len = *(*int)(unsafe.Pointer(uintptr(unsafe.Pointer(&s)) + uintptr(8)))
    fmt.Println(Len, len(s)) // 9 9

    var Cap = *(*int)(unsafe.Pointer(uintptr(unsafe.Pointer(&s)) + uintptr(16)))
    fmt.Println(Cap, cap(s)) // 20 20
}
```

Len 和 Cap 的转换流程如下：

```
Len: &s => pointer => uintptr => pointer => *int => int
Cap: &s => pointer => uintptr => pointer => *int => int
```

再来看一下前面章节讲到的 map：

```
// src/runtime/map.go
```

```
type hmap struct {
    count     int
    flags     uint8
    B         uint8
    noverflow uint16
    hash0     uint32

    buckets    unsafe.Pointer
    oldbuckets unsafe.Pointer
    nevacuate  uintptr

    extra *mapextra
}
```

和 slice 不同的是，makemap 函数返回的是 hmap 的指针，注意是指针：

```
func makemap(t *maptype, hint int64, h *hmap, bucket unsafe.Pointer) *hmap
```

依然能通过 unsafe.Pointer 和 uintptr 进行转换，得到 hamp 字段的值，只不过，现在 count 变成二级指针了：

```
func main() {
    mp := make(map[string]int)
    mp["qcrao"] = 100
    mp["stefno"] = 18

    count := **(**int)(unsafe.Pointer(&mp))
    fmt.Println(count, len(mp)) // 2 2
}
```

所以 count 的转换过程如下：

```
&mp => pointer => **int => int
```

6.3 如何实现字符串和 byte 切片的零复制转换

这是一个非常经典的例子：实现字符串和 bytes 切片之间的转换，要求是 zero-copy。为了完成这个转换，需要了解 slice 和 string 的底层数据结构：

```
// src/reflect/value.go

type StringHeader struct {
    Data uintptr
    Len  int
}

type SliceHeader struct {
    Data uintptr
    Len  int
    Cap  int
}
```

上面的代码是反射包下的结构体，只需要共享底层 Data 和 Len 就可以实现 zero-copy：

```
func string2bytes(s string) []byte {
    return *(*[]byte)(unsafe.Pointer(&s))
}

func bytes2string(b []byte) string{
    return *(*string)(unsafe.Pointer(&b))
}
```

原理上是利用指针的强转，代码比较简单，不做详细解释。需要注意的是，下面这种形式的实现是错误的：

```
func string2bytes(s string) []byte {
```

```
		stringHeader := (*reflect.StringHeader)(unsafe.Pointer(&s))

		bh := reflect.SliceHeader{
			Data: stringHeader.Data,
			Len:  stringHeader.Len,
			Cap:  stringHeader.Len,
		}

		return *(*[]byte)(unsafe.Pointer(&bh))
	}
```

原因在于 stringHeader.Data 本身是 uintptr 类型，由于 goroutine 的栈空间可能发生移动，因此不能将其作为中间态的值复制到 bh，再转换为 []byte。

第7章 context

context 功能强大，使用广泛，然而 runtime 真正实现的代码却只有短短 200 行左右。每一个 Gopher（Go 开发者）都应该阅读 context 的源码并掌握它的原理。

7.1 context是什么

Go 1.7 标准库引入 context，中文译作“上下文”，准确说它是 goroutine 的上下文。主要用来在 goroutine 之间传递上下文信息，包括：取消信号、超时时间、截止时间、k-v 等。

随着 context 包的引入，标准库中很多接口因此加上了 context 参数，例如 database/sql 包等。使用 context 几乎成为并发控制和超时控制的标准做法，与它协作的 API 都可以由外部控制执行“取消”操作，例如：取消一个 HTTP 请求的执行。

另外，context.Context 可以协调多个 goroutine 中的代码执行“取消”操作，并且可以存储键值对，最重要的是它是并发安全的操作。

7.2 context有什么作用

Go 常用来写后台服务，通常只需要几行代码，就可以搭建一个 HTTP server。在 Go 的 server 里，对每个 Request（请求）都会启动若干个 goroutine 同时工作：有些去内存查一些数据，有些去数据库拿数据，有些调用第三方接口获取相关数据等，如图 7-1 所示。

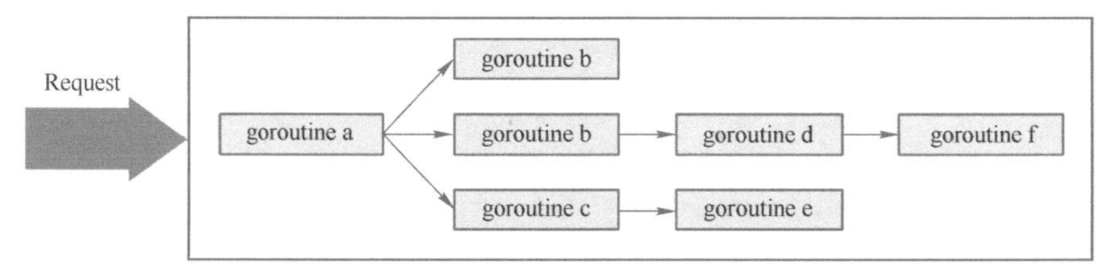

● 图 7-1 Request

这些 goroutine 需要共享请求的基本信息：例如登录的 token，处理请求的最大超时时间（如果超过此值再返回数据，请求方会因为超时接收不到）等。当请求被取消或是处理时间太长，这有可能是使用者关闭了浏览器或是已经超过了请求方规定的超时时间，请求方直接放弃了这次请求结果。这时，所有正在为这个请求工作的 goroutine 需要快速退出，因为它们的“工作成果”不再被需要了。在相关联的 goroutine 都退出后，系统就可以回收相关的资源。

Go 语言中的 server 实际上是一个“协程模型”，处理一个请求需要多个协程。例如在业务的高峰期，某个下游服务的响应速度变慢，而当前系统的请求又没有超时控制，或者超时时间设置过大，那么等待下游服务返回数据的协程就会越来越多。而协程是要消耗系统资源的，后果就是协程数激增，内存占用飙涨，Go 调度器和 GC 不堪其重，甚至导致服务不可用。更严重的会导致雪崩效应，整个服务对外表现为不可用，这肯定是 P0 级别的事故。

其实前面描述的 P0 级别事故，通过设置“允许下游最长处理时间”就可以避免。例如，给下游设置的 timeout 是 50ms，如果超过这个值还没有接收到返回数据，就直接向客户端返回一个默认值或者错误。例如返回商品的一个默认库存数量。注意，这里设置的超时时间和创建一个 HTTP client 设置的读写超时时间不一样，后者表示一次 TCP 传输的时间，而一次请求可能包含多次 TCP 传输，前者则表示所有传输的总时间。

而 context 包就是为了解决上面所说的这些问题而开发的：在一组 goroutine 之间传递共享的值、取消信号、deadline 等，如图 7-2 所示。

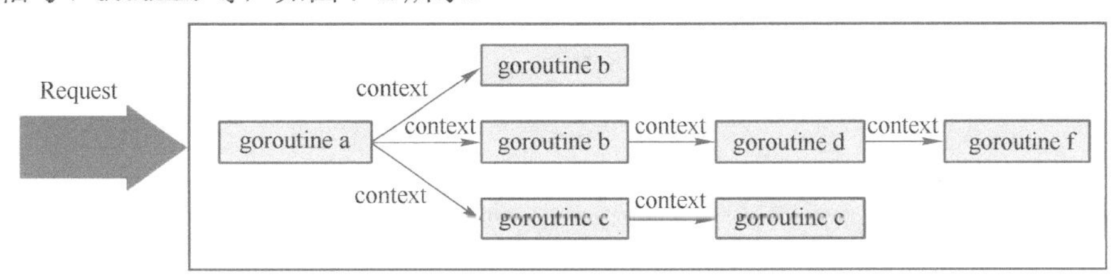

● 图 7-2 Request with context

在 Go 里，不能直接杀死协程，协程的关闭一般采用 channel 和 select 的方式来控制。但是在某些场景下，例如处理一个请求衍生了很多协程，这些协程之间是相互关联的：需要共享一些全局变量、有共同的 deadline 等，而且可以同时被关闭。用 channel 和 select 就会比较麻烦，这时可以通过 context 来实现。

一句话：context 用来解决 goroutine 之间退出通知、元数据传递的功能的问题。

context 使用起来非常方便。源码里对外提供了一个创建根节点 context 的函数：

```
// src/context/context.go
func Background() Context
```

Background 是一个空的 context，它不能被取消，没有值，也没有超时时间。

有了根节点 context，又提供了四个函数创建子节点 context：

```
// src/context/context.go

func WithCancel(parent Context) (ctx Context, cancel CancelFunc)
func WithDeadline(parent Context, deadline time.Time) (Context, CancelFunc)
func WithTimeout(parent Context, timeout time.Duration) (Context, CancelFunc)
func WithValue(parent Context, key, val interface{}) Context
```

context 会在函数中间传递，只需要在适当的时间调用 Cancel 函数向 goroutines 发出取消信号或者调用 Value 函数取出 context 中的值。

在官方博客里，对于使用 context 提出了几点建议：

1）不要将 context 塞到结构体里。直接将 context 类型作为函数的第一参数，而且一般都命名为 ctx。

2）不要向函数传入一个含有 nil 属性的 context，如果实在不知道传什么，标准库准备好了一个 context：todo。

3）不要把本应该作为函数参数的类型塞到 context 中，context 存储的应该是一些共同的数据。例如：登录的 session、cookie 等。

4）同一个 context 可能会被传递到多个 goroutine，但别担心，context 是并发安全的。

 7.3 如何使用 context

7.3.1 传递共享的数据

对于 Web 服务端开发，往往希望将一个请求处理的整个过程串起来，这就非常依赖于 Thread

Local（对于 Go 可理解为单个协程所独有） 的变量，而在 Go 语言中并没有这个概念，因此需要在函数调用的时候传递 context。

```
package main

import (
	"context"
	"fmt"
)

func main() {
	ctx := context.Background()
	process(ctx)

	ctx = context.WithValue(ctx, "traceId", "qcrao-2020")
	process(ctx)
}

func process(ctx context.Context) {
	traceId, ok := ctx.Value("traceId").(string)
	if ok {
		fmt.Printf("process over. trace_id=%s\n", traceId)
	} else {
		fmt.Printf("process over. no trace_id\n")
	}
}
```

运行结果如下：

```
process over. no trace_id
process over. trace_id=qcrao-2020
```

第一次调用 process 函数时，ctx 是一个空的 context，自然取不出来 traceId。第二次，通过 WithValue 函数创建了一个 context，并赋上了 traceId 这个 key，自然就能取出来传入的 value 值。

当然，现实场景中可能是从一个 HTTP 请求中获取到的 Request-ID。所以，下面这个例子可能更适合：

```
const requestIDKey int = 0

func WithRequestID(next http.Handler) http.Handler {
	return http.HandlerFunc(
		func(rw http.ResponseWriter, req *http.Request) {
			// 从 header 中提取 Request-ID
			reqID := req.Header.Get("X-Request-ID")
			// 创建 valueCtx。使用自定义的类型，不容易冲突
			ctx := context.WithValue(
				req.Context(), requestIDKey, reqID)

			// 创建新的请求
			req = req.WithContext(ctx)

			// 调用 HTTP 处理函数
			next.ServeHTTP(rw, req)
		}
	)
}

// 获取 Request-ID
func GetRequestID(ctx context.Context) string {
	ctx.Value(requestIDKey).(string)
}

func Handle(rw http.ResponseWriter, req *http.Request) {
	// 拿到 reqID，后面可以记录日志等
	reqID := GetRequestID(req.Context())
	...
}
```

```
func main() {
	handler := WithRequestID(http.HandlerFunc(Handle))
	http.ListenAndServe("/", handler)
}
```

7.3.2 定时取消

某个应用需要获取网络上的数据，这需要花费一定的时间，若碰到网络延迟、机器负载过高等问题时，会导致获得的数据时间过长，导致请求阻塞，严重地会引起雪崩。这时候就可以用 context 的定时取消功能：

```
package main

import (
	"context"
	"fmt"
	"time"
)

func main() {
	ctx, cancel := context.WithTimeout(context.Background(), 1 * time.Second)
	defer cancel() // 避免其他地方忘记 cancel，且重复调用不影响

	ids := fetchWebData(ctx)

	fmt.Println(ids)
}

func fetchWebData(ctx context.Context) (res []int64) {
	select {
	case <- time.After(3 * time.Second):
		return []int64{100, 200, 300}
	case <- ctx.Done():
		return []int64{1, 2, 3}
	}
}
```

在 main 函数里，首先创建了一个定时 1s 的 context，到时间后会自动调用 cancel 函数，接着调用 fetchWebData 函数获取网络数据，最后打印返回的 ids。

在 fetchWebData 函数里，则通过设置 3s 的定时器，表示处理的时长，正常会返回 [100 200 300]，若 context 被取消，则返回默认值 [1 2 3]。

运行程序，结果如下：

```
[1 2 3]
```

若将 main 函数里的 context 超时时间改成 5s，则最终打印：

```
[100 200 300]
```

注意一个细节，WithTimeOut 函数返回的 context 和 cancelFun 是分开的，context 本身并没有取消函数，这样做的原因是取消函数只能由外层函数调用，防止子节点 context 调用取消函数，从而严格控制信息的流向：由父节点 context 流向子节点 context。

7.3.3 防止 goroutine 泄漏

上一节的例子里，如果不加 context，goroutine 最终还是会自己执行完，最后返回。但某些场景下，如果不用 context 取消，goroutine 就会泄漏：

```
func gen() <-chan int {
	ch := make(chan int)
	go func() {
		var n int
		for {
```

```
                ch <- n
                n++
                time.Sleep(time.Second)
            }
        }()
        return ch
    }
```

这是一个可以生成无限个整数的函数，但如果只需要它产生的前 5 个数，那么就会发生 goroutine 泄漏：

```
func main() {
    for n := range gen() {
        fmt.Println(n)
        if n == 5 {
            break
        }
    }
    // ......
}
```

当 n == 5 的时候，直接 break 掉，那么 gen 函数里的协程就会在往 ch 里发送元素时发生阻塞。也就是发生了 goroutine 泄漏。

用 context 改进这个例子：

```
func gen(ctx context.Context) <-chan int {
    ch := make(chan int)
    go func() {
        var n int
        for {
            select {
            case <-ctx.Done():
                return
            case ch <- n:
                n++
                time.Sleep(time.Second)
            }
        }
    }()
    return ch
}

func main() {
    ctx, cancel := context.WithCancel(context.Background())
    defer cancel() // 避免其他地方忘记 cancel，且重复调用不影响

    for n := range gen(ctx) {
        fmt.Println(n)
        if n == 5 {
            cancel()
            break
        }
    }
    // ......
}
```

增加一个 context，在 break 前调用 cancel 函数，取消 goroutine。gen 函数在接收到取消信号后，直接退出，系统回收资源。

7.4 context 底层原理是什么

context 包的代码并不长，context.go 文件总共不到 500 行，其中还有很多大段的注释，代码可能也就 200 行左右的样子，是一个非常值得研究的代码库。

先看一张整体的图，如图 7-3 所示，其具体功能见表 7-1。

Context
deadlineExceededError
emptyCtx: int
CancelFunc: func()
canceler
cancelCtx
timerCtx
valueCtx
Background() Context
TODO() Context
WithCancel(parent Context) (ctx
newCancelCtx(parent Context) ca
propagateCancel(parent Context,
parentCancelCtx(parent Context)
removeChild(parent Context, chil
init()
WithDeadline(parent Context, dea
WithTimeout(parent Context, tim
WithValue(parent Context, key, v

● 图 7-3　context 包代码结构

表 7-1　context 包代码结构功能

名称	类型	作用
Context	接口	定义了 Context 接口的四个方法
emptyCtx	int	实现了 Context 接口，它其实是个空的 context
CancelFunc	函数	取消函数
canceler	接口	context 取消接口，定义了两个方法
cancelCtx	结构体	可以被取消
timerCtx	结构体	超时会被取消
valueCtx	结构体	可以存储 k-v 对
Background	函数	返回一个空的 context，常作为根 context
TODO	函数	返回一个空的 context，常用于重构时期，没有合适的 context 可用
WithCancel	函数	基于父 context，生成一个可以取消的 context
newCancelCtx	函数	创建一个可取消的 context
propagateCancel	函数	向下传递 context 节点间的取消关系
parentCancelCtx	函数	找到第一个可取消的父节点
removeChild	函数	去掉父节点的孩子节点
init	函数	包初始化
WithDeadline	函数	创建一个有 deadline 的 context
WithTimeout	函数	创建一个有 timeout 的 context
WithValue	函数	创建一个存储 k-v 对的 context

上面这张表展示了 context 的所有函数、接口、结构体。整体类图如图 7-4 所示。

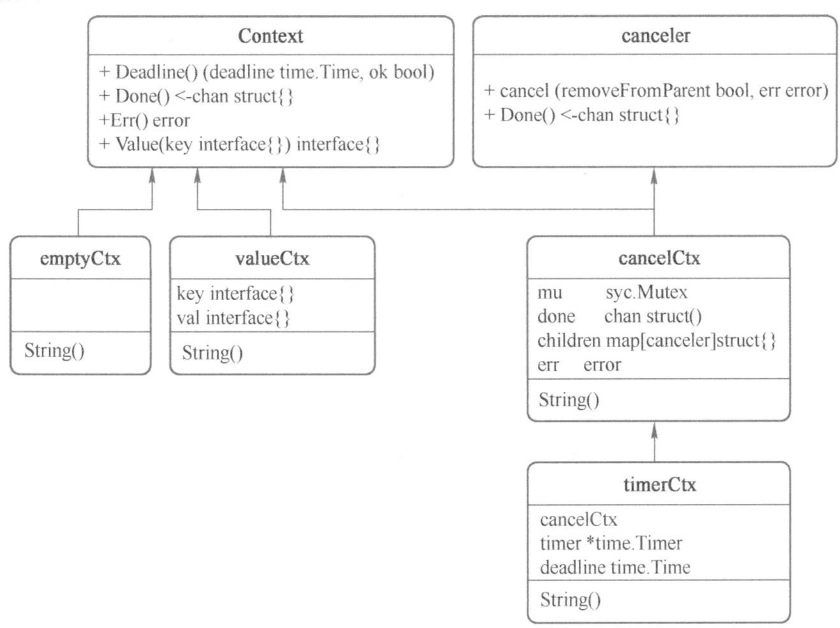

● 图 7-4　context 整体类图

7.4.1　接口

1. Context

直接看源码：

```
// src/context/context.go
```

```
type Context interface {
    // 返回 context 是否会被取消以及自动取消时间（即 deadline）
    Deadline() (deadline time.Time, ok bool)
    // 当 context 被取消或者到了 deadline，返回一个被关闭的 channel
    Done() <-chan struct{}

    // 在 channel Done 关闭后，返回 context 取消原因
    Err() error

    // 获取 key 对应的 value
    Value(key interface{}) interface{}
}
```

1）Context 是一个接口，定义了 4 个方法，它们都是幂等的，意味着连续多次调用同一个方法，得到的结果都是相同的。

2）Deadline() 返回 context 的截止时间，通过此时间，用户就可以决定是否进行接下来的操作，如果时间太短，就可以不往下做了，否则浪费系统资源。当然，也可以用这个 deadline 来设置一个 I/O 操作的超时时间。

3）Done() 返回一个 channel，可以表示 context 被取消的信号：当这个 channel 被关闭时，说明 context 被取消了。注意，这是一个只读的 channel。并且，读一个关闭的 channel 会读出相应类型的零值，而源码里没有地方会向这个 channel 里面塞入值。换句话说，这是一个 receive-only 的 channel。因此在子协程里读这个 channel，除非被关闭，否则读不出来任何东西。也正是利用了这一点，子协程从 channel 里读出了值（零值）后，就可以做一些收尾工作，尽快退出。

4）Err() 返回一个错误，表示 channel 被关闭的原因。例如被取消，还是超时。

5）Value() 获取之前设置的 key 对应的 value。

2．Canceler

再来看另外一个接口：

```
// src/context/context.go

type canceler interface {
    cancel(removeFromParent bool, err error)
    Done() <-chan struct{}
}
```

对于实现了上面定义的两个方法的 context，就表明是可取消的。源码中有两个类型实现了 canceler 接口：*cancelCtx 和 *timerCtx。注意它们是加了 * 号的，即这两个结构体的指针类型实现了 canceler 接口。

canceler 接口设计成这样的原因：

1）“取消”操作应该是建议性，而非强制性。

Caller 不应该去关心、干涉 callee 的情况，决定如何以及何时 return 是 callee 的责任。Caller 只需发送“取消”信号，callee 根据收到的信号来做进一步的决策，因此 Context 接口并没有定义 cancel 方法。

2）“取消”操作应该可传递

“取消”某个函数时，和它相关联的其他函数也应该“取消”。因此，Done() 方法返回一个只读的 channel，所有相关函数监听同一个 channel。一旦 channel 关闭，通过 channel 的“广播机制”，所有监听者都能收到“取消”信号。

7.4.2 结构体

源码中定义了 Context 接口，给出了一个 emptyCtx 的实现：

```go
// src/context/context.go

type emptyCtx int

func (*emptyCtx) Deadline() (deadline time.Time, ok bool) {
	return
}

func (*emptyCtx) Done() <-chan struct{} {
	return nil
}

func (*emptyCtx) Err() error {
	return nil
}

func (*emptyCtx) Value(key interface{}) interface{} {
	return nil
}

func (e *emptyCtx) String() string {
	switch e {
	case background:
	return "context.Background"
	case todo:
	return "context.TODO"
}
	return "unknown empty Context"
}
```

每个函数都实现的异常简单，要么是直接返回，要么是返回 nil。所以，这实际上是一个空的 context，永远不会被 cancel，没有存储值，也没有 deadline。

它被包装成：

```go
var (
	background = new(emptyCtx)
	todo       = new(emptyCtx)
)
```

通过下面两个导出的函数（首字母大写）对外公开：

```go
func Background() Context {
	return background
}

func TODO() Context {
	return todo
}
```

变量 background 通常用在顶层函数中，作为所有 context 的根节点。

变量 todo 通常用在不知道传递什么 context 的情形。例如，调用一个需要传递 context 参数的函数，但手头并没有其他 context 可以传递，这时就可以传递 todo。这常常发生在进行重构的过程中，给一些函数添加了一个 context 参数，但不知道要传什么，就用 todo “占个位子”，但最终要换成其他有意义的 context。

再来看一个重要的 context，即 cancelCtx：

```go
// src/context/context.go

type cancelCtx struct {
	Context

	// 保护之后的字段
	mu       sync.Mutex
	done     chan struct{}
	children map[canceler]struct{}
```

```
	err		error
}
```

这是一个可以取消的 context，实现了 canceler 接口。它直接将接口 Context 作为它的一个匿名字段，这样，它就可以被看成一个 Context。

先来看 Done() 方法的实现：

```
// src/context/context.go

func (c *cancelCtx) Done() <-chan struct{} {
	c.mu.Lock()
	if c.done == nil {
		c.done = make(chan struct{})
	}
	d := c.done
	c.mu.Unlock()
	return d
}
```

函数中，c.done 是“懒汉式”创建，只有调用了 Done() 方法的时候才会被创建。再次强调，函数返回的是一个只读的 channel，而且源码中没有地方向这个 channel 里面写数据。所以，直接读这个 channel 的协程会被 block。一般通过搭配 select 来使用。一旦关闭，就会立即读出零值。

Err() 和 String() 方法比较简单，不详细解释。接下来，重点关注 cancel() 方法的实现：

```
// src/context/context.go

func (c *cancelCtx) cancel(removeFromParent bool, err error) {
	// 必须要传 err
	if err == nil {
		panic("context: internal error: missing cancel error")
	}
	c.mu.Lock()
	if c.err != nil {
		c.mu.Unlock()
		return // 已经被其他协程取消
	}
	// 给 err 字段赋值
	c.err = err
	// 关闭 channel，通知其他协程
	if c.done == nil {
	// 相当于没有调 Done() 方法，所以不需要真正关闭 c.done，而且 c.done 是 nil
		c.done = closedchan
	} else {
		close(c.done)
	}

	// 遍历它的所有子节点
	for child := range c.children {
		// 递归地取消所有子节点
		child.cancel(false, err)
	}
	// 将子节点置空
	c.children = nil
	c.mu.Unlock()

	if removeFromParent {
		// 从父节点中移除自己
		removeChild(c.Context, c)
	}
}
```

总体来看，cancel() 方法的功能就是关闭 c.done；递归地取消它的所有子节点；从父节点中删除自己。达到的效果是通过关闭 channel，将取消信号传递给了它的所有子节点。一般地，goroutine 接收到取消信号的方式就是 select 语句中的读 c.done 分支被选中。

再来看创建一个可取消的 context 的方法：

```
// src/context/context.go

func WithCancel(parent Context) (ctx Context, cancel CancelFunc) {
	if parent == nil {
		panic("cannot create context from nil parent")
	}
	c := newCancelCtx(parent)
	propagateCancel(parent, &c)
	return &c, func() { c.cancel(true, Canceled) }
}

func newCancelCtx(parent Context) cancelCtx {
	return cancelCtx{Context: parent}
}
```

WithCancel 是一个暴露给用户的方法，传入一个父 context（这通常是一个 background，作为根节点），返回新创建的 context，新 context 的 done channel 是新建的。

当 WithCancel 函数返回的 CancelFunc 被调用或者是父节点的 done channel 被关闭（父节点的 CancelFunc 被调用），此 context（子节点） 的 done channel 也会被关闭。

注意传给 WithCancel 方法的参数，前者是 true，也就是说取消的时候，需要将自己从父节点里删除。第二个参数则是一个固定的取消错误类型：

```
var Canceled = errors.New("context canceled")
```

还注意到一点，调用子节点 cancel 方法的时候，传入的第一个参数 removeFromParent 是 false。

这里有两个问题需要回答：1）什么时候会传 true？2）为什么有时传 true，有时传 false？

当 removeFromParent 为 true 时，会将当前节点的 context 从父节点 context 中删除：

```
// src/context/context.go

func removeChild(parent Context, child canceler) {
	p, ok := parentCancelCtx(parent)
	if !ok {
		return
	}
	p.mu.Lock()
	if p.children != nil {
		delete(p.children, child)
	}
	p.mu.Unlock()
}
```

最关键的一行：

```
delete(p.children, child)
```

它将 child 从 parent 节点中删除。

什么时候会传 true 呢？答案是调用 WithCancel() 方法的时候，也就是新创建一个可取消的 context 节点时，返回的 cancelFunc 函数里会传入 true。这样做的结果是：当调用返回的 cancelFunc 时，会将这个 context 从它的父节点里“除名”，因为父节点可能有很多子节点，子节点自己取消了，所以父节点要和它断绝关系，不对其他子节点造成影响。

在 cancel 函数内部，所有的子节点都会因为一句：c.children = nil 而“化为灰烬”，自然就没有必要再多做这一步，因为最后父节点和所有的子节点都会断绝关系，没必要一个个“断绝”。

```
// src/context/context.go

for child := range c.children {
		// NOTE: acquiring the child's lock while holding parent's lock.
		child.cancel(false, err)
}
```

所以，这里调用 child.cancel 传的是 false。

另外，如果遍历子节点的时候，调用 child.cancel 函数时传了 true，还会造成同时遍历和删除一个 map，会产生并发问题，如图 7-5 所示。

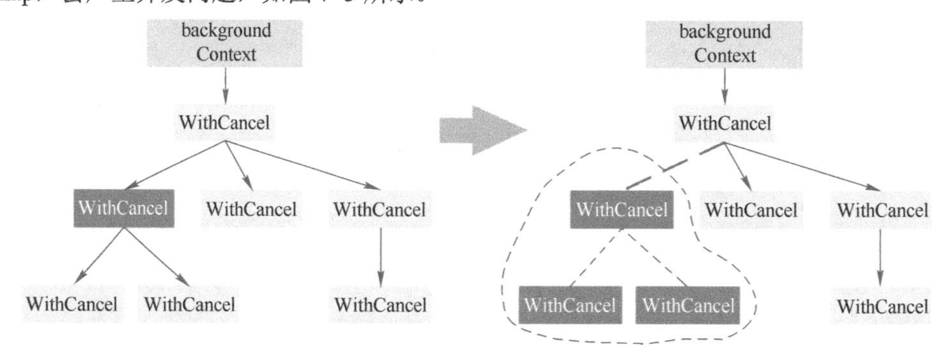

● 图 7-5　context cancel

如图 7-5 左半部分，代表一棵 context 树。当调用左图中标红 context 的 cancel 方法后，该 context 从它的父 context 中去除掉了：实线箭头变成了虚线。且虚线圈框出来的 context 都被取消了，圈内的 context 间的父子关系都荡然无存了。

重点看 propagateCancel()：

```
// src/context/context.go

func propagateCancel(parent Context, child canceler) {
    // 父节点是个空节点
    done := parent.Done()
if done == nil {
    return // parent is never canceled
}

select {
    case <-done:
      // 父节点已经被取消了
      child.cancel(false, parent.Err())
      return
    default:
    }

    // 找到可以取消的父 context
    if p, ok := parentCancelCtx(parent); ok {
        p.mu.Lock()
        if p.err != nil {
            // 父节点已经被取消了，本节点（子节点）也要取消
            child.cancel(false, p.err)
        } else {
            // 父节点未取消
            if p.children == nil {
                p.children = make(map[canceler]struct{})
            }
            // "挂到"父节点上
            p.children[child] = struct{}{}
        }
        p.mu.Unlock()
    } else {
        // 如果没有找到可取消的父 context。新启动一个协程监控父节点或子节点取消信号
atomic.AddInt32(&goroutines, +1) // 调试用
        go func() {
            select {
            case <-parent.Done():
                child.cancel(false, parent.Err())
            case <-child.Done():
```

```
            }
        }()
    }
}
```

这个方法的作用就是向上寻找可以“挂靠”的“可取消”的 context，并且“挂靠”上去。这样，调用上层 cancel 方法的时候，就可以层层传递，将那些挂靠的子 context 同时“取消”。

这里着重解释下为什么会有外层 else 分支描述的情况发生。else 是指当前节点 context 没有向上找到可以取消的父节点，那么就要再启动一个协程监控父节点或者子节点的取消动作。

这里就有疑问了，既然没找到可以取消的父节点，那 case <-parent.Done() 这个 case 就永远不会发生，所以可以忽略这个 case；而 case <-child.Done() 这个 case 又啥事不干。那这个 else 不就多余了吗？

其实不然，来看 parentCancelCtx 的代码：

```
// src/context/context.go

func parentCancelCtx(parent Context) (*cancelCtx, bool) {
    done := parent.Done()
    if done == closedchan || done == nil {
return nil, false
    }
    p, ok := parent.Value(&cancelCtxKey).(*cancelCtx)
    if !ok {
        return nil, false
    }
    p.mu.Lock()
    ok = p.done == done
    p.mu.Unlock()
    if !ok {
       return nil, false
    }
    return p, true
}
```

在 parentCancelCtx 中会取出这条 context 链上最里层的可取消的 context，这通过 Value 方法做到：

```
parent.Value(&cancelCtxKey).(*cancelCtx)
```

Value 方法会沿着 context 链一直往上找，直到找到 key 为 &cancelCtxKey 的 context，它是一个可取消的 context。注意看 cancelCtx 的 Value 方法：

```
// src/context/context.go

func (c *cancelCtx) Value(key interface{}) interface{} {
    if key == &cancelCtxKey {
            return c
    }
    return c.Context.Value(key)
}
```

如果 key 等于 &cancelCtxKey，则返回 cancelCtx 本身。否则，递归地调用 Value 方法继续找。最终只会识别两种 Context 类型：cancelCtx 和 timerCtx。而如果把 context 内嵌到一个类型里，就识别不出来了。

由于 context 包的代码并不多，所以直接把它复制出来了，然后在 else 语句里加上了几条打印语句，来验证上面的说法：

```
type MyContext struct {
    // 这里的 Context 是 copy 出来的，所以前面不用加 context.
    Context
}
```

```
func main() {
    childCancel := true

    parentCtx, parentFunc := WithCancel(Background())
    mctx := MyContext{parentCtx}

    childCtx, childFun := WithCancel(mctx)

    if childCancel {
        childFun()
    } else {
        parentFunc()
    }

    fmt.Println(parentCtx)
    fmt.Println(mctx)
    fmt.Println(childCtx)

    // 防止主协程退出太快，子协程来不及打印
    time.Sleep(10 * time.Second)
}
```

看下三个 context 的打印结果：

```
context.Background.WithCancel
{context.Background.WithCancel}
{context.Background.WithCancel}.WithCancel
```

果然，mctx、childCtx 和正常的 parentCtx 不一样，因为它是一个自定义的结构体类型。

所示，else 这段代码说明，如果把 ctx 强行塞进一个结构体，并用它作为父节点，调用 WithCancel 函数构建子节点 context 的时候，Go 会新启动一个协程来监控取消信号，明显有点浪费。

再来说一下，select 语句里的两个 case 其实都不能删：

```
select {
    case <-parent.Done():
        child.cancel(false, parent.Err())
    case <-child.Done():
}
```

第一个 case 说明当父节点取消，则取消子节点。如果去掉这个 case，那么父节点取消的信号就不能传递到子节点。

第二个 case 是说如果子节点自己取消了，那就退出这个 select，父节点的取消信号就不用管了。如果去掉这个 case，那么很可能父节点一直不取消，这个 goroutine 就泄漏了。当然，如果父节点取消了，没有这个 case 分支，就会重复让子节点取消，不过，这也没什么影响。

timerCtx 基于 cancelCtx，只是多了一个 time.Timer 和一个 deadline。Timer 会在 deadline 到来时，自动取消 context。

```
// src/context/context.go

type timerCtx struct {
    cancelCtx
    timer *time.Timer // Under cancelCtx.mu.

    deadline time.Time
}
```

因为 timerCtx 首先是一个 cancelCtx，所以它能取消。看下 cancel() 方法：

```
// src/context/context.go

func (c *timerCtx) cancel(removeFromParent bool, err error) {
    // 直接调用 cancelCtx 的取消方法
    c.cancelCtx.cancel(false, err)
    if removeFromParent {
```

```
        // 从父节点中删除子节点
        removeChild(c.cancelCtx.Context, c)
    }
    c.mu.Lock()
    if c.timer != nil {
        // 关掉定时器，这样，在 deadline 到来时，不会再次取消
        c.timer.Stop()
        c.timer = nil
    }
    c.mu.Unlock()
}
```

创建 timerCtx 的方法：

```
// src/context/context.go

func WithTimeout(parent Context, timeout time.Duration) (Context, CancelFunc) {
    return WithDeadline(parent, time.Now().Add(timeout))
}
```

WithTimeout 函数直接调用了 WithDeadline，传入的 deadline 是当前时间加上 timeout 的时间，也就是从现在开始再经过 timeout 时间就算超时。由此可知，WithDeadline 需要用的是绝对时间。重点来看它：

```
// src/context/context.go

func WithDeadline(parent Context, d time.Time) (Context, CancelFunc) {
    if parent == nil {
    panic("cannot create context from nil parent")
}
    if cur, ok := parent.Deadline(); ok && cur.Before(d) {
        // 如果父节点 context 的 deadline 早于指定时间。直接构建一个可取消的 context。
        // 原因是一旦父节点超时，自动调用 cancel 函数，子节点也会随之取消。
        // 所以不用单独处理子节点的计时器时间到了之后，自动调用 cancel 函数
        return WithCancel(parent)
    }

    // 构建 timerCtx
    c := &timerCtx{
        cancelCtx: newCancelCtx(parent),
        deadline:   d,
    }
    // 挂靠到父节点上
    propagateCancel(parent, c)

    // 计算当前距离 deadline 的时间
    dur := time.Until(d)
    if dur <= 0 {
        // 直接取消
        c.cancel(true, DeadlineExceeded) // deadline has already passed
        return c, func() { c.cancel(true, Canceled) }
    }
    c.mu.Lock()
    defer c.mu.Unlock()
    if c.err == nil {
        // d 时间后，timer 会自动调用 cancel 函数。自动取消
        c.timer = time.AfterFunc(dur, func() {
            c.cancel(true, DeadlineExceeded)
        })
    }
    return c, func() { c.cancel(true, Canceled) }
}
```

仍然要把子节点挂靠到父节点，一旦父节点取消了，会把取消信号向下传递到子节点，子节点随之取消。

有一个特殊情况是，如果要创建的这个子节点的 deadline 比父节点要晚，当父节点时间到自

动取消，那也一定会取消这个子节点，导致子节点的 deadline 根本不起作用，因为子节点在 deadline 到来之前就已经被父节点取消了。

这个函数的最核心的一句是：

```
c.timer = time.AfterFunc(d, func() {
    c.cancel(true, DeadlineExceeded)
})
```

表示 c.timer 会在 d 时间间隔后，自动调用 cancel 函数，并且传入的错误就是 DeadlineExceeded：

```
var DeadlineExceeded error = deadlineExceededError{}
type deadlineExceededError struct{}
func (deadlineExceededError) Error() string     { return "context deadline exceeded" }
```

也就是超时错误。

context.Value 的查找过程是怎样的？

```
// src/context/context.go

type valueCtx struct {
    Context
    key, val interface{}
}
```

它实现了两个方法：

```
// src/context/context.go

func (c *valueCtx) String() string {
    return fmt.Sprintf("%v.WithValue(%#v, %#v)", c.Context, c.key, c.val)
}

func (c *valueCtx) String() string {
return contextName(c.Context) + ".WithValue(type " +
    reflectlite.TypeOf(c.key).String() +
    ", val " + stringify(c.val) + ")"
}

func (c *valueCtx) Value(key interface{}) interface{} {
    if c.key == key {
        return c.val
    }
    return c.Context.Value(key)
}
```

String 方法会格式化地打印出 context 的内容，而 Value 则返回 key 对应的 value 值。

由于它直接将 Context 作为匿名字段，因此尽管它只实现了 2 种方法，其他方法继承自父 context，但它仍然是一个 Context 类型，这是 Go 语言的一个特点。

创建 valueCtx 的函数：

```
// src/context/context.go

func WithValue(parent Context, key, val interface{}) Context {
    if parent == nil {
        panic("cannot create context from nil parent")
    }
    if key == nil {
        panic("nil key")
    }
    if !reflectlite.TypeOf(key).Comparable() {
        panic("key is not comparable")
    }
    return &valueCtx{parent, key, val}
}
```

对 key 的要求是可比较，因为之后需要通过 key 取出 context 中的值，可比较是必需的。

通过层层传递 context，最终形成这样一棵树，如图 7-6 所示。

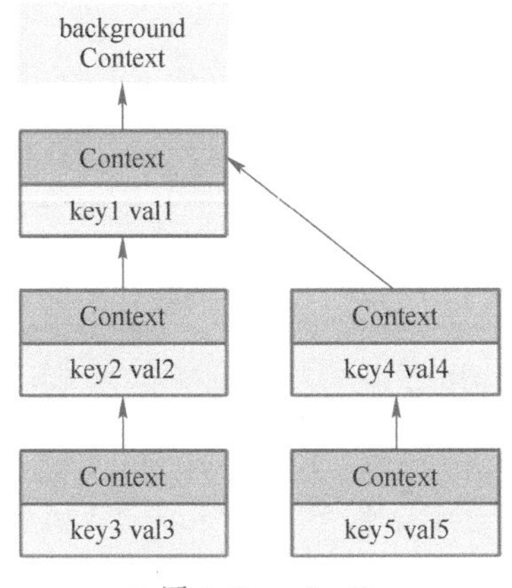

图 7-6 valueCtx

和链表有点像，只是它的方向相反：context 指向它的父节点，链表的指针指向下一个节点，或者说子节点。通过 WithValue 函数，就可以创建层层的 valueCtx，存储 goroutine 之间可以共享的变量。

取值的过程，实际上是一个递归查找的过程：

```
func (c *valueCtx) Value(key interface{}) interface{} {
    if c.key == key {
        return c.val
    }
    return c.Context.Value(key)
}
```

它会顺着链路一直往上找，比较当前节点的 key 是否是要找的 key，如果是，则直接返回 value。否则，一直顺着 context 往前，最终找到根节点（一般是 emptyCtx），直接返回一个 nil。所以用 Value 方法的时候要判断结果是否为 nil。

因为查找方向是往上走的，所以，父节点没法获取子节点存储的值，子节点却可以获取父节点的值。

WithValue 创建 context 节点的过程实际上就是创建链表节点的过程。两个节点的 key 值是可以相等的，但它们是两个不同的 context 节点。查找的时候，会向上查找到最后一个挂载的 context 节点，也就是离得比较近的一个父节点 context。所以，整体上而言，用 WithValue 构造的其实是一个低效率的链表。

如果接手过项目，肯定经历过这样的窘境：在一个处理过程中，有若干子函数、子协程。各种不同的地方会向 context 里塞入各种不同的 k-v 对，最后在某个地方使用。根本就不知道什么时候什么地方传了什么值，这些值会不会被“覆盖”（底层是两个不同的 context 节点，查找的时候，只会返回一个结果），肯定会崩溃的。而这也是 context.Value 最受争议的地方。因此建议尽量不要通过 context 传值，尤其是与业务相关的值。

第8章 错　误

Go 语言中使用 error 和 panic 处理错误和异常是一个非常好的做法，简单清晰。至于是使用 error 还是 panic，需要结合具体的业务场景来决定。

由于 Go 中的 error 被设计得过于简单，以至于无法记录太多的上下文信息，对于错误的多层封装也没有比较好的办法。当然，这些可以通过第三方库来解决，或者升级到 Go 1.13 及以上的版本。

本章介绍了一些处理 error 的示例，例如不要两次处理同一个错误，判断错误的行为而不是类型等。

8.1 接口 error 是什么

C 语言中常常返回整数错误码（errno）来表示函数处理出错，通常用-1 来表示错误，用 0 表示正确。在 Go 中，使用 error 类型来表示错误，不过它不再是一个整数类型，而是一个接口类型：

```
type error interface {
    Error() string
}
```

它表示那些能用一个字符串就能说清的错误。最常用的就是 errors.New() 函数，非常简单：

```
// src/errors/errors.go

func New(text string) error {
    return &errorString{text}
}

type errorString struct {
    s string
}

func (e *errorString) Error() string {
    return e.s
}
```

使用 New 函数创建出来的 error 类型实际上是 errors 包里未导出的 errorString 类型，它包含唯一的一个字段 s，并且实现了唯一的方法：Error() string。

通常这就够了，它能反映当时“出错了”，但是有些时候需要更加具体的信息，例如：

```
func Sqrt(f float64) (float64, error) {
    if f < 0 {
        return 0, errors.New("math: square root of negative number")
    }
    // implementation
}
```

当调用者发现出错的时候，只知道传入了一个负数进来，并不清楚到底传的是什么值。在 Go 里：

```
It is the error implementation's responsibility to summarize the context.
```

即要求返回这个错误的函数要给出具体的“上下文”信息。也就是说，在 Sqrt 函数里，要给出这个负数到底是什么。

所以，如果发现 f<0，应该这样返回错误：

```
if f < 0 {
    return 0, fmt.Errorf("math: square root of negative number %g", f)
}
```

这就用到了 fmt.Errorf 函数，它先将字符串格式化，再调用 errors.New 函数来创建错误。

当想知道错误类型，并且打印错误信息的时候，直接打印 error：

```
fmt.Println(err)
```

或者：

```
fmt.Println(err.Error)
```

fmt 包会自动调用 err.Error() 函数来打印字符串。

通常，将 error 放到函数返回值的最后一个，这是约定俗成的做法；另外，构造 error 的时候，要求传入的字符串首字母小写，结尾不带标点符号，这是因为人们经常会这样使用返回的 error：

```
... err := errors.New("error example")
fmt.Printf("The returned error is %s.\n", err)
```

8.2 接口 error 有什么问题

在 Go 中，错误处理是非常重要的。它从语言层面要求人们需要明确地处理遇到的错误。而不是像其他语言，例如 Java，使用 try-catch-finally 这种“把戏”。

但坏处也是显而易见的，Go 代码里“error”满天飞，显得非常冗长拖沓，并且容易掩盖正常的逻辑。

而为了代码健壮性考虑，对于函数返回的每一个错误，都不能忽略。因为出错的同时，很可能会返回一个 nil 类型的对象。如果不对错误进行判断，那之后对 nil 对象的操作立马会引发 panic。

于是，Go 语言中诟病最多的就是它的错误处理方式似乎回到了上古 C 语言时代：

```
rr := doStuff1()
if err != nil {
    // handle error...
}

err = doStuff2()
if err != nil {
    // handle error...
}

err = doStuff3()
if err != nil {
    // handle error...
}
```

Go authors 之一的 Russ Cox 对于这种观点进行过驳斥：当初选择返回值这种错误处理机制而不是 try-catch，主要是考虑前者适用于大型软件，后者更适合小程序。

在 Go 语言官网的 FAQ 里也提到，try-catch 会让代码变得非常混乱，程序员会倾向将一些常见的错误，例如：failing to open a file，也抛到异常里，这会让错误处理更加冗长烦琐且易出错。

而 Go 语言的多返回值使得返回错误异常简单。一般的错误使用 error，对于真正的异常，Go 提供 panic-recover 机制，这样的处理比较 Java 那种将错误异常“一锅端”的做法更有优势，也使得代码看起来更简洁。

当然 Russ Cox 也承认 Go 的错误处理机制对于开发人员的确有一定的心智负担。

Go 社区曾经出现过用“check & handle”关键字和“try 内置函数”改进错误处理流程的提

案，目前这两种提案已经被官方拒绝，目前还没有更好的后续改进方案。

8.3 如何理解关于 error 的三句谚语

Go 语言有很多“箴言”，说得很顺口，但理解起来并不是太容易，因为它们大部分都是有故事的。例如下面这些，如图 8-1 所示。

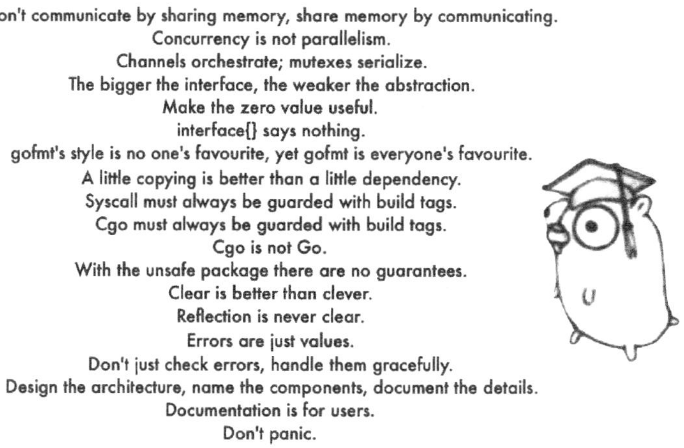

Don't communicate by sharing memory, share memory by communicating.
Concurrency is not parallelism.
Channels orchestrate; mutexes serialize.
The bigger the interface, the weaker the abstraction.
Make the zero value useful.
interface{} says nothing.
gofmt's style is no one's favourite, yet gofmt is everyone's favourite.
A little copying is better than a little dependency.
Syscall must always be guarded with build tags.
Cgo must always be guarded with build tags.
Cgo is not Go.
With the unsafe package there are no guarantees.
Clear is better than clever.
Reflection is never clear.
Errors are just values.
Don't just check errors, handle them gracefully.
Design the architecture, name the components, document the details.
Documentation is for users.
Don't panic.

● 图 8-1　Go 语言箴言

本节讲三条关于 error 的“箴言”，重要的是要理解这些“箴言”背后的道理。

8.3.1 视错误为值

第一句箴言，视错误为值（Errors are just values），实际意思是只要实现了 Error 接口的类型都可以认为是 Error。处理 error 的方式分为三种：

1）Sentinel errors。

2）Error Types。

3）Opaque errors。

首先 Sentinel errors，Sentinel 来自计算机中常用的词汇，中文意思是“哨兵”。Sentinel errors 实际想说的是这里有一个错误，处理流程不能再进行下去了，必须要在这里停下。而这些错误，往往是提前约定好的。

例如，io 包里的 io.EOF，表示“文件结束”错误：

```
func main() {
	r := bytes.NewReader([]byte("0123456789"))

	_, err := r.Read(make([]byte, 10))
	if err == io.EOF {
		log.Fatal("read failed:", err)
	}
}
```

但是这种方式处理起来，不太灵活：必须要判断 err 是否和约定好的错误 io.EOF 相等。

再来一个例子，如果想返回 err 并且加上一些上下文信息时，就麻烦了：

```
func main() {
	err := readfile(".bashrc")
	if strings.Contains(error.Error(), "not found") {
		// handle error
	}
}
```

```
func readfile(path string) error {
    err := openfile(path)
    if err != nil {
        return fmt.Errorf("cannot open file %s: %v", path, err)
    }
    // ......
}
```

如果在 readfile 函数里判断 err 不为空，就用 fmt.Errorf 在 err 前加上具体的 file 信息，返回给调用者，返回的 err 其实还是一个字符串。

造成的后果是，调用者不得不用字符串匹配的方式判断底层函数 readfile 是否出现了某种错误。然而，当必须要这样才能判断某种错误时，代码的“坏味道”就出现了。

其实，err.Error() 方法是给程序员而非代码设计的，也就是说当调用 Error 方法时，结果要写到文件或是打印出来，是给程序员看的。在代码里，不要根据 err.Error() 来做一些判断，就像上面的 main 函数里所做的那样，这是代码的“坏味道”。

Sentinel errors 最大的问题在于它在定义 error 和使用 error 的包之间建立了依赖关系。比如要想判断 err == io.EOF 就得引入 io 包，当然这是标准库的包，还能接受。但如果很多用户自定义的包都定义了错误，那就要引入很多包，来判断各种错误，容易引起循环引用的问题。

因此，应该尽量避免 Sentinel errors，尽管标准库中有一些包这样用，但建议还是别模仿。

第二种就是 Error Types，它指的是实现了 error 接口的那些类型。它的一个重要的好处是，类型中除了 error 外，还可以附带其他字段，从而提供额外的信息，例如出错的行数等。

标准库有一个非常好的例子：

```
// src/os/error.go

// PathError records an error and the operation and file path that caused it.
type PathError struct {
    Op   string
    Path string
    Err  error
}
```

PathError 额外记录了出错时的文件路径和操作类型。

通常，使用这样的 error 类型，外层调用者需要使用类型断言来判断错误：

```
// underlyingError returns the underlying error for known os error types.
func underlyingError(err error) error {
    switch err := err.(type) {
    case *PathError:
        return err.Err
    case *LinkError:
        return err.Err
    case *SyscallError:
        return err.Err
    }
    return err
}
```

但是这又不可避免地在定义错误和使用错误的包之间形成依赖关系，就又回到了前面的问题。

即使 Error types 比 Sentinel errors 好一些，因为它能承载更多的上下文信息，但它仍然存在引入包依赖的问题。因此，也是不推荐的。至少，不要把 Error types 作为一个导出类型。

最后一种，Opaque errors，也就是“黑盒 errors”：能知道错误发生了，但是无法看到它内部到底是什么，不知道它的具体类型是什么。

例如下面这段伪代码：

```
func fn() error {
    x, err := bar.Foo()
```

```
        if err != nil {
            return err
        }

        // use x
        return nil
    }
```

作为调用者，调用完 Foo 函数后，只用知道 Foo 是正常工作还是出了问题。也就是说只需要判断 err 是否为空，如果不为空，就直接返回错误；否则，继续后面的正常流程，不需要知道 err 到底是什么。

这就是处理 Opaque errors 这种类型错误的策略：一旦出错，直接返回错误；否则，继续后面的流程。

当然，在某些情况下，这样做并不够用。例如，在一个网络请求中，需要调用者判断返回的错误类型，以此来决定是否重试。这种情况下不要去判断错误的类型到底是什么，而是去判断错误是否具有某种行为，或者说实现了某个接口。

来看个例子：

```
type temporary interface {
    Temporary() bool
}

func IsTemporary(err error) bool {
    te, ok := err.(temporary)
    return ok && te.Temporary()
}
```

拿到网络请求返回的 error 后，调用 IsTemporary 函数，如果返回 true，那就重试。

这么做的好处是在进行网络请求的包里，不需要 import 引用定义错误的包，并且不需要知道 error 的具体类型，只需要判断它的行为。这也类似设计模式中的一个原则：面向接口编程，而不是面向对象编程。

8.3.2 检查并优雅地处理错误

第二句箴言：检查并优雅的处理错误（Don't just check errors, handle them gracefully），即不要仅检查错误，更要优雅地处理它们。

```
func AuthenticateRequest(r *Request) error {
    err := authenticate(r.User)
    if err != nil {
        return err
    }
    return nil
}
```

上面这个例子中的代码有很多冗余，不够简洁，直接优化成一行就可以了：

```
func AuthenticateRequest(r *Request) error {
    return authenticate(r.User)
}
```

还有其他的问题，在函数调用链的最顶层，得到的错误可能是：No such file or directory。

这个错误反馈的信息太少了，不知道文件名、路径、行号等。尝试改进一下，增加一些上下文：

```
func AuthenticateRequest(r *Request) error {
    err := authenticate(r.User)
    if err != nil {
        return fmt.Errorf("authenticate failed: %v", err)
    }
    return nil
}
```

这种做法实际上是先将错误转换成字符串，再拼接另一个字符串，最后，再通过 fmt.Errorf 转换成错误。这样做破坏了相等性检测，即人们无法判断错误是否是一种预先定义好的错误了。

Go 1.13 之前的应对方案是使用第三方库：github.com/pkg/errors，Go 1.13 后自带了 error 相关的高级函数，如 Wrap 等。不过要想输出错误堆栈，还是要使用前者。这里先看 pkg/errors，它提供了友好的接口：

```
// Wrap annotates cause with a message.
func Wrap(cause error, message string) error
// Cause unwraps an annotated error.
func Cause(err error) error
```

通过 Wrap 可以将一个错误，加上一个字符串，“包装”成一个新的错误；通过 Cause 则可以进行相反的操作，将里层的错误还原。

有了这两个函数，就方便很多：

```
func ReadFile(path string) ([]byte, error) {
    f, err := os.Open(path)
    if err != nil {
        return nil, errors.Wrap(err, "open failed")
    }
    defer f.Close()

    buf, err := ioutil.ReadAll(f)
    if err != nil {
        return nil, errors.Wrap(err, "read failed")
    }
    return buf, nil
}
```

这是一个读文件的函数，先尝试打开文件，如果出错，则返回一个附加上了“open failed”的错误信息；之后，尝试读文件，如果出错，则返回一个附加上了“read failed”的错误。

当在外层调用 ReadFile 函数时：

```
func main() {
    _, err := ReadConfig()
    if err != nil {
        fmt.Println(err)
        os.Exit(1)
    }
}

func ReadConfig() ([]byte, error) {
    home := os.Getenv("HOME")
    config, err := ReadFile(filepath.Join(home, ".settings.xml"))
    return config, errors.Wrap(err, "could not read config")
}
```

这样在 main 函数里就能输出这样一个错误信息：

```
could not read config: open failed: open /Users/dfc/.settings.xml: no such file or directory
```

它是有层次的，非常清晰。而如果用 fmt.Printf 和 %+v 格式来输出：

```
func main() {
    _, err := ReadConfig()
    if err != nil {
        fmt.Printf("%+v", err)
        os.Exit(1)
    }
}
```

能得到更有层次、更详细的错误堆栈：

```
open /Users/qcrao/.settings.xml: no such file or directory
open failed
```

```
main.ReadFile
        /Users/qcrao/go/src/hello/main.go:14
main.ReadConfig
        /Users/qcrao/go/src/hello/main.go:27
main.main
        /Users/qcrao/go/src/hello/main.go:32
runtime.main
        /usr/local/go/src/runtime/proc.go:203
runtime.goexit
        /usr/local/go/src/runtime/asm_amd64.s:1357
could not read config
main.ReadConfig
        /Users/qcrao/go/src/hello/main.go:28
main.main
        /Users/qcrao/go/src/hello/main.go:32
runtime.main
        /usr/local/go/src/runtime/proc.go:203
runtime.goexit
        /usr/local/go/src/runtime/asm_amd64.s:1357
```

上面讲的是 Wrap 函数，接下来看一下“Cause”函数，以前面提到的 temporary 接口为例：

```
type temporary interface {
    Temporary() bool
}

// IsTemporary returns true if err is temporary.
func IsTemporary(err error) bool {
    te, ok := errors.Cause(err).(temporary)
    return ok && te.Temporary()
}
```

判断之前先使用 Cause 取出错误，做断言，最后递归地调用 Temporary 函数。如果错误没实现 temporary 接口，就会断言失败，返回 false。

8.3.3 只处理错误一次

第三句箴言：只处理错误一次（Only handle error once）。什么叫“处理”错误：

```
Handling an error means inspecting the error value, and making a decision.
```

这句话的意思是检查了一下错误，并且做出一个决定。例如，如果不做任何决定，相当于忽略了错误：

```
func Write(w io.Writer, buf []byte) {
    w.Write(buf)
}
```

w.Write(buf) 会返回两个结果，一个表示写成功的字节数，一个是 error，上面的例子中没有对这两个返回值做任何处理。

下面这个例子却又处理了两次错误：

```
func Write(w io.Writer, buf []byte) error {
    _, err := w.Write(buf)
    if err != nil {
        // annotated error goes to log file
        log.Println("unable to write:", err)

        // unannotated error returned to caller return err
        return err
    }
    return nil
}
```

第一次处理是将错误写进了日志，第二次处理则是将错误返回给上层调用者。而调用者也可能将错误写进日志或是继续返回给上层。

这样一来，日志文件中会有很多重复的错误描述，并且在最上层调用者（如 main 函数）看来，它拿到的错误却还是最底层函数返回的 error，没有任何上下文信息。

8.4 错误处理的改进

Go 语言有一些失败的尝试，比如 Go 1.5 引入 vendor 和 internal 来管理包，最后被滥用而引发了很多问题；Go 1.13 直接抛弃了 GOPATH 和 vendor 特性，改用 module 来管理包；Go 语言之父之一 Robert Griesemer 提交的通过 try 内置函数来简化错误处理也被否决了。

Go 1.13 还支持了 error 包裹（wrapping）：

> An error e can wrap another error w by providing an Unwrap method that returns w. Both e and w are available to programs, allowing e to provide additional context to w or to reinterpret it while still allowing programs to make decisions based on w.

为了支持 wrapping，fmt.Errorf 增加了 %w 的格式，并且在 error 包增加了三个函数：errors.Unwrap，errors.Is，errors.As。

fmt.Errorf 使用 %w 格式符来生成一个嵌套的 error，它并没有像 pkg/errors 那样使用一个 Wrap 函数来嵌套 error，非常简洁。

Unwrap 将嵌套的 error 解析出来，多层嵌套需要调用 Unwrap 函数多次，才能获取最里层的 error：

```
func Unwrap(err error) error {
    // 判断是否实现了 Unwrap 方法
    u, ok := err.(interface {
        Unwrap() error
    })
    // 如果不是，返回 nil
    if !ok {
        return nil
    }
    // 调用 Unwrap 方法返回被嵌套的 error
    return u.Unwrap()
}
```

对 err 进行断言，看它是否实现了 Unwrap 方法，如果是，调用它的 Unwrap 方法；否则，返回 nil。

Is 判断 err 是否和 target 是同一类型，或者 err 嵌套的 error 有没有和 target 是同一类型的，如果是，则返回 true：

```
func Is(err, target error) bool {
    if target == nil {
        return err == target
    }

    isComparable := reflectlite.TypeOf(target).Comparable()

    // 无限循环，比较 err 以及嵌套的 error
    for {
        if isComparable && err == target {
            return true
        }
        // 调用 error 的 Is 方法，这里可以自定义实现
        if x, ok := err.(interface{ Is(error) bool }); ok && x.Is(target) {
            return true
        }
        // 返回被嵌套的下一层的 error
        if err = Unwrap(err); err == nil {
            return false
        }
```

```
        }
    }
```

通过一个无限循环，使用 Unwrap 不断地将 err 里层嵌套的 error 解开，再看被解开的 error 是否实现了 Is 方法，并且调用它的 Is 方法，当两者都返回 true 的时候，整个函数返回 true。

As 从 err 错误链里找到第一个和 target 相等的值并且设置 target 所指向的变量为 err。

```
func As(err error, target interface{}) bool {
    // target 不能为 nil
    if target == nil {
        panic("errors: target cannot be nil")
    }

    val := reflectlite.ValueOf(target)
    typ := val.Type()

    // target 必须是一个非空指针
    if typ.Kind() != reflectlite.Ptr || val.IsNil() {
        panic("errors: target must be a non-nil pointer")
    }

    // 保证 target 是一个接口类型或者实现了 Error 接口
    if e := typ.Elem(); e.Kind() != reflectlite.Interface && !e.Implements(errorType) {
        panic("errors: *target must be interface or implement error")
    }
    targetType := typ.Elem()
    for err != nil {
        // 使用反射判断是否可被赋值，如果可以就赋值并且返回 true
        if reflectlite.TypeOf(err).AssignableTo(targetType) {
            val.Elem().Set(reflectlite.ValueOf(err))
            return true
        }

        // 调用 error 自定义的 As 方法，实现自己的类型断言代码
        if x, ok := err.(interface{ As(interface{}) bool }); ok && x.As(target) {
            return true
        }
        // 不断地 Unwrap，一层层的获取嵌套的 error
        err = Unwrap(err)
    }
    return false
}
```

返回 true 的条件是错误链里的 err 能被赋值到 target 所指向的变量；或者 err 实现的 As(interface{}) bool 方法返回 true。

前者，会将 err 赋给 target 所指向的变量；后者，由 As 函数来赋值。

如果 target 不是一个指向实现了 error 接口的类型或者其他接口类型的非空的指针的时候，函数会 panic。

第9章 计 时 器

计时器（Time）是一个很有意思的包，除去需要获取当前时间的 Now 这一平淡无奇、直接对系统调用进行封装（runtime·nanotime）的函数外，其中最有意思的莫过于它所提供的 timer 和 ticker 了。它们的实现驱动了诸如 time.After、time.AfterFunc、time.Tick、time.Sleep 等方法。本节来仔细了解一下 timer 的实现机制。

9.1 Timer 底层数据结构为什么用四叉堆而非二叉堆

相信大家都很熟悉堆排序，是一种利用堆数据结构设计的排序算法。堆是一个近似完全二叉树的结构，并同时满足堆的性质：

每个节点的值都大于或等于其左右孩子结点的值，称为大顶堆；每个节点的值都小于或等于其左右孩子节点的值，称为小顶堆。

需要注意的是，“堆”结构只规定了父子节点之间的大小关系，对于兄弟节点的大小关系并没有要求。

因为 Timer 都存在一个“到期时间”，为了判断当前时刻有哪些 Timer 到期，Go 语言中采用了“四叉堆”的排序结构。和上面说的普通的堆排序类似，不同点在于：孩子节点的个数变成了 4 个，树的高度变低了。

例如有这样一个四叉堆，如图 9-1 所示。

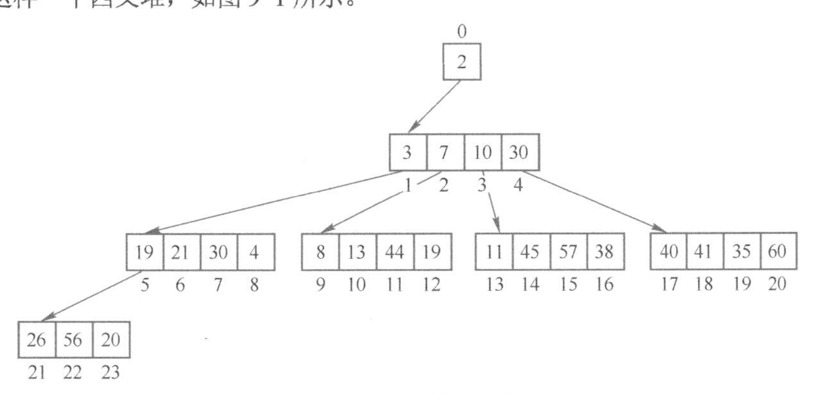

● 图 9-1 原始四叉堆

节点的值为定时器到期时间。

为什么要使用堆这种结构？因为 Timer 都存在一个“到期时间”，为了判断当前时刻有哪些 Timer 到期，runtime 中采用了“四叉堆”的排序结构。这里，显然是要采用小顶堆，即堆顶元素最小。如果堆顶元素没到期的话，显然，它的所有子节点都不可能到期。

四叉堆和二叉堆本质上没有区别，它会使得整体上层数更低，且时间复杂度从 O(log2N)降到 O(log4N)。

9.2 Timer 曾做过哪些重大的改进

早在 Go 1.10 以前，所有的 Timer 均在一个全局的四叉小顶堆中进行维护，显然并发性能是不够的，随后到了 Go 1.10 时，将堆的数量扩充到了 64 个，但仍然需要在唤醒 Timer 时，频繁地将 M（指调度器中的工作线程）和 P（指调度器中的逻辑处理器）进行解绑（Timerproc 在堆上没有 Timer ready 的时候，进行休眠，导致 M 和 P 进行解绑）。当下一个定时事件到来时，又会尝试进行 GPM（G 指调度器中的 goroutine，具体内容在第 12 章会详细讲解）绑定，性能依然不够出众。而且 Timerproc 本身就是协程，也需要 runtime 的调度。

到了 Go 1.14 时，取消了 timerproc 协程，把检查到期定时任务的工作交给了 runtime.schedule，不需要额外的调度，在每次的调度循环中，执行 runtime.schedule 以及 findrunable 时直接检查并运行到期的定时任务。Go 运行时中的 Timer 使用 netpoll 进行驱动，每个 Timer 堆均附着在 P 上，形成一个局部的 Timer 堆，消除了唤醒一个 Timer 时进行 M/P 切换的开销，大幅削减了锁的竞争，与 nginx 中 Timer 的实现方式非常相似。

9.3 定时器的使用场景有哪些

一般而言，定时器的触发形式为：

- 经过固定时间间隔后触发；
- 按照固定时间间隔重复触发；
- 在某个具体时刻触发。

一些典型的使用场景：

- 获取某个下游数据，超时时间为 100ms，设置定时器 100ms（固定时间间隔）；
- 每天早上 10 点定时统计系统的接口访问量，并群发邮件组（固定时间间隔重复）；
- 电商平台“双十一”零点商品下单接口开通访问权限（具体时刻）；
- 后台每隔 5s 更新缓存数据（固定时间间隔重复）；
- TCP 长连接，客户端需要定时向服务端发送系统请求（固定时间间隔重复）；
- TCP 网络协议栈代码需要大量 Timer（固定时间间隔）。

9.4 Timer/Ticker 的计时功能有多准确

对于时间敏感的场景而言，人们自然会问 Timer/Ticker 能够多大程度保证时间的准确性？为了回答这个问题，必须了解清楚影响时间准确性的多种因素：

1）对系统时间的依赖程度：对系统时间产生依赖意味着触发时间基于人类社会的公历记法，即绝对时间，或者说挂钟时间（wall time）。例如当设定某个任务在 GMT+8 时区 2020 年 12 月 31 日 23:59:00 触发。这个时间的准确性只能依靠操作系统或者时间提供方（国际标准组织时间服务器提供的时间）。

2）对运行时的依赖程度：如果某个任务是基于相对时间触发的，例如某个新设立的、希望在几个小时之后触发一次的任务，是一个相对时间概念，或者说单调时间（Monotonic clock）。这个时间的准确性则依靠运行时对这个相对时间进行管理的准确性，由于运行时组件的存在，这个时间管理的准确性也将或多或少受到一定程度的影响，例如调度器的调度延迟、垃圾回收器的干扰、操作系统对应用程序进行中断产生的延迟等。

对于这个问题的答案，必须明确任务的具体场景、任务的执行环境状态等。为此，本节通过几个具体的影响因素来举一反三。

1．获取系统时间的准确性

无论是运行时自身获取挂钟时间、还是用户态代码通过 time.Now 获取时间，最终都会转化为运行时的 runtime 中对 walltime 和 nanotime 的调用：

```
// src/time/time.go

func Now() Time {
    sec, nsec, mono := now()
    ...
}
func now() (sec int64, nsec int32, mono int64)

// src/runtime/timestub.go
//go:linkname time_now time.now
func time_now() (sec int64, nsec int32, mono int64) {
    sec, nsec = walltime()
    return sec, nsec, nanotime()
}
```

无论是 walltime 还是 nanotime，都是通过 vdso 来完成的：

```
// src/runtime/sys_linux_amd64.s

TEXT runtime·walltime(SB),NOSPLIT,$8-12
    ...
    MOVQ      runtime·vdsoClockgettimeSym(SB), AX
    CMPQ      AX, $0
    ...
    MOVL      $0, DI // CLOCK_REALTIME
    ...
TEXT runtime·nanotime1(SB),NOSPLIT,$8-8
    ...
    MOVQ      runtime·vdsoClockgettimeSym(SB), AX
    CMPQ      AX, $0
    ...
    MOVL      $1, DI // CLOCK_MONOTONIC
    ...
```

这个 vdsoClockgettimeSym 的值在运行时启动时向系统内核进行注册 vdsoSymbolKeys 变量：

```
// src/runtime/vdso_linux_amd64.go

var vdsoSymbolKeys = []vdsoSymbolKey{
    {"__vdso_gettimeofday", 0x315ca59, 0xb01bca00, &vdsoGettimeofdaySym},
    {"__vdso_clock_gettime", 0xd35ec75, 0x6e43a318, &vdsoClockgettimeSym},
}
```

读者可以根据这个调用关系进行查询：rt0_go->args->sysauxv->vdsoauxv->vdsoParseSymbols。值得解释的是，这里的 VDSO 指的是虚拟动态共享对象（Virtual Dynamic Shared Object），这个函数符号是一种加速系统调用的机制，对于像获取时间如此频繁的操作，如果将其视为普通系统调用则会出现相当过分的延迟。为此，VDSO 的机制可以理解为直接将系统内核中维护的时间信息从内核空间映射到用户空间，进而加速时间获取的速度。根据注册的符号可知参与的系统调用为 clock_gettime。根据软硬件环境的不同，通常可以认为获取时间的精度在毫秒级。

2．运行时调度的准确性

前面也提到过，Go 的 Timer 经历了多次优化。但无论是早些时候的 timerproc 实现、还是现在的调度循环及 netpoll 辅助的实现，最终都依赖运行时调度器对该任务的执行。换句话说，无论一个任务唤醒得有多么及时，如果调度器没有及时地去执行该任务，也无济于事。

如果一个超时的 Timer 在调度循环的上下文切换中被发现后，便会在毫秒级内进入执行阶段。这在调度循环的代码中是能够体现的：

```
// src/runtime/proc.go

func schedule() {
    _g_ := getg()
    ...
    pp := _g_.m.p.ptr()
    pp.preempt = false
    ...
    checkTimers(pp, 0)
    ...
}

func checkTimers(pp *p, now int64) (rnow, pollUntil int64, ran bool) {
    ...
    for len(pp.timers) > 0 {
        if tw := runtimer(pp, rnow); tw != 0 {
            ...
        }
        ...
    }
    ...
}
func runtimer(pp *p, now int64) int64 {
    for {
        t := pp.timers[0]
        ...
        switch s := atomic.Load(&t.status); s {
        case timerWaiting:
            ...
            runOneTimer(pp, t, now)
            ...
    }
}

func runOneTimer(pp *p, t *timer, now int64) {
    ...
    f := t.f
    arg := t.arg
    seq := t.seq
    ...
    unlock(&pp.timersLock)
    f(arg, seq)
    lock(&pp.timersLock)
    ...
}
```

可以看到，checkTimers 这个过程其实是在调度循环检查到有需要执行的 timer 时，会立刻去执行触发任务。但是要意识到，这个函数 f 只是 Timer/Ticker 的 channel 通知，任务到何时才能被唤醒，依然是取决于调度器什么时候能够正常调度到该任务。那么这个过程中会发生什么呢？这个过程有多大程度的延迟呢？

仍然是调度循环的代码，可以看到任务调度的过程其实是优先考虑 GC Worker。在长时间没有检查全局队列时会优先考虑全局队列，大部分情况下，会直接去执行本地队列中的任务：

```
// src/runtime/proc.go

func schedule() {
    ...
    checkTimers(pp, 0)

    var gp *g
    ...
    if gp == nil && gcBlackenEnabled != 0 {
        gp = gcController.findRunnableGCWorker(_g_.m.p.ptr())
        tryWakeP = tryWakeP || gp != nil
    }
    if gp == nil {
        if _g_.m.p.ptr().schedtick%61 == 0 && sched.runqsize > 0 {
```

```
            lock(&sched.lock)
            gp = globrunqget(_g_.m.p.ptr(), 1)
            unlock(&sched.lock)
        }
    }
    if gp == nil {
        gp, inheritTime = runqget(_g_.m.p.ptr())
    }
    if gp == nil {
        gp, inheritTime = findrunnable() // 阻塞直到任务有效
    }
    ...
    execute(gp, inheritTime)
}
```

换句话说，如果运行时“不幸”选中了垃圾回收的 Worker 或者选择了全局队列中的任务，则会出现一定程度上的延迟。除此之外，还应该能够考虑到如果调度器正在执行某个 goroutine 而无法来到 checkTimers，虽然从 Go 1.14 之后，调度器拥有对任务的抢占能力，但抢占的过程不可避免地存在上下文切换的延迟。

总而言之，在对待 Timer/Ticker 的准确性上时，尽管在很大程度上能够相信 Go 的内部运行时实现的高效性，但总是需要保持怀疑的态度，当系统出现可感知的延迟时，可以着重调试运行时本身对延迟的影响，这包括当前调度器调度任务的数量、Timer/Ticker 的密度和垃圾回收器的压力等。

9.5 定时器的实现还有其他哪些方式

定时器可以使用链表、堆、红黑树等数据结构，也可以使用时间轮实现。流行的高效定时器有三种：Go 使用的堆结构、nginx 使用的红黑树、linux kernel 使用的时间轮。

Go 语言内置的 Timer 是采用最小堆来实现的，创建和删除的时间复杂度都为 O(log4N)。Go 在 1.10 前使用的是一个全局的四叉小顶堆结构，当有大量定时器时，会有大量的锁冲突，定时器性能非常差。Go 1.10 引入了 runtime 层的 64 个定时器，也就是 64 个四叉小顶堆定时器，性能提升不少。Go 1.14 则更进一步地为每个 P 分配一个时间堆，每当进入调度循环时，都会对 Timer 进行检查，从而快速的启动那些对时间敏感的 goroutine，这一思路也同样得益于 netpoller，通过系统事件来唤醒那些对时效性极度敏感的任务。

Nginx 使用的红黑树和四叉堆相差不大，唯一的不同是红黑树是二叉树，父节点的孩子节点最多只有 2 个。

而 Linux 内核通过一种被称为时间轮的算法来保证 add_timer()、del_timer() 以及 expire 操作的时间复杂度都为 O(1)。时间轮一般有简单时间轮和层级时间轮两种实现方式。

时间轮的实现如图 9-2 所示。

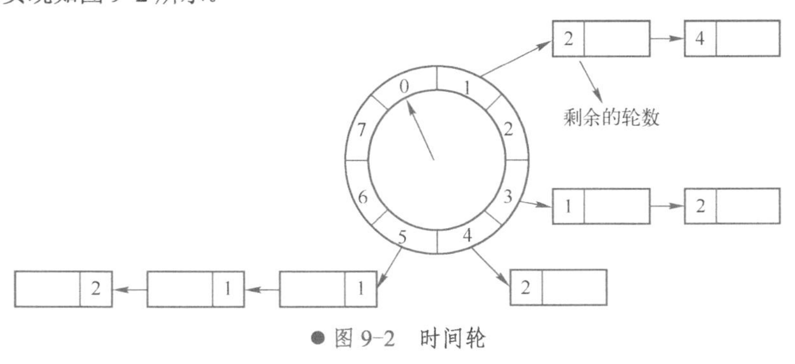

● 图 9-2 时间轮

假设每个刻度是 1s，则整个时间轮能表示的时间段为 8s，如果当前指针指向 0，此时需要调

度一个 3s 后执行的任务，需要放到第 3 个格子（0+3）中，指针再转 3 次就可以执行了。然而，格子的数量有限，所能代表的时间有限，如果要存放一个 10s 后到期的任务就引起时间轮的溢出。

解决办法是把轮次信息也保存到时间格链表的任务上。检查过期任务时应当只执行 round 为 0 的任务，链表中其他任务的 round 执行减 1 操作。

带轮次的单层时间轮存在的问题是：如果任务的时间跨度很大、数量很大，单层时间轮会造成任务的 round 很大，单个格子的链表很长，每次检查的量很大，会做很多无效的检查。

解决办法就是使用多层时间轮，实现如图 9-3 所示。

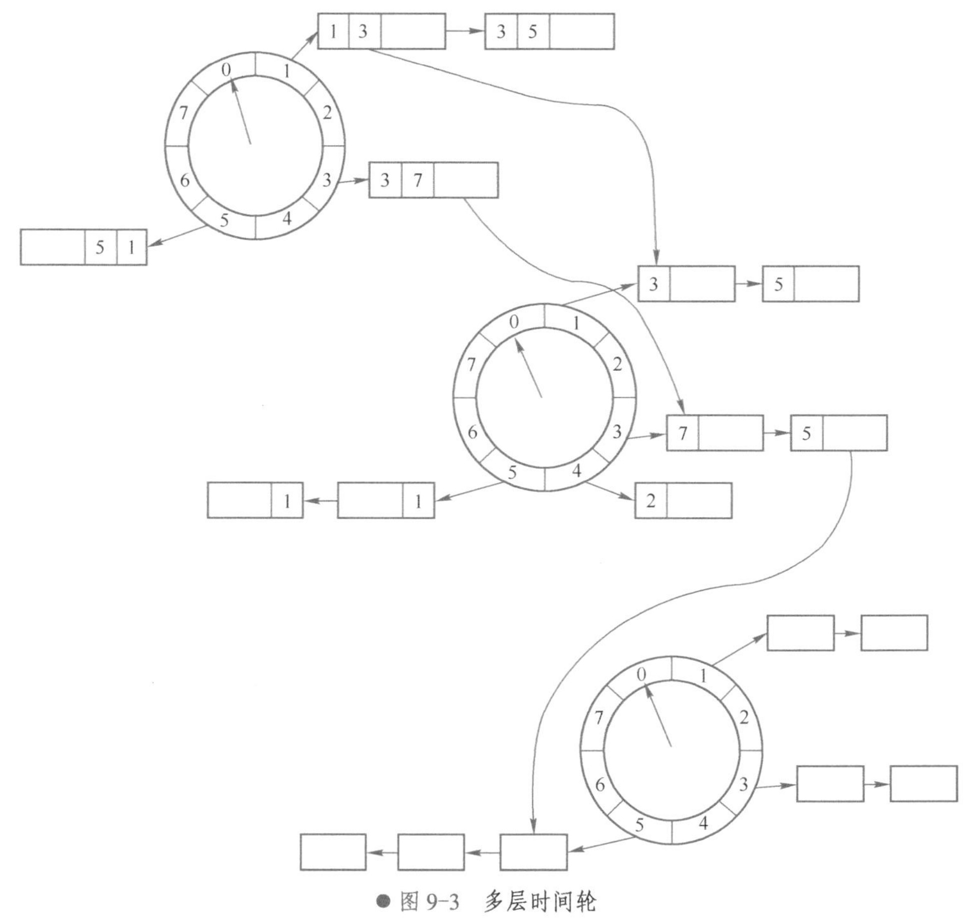

● 图 9-3　多层时间轮

过期任务一定是在底层轮中被执行，其他时间轮中的任务在接近过期时会不断地降级进入低一层的时间轮中。分层时间轮中每个轮都有自己的格数和间隔设置，当最底层的时间轮转一圈时，高一层的时间轮就转一个格子。分层时间轮大大增加了可表示的时间范围，同时减少了空间占用。

例如我们可以构建一个能够精确到秒，最长定时时间为一天的三层时间轮，三层分别为：时、分、秒，如图 9-4 所示。

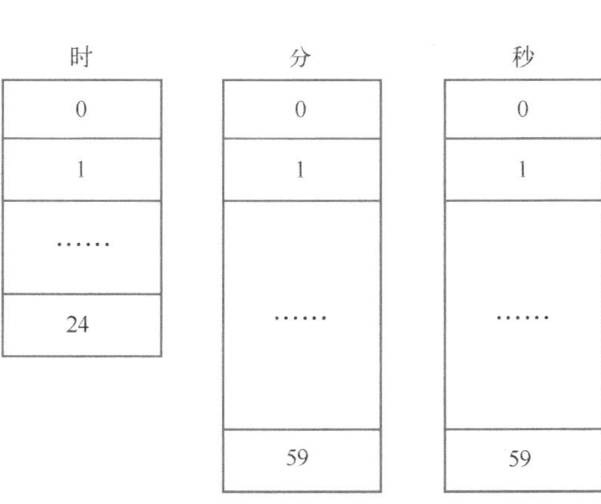

● 图 9-4　三层时间轮

具体实现上可以使用三个循环数组。假设当前时间为 11 时 20 分 32 秒，即时、分、秒三层的指针分别指向 11、20、32，现在创建一个 2 小时

45 分 36 秒的定时任务，计算出到期时间为 14 时 6 分 8 秒，如图 9-5 所示。

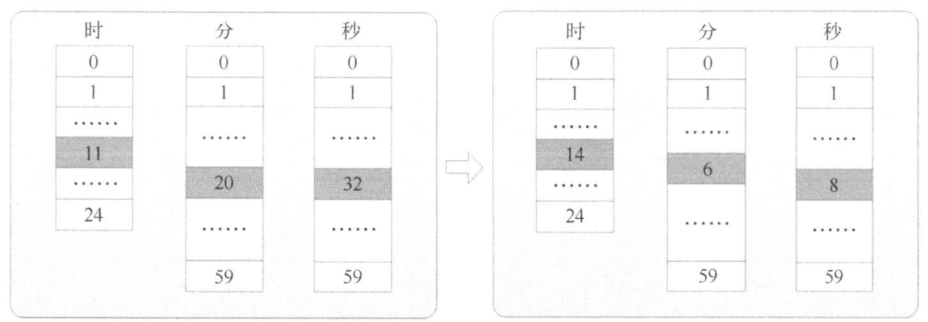

● 图 9-5 起止时间刻度

我们实际上模拟了时钟的运行规律，首先把定时任务“挂”到 14 时上；当时钟转到 14 时，将任务降 级到 6 分上；当分钟转到 6 时，将任务降一级到 8 秒上；等最后秒钟转到 8 时，任务到期，如图 9-6 所示。

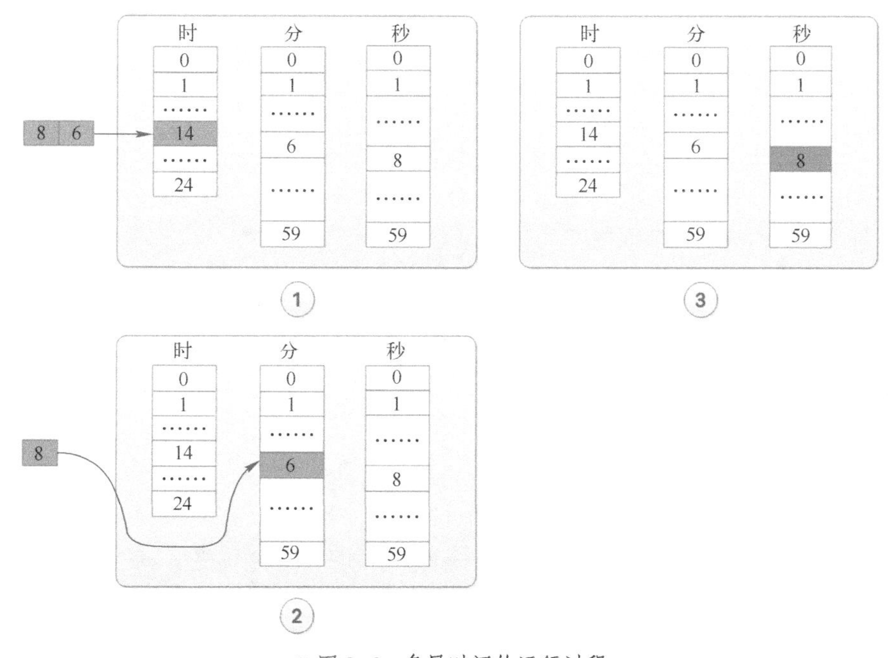

● 图 9-6 多层时间轮运行过程

分层的意义在于提高精度和多任务负载均衡。当时间跨度很大时，提升单层时间轮的 tickDuration 可以减少空转次数，但会导致时间精度变低；多层时间轮既可以避免精度降低，又避免了指针空转的次数。如果有长时间跨度的定时任务，则可以交给多层时间轮去调度。

第10章 反　射

反射使用的频率可能并不是太高，并且对性能上有一定的损耗，但有些场景必须要用反射才能实现。对反射的考查也是企业面试中的一个热点。

10.1 反射是什么

反射是指计算机程序在运行时可以访问、检测和修改它本身状态或行为的一种能力。用比喻来说，反射就是程序在运行的时候能够观察并且纠正自己的行为。读者可能会问：难道不用反射就不能在运行时访问、检测和修改它本身的状态和行为吗？

回答这个问题要首先理解什么叫访问、检测和修改它本身的状态或行为，它的本质是什么？

实际上，它的本质是程序在运行期探知对象的类型信息和内存结构。不用反射能行吗？可以的，使用汇编语言，直接和内层打交道，可以获取任何信息。但是，到了高级语言，比如 Go，就不行了，只能通过反射来实现此项技能。

不同语言的反射模型不尽相同，有些语言还不支持反射。《Go 语言圣经》中是这样定义反射的：Go 语言提供了一种机制在运行时更新变量和检查它们的值、调用它们的方法，但是在编译时并不知道这些变量的具体类型，这称为反射机制。

10.2 什么情况下需要使用反射

使用反射的常见场景有以下两种：

1）不能明确接口调用哪个函数，需要根据传入的参数在运行时决定；

2）不能明确传入函数的参数类型，需要在运行时处理任意对象。

凡事都有两面性，不推荐使用反射的原因有：

1）与反射相关的代码，经常是难以阅读的。在软件工程中，代码可读性也是一个非常重要的指标。

2）Go 语言作为一门静态语言，编码过程中，编译器能提前发现一些类型错误，但是对于反射代码是无能为力的。所以包含反射相关的代码，很可能会运行很久才出错，这时候经常是直接 panic，造成严重的后果。

3）反射对性能影响还是比较大的，比正常代码运行速度慢一到两个数量级。所以，对于一个项目中处于影响运行效率关键位置的代码，尽量避免使用反射特性。

10.3 Go 语言如何实现反射

接口（interface）是 Go 语言实现抽象的一个非常强大的工具。当向接口变量赋予一个实体类型的时候，接口会存储实体的类型信息，反射就是通过接口的类型信息实现的，反射建立在类型的基础上。

Go 语言在 reflect 包里定义了各种类型，实现了反射的各种函数，通过它们可以在运行时检测类型的信息、改变类型的值。

↗10.3.1　types 和 interface

Go 语言中，每个变量都有一个静态类型，在编译阶段就确定了的，比如 int、float64、[]int 等。注意，这个类型是声明时候的类型，不是底层数据类型。

Go 官方博客里就举了一个例子：

```
type MyInt int
var i int
var j MyInt
```

尽管 i、j 的底层类型都是 int，但它们是不同的静态类型，除非进行类型转换，否则，i 和 j 不能同时出现在等号两侧。j 的静态类型就是 MyInt。

反射主要与 interface{}类型相关。关于 interface 的底层结构，可以参考第 5 章有关 interface 的内容，这里复习一下。

```
// src/runtime/runtime2.go

type iface struct {
    tab   *itab
    data unsafe.Pointer
}

type itab struct {
    inter    *interfacetype
    _type    *_type
    link     *itab
    hash     uint32 // copy of _type.hash. Used for type switches.
    _        [4]byte
    fun      [1]uintptr // variable sized
}
```

其中 itab 由具体类型 _type 以及 interfacetype 组成。_type 表示具体类型，而 interfacetype 则表示具体类型实现的接口类型，如图 10-1 所示。

实际上，iface 描述的是非空接口，它包含方法；与之相对的是 eface，描述的是空接口，不包含任何方法，Go 语言里所有的类型都“实现了”空接口。

```
type eface struct {
    _type *_type
    data   unsafe.Pointer
}
```

相比 iface，eface 就比较简单了。只维护了一个 _type 字段，表示空接口所承载的具体的实体类型，data 指向了具体的值，如图 10-2 所示。

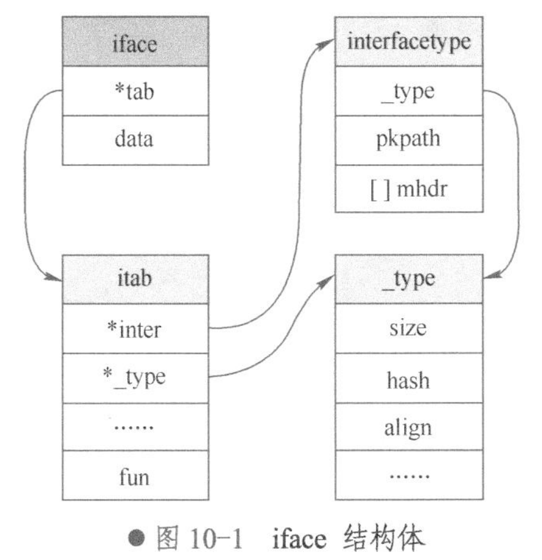

● 图 10-1　iface 结构体

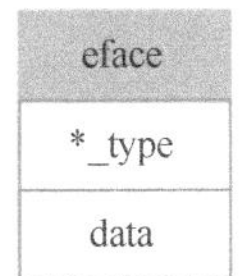

● 图 10-2　eface 结构体

先明确一点：接口变量可以存储任何实现了接口定义的所有方法的变量。

Go 语言中最常见的就是 Reader 和 Writer 接口，来看一个例子：

```
type Reader interface {
    Read(p []byte) (n int, err error)
}

type Writer interface {
    Write(p []byte) (n int, err error)
}
```

接口之间进行转换和赋值：

```
var r io.Reader
tty, err := os.OpenFile("/Users/qcrao/test", os.O_RDWR, 0)
if err != nil {
    return nil, err
}
r = tty
```

在前面的代码中，首先声明 r 的类型是 io.Reader，注意，这是 r 的静态类型，此时它的动态类型为 nil，并且它的动态值也是 nil。

之后，r = tty 这条语句，将 r 的动态类型变成 *os.File，动态值则变成非空的 tty，表示打开的文件对象。这时，r 用 <value, type> 对来表示为： <tty, *os.File>，如图 10-3 所示。

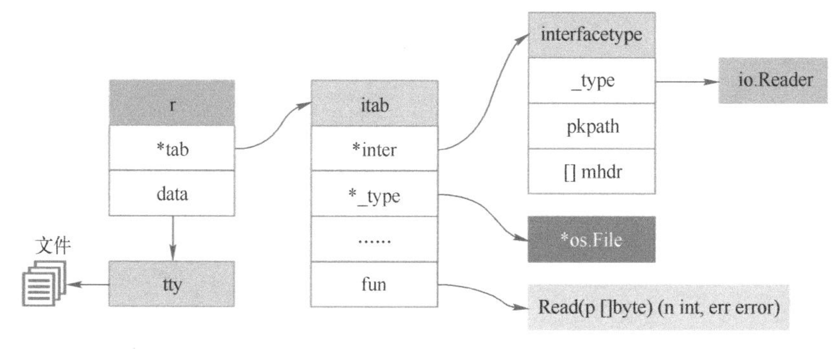

● 图 10-3　r=tty

注意看上图，此时虽然 fun 所指向的函数只有一个 Read 函数，其实 *os.File 还包含 Write 函数，也就是说 *os.File 其实还实现了 io.Writer 接口。因此下面的断言语句可以成功执行：

```
var w io.Writer
w = r.(io.Writer)
```

之所以用断言，而不能直接赋值，是因为 r 的静态类型是 io.Reader，它并没有实现 io.Writer 接口，因此不能直接赋值。而断言能否成功，取决于 r 的动态类型是否符合要求。

这样，w 也可以表示成 <tty, *os.File>，尽管它和 r 一样，但是 w 可调用的函数取决于它的静态类型 io.Writer，也就是说它只能有这样的调用形式：w.Write()。w 的内存形式如图 10-4 所示。

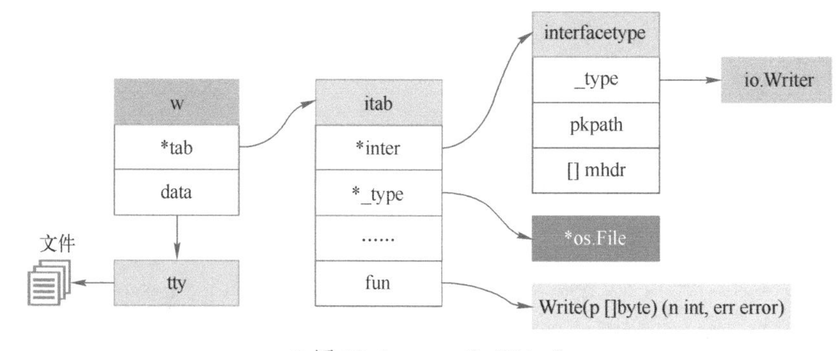

● 图 10-4　w = r.(io.Writer)

和 r 相比，仅仅是 fun 对应的函数变了：Read -> Write。

最后，再进行一次赋值：

```
var empty interface{}
empty = w
```

由于 empty 是一个空接口，因此所有的类型都实现了它，w 可以直接赋给它，不需要执行断言操作，如图 10-5 所示。

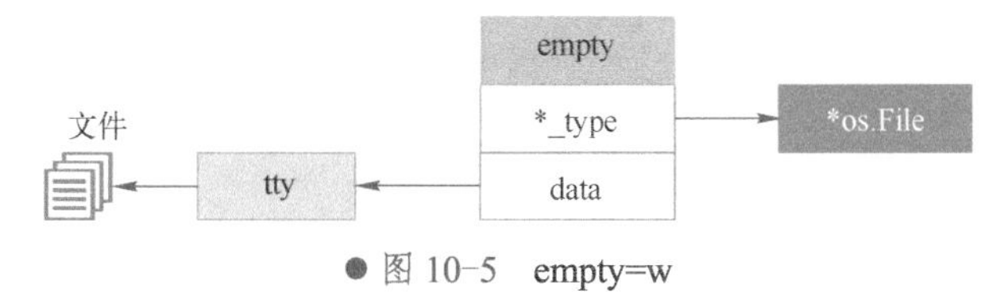

● 图 10-5　empty=w

从上面的三张图可以看到，interface 包含三部分信息：_type 是类型信息，*data 指向实际类型的实际值，itab 包含实际类型的信息，包括大小、包路径，还包含绑定在类型上的各种方法（图上没有画出方法），补充一下关于 os.File 结构体的图，如图 10-6 所示。

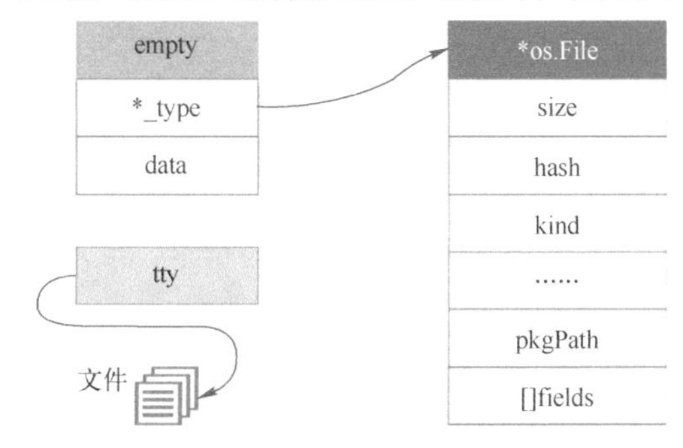

● 图 10-6　os.File 结构体

本节内容的最后，展示一个技巧。先参考源码，可以分别定义一个“伪装”的 iface 和 eface 结构体：

```
type iface struct {
      tab    *itab
      data unsafe.Pointer
}
type itab struct {
      inter uintptr
      _type uintptr
      link uintptr
      hash   uint32
      _        [4]byte
      fun      [1]uintptr
}

type eface struct {
      _type uintptr
      data unsafe.Pointer
}
```

接着，将接口变量占据的内存内容强制解释成上面定义的类型，再打印出来：

```
package main

import (
      "os"
      "fmt"
      "io"
      "unsafe"
```

```
)

func main() {
    var r io.Reader
    fmt.Printf("initial r: %T, %v\n", r, r)

    tty, _ := os.OpenFile("/Users/qcrao/test", os.O_RDWR, 0)
    fmt.Printf("tty: %T, %v\n", tty, tty)

    // 给 r 赋值
    r = tty
    fmt.Printf("r: %T, %v\n", r, r)

    rIface := (*iface)(unsafe.Pointer(&r))
    fmt.Printf("r: iface.tab._type = %#x, iface.data = %#x\n", rIface.tab._type, rIface.data)

    // 给 w 赋值
    var w io.Writer
    w = r.(io.Writer)
    fmt.Printf("w: %T, %v\n", w, w)

    wIface := (*iface)(unsafe.Pointer(&w))
    fmt.Printf("w: iface.tab._type = %#x, iface.data = %#x\n", wIface.tab._type, wIface.data)

    // 给 empty 赋值
    var empty interface{}
    empty = w
    fmt.Printf("empty: %T, %v\n", empty, empty)

    emptyEface := (*eface)(unsafe.Pointer(&empty))
    fmt.Printf("empty: eface._type = %#x, eface.data = %#x\n", emptyEface._type, emptyEface.data)
}
```

运行结果：

```
initial r: <nil>, <nil>
tty: *os.File, &{0xc4200820f0}
r: *os.File, &{0xc4200820f0}
r: iface.tab._type = 0x10bfcc0, iface.data = 0xc420080020
w: *os.File, &{0xc4200820f0}
w: iface.tab._type = 0x10bfcc0, iface.data = 0xc420080020
empty: *os.File, &{0xc4200820f0}
empty: eface._type = 0x10bfcc0, eface.data = 0xc420080020
```

可以看到，r、w、empty 的动态类型和动态值都一样。不再详细解释了，结合前面的图比较容易理解。

↗10.3.2 反射的基本函数

Go 语言 reflect 包里定义了一个接口和一个结构体，即 reflect.Type 和 reflect.Value，它们提供很多函数来获取存储在接口里的类型信息。前者主要提供关于类型相关的信息，所以它和 _type 关联比较紧密；后者则结合 _type 和 data 两者，因此程序员可以获取甚至改变类型的值。

并且，reflect 包提供了两个基础的关于反射的函数，来获取上述的接口和结构体：

```
// src/reflect/type.go
func TypeOf(i interface{}) Type

// src/reflect/value.go
func ValueOf(i interface{}) Value
```

TypeOf 函数用来提取一个接口中值的类型信息。由于它的输入参数是一个空的 interface{}，调用此函数时，实参会先被转化为 interface{}类型。这样，实参的类型信息、方法集、值信息都存储到 interface{} 变量里了。

来看下源码：

```go
// src/reflect/type.go

func TypeOf(i interface{}) Type {
	eface := *(*emptyInterface)(unsafe.Pointer(&i))
	return toType(eface.typ)
}
```

这里的 emptyInterface 和前面提到的 eface 是一回事（字段名略有差异，字段类型是相同的），存在在不同的源码包：前者在 reflect 包，后者在 runtime 包，eface.typ 就是动态类型。

```go
type emptyInterface struct {
	typ  *rtype
	word unsafe.Pointer
}
```

至于 toType 函数，只是做了一个类型转换：

```go
func toType(t *rtype) Type {
	if t == nil {
		return nil
	}
	return t
}
```

注意，返回值 Type 实际上是一个接口，它定义了很多方法，用来获取类型相关的各种信息，而 *rtype 实现了 Type 接口。

```go
// src/reflect/type.go

type Type interface {
	// 所有的类型都可以调用下面这些函数

	// 此类型的变量内存对齐策略
	Align() int

	// 如果是 struct 的字段，对齐后占用的字节数
	FieldAlign() int

	// 返回类型方法集里的第 `i` (传入的参数)个方法
	Method(int) Method

	// 通过名称获取方法
	MethodByName(string) (Method, bool)

	// 获取类型方法集里导出的方法个数
	NumMethod() int

	// 类型名称
	Name() string

	// 返回类型所在的路径，如：encoding/base64
	PkgPath() string

	// 返回类型的大小，和 unsafe.Sizeof 功能类似
	Size() uintptr

	// 返回类型的字符串表示形式
	String() string

	// 返回类型的类型值
	Kind() Kind

	// 类型是否实现了接口 u
	Implements(u Type) bool

	// 是否可以赋值给 u
	AssignableTo(u Type) bool

	// 是否可以类型转换成 u
	ConvertibleTo(u Type) bool

	// 类型是否可以比较
```

```
    Comparable() bool

    // 下面这些函数只有特定类型可以调用
    // 如：Key 和 Elem 两个方法就只能是 Map 类型才能调用

    // 类型所占据的位数
    Bits() int

    // 返回通道的方向，只能用 chan 类型调用
    ChanDir() ChanDir

    // 返回类型是否是可变参数，只能用 func 类型调用
    // 比如 t 是类型 func(x int, y ... float64)
    // 那么 t.IsVariadic() == true
    IsVariadic() bool

    // 返回内部子元素类型，只能由类型 Array, Chan, Map, Ptr, or Slice 调用
    Elem() Type

    // 返回结构体类型的第 i 个字段，只能是结构体类型调用
    // 如果 i 超过了总字段数，就会 panic
    Field(i int) StructField

    // 返回嵌套的结构体的字段
    FieldByIndex(index []int) StructField

    // 通过字段名称获取字段
    FieldByName(name string) (StructField, bool)

    // FieldByNameFunc returns the struct field with a name
    // 返回名称符合 func 函数的字段
    FieldByNameFunc(match func(string) bool) (StructField, bool)

    // 获取函数类型的第 i 个参数的类型
    In(i int) Type

    // 返回 map 的 key 类型，只能由类型 map 调用
    Key() Type

    // 返回 Array 的长度，只能由类型 Array 调用
    Len() int

    // 返回类型字段的数量，只能由类型 Struct 调用
    NumField() int

    // 返回函数类型的输入参数个数
    NumIn() int

    // 返回函数类型的返回值个数
    NumOut() int

    // 返回函数类型的第 i 个值的类型
    Out(i int) Type

    // 返回类型结构体的相同部分
    common() *rtype

    // 返回类型结构体的不同部分
    uncommon() *uncommonType
}
```

Type 定义了非常多的方法，通过它们可以获取类型的一切信息。

注意到 Type 方法集的倒数第二个方法 common 返回的 rtype 类型，它和上一小节讲到的 _type 是一回事，而且源码里也有注释强制二者要保持同步：

```
// src/reflect/type.go

// rtype must be kept in sync with ../runtime/type.go:/^type._type.
type rtype struct {
    size        uintptr
```

```
        ptrdata    uintptr
        hash       uint32
        tflag      tflag
        align      uint8
        fieldAlign uint8
        kind       uint8
        equal      func(unsafe.Pointer, unsafe.Pointer) bool
        gcdata     *byte
        str        nameOff
        ptrToThis typeOff
}
```

所有的类型都会包含 rtype 这个字段，表示各种类型的公共信息；另外，不同类型包含自己的一些独特的部分。

比如下面的 arrayType 和 chanType 都包含 rytpe，而前者还包含 slice、len 等和数组相关的信息；后者则包含 dir 表示通道方向的信息。

```
// src/reflect/type.go

// arrayType represents a fixed array type.
type arrayType struct {
        rtype `reflect:"array"`
        elem  *rtype // array element type
        slice *rtype // slice type
        len   uintptr
}

// chanType represents a channel type.
type chanType struct {
        rtype `reflect:"chan"`
        elem  *rtype   // channel element type
        dir   uintptr // channel direction (ChanDir)
}
```

注意到，Type 接口实现了 String() 函数，满足 fmt.Stringer 接口，因此使用 fmt.Println 打印的时候，输出的是 String() 的结果。另外，fmt.Printf() 函数，如果使用 %T 来作为格式参数，输出的是 reflect.TypeOf 的结果，也就是动态类型。例如：

```
fmt.Printf("%T", 3) // int
```

讲完了 TypeOf 函数，再来看一下 ValueOf 函数。返回值 reflect.Value 表示 interface{} 里存储的实际变量，它能提供实际变量的各种信息。相关的方法常常需要结合类型信息和值信息。例如，如果要提取一个结构体的字段信息，那就需要用到 _type (具体到这里是指 structType) 类型持有的关于结构体的字段信息、偏移信息，以及 *data 所指向的内容，即结构体的实际值。

ValueOf 函数的源码如下：

```
// src/reflect/value.go

func ValueOf(i interface{}) Value {
        if i == nil {
                return Value{}
        }

        // ......
        return unpackEface(i)
}

// 分解 eface
func unpackEface(i interface{}) Value {
        e := (*emptyInterface)(unsafe.Pointer(&i))

        t := e.type
        if t == nil {
                return Value{}
```

```
    }

    f := flag(t.Kind())
    if ifaceIndir(t) {
        f |= flagIndir
    }
    return Value{t, e.word, f}
}
```

从源码看，比较简单：先将 i 转换成 *emptyInterface 类型，再将它的 type 字段和 word 字段以及一个标志位字段组装成一个 Value 结构体，而这就是 ValueOf 函数的返回值，它包含类型结构体指针、真实数据的地址、标志位。

Value 结构体定义了很多方法，通过这些方法可以直接操作 Value 字段 ptr 所指向的实际数据：

```
// src/reflect/value.go

// 设置切片的 len 字段，如果类型不是切片，就会 panic
 func (v Value) SetLen(n int)

 // 设置切片的 cap 字段
 func (v Value) SetCap(n int)

 // 设置字典的 kv
 func (v Value) SetMapIndex(key, val Value)

 // 返回切片、字符串、数组的索引 i 处的值
 func (v Value) Index(i int) Value

 // 根据名称获取结构体的内部字段值
 func (v Value) FieldByName(name string) Value

 // ......
Value 字段还有很多其他的方法。例如：
// 用来获取 int 类型的值
func (v Value) Int() int64

// 用来获取结构体字段（成员）数量
func (v Value) NumField() int

// 尝试向通道发送数据（不会阻塞）
func (v Value) TrySend(x reflect.Value) bool

// 通过参数列表 in 调用 v 值所代表的函数（或方法）
func (v Value) Call(in []Value) (r []Value)

// 调用变参长度可变的函数
func (v Value) CallSlice(in []Value) []Value
```

限于篇幅，这里就不一一列举了。读者可以通过搜索 func (v Value) 在 src/reflect/value.go 查看更多。

另外，通过 Type() 方法和 Interface() 方法可以打通 interface、Type、Value 三者。Type() 方法也可以返回变量的类型信息，与 reflect.TypeOf() 函数等价，Interface() 方法可以将 Value 还原成原来的 interface，如图 10-7 所示。

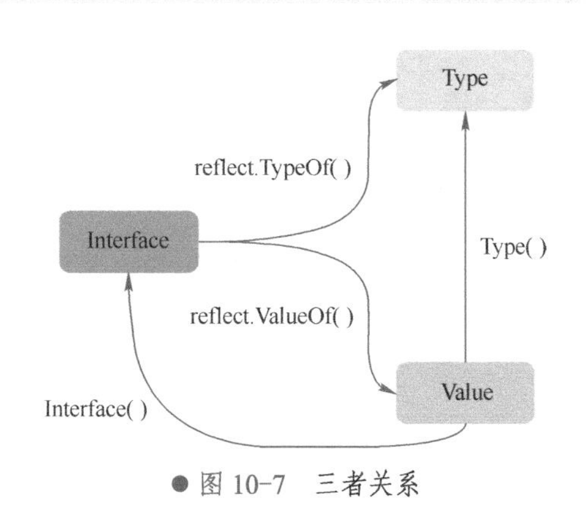

● 图 10-7　三者关系

总结一下：TypeOf() 函数返回一个接口，这个接口定义了一系列方法，利用这些方法可以获取关于类型的所有信息；ValueOf() 函数返回一个结构体变量，包含类型信息以及实际值。

10.3.3　反射的三大定律

反射有三大定律：

1）Reflection goes from interface value to reflection object.。

2）Reflection goes from reflection object to interface value.。

3）To modify a reflection object, the value must be settable.。

第 1 条是最基本的：反射是一种检测存储在 interface 中的类型和值的机制。这可以通过 TypeOf 函数和 ValueOf 函数得到。

第 2 条实际上和第一条是相反的机制，它将 ValueOf 的返回值通过 Interface() 函数反向转变成 interface 变量。

前两条就是说接口型变量和反射类型对象可以相互转化，反射类型对象实际上就是指前面说的 reflect.Type 和 reflect.Value。

第 3 条不太好懂：如果需要操作一个反射变量，那么它必须是可设置的。反射变量可设置的本质是它存储了原变量本身，这样对反射变量的操作，就会反映到原变量本身；反之，如果反射变量不能代表原变量，那么操作了反射变量，不会对原变量产生任何影响，这会给使用者带来疑惑。所以第二种情况在语言层面是不被允许的。

举一个经典的例子：

```
var x float64 = 3.4
v := reflect.ValueOf(x)
v.SetFloat(7.1) // Error: will panic.
```

执行上面的代码会产生 panic，原因是反射变量 v 不能代表 x 本身，为什么？因为调用 reflect.ValueOf(x) 这一行代码的时候，传入的参数在函数内部只是一个复制，是值传递，所以 v 代表的只是 x 的一个复制，因此对 v 进行操作是被禁止的。

可设置是反射变量 Value 的一个性质，但不是所有的 Value 都是可被设置的。

就像在一般的函数里那样，当想改变传入的变量时，使用指针就可以解决了。

```
var x float64 = 3.4
p := reflect.ValueOf(&x)
fmt.Println("type of p:", p.Type())
fmt.Println("settability of p:", p.CanSet())
```

输出是这样的：

```
type of p: *float64
settability of p: false
```

所以，p 不能代表 x，p.Elem() 才真正代表 x，并且可以真正操作 x：

```
v := p.Elem()
v.SetFloat(7.1)
fmt.Println(v.Interface()) // 7.1
fmt.Println(x) // 7.1
```

关于第三条，记住一句话：如果想要操作原变量，反射变量 Value 必须要持有原变量的地址才行。

10.4　如何比较两个对象是否完全相同

Go 语言中提供了一个函数可以完成此项功能：

```
func DeepEqual(x, y interface{}) bool
```

DeepEqual 函数的参数是两个 interface，实际上也就是可以输入任意类型，输出 true 或者 false 表示输入的两个变量是否是“深度”相等。

要先明白一点，如果是不同的类型，即使是底层类型相同、相应的值也相同，那么两者也不是“深度”相等。

```
type MyInt int
type YourInt int

func main() {
    m := MyInt(1)
    y := YourInt(1)

    fmt.Println(reflect.DeepEqual(m, y)) // false
}
```

上面的代码中，m 和 y 底层都是 int，而且值都是 1，但是两者静态类型不同，前者是 MyInt，后者是 YourInt，因此两者不是“深度”相等。

在源码里，对 DeepEqual 函数做了非常清楚的注释，列举了针对不同类型的 DeepEquals 深度相等情形，这里做一个总结，见表 10-1。

表 10-1 深度相等情形

类型	深度相等情形
Array	相同索引处的元素“深度”相等
Struct	相应字段，包含导出和不导出，“深度”相等
Func	只有两者都是 nil 时
Interface	两者存储的具体值“深度”相等
Map	1）都为 nil；2）非空、长度相等，指向同一个 map 实体对象，或者相应的 key 指向的 value “深度”相等
Pointer	1）使用 == 比较的结果相等；2）指向的实体“深度”相等
Slice	1）都为 nil；2）非空、长度相等，首元素指向同一个底层数组的相同元素，即 &x[0] == &y[0] 或者相同索引处的元素“深度”相等
numbers, bools, strings, and channels	使用 == 比较的结果为真

一般情况下，DeepEqual 的实现只需要递归地调用 == 就可以比较两个变量是否是真的“深度”相等。

但是，有一些异常情况：比如 func 类型是不可比较的类型，只有在两个 func 类型都是 nil 的情况下，才是“深度”相等的；float 类型，由于精度的原因，也是不能使用 == 比较的；包含 func 类型或者 float 类型的 struct、interface、array 等也都不能比较。

对于指针而言，两个值相等的指针“深度”相等，因为两者指向的内容是相同的，即使两者指向的是 func 类型或者 float 类型，因为这种情况下并不关心指针所指向的内容是什么类型。

同样，对于指向相同 slice、map 的两个变量也是“深度”相等的，并不需要关心 slice、map 具体的内容。

对于“有环”的类型，比如循环链表，比较两者是否“深度”相等的过程中，需要对已比较的内容作一个标记，一旦发现两个指针之前比较过，立即停止比较，并判定二者是深度相等的。这样做的原因是：及时停止比较，避免陷入无限循环。

来看源码：

```
// src/reflect/deepequal.go

func DeepEqual(x, y interface{}) bool {
    if x == nil || y == nil {
        return x == y
    }
    v1 := ValueOf(x)
    v2 := ValueOf(y)
```

```
        if v1.Type() != v2.Type() {
            return false
        }
        return deepValueEqual(v1, v2, make(map[visit]bool), 0)
    }
```

首先查看两者是否有一个是 nil 的情况，这种情况下，只有两者都是 nil，函数才会返回 true。

接着，使用反射，获取 x、y 的反射对象，并且立即比较两者的类型，根据前面的内容，这里实际上是动态类型，如果类型不同，直接返回 false。

最后，最核心的内容在子函数 deepValueEqual 中。

代码比较长，思路却比较简单清晰：核心是一个 switch 语句，识别输入参数的不同类型，分别递归调用 deepValueEqual 函数，一直递归到最基本的数据类型，比如 int，string 等可以直接得出 true 或者 false，再一层层地返回，最终得到“深度”相等的比较结果。

实际上，各种类型的比较套路相似，这里就直接节选一个稍微复杂一点的 map 类型的比较：

```
    // src/reflect/deepequal.go

    // deepValueEqual 函数
    // ……

    case Map:
        if v1.IsNil() != v2.IsNil() {
            return false
        }
        if v1.Len() != v2.Len() {
            return false
        }
        if v1.Pointer() == v2.Pointer() {
            return true
        }
        for _, k := range v1.MapKeys() {
            val1 := v1.MapIndex(k)
            val2 := v2.MapIndex(k)
            if !val1.IsValid() || !val2.IsValid() || !deepValueEqual(v1.MapIndex(k), v2.MapIndex(k), visited, depth+1) {
                return false
            }
        }
        return true

    // ……
```

和前文总结的表格里，比较 map 是否相等的思路比较一致，也不需要多说什么。说明一点，visited 是一个 map，记录递归过程中，比较过的“对”：

```
    type visit struct {
        a1  unsafe.Pointer
        a2  unsafe.Pointer
        typ Type
    }

    map[visit]bool
```

比较过程中，一旦发现比较的“对”已经在 map 里出现过的话，就直接判定“深度”比较的结果是 true。

10.5 如何利用反射实现深度拷贝

所谓深度拷贝，其实是相对于浅拷贝而言的一个概念。浅拷贝只复制指向某个对象的指针，而不复制对象本身，新旧对象中指针类型的字段还是共享同一块内存。但深拷贝会另外创造一个内容完全相同的对象，新对象与原对象不共享内存，修改新对象不会影响原对象。

实现深度拷贝可以存在多种形式，最简单、最安全而且也是最容易想到的一种方式是使用json.Marshal/Unmarshal：

```
func Copy(dst interface{}, src interface{}) error {
    if dst == nil || src == nil {
        return fmt.Errorf("nil src or dst")
    }
    bytes, err := json.Marshal(src)
    if err != nil {
        return fmt.Errorf("Unable to serialize src: %s", err)
    }
    err = json.Unmarshal(bytes, dst)
    if err != nil {
        return fmt.Errorf("Unable to deserialize into dst: %s", err)
    }
    return nil
}
```

其思路非常简单，就是将一个对象直接序列化为一个 JSON 字串，再通过反序列化的形式解析到复制的对象上。正是因为涉及对象的序列化和反序列化，因此性能消耗是可想而知的。此外，该方法的另一个缺点是没有办法将未导出的私有字段进行复制（虽然逻辑上这种行为是合理的）。

通过反射，可以有更加高效的做法，这里简要介绍通过反射实现深拷贝的思路：

```
func Copy(src interface{}) interface{} {
    if src == nil {
        return nil
    }

    // 对原对象的值和类型进行反射
    original := reflect.ValueOf(src)
    cpy := reflect.New(original.Type()).Elem()

    // 递归地对所有字段进行复制并返回
    copyRecursive(original, cpy)
    return cpy.Interface()
}
```

使用反射进行复制的思路其实是简单的：使用反射来推断出原对象的类型和值，而后对其进行复制。但重点在于复制的这个过程其实是逐层递归进行的：

```
func copyRecursive(original, cpy reflect.Value) {
    switch original.Kind() {
    case reflect.Ptr:
        // 如果需要复制的字段是指针，意味着并不是复制指针本身，
        // 而是指针所指向的对象。这个过程可以被递归
        originalValue := original.Elem()
        if !originalValue.IsValid() {
            return
        }
        cpy.Set(reflect.New(originalValue.Type()))
        copyRecursive(originalValue, cpy.Elem())

    case reflect.Interface:
        // 如果需要复制的字段是接口，则需要先对接口字段包含的值
        // 先进行一次反射，而后递归复制的过程
        if original.IsNil() {
            return
        }
        originalValue := original.Elem()
        copyValue := reflect.New(originalValue.Type()).Elem() // 反射接口的值
        copyRecursive(originalValue, copyValue)
        cpy.Set(copyValue)

    case reflect.Struct:
        // 如果需要复制的字段是一个结构体，则直接递归结构体所包含的字段即可
        t, ok := original.Interface().(time.Time)
```

```
            if ok {
                cpy.Set(reflect.ValueOf(t))
                return
            }
            for i := 0; i < original.NumField(); i++ {
                // 跳过未导出的字段
                if original.Type().Field(i).PkgPath != "" {
                    continue
                }
                copyRecursive(original.Field(i), cpy.Field(i))
            }

        case reflect.Slice:
            // 直接复制内部所有的元素，复制过程也可以递归调用
            if original.IsNil() {
                return
            }
            cpy.Set(reflect.MakeSlice(original.Type(), original.Len(), original.Cap()))
            for i := 0; i < original.Len(); i++ {
                copyRecursive(original.Index(i), cpy.Index(i))
            }

        case reflect.Map:
            // 对 map 内所有的 key-value 进行复制，复制过程也可以递归
            if original.IsNil() {
                return
            }
            cpy.Set(reflect.MakeMap(original.Type()))
            for _, key := range original.MapKeys() {
                originalValue := original.MapIndex(key)
                copyValue := reflect.New(originalValue.Type()).Elem()
                copyRecursive(originalValue, copyValue)
                copyKey := Copy(key.Interface())
                cpy.SetMapIndex(reflect.ValueOf(copyKey), copyValue)
            }

        default:
            // 基础类型，可直接复制
            cpy.Set(original)
        }
    }
```

可见，对于基础类型而言，可直接实现复制。而指针、接口、结构体、切片等高级结构，则可以递归地转化为基础类型的复制，因此实现上也只是对这些高级结构进行特殊处理。

通过这个例子可以看出，反射的用途在 Go 语言中几乎无处不在。例如当实现诸如 IDE 中的代码自动补全功能、对象序列化（encoding/json）、深度拷贝、fmt 相关函数的实现、对象关系映射 ORM 等一切需要对值进行断言的需求都可以使用反射。

第11章 同步模式

并发编程中经常需要使用 sync，例如 waitgroup、syncpool、syncmap 等。它们对于提高代码可读性、提升程序运行性能等有很大作用。了解并掌握其底层原理无论是对工作还是面试都是非常有用的。

 11.1 等待组 sync.WaitGroup 的原理是什么

Sync.WaitGroup 可以达到并发 goroutine 的执行屏障的效果。更一般地说，WaitGroup 提供了用于创建等待多个并发执行的代码块在达到 WaitGroup 显式指定的同步条件后，才可继续执行 Wait 调用后的后续代码的能力。它的基本原理非常简单，可以从它所支持的基本操作来反演其内部的基本原理。

当需要对一个并发执行的代码块引入等待条件时，便可以使用 Add 操作来产生同步记录；而当不再需要等待条件时，则可在并发代码块中使用 Done 操作来促成同步屏障条件的达成。

从逻辑上看，可以不失一般性地只考虑一个并发代码块。如果 WaitGroup 内部通过某种手段记录了仍在并发执行的代码块的数量，那么 Add 相当于对这个数量执行“+1”操作，而 Done 相当于对这个数量执行“-1”操作。

因此反演出了 WaitGroup.Done 的实现原理：

```
func (wg *WaitGroup) Done() {
    wg.Add(-1)
}
```

但关键的问题在于，如何正确地同步正在执行的代码块的数量这一信息？或者说，如何高效地确保一个正在执行等待 Wait 操作的 goroutine，当所有等待条件都结束时被正常唤醒？这便涉及 WaitGroup 内部的结构。

实际上，WaitGroup 的内部结构非常简单，出于对 32 位系统的兼容性考虑（在 32 位机器上无法实现对 64 位字段的原子操作，因为 64 位字段相当于两个指令无法同时完成），其内部计数字段由 3 个 uint32 来对并发执行的 goroutine 进行不同目的的计数，分别是运行计数、等待计数和信号计数。并通过 state() 函数来消除在高层实现上的差异，返回状态（运行计数和等待计数）和信号（信号计数）：

```
// src/sync/waitgroup.go

type WaitGroup struct {
    state1 [3]uint32
}
// state 返回 wg.state1 中信号的状态和计数字段
func (wg *WaitGroup) state() (statep *uint64, semap *uint32) {
    if uintptr(unsafe.Pointer(&wg.state1))%8 == 0 {
        // 在 32 位机器上 state1[0] 和 state1[1] 分别用于运行计数和等待计数
        // 而最后一个 state1[2] 用于信号计数
        return (*uint64)(unsafe.Pointer(&wg.state1)), &wg.state1[2]
    }
    // 在 64 位机器上 state1[0] 作为信号计数，而 state[1] 和 state[2] 用于计数和等待计数
```

```
	return (*uint64)(unsafe.Pointer(&wg.state1[1])), &wg.state1[0]
}
```

在这个结构下，可以先来考虑用 Wait 操作来实现。

```
// src/sync/waitgroup.go

func (wg *WaitGroup) Wait() {
	statep, semap := wg.state()
	for {
		state := atomic.LoadUint64(statep)
		v := int32(state >> 32) // 运行计数
		if v == 0 { // 运行计数为零，无须继续等待，结束
			return
		}
		if atomic.CompareAndSwapUint64(statep, state, state+1) { // 此时修改的是等待计数
			// 会阻塞到信号计数是否 > 0（即睡眠），如果 *semap > 0 则会减 1，因此最终的 semap 理论为 0
			runtime_Semacquire(semap)
			if *statep != 0 {
				panic("sync: WaitGroup is reused before previous Wait has returned")
			}
			return
		}
	}
}
```

可以看到 Wait 首先获得访问计数值的指针。并在自旋循环体中，通过检查运行计数来检查目前还未达成同步条件的并行代码块的数量，并在每次完成检查后增加一次等待计数。这里的检查本可以直接使用密集循环来构造自旋锁进而等待同步条件，但出于性能考虑，每一次检查运行计数后，如果并没有达成同步条件，那么可想而知下一次循环如果当前 goroutine 不主动让出 CPU，也很难让其他 goroutine 尽快完成。因此，运行时为了保证其他 goroutine 能够得到充分的调度，在实现这个自旋锁的过程中使用了 runtime_Semacquire，如果等待计数被成功记录，那么不妨直接休眠，调整信号计数；但如果失败，说明在检查运行技术和修改等待计数的过程中自旋锁的状态已经发生了变化，则不妨再执行一次循环，进而得到最新的同步状态。

注意，等待操作并不一定只能在一个 goroutine 上进行，等待操作同样是可以跨 goroutine 产生相同的等待，因为调用 Wait 的 goroutine 数量可能不唯一，这也是为什么需要等待计数的原因。例如：

```
wg := sync.WaitGroup{}
wg.Add(10)
for i := 0; i < 10; i++ {
	go func() {
		time.Sleep(time.Millisecond * 100)
		wg.Done()
	}()
}

for i := 0; i < 10; i++ {
	go func(i int) {
		wg.Wait()
		println(i, ", wait done")
	}(i)
}

select {}
```

在这个代码片段中，每个调用 Wait 的 goroutine 最终都会被唤醒。

那么当推理出 Wait 等待操作的逻辑后，再来关注 Add 操作。在讨论 Wait 操作时已经讨论过出于性能考虑时产生的等待计数，并使用信号计数作为同步信号，那么，在实现 Add 时，也需要相应地考虑等待计数，其基本原理可以这样思考：在初始阶段，等待计数为 0，运行计数随着 Add 函数的调用而增加。出于兼容性的考虑，运行计数和等待计数的值不能使用一次原子操作同时

修改，需要进行分别记录。但无论如何，需要保证的不变量是：

1）内部的运行计数不能为负，否则便是使用失误。

2）Add 必须与 Wait 属于 happens before 关系。

3）如果运行计数的值看起来正常或者等待计数被清零则可以提前结束 Add 操作（说明 Add 的操作数为增加）。

4）通过信号量计数通知所有正在等待的 goroutine。

这个想法基本上揭示了 Add 的具体实现方式：

```
// src/sync/waitgroup.go

func (wg *WaitGroup) Add(delta int) {
    statep, semap := wg.state() // 获得状态指针和信号指针
    state := atomic.AddUint64(statep, uint64(delta)<<32) // 在运行计数上记录 delta
    v := int32(state >> 32) // 运行计数的值
    w := uint32(state)          // 等待计数的值
    if v < 0 {
        panic("sync: negative WaitGroup counter")
    }
    if w != 0 && delta > 0 && v == int32(delta) {
        panic("sync: WaitGroup misuse: Add called concurrently with Wait")
    }
    if v > 0 || w == 0 {
        return
    }
    if *statep != state {
        panic("sync: WaitGroup misuse: Add called concurrently with Wait")
    }
    // 唤醒所有等待的 goroutine，并将等待计数清零
    *statep = 0
    for ; w != 0; w-- {
        runtime_Semrelease(semap, false, 0)
    }
}
```

上面直接讨论代码的核心想法可能仍然比较抽象，不妨再来考虑非常简单的实际的例子。

首先，对于刚创建的 WaitGroup 而言，内部存储的所有值为零值：

```
statep 0000 0000 0000 0000 0000 0000 0000 0000 0000 0000 0000 0000 0000 0000 0000 0000
```

这时候调用 Add(1)，可以推算得到 state 的值：

```
int64(delta)        0000 0000 0000 0000 0000 0000 0000 0000 0000 0000 0000 0000 0000 0000 0000 0001
int64(delta)<<32    0000 0000 0000 0000 0000 0000 0000 0001 0000 0000 0000 0000 0000 0000 0000 0000
statep              0000 0000 0000 0000 0000 0000 0000 0000 0000 0000 0000 0000 0000 0000 0000 0000
state               0000 0000 0000 0000 0000 0000 0000 0001 0000 0000 0000 0000 0000 0000 0000 0000
```

注意，有符号数为补码表示，最高位为符号位。那么这时候的运行计数 v 为 1，而等待计数 w 为 0。

当进行 Done 调用时，此时内部存储的状态为：

```
statep              0000 0000 0000 0000 0000 0000 0000 0001 0000 0000 0000 0000 0000 0000 0000 0000
```

那么-1 操作可以通过有符号数的补码表示推算出操作完成后 state 的值：

```
int64(delta)        1111 1111 1111 1111 1111 1111 1111 1111 1111 1111 1111 1111 1111 1111 1111 1111
int64(delta)<<32    1111 1111 1111 1111 1111 1111 1111 1111 0000 0000 0000 0000 0000 0000 0000 0000
statep              0000 0000 0000 0000 0000 0000 0000 0001 0000 0000 0000 0000 0000 0000 0000 0000
state              10000 0000 0000 0000 0000 0000 0000 0000 0000 0000 0000 0000 0000 0000 0000 0000
```

即运行计数归零，此时 Wait 操作达成同步条件。

值得一提的是，正如之前所提到的，Add 和 Wait 之间必须具有严格的 happens before 关系。这包含三层含义：

1）对于整个代码块中所创建的全部 Add 操作，可被严格的分割为不交的两个组别 A、B，若设 A happens before B。

2）存在一个 Wait 操作 W，使得 A happens before W。

3）且该 W happens before B。

这也是为什么人们也将 WaitGroup 称之为同步屏障的原因之一。

11.2 缓存池 sync.Pool

Sync.Pool 是 sync 包下的一个组件，可以作为保存临时取还对象的一个“池子”。它的名字有一定的误导性，因为 Pool 里装的对象可以无通知地回收，可能 sync.Cache 是一个更合适的名字。

有时候在项目中会碰到这样的 GC 问题：大量重复地创建许多对象，GC 的工作量飙升，CPU 频繁“掉底”。这时可以使用 sync.Pool 来缓存对象，减轻对 GC 的消耗。

一般地，对于很多需要重复分配、回收内存的地方，sync.Pool 是一个很好的选择。频繁地分配、回收内存会给 GC 带来一定的负担，严重的时候会引起 CPU 的“毛刺”，而 sync.Pool 可以将暂时不用的对象缓存起来，待下次需要的时候直接使用，不用再次经过内存分配，复用对象的内存，从而减轻 GC 的压力，提升系统的性能。

11.2.1 如何使用 sync.Pool

首先，sync.Pool 是协程安全的，这对于使用者来说是极其方便的。使用前，设置好对象的 New 函数，用于在 Pool 里没有缓存的对象时创建一个。之后，在程序的任何地方、任何时候仅通过 Get()、Put() 方法就可以取、还对象了。

当多个 goroutine 都需要创建同一个对象的时候，如果 goroutine 数过多，导致对象的创建数目剧增，进而导致 GC 压力增大。形成 “并发大→占用内存大→GC 缓慢→处理并发能力降低→并发更大”这样的恶性循环。在这个时候，需要有一个对象池，每个 goroutine 不再自己单独创建对象，而是从对象池中获取出一个对象（如果池中已经有）。

因此关键思想就是对象的复用，避免重复创建、销毁，下面来看看如何使用。

1．简单的例子

首先来看一个简单的例子：

```
package main
import (
	"fmt"
	"sync"
)

var pool *sync.Pool

type Person struct {
	Name string
}

func initPool() {
	pool = &sync.Pool {
		New: func()interface{} {
			fmt.Println("Creating a new Person")
			return new(Person)
		},
	}
}

func main() {
	initPool()
```

```
        p := pool.Get().(*Person)
        fmt.Println("首次从 pool 里获取：", p)

        p.Name = "first"
        fmt.Printf("设置 p.Name = %s\n", p.Name)

        pool.Put(p)

        fmt.Println("Pool 里已有一个对象：&{first}，调用 Get: ", pool.Get().(*Person))
        fmt.Println("Pool 没有对象了，调用 Get: ", pool.Get().(*Person))
}
```

运行结果：

```
Creating a new Person
首次从 pool 里获取： &{}
设置 p.Name = first
Pool 里已有一个对象：&{first}，Get:  &{first}
Creating a new Person
Pool 没有对象了，Get:  &{}
```

首先，需要初始化 Pool，唯一需要做的就是设置好 New 函数。当调用 Get 方法时，如果池子里缓存了对象，就直接返回缓存的对象。如果没有“存货”，则调用 New 函数创建一个新的对象。

另外，Get 方法取出来的对象和上次 Put 进去的对象实际上是同一个，Pool 没有做任何“清空”的处理。但不应当对此有任何假设，因为在实际的并发使用场景中，无法保证这种顺序，最好的做法是在 Put 前，将对象清空。

2. 使用 sync.Pool 优化 fmt 包的性能

这部分主要看 fmt.Printf 如何使用：

```
func Printf(format string, a ...interface{}) (n int, err error) {
        return Fprintf(os.Stdout, format, a...)
}
```

其中 Fprintf 的实现如下：

```
func Fprintf(w io.Writer, format string, a ...interface{}) (n int, err error) {
        p := newPrinter()
        p.doPrintf(format, a)
        n, err = w.Write(p.buf)
        p.free()
        return
}
```

Fprintf 函数的参数是一个 io.Writer，Printf 传的是 os.Stdout，相当于直接输出到标准输出。这里的 newPrinter 用的就是 Pool：

```
// src/fmt/print.go
func newPrinter() *pp {
        p := ppFree.Get().(*pp)
        p.panicking = false
        p.erroring = false
        p.wrapErrs = false
        p.fmt.init(&p.buf)
        return p
}

var ppFree = sync.Pool{
        New: func() interface{} { return new(pp) },
}
```

回到 Fprintf 函数，拿到 pp 指针后，会做一些 format 的操作，并且将 p.buf 里面的内容写入 w。最后，调用 free 函数，将 pp 指针归还到 Pool 中：

```go
// src/fmt/print.go
func (p *pp) free() {
	if cap(p.buf) > 64<<10 {
		return
	}

	p.buf = p.buf[:0]
	p.arg = nil
	p.value = reflect.Value{}
	p.wrappedErr = nil
	ppFree.Put(p)
}
```

归还到 Pool 前将对象的一些字段清零，这样通过 Get 拿到缓存的对象时，就可以安全地使用了。

3．Sync.Pool 的测试用例

通过 test 文件学习源码是一个很好的途径，因为它代表了“官方”的用法。更重要的是，测试用例会故意测试一些“坑”，学习这些用法，也能让自己在真正使用的时候回避这些“坑”。

在 pool_test 文件里共有 7 个 Test，4 个 BenchMark。文件路径：src/sync/pool_test.go。

TestPool 和 TestPoolNew 比较简单，主要是测试 Get/Put 的功能。来看下 TestPoolNew：

```go
// src/sync/pool_test.go

func TestPoolNew(t *testing.T) {
	defer debug.SetGCPercent(debug.SetGCPercent(-1))

	i := 0
	p := Pool{
		New: func() interface{} {
			i++
			return i
		},
	}
	if v := p.Get(); v != 1 {
		t.Fatalf("got %v; want 1", v)
	}
	if v := p.Get(); v != 2 {
		t.Fatalf("got %v; want 2", v)
	}

	Runtime_procPin()
	p.Put(42)
	if v := p.Get(); v != 42 {
		t.Fatalf("got %v; want 42", v)
	}
	Runtime_procUnpin()

	if v := p.Get(); v != 3 {
		t.Fatalf("got %v; want 3", v)
	}
}
```

首先设置了 GC=-1，作用就是停止 GC。那为什么要用 defer？函数都执行完了，还要 defer 有什么用？注意到，debug.SetGCPercent 这个函数被调用了两次，而且这个函数返回的是上一次 GC 的值。因此，defer 在这里的用途是还原到调用此函数之前的 GC 设置，也就是恢复现场。

接着，调置了 Pool 的 New 函数：直接返回一个 int，并且每次调用 New，都会自增 1。然后，连续调用了两次 Get 函数，因为这个时候 Pool 里没有缓存的对象，因此每次都会调用 New 创建一个，所以第一次返回 1，第二次返回 2。

然后，调用 Runtime_procPin() 防止 goroutine 被强占，目的是保护接下来的一次 Put 和 Get 操作，使得它们操作的对象都是同一个 P 的“池子”。并且，这次调用 Get 的时候并没有调用 New，因为之前有一次 Put 操作，“池子”里有了缓存的对象。

最后，再次调用 Get 操作，因为没有“存货”，因此还是会再次调用 New 创建一个对象。

TestPoolGC 和 TestPoolRelease 则主要测试 GC 对 Pool 里对象的影响。这里用了一个函数，用于计数有多少对象会被 GC 回收：

```
runtime.SetFinalizer(v, func(vv *string) {
	atomic.AddUint32(&fin, 1)
})
```

当垃圾回收检测到 v 是一个不可达的对象时，并且 v 又有一个关联的 Finalizer 时，就会另起一个 goroutine 调用设置的 finalizer 函数，也就是上面代码里的参数 func。这样，就会让对象 v 重新可达，从而在这次 GC 过程中不被回收。之后，解绑对象 v 和它所关联的 Finalizer，当下次 GC 再次检测到对象 v 不可达时，才会被回收。

TestPoolStress 从名字看，主要是想测一下“压力”，具体操作就是起了 10 个 goroutine 不断地向 Pool 里 Put 对象，然后又 Get 对象，看是否会出错。

TestPoolDequeue 和 TestPoolChain，都调用了 testPoolDequeue，这是具体干活的。它需要传入一个 PoolDequeue 接口：

```
// src/sync/poolqueue.go

// poolDequeue testing.
type PoolDequeue interface {
	PushHead(val interface{}) bool
	PopHead() (interface{}, bool)
	PopTail() (interface{}, bool)
}
```

PoolDequeue 是一个双端队列，可以从头部入队元素，从头部和尾部出队元素。调用函数时，前者传入 NewPoolDequeue(16)，后者传入 NewPoolChain()，底层其实都是 poolDequeue 这个结构体。具体来看 testPoolDequeue 做了什么，如图 11-1 所示。

● 图 11-1　双端队列

上图中总共发起了 10 个 goroutine：1 个生产者，9 个消费者。生产者不断地从队列头 pushHead 元素到双端队列里去，并且每 push 10 次，就 popHead 一次；消费者则一直从队列尾取元素。不论是从队列头还是从队列尾取元素，都会在 map 里做标记，最后检验每个元素是不是只被取出过一次。

剩下的就是 Benchmark 测试了。第一个 BenchmarkPool 比较简单，就是不停地 Put/Get，测试性能。

BenchmarkPoolSTW 函数会先关掉 GC，再向 pool 里 put 10 个对象，然后强制触发 GC，记录 GC 的停顿时间，并且做一个排序，计算 P50 和 P95 的 STW 时间：

```
// src/sync/pool_test.go
func BenchmarkPoolSTW(b *testing.B) {
	defer debug.SetGCPercent(debug.SetGCPercent(-1))

	var mstats runtime.MemStats
	var pauses []uint64
```

```
	var p Pool
	for i := 0; i < b.N; i++ {
		const N = 100000
		var item interface{} = 42
		for i := 0; i < N; i++ {
			p.Put(item)
		}
		runtime.GC()
		runtime.ReadMemStats(&mstats)
		pauses = append(pauses, mstats.PauseNs[(mstats.NumGC+255)%256])
	}

	sort.Slice(pauses, func(i, j int) bool { return pauses[i] < pauses[j] })
	var total uint64
	for _, ns := range pauses {
		total += ns
	}
	b.ReportMetric(float64(total)/float64(b.N), "ns/op")
	b.ReportMetric(float64(pauses[len(pauses)*95/100]), "p95-ns/STW")
	b.ReportMetric(float64(pauses[len(pauses)*50/100]), "p50-ns/STW")
}
```

通过下面的命令可以粗略的对这一性能测试进行评估：

```
go test -v -run=none -bench=BenchmarkPoolSTW
```

其输出结果为：

```
goos: darwin
goarch: amd64
pkg: sync
BenchmarkPoolSTW-12        361        3708 ns/op        3583 p50-ns/STW        5008 p95-ns/STW
PASS
ok        sync        1.481s
```

最后一个 BenchmarkPoolExpensiveNew 测试当 New 的代价很高时，Pool 的表现。

4．其他

标准库中 encoding/json 也用到了 sync.Pool 来提升性能。著名的 gin 框架，对 context 的取用也使用了 sync.Pool。

来看下 gin 如何使用 sync.Pool。设置 New 函数：

```
engine.pool.New = func() interface{} {
	return engine.allocateContext()
}

func (engine *Engine) allocateContext() *Context {
	return &Context{engine: engine, KeysMutex: &sync.RWMutex{}}
}
```

使用：

```
func (engine *Engine) ServeHTTP(w http.ResponseWriter, req *http.Request) {
	c := engine.pool.Get().(*Context)
	c.writermem.reset(w)
	c.Request = req
	c.reset()

	engine.handleHTTPRequest(c)

	engine.pool.Put(c)
}
```

先调用 Get 取出来缓存的对象，然后会做一些 reset 操作，再执行 handleHTTPRequest，最后再 Put 回 Pool。

另外，Echo 框架也使用了 sync.Pool 来管理 context，并且几乎达到了零堆内存分配。

11.2.2 sync.Pool 是如何实现的

1. Pool 结构体

首先来看 Pool 的结构体：

```
// src/sync/pool.go

type Pool struct {
    noCopy noCopy

    // 每个 P 的本地队列，实际类型为 [P]poolLocal
    local      unsafe.Pointer
    // [P]poolLocal 的大小
    localSize uintptr

    victim      unsafe.Pointer
    victimSize uintptr

    // 自定义的对象创建回调函数，当 pool 中无可用对象时会调用此函数
    New func() interface{}
}
```

因为 Pool 不希望被复制，所以结构体里有一个 noCopy 的字段，使用 Go vet 工具可以检测到用户代码是否复制了 Pool。它是 Go1.7 开始引入的一个静态检查机制，不仅仅工作在运行时或标准库，同时也对用户代码有效。用户只需实现这样的不消耗内存、仅用于静态分析的结构 noCopy，来保证一个对象在第一次使用后不会发生复制。

实现非常简单：

```
// src/sync/cond.go
// noCopy 用于嵌入一个结构体中来保证其第一次使用后不会被复制
//
// 见 https://golang.org/issues/8005#issuecomment-190753527
type noCopy struct{}

// Lock 是一个空操作用来给 `go vet` 的 -copylocks 静态分析
func (*noCopy) Lock()      {}
func (*noCopy) Unlock() {}
```

继续回到 Pool 结构体，local 字段存储指向 [P]poolLocal 数组（严格来说，它是一个切片）的指针，localSize 则表示 local 数组的大小。访问时，P 的 id 对应 [P]poolLocal 下标索引。通过这样的设计，多个 goroutine 使用同一个 Pool 时，减少了竞争，提升了性能。

在一轮 GC 到来时，victim 和 victimSize 会分别“接管”local 和 localSize，victim 机制用于减少 GC 后冷启动导致的性能抖动，让分配对象更平滑。

Victim Cache 本来是计算机架构里面的一个概念，是 CPU 硬件处理缓存的一种技术，sync.Pool 引入它的意图在于降低 GC 压力的同时提高命中率。

先来看 poolLocal 结构体：

```
// src/sync/pool.go
type poolLocal struct {
    poolLocalInternal

    // 将 poolLocal 补齐至缓存行的大小，防止 false sharing,
    // 在大多数平台上，128 mod (cache line size) = 0 可防止伪共享
    // 伪共享，仅占位用，防止在 cache line 上分配多个 poolLocalInternal
    pad [128 - unsafe.Sizeof(poolLocalInternal{})%128]byte
}

// Local per-P Pool appendix.
```

```
type poolLocalInternal struct {
    // P 的私有缓存区，使用时不需要加锁
    private interface{}
    // 公共缓存区。本地 P 可以 pushHead/popHead；其他 P 则只能 popTail
    shared  poolChain
}
```

字段 pad 主要是防止 false sharing：

现代 CPU 中，cache 都划分成以 cache line (cache block) 为单位，在 x86_64 体系下一般都是 64 字节，cache line 是操作的最小单元。

程序即使只想读内存中的 1 个字节数据，也要同时把附近 63 字节加载到 cache 中，如果读取超过 64 字节，那么就要加载到多个 cache line 中。

简单来说，如果没有 pad 字段，那么当需要访问 0 号索引的 poolLocal 时，CPU 同时会把 0 号和 1 号索引加载到 cpu cache。在只修改 0 号索引的情况下，会让 1 号索引的 poolLocal 失效。这样，当运行在其他 CPU 核心上的线程想要读取 1 号索引时，会发生 cache miss，还得重新再加载，对性能有损。增加一个 pad，补齐缓存行，让相关的字段能独立地加载到缓存行就不会出现 false sharding 了。

继续看 poolChain，它是一个双端队列的实现：

```
// src/sync/poolqueue.go

type poolChain struct {
    // 只有生产者会 push to，不用加锁
    head *poolChainElt

    // 读写需要原子控制。pop from
    tail *poolChainElt
}

type poolChainElt struct {
    poolDequeue

    // next 被 producer 写，consumer 读。所以只会从 nil 变成 non-nil
    // prev 被 consumer 写，producer 读。所以只会从 non-nil 变成 nil
    next, prev *poolChainElt
}

type poolDequeue struct {
    // headTail 包含一个 32 位的 head 和一个 32 位的 tail 指针。这两个值都和 len(vals)-1 取模过。
    // tail 是队列中最老的数据，head 指向下一个将要填充的 slot
    // slots 的有效范围是 [tail, head)，由 consumers 持有
    headTail uint64

    // vals 是一个存储 interface{} 的环形队列，它的 size 必须是 2 的幂
    // 如果 slot 为空，则 vals[i].typ 为空；否则，非空
    // 一个 slot 在这时宣告无效：tail 不指向它了，vals[i].typ 为 nil
    // 由 consumer 设置成 nil，由 producer 读
    vals []eface
}
```

前面讲过 PoolDequeue 是一个队列的接口，poolDequeue 则是一个具体的实现者。它被实现为单生产者、多消费者的固定大小的无锁（atomic 实现）Ring 式队列（底层存储使用数组，使用两个指针标记 head、tail）。生产者可以从 head 插入、head 删除，而消费者仅可从 tail 删除。

字段 headTail 指向队列的头和尾，通过位运算将 head 和 tail 存入 headTail 变量中。

用图 11-2 来完整地描述 Pool 结构体：

可以看到 Pool 并没有直接使用 poolDequeue，原因是它的大小是固定的，而 Pool 的大小是没有限制的。因此，在 poolDequeue 之上包装了一下，变成了一个 poolChainElt 的双向链表，可以实现动态增长。

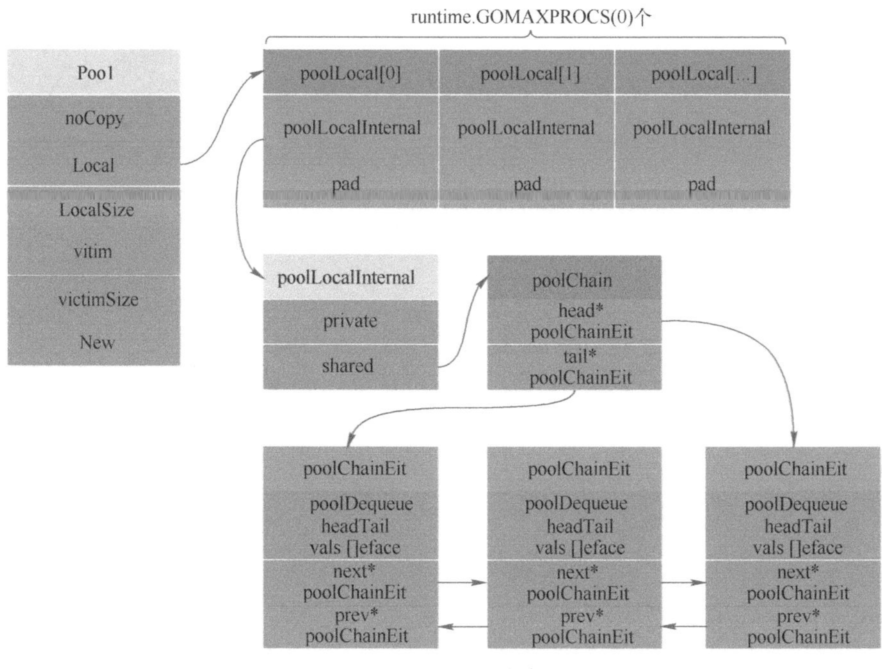

● 图 11-2　Pool 结构体

2. Get

直接看源码：

```
// src/sync/pool.go

func (p *Pool) Get() interface{} {
	// ......
	l, pid := p.pin()
	x := l.private
	l.private = nil
	if x == nil {
		x, _ = l.shared.popHead()
		if x == nil {
			x = p.getSlow(pid)
		}
	}
	runtime_procUnpin()
	// ......
	if x == nil && p.New != nil {
		x = p.New()
	}
	return x
}
```

省略号的内容是 race 相关的，属于阅读源码过程中的一些噪音，暂时注释掉。这样，Get 的整个过程就非常清晰了：

1）首先，调用 p.pin() 函数将当前的 goroutine 和 P 绑定，禁止被抢占，返回当前 P 对应的 poolLocal 以及 pid。

2）然后直接取 l.private，赋值给 x，并置 l.private 为 nil。

3）判断 x 是否为空，若为空，则尝试从 l.shared 的头部 pop 一个对象出来，同时赋值给 x。

4）如果 x 仍然为空，则调用 getSlow 尝试从其他 P 的 shared 双端队列尾部“偷”一个对象出来。

5）Pool 的相关操作做完了，调用 runtime_procUnpin() 解除非抢占。

6）最后如果还是没有取到缓存的对象，那就直接调用预先设置好的 New 函数，创建一个出来。用一张流程图来展示整个过程，如图 11-3 所示。

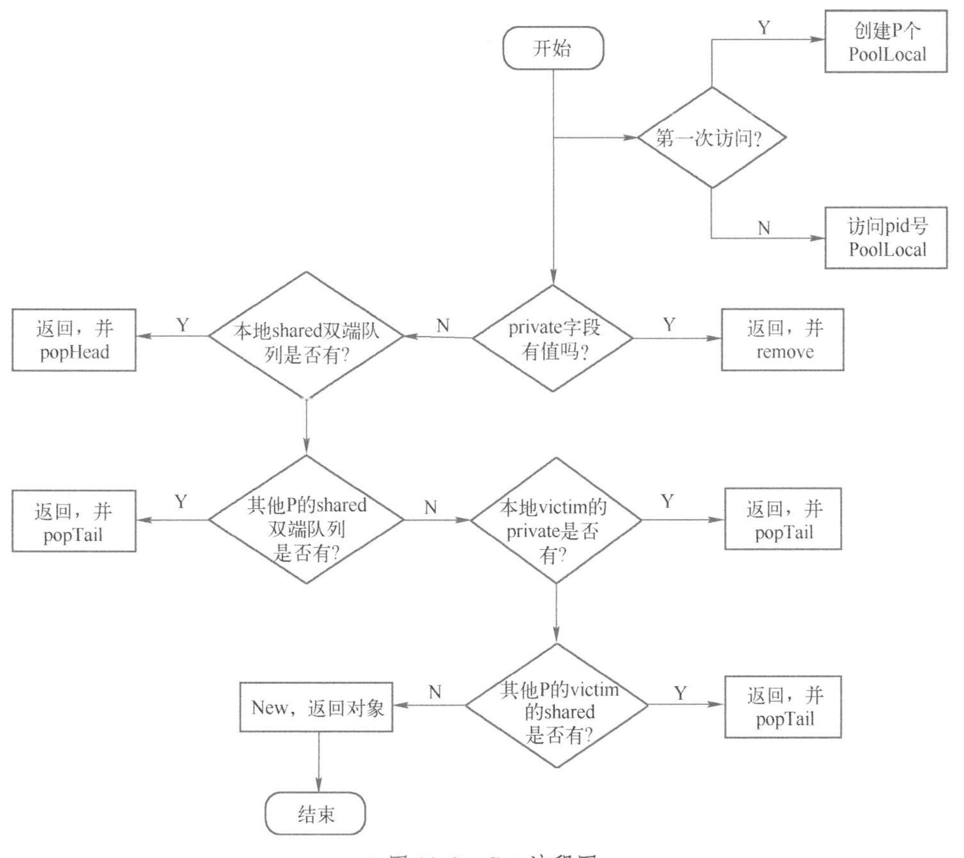

图 11-3　Get 流程图

整体流程梳理完了，再来看一下其中的一些关键函数。

1. pin

先来看 Pool.pin():

```
// src/sync/pool.go

// 调用方必须在完成取值后调用 runtime_procUnpin() 来取消抢占
func (p *Pool) pin() (*poolLocal, int) {
	pid := runtime_procPin()
	s := atomic.LoadUintptr(&p.localSize) // load-acquire
	l := p.local                          // load-consume
	// 因为可能存在动态的 P（运行时调整 P 的个数）
	if uintptr(pid) < s {
		return indexLocal(l, pid), pid
	}
	return p.pinSlow()
}
```

函数 pin 的作用就是将当前 goroutine 和 P 绑定在一起，禁止抢占。并且返回对应的 poolLocal 以及 P 的 id。

如果 goroutine 被抢占，则 G 的状态从 running 变成 runnable，会被放回 P 的 localq 或 globalq，等待下一次调度。但当 goroutine 下次再执行时，就不一定是和现在的 P 相结合了。因为之后会用到 pid，如果被抢占了，有可能接下来使用的 pid 与所绑定的 P 并非同一个。

“绑定”的任务最终交给了 procPin：

```
// src/runtime/proc.go

func procPin() int {
	_g_ := getg()
	mp := _g_.m

	mp.locks++
	return int(mp.p.ptr().id)
}
```

实现的代码很简洁：将当前 goroutine 绑定的 m 上的一个锁字段 locks 值加 1，即完成了“绑定”。调度器在执行调度的时候，有时候会抢占当前正在执行的协程所绑定的 P，防止一个协程占用 CPU 过长时间。判断能否被抢占的一个条件就是看 m.locks 是否等于 0，若等于，则可以被抢占。而函数中，将 m.locks 值加 1，即表示不能被抢占。

再回到 p.pin()，原子操作取出 p.localSize 和 p.local 后，如果当前 pid 小于 p.localSize，则直接取 poolLocal 数组中的 pid 索引处的元素。否则，说明 Pool 还没有创建 poolLocal，调用 p.pinSlow() 完成创建工作。

```
// src/runtime/proc.go

func (p *Pool) pinSlow() (*poolLocal, int) {
	runtime_procUnpin()
	allPoolsMu.Lock()
	defer allPoolsMu.Unlock()
	pid := runtime_procPin()
	// 没有使用原子操作，因为已经加了全局锁了
	s := p.localSize
	l := p.local
	// 因为 pinSlow 中途可能已经被其他的线程调用，因此这时候需要再次对 pid 进行检查。如果 pid 在 p.local 大小范围内，则不用创建 poolLocal 切片，直接返回
	if uintptr(pid) < s {
		return indexLocal(l, pid), pid
	}
	if p.local == nil {
		allPools = append(allPools, p)
	}
	// 当前 P 的数量
	size := runtime.GOMAXPROCS(0)
	local := make([]poolLocal, size)
	// 旧的 local 会被回收
	atomic.StorePointer(&p.local, unsafe.Pointer(&local[0])) // store-release
	atomic.StoreUintptr(&p.localSize, uintptr(size))          // store-release
	return &local[pid], pid
}
```

因为要上一把大锁 allPoolsMu，所以函数名带有 slow。锁粒度越大，竞争越多，自然就越“slow”。不过要想上锁的话，得先解除“绑定”，锁上之后，再执行“绑定”。原因是锁越大，被阻塞的概率就越大，如果还占着 P，那就浪费资源了。

解除绑定后，pinSlow 可能被其他的线程调用过了，p.local 可能会发生变化。因此这时候需要再次对 pid 进行检查。如果 pid 在 p.localSize 大小范围内，则不用再创建 poolLocal 切片，直接返回。

之后，根据 P 的个数，使用 make 创建切片，包含 runtime.GOMAXPROCS(0)个 poolLocal，并且使用原子操作设置 p.local 和 p.localSize。

最后，返回 p.local 对应 pid 索引处的元素。

2．popHead

回到 Get 函数，再来看另一个关键的函数：poolChain.popHead()：

```
// src/sync/poolqueue.go
```

```
func (c *poolChain) popHead() (interface{}, bool) {
	d := c.head
	for d != nil {
		if val, ok := d.popHead(); ok {
			return val, ok
		}
		d = loadPoolChainElt(&d.prev)
	}
	return nil, false
}
```

函数 popHead 只会被 producer 调用。首先拿到头节点：c.head，如果头节点不为空的话，尝试调用头节点的 popHead 方法。注意这两个 popHead 方法实际上并不相同，一个是 poolChain 的，一个是 poolDequeue 的，有疑惑的，不妨回头再看一下 Pool 结构体的图。来看 poolDequeue.popHead()：

```
// src/sync/poolqueue.go

func (d *poolDequeue) popHead() (interface{}, bool) {
	var slot *eface
	for {
		ptrs := atomic.LoadUint64(&d.headTail)
		head, tail := d.unpack(ptrs)
		// 判断队列是否为空
		if tail == head {
			return nil, false
		}

		// head 位置是队头的前一个位置，所以此处要先退一位。
		// 在读出 slot 的 value 之前就把 head 值减 1，取消对这个 slot 的控制
		head--
		ptrs2 := d.pack(head, tail)
		if atomic.CompareAndSwapUint64(&d.headTail, ptrs, ptrs2) {
			// We successfully took back slot.
			slot = &d.vals[head&uint32(len(d.vals)-1)]
			break
		}
	}

	// 取出 val
	val := *(*interface{})(unsafe.Pointer(slot))
	if val == dequeueNil(nil) {
		val = nil
	}

	// 重置 slot、typ 和 val 均为 nil
	// 这里清空的方式与 popTail 不同，与 pushHead 没有竞争关系，所以不用太小心
	*slot = eface{}
	return val, true
}
```

此函数会删掉并且返回 queue 的头节点。但如果 queue 为空的话，返回 false。这里的 queue 存储的实际上就是 Pool 里缓存的对象。

整个函数的核心是一个无限循环，这是 Go 中常用的无锁化编程形式。

首先调用 unpack 函数分离出 head 和 tail 指针，如果 head 和 tail 相等，即首尾相等，那么这个队列就是空的，直接就返回 nil，false。

否则，将 head 指针后移一位，即 head 值减 1，然后调用 pack 打包 head 和 tail 指针。使用 atomic.CompareAndSwapUint64 比较 headTail 在这之间是否有变化，如果没变化，相当于获取到了这把锁，那就更新 headTail 的值。并且把 vals 相应索引处的元素赋值给 slot。

因为 vals 长度实际上只能是 2 的 n 次幂，因此 len(d.vals)-1 实际上得到的值的低 n 位是全 1，它再与 head 相与，实际就是取 head 低 n 位的值。

得到相应 slot 的元素后，经过类型转换并判断是否是 dequeueNil，如果是，说明没取到缓存的对象，返回 nil。

```
// src/sync/poolqueue.go

// 因为使用 nil 代表空的 slots，因此使用 dequeueNil 表示 interface{}(nil)
type dequeueNil *struct{}
```

最后，返回 val 之前，将 slot “归零”：*slot = eface{}。

回到 poolChain.popHead()，调用 poolDequeue.popHead() 拿到缓存的对象后，直接返回。否则，将 d 重新指向 d.prev，继续尝试获取缓存的对象。

3．getSlow

如果在 shared 里没有获取到缓存对象，则继续调用 Pool.getSlow()，尝试从其他 P 的 poolLocal 偷取：

```
// src/sync/pool.go

func (p *Pool) getSlow(pid int) interface{} {
	size := atomic.LoadUintptr(&p.localSize) // load-acquire
	locals := p.local                        // load-consume
	// 从其他 P 中偷取对象
	for i := 0; i < int(size); i++ {
		l := indexLocal(locals, (pid+i+1)%int(size))
		if x, _ := l.shared.popTail(); x != nil {
			return x
		}
	}

	// 尝试从 victim cache 中取对象。这发生在尝试从其他 P 的 poolLocal 偷取失败后，
	// 因为这样可以使 victim 中的对象更容易被回收。
	size = atomic.LoadUintptr(&p.victimSize)
	if uintptr(pid) >= size {
		return nil
	}
	locals = p.victim
	l := indexLocal(locals, pid)
	if x := l.private; x != nil {
		l.private = nil
		return x
	}
	for i := 0; i < int(size); i++ {
		l := indexLocal(locals, (pid+i)%int(size))
		if x, _ := l.shared.popTail(); x != nil {
			return x
		}
	}

	// 清空 victim cache。下次就不用再从这里找了
	atomic.StoreUintptr(&p.victimSize, 0)

	return nil
}
```

从索引为 pid+1 的 poolLocal 处开始，尝试调用 shared.popTail() 获取缓存对象。如果没有拿到，则从 victim 里找，和 poolLocal 的逻辑类似。

最后，如果实在没找到，就把 victimSize 置 0，防止后来的“人”再到 victim 里找。

在 Get 函数的最后，如果经过这一番操作还是没找到缓存的对象，就调用 New 函数创建一个新的对象。

4．popTail

最后，还剩一个 popTail 函数：

```go
// src/sync/poolqueue.go

func (c *poolChain) popTail() (interface{}, bool) {
	d := loadPoolChainElt(&c.tail)
	if d == nil {
		return nil, false
	}

	for {
		d2 := loadPoolChainElt(&d.next)

		if val, ok := d.popTail(); ok {
			return val, ok
		}

		if d2 == nil {
			// 双向链表只有一个尾节点，现在为空
			return nil, false
		}

		// 双向链表的尾节点里的双端队列被“掏空”，所以继续看下一个节点
		// 并且由于尾节点已经被“掏空”，所以要甩掉它。这样，下次 popHead 就不会再看它有没有缓存对象了
		if atomic.CompareAndSwapPointer((*unsafe.Pointer)(unsafe.Pointer(&c.tail)), unsafe.Pointer(d), unsafe.Pointer(d2)) {
			// 甩掉尾节点
			storePoolChainElt(&d2.prev, nil)
		}
		d = d2
	}
}
```

在 for 循环的一开始，就把 d.next 加载到了 d2。因为 d 可能会短暂为空，但如果 d2 在 pop 或者 pop fails 之前就不为空的话，说明 d 就会永久为空了。在这种情况下，可以安全地将 d 这个结点“甩掉”。

最后，将 c.tail 更新为 d2，可以防止下次 popTail 的时候查看一个空的 dequeue；而将 d2.prev 设置为 nil，可以防止下次 popHead 时查看一个空的 dequeue。

再看一下核心的 poolDequeue.popTail：

```go
// src/sync/poolqueue.go

func (d *poolDequeue) popTail() (interface{}, bool) {
	var slot *eface
	for {
		ptrs := atomic.LoadUint64(&d.headTail)
		head, tail := d.unpack(ptrs)
		// 判断队列是否空
		if tail == head {
			// Queue is empty.
			return nil, false
		}

		// 先搞定 head 和 tail 指针位置。如果搞定，那么相当这个 slot 就被锁定了
		ptrs2 := d.pack(head, tail+1)
		if atomic.CompareAndSwapUint64(&d.headTail, ptrs, ptrs2) {
			// Success.
			slot = &d.vals[tail&uint32(len(d.vals)-1)]
			break
		}
	}

	// We now own slot.
	val := *(*interface{})(unsafe.Pointer(slot))
	if val == dequeueNil(nil) {
		val = nil
	}

	slot.val = nil
```

```
        atomic.StorePointer(&slot.typ, nil)
        // At this point pushHead owns the slot.

        return val, true
    }
```

函数 popTail 从队列尾部移除一个元素，如果队列为空，返回 false。此函数可能同时被多个消费者调用。

函数的核心是一个无限循环，又是一个无锁编程。先解出 head 和 tail 指针值，如果两者相等，说明队列为空。

因为要从尾部移除一个元素，所以 tail 指针前进 1，然后使用原子操作设置 headTail。

最后，将要移除的 slot 的 val 和 typ“归零”：

```
slot.val = nil
atomic.StorePointer(&slot.typ, nil)
```

5. Put

```
// src/sync/pool.go

// Put 将对象添加到 Pool
func (p *Pool) Put(x interface{}) {
    if x == nil {
        return
    }
    // ……
    l, _ := p.pin()
    if l.private == nil {
        l.private = x
        x = nil
    }
    if x != nil {
        l.shared.pushHead(x)
    }
    runtime_procUnpin()
    //……
}
```

删掉了 race 相关的函数，整个 Put 的逻辑也很清晰：

1）先绑定 g 和 P，然后尝试将 x 赋值给 private 字段。

2）如果失败，就调用 pushHead 方法尝试将其放入 shared 字段所维护的双端队列中。

用流程图来展示整个过程，如图 11-4 所示。

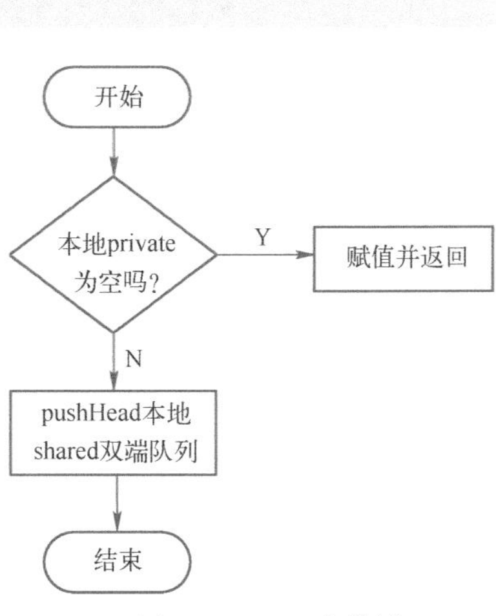

● 图 11-4 Put 流程图

6. pushHead

来看 pushHead 的源码，比较清晰：

```
// src/sync/poolqueue.go

func (c *poolChain) pushHead(val interface{}) {
    d := c.head
    if d == nil {
        // poolDequeue 初始长度为 8
        const initSize = 8 // Must be a power of 2
        d = new(poolChainElt)
        d.vals = make([]eface, initSize)
        c.head = d
        storePoolChainElt(&c.tail, d)
    }

    if d.pushHead(val) {
        return
    }
```

```
        // 前一个 poolDequeue 长度的 2 倍
        newSize := len(d.vals) * 2
        if newSize >= dequeueLimit {
            // Can't make it any bigger.
            newSize = dequeueLimit
        }

        // 首尾相连，构成链表
        d2 := &poolChainElt{prev: d}
        d2.vals = make([]eface, newSize)
        c.head = d2
        storePoolChainElt(&d.next, d2)
        d2.pushHead(val)
}
```

如果 c.head 为空，就要创建一个 poolChainElt，作为首结点，当然也是尾节点。它管理的双端队列的长度，初始为 8，放满之后，再创建一个 poolChainElt 节点时，双端队列的长度就要翻倍。当然，有一个最大长度限制（2^30）：

```
const dequeueBits = 32
const dequeueLimit = (1 << dequeueBits) / 4
```

调用 poolDequeue.pushHead 尝试将对象放到 poolDeque 里去：

```
// src/sync/poolqueue.go

// 将 val 添加到双端队列头部。如果队列已满，则返回 false。此函数只能被一个生产者调用
func (d *poolDequeue) pushHead(val interface{}) bool {
    ptrs := atomic.LoadUint64(&d.headTail)
    head, tail := d.unpack(ptrs)
    if (tail+uint32(len(d.vals)))&(1<<dequeueBits-1) == head {
        // 队列满了
        return false
    }
    slot := &d.vals[head&uint32(len(d.vals)-1)]

    // 检测这个 slot 是否被 popTail 释放
    typ := atomic.LoadPointer(&slot.typ)
    if typ != nil {
        // 另一个 goroutine 正在 popTail 这个 slot，说明队列仍然是满的
        return false
    }
    if val == nil {
        val = dequeueNil(nil)
    }

    // slot 占位，将 val 存入 vals 中
    *(*interface{})(unsafe.Pointer(slot)) = val

    // head 增加 1
    atomic.AddUint64(&d.headTail, 1<<dequeueBits)
    return true
}
```

首先判断队列是否已满：

```
if (tail+uint32(len(d.vals)))&(1<<dequeueBits-1) == head {
    return false
}
```

也就是将尾部指针加上 d.vals 的长度，再取低 31 位，看它是否和 head 相等。并且，d.vals 的长度实际上是固定的，因此如果队列已满，那么 if 语句的两边就是相等的。如果队列满了，直接返回 false。

否则，队列没满，通过 head 指针找到即将填充的 slot 位置：取 head 指针的低 31 位。

```
typ := atomic.LoadPointer(&slot.typ)
```

```
if typ != nil {
    // popTail 是先设置 val，再将 typ 设置为 nil。设置完 typ 之后，popHead 才可以操作这个 slot
    return false
}
```

上面的代码用来判断是否有另一个 goroutine 正在 popTail 这个 slot，如果有，则直接返回 false。最后，将 val 赋值到 slot，并将 head 指针值加 1。

```
// slot 占位，将 val 存入 vals 中
*(*interface{})(unsafe.Pointer(slot)) = val
```

这里的实现比较巧妙：slot 是 eface 类型，将 slot 转为 interface{} 类型，这样 val 能以 interface{} 赋值给 slot 让 slot.typ 和 slot.val 指向其内存块，于是 slot.typ 和 slot.val 均不为空。

7. pack/unpack

最后再来看一下 pack 和 unpack 函数，它们实际上是一组绑定、解绑 head 和 tail 指针的两个函数：

```
// src/sync/poolqueue.go

const dequeueBits = 32

func (d *poolDequeue) pack(head, tail uint32) uint64 {
    const mask = 1<<dequeueBits - 1
    return (uint64(head) << dequeueBits) |
        uint64(tail&mask)
}
```

常量 mask 的低 31 位为全 1，其他位为 0，它和 tail 相与，意味着只看 tail 的低 31 位。而 head 向左移 32 位之后，低 32 位为全 0。最后把两部分“或”起来，head 和 tail 就“绑定”在一起了。

相应的解绑函数：

```
// src/sync/poolqueue.go

func (d *poolDequeue) unpack(ptrs uint64) (head, tail uint32) {
    const mask = 1<<dequeueBits - 1
    head = uint32((ptrs >> dequeueBits) & mask)
    tail = uint32(ptrs & mask)
    return
}
```

取出 head 指针的方法就是将 ptrs 右移 32 位，再与 mask 相与，同样只看 head 的低 31 位。而 tail 实际上更简单，直接将 ptrs 与 mask 相与就可以了。

8. GC

对于 Pool 而言，并不能无限扩展，否则对象占用内存太多会引起内存溢出。

几乎所有的池技术中，都会在某个时刻清空或清除部分缓存对象，那么在 Go 中何时清理未使用的对象呢？答案是在 GC 发生时。

在 pool.go 文件的 init 函数里，注册了 GC 发生时，如何清理 Pool 的函数：

```
// src/sync/pool.go

func init() {
    runtime_registerPoolCleanup(poolCleanup)
}
```

编译器在背后做了一些动作：

```
// src/runtime/mgc.go

var poolcleanup func()
```

```
// 利用编译器标志将 sync 包中的清理注册到运行时
//go:linkname sync_runtime_registerPoolCleanup sync.runtime_registerPoolCleanup
func sync_runtime_registerPoolCleanup(f func()) {
	poolcleanup = f
}
```

具体来看下：

```
// src/sync/pool.go

func poolCleanup() {
	for _, p := range oldPools {
		p.victim = nil
		p.victimSize = 0
	}

	// Move primary cache to victim cache.
	for _, p := range allPools {
		p.victim = p.local
		p.victimSize = p.localSize
		p.local = nil
		p.localSize = 0
	}

	oldPools, allPools = allPools, nil
}
```

函数 poolCleanup 会在 STW 阶段被调用。整体看起来，比较简洁。主要是将 local 和 victim 作交换，这样也就不至于让 GC 把所有的 Pool 都清空了，有 victim 在“兜底”。

如果 sync.Pool 的获取、释放速度稳定，那么就不会有新的池对象进行分配。如果获取的速度下降了，那么对象可能会在两个 GC 周期内被释放，而不是以前的一个 GC 周期。

手动模拟一下调用 poolCleanup 函数前后 oldPools，allPools，p.vitcim 的变化过程：

1）初始状态下，oldPools 和 allPools 均为 nil。

2）第 1 次调用 Get，由于 p.local 为 nil，将会在 pinSlow 中创建 p.local，然后将 p 放入 allPools，此时 allPools 长度为 1，oldPools 为 nil。

3）对象使用完毕，第 1 次调用 Put 放回对象。

4）第 1 次 GC STW 阶段，allPools 中所有 p.local 将值赋值给 victim 并置为 nil。allPools 赋值给 oldPools，最后 allPools 为 nil，oldPools 长度为 1。

5）第 2 次调用 Get，由于 p.local 为 nil，此时会从 p.victim 里面尝试取对象。

6）对象使用完毕，第 2 次调用 Put 放回对象，但由于 p.local 为 nil，重新创建 p.local，并将对象放回，此时 allPools 长度为 1，oldPools 长度为 1。

7）第 2 次 GC STW 阶段，oldPools 中所有 p.victim 置 nil，前一次的 cache 在本次 GC 时被回收，allPools 中所有 p.local 将值赋值给 victim 并置为 nil，最后 allPools 为 nil，oldPools 长度为 1。

结合图 11-5，可以理解更清晰一些：

需要指出的是，allPools 和 oldPools 都是切片，切片的元素是指向 Pool 的指针，Get/Put 操作不需要通过它们。在第 6 步，如果还有其他 Pool 执行了 Put 操作，allPools 这时就会有多个元素。

在 Go 1.13 之前，poolCleanup 的实现比较“简单粗暴”：

```
// src/sync/pool.go

func poolCleanup() {
	for i, p := range allPools {
		allPools[i] = nil
		for i := 0; i < int(p.localSize); i++ {
			l := indexLocal(p.local, i)
```

```
                l.private = nil
                for j := range l.shared {
                    l.shared[j] = nil
                }
                l.shared = nil
            }
            p.local = nil
            p.localSize = 0
        }
        allPools = []*Pool{}
}
```

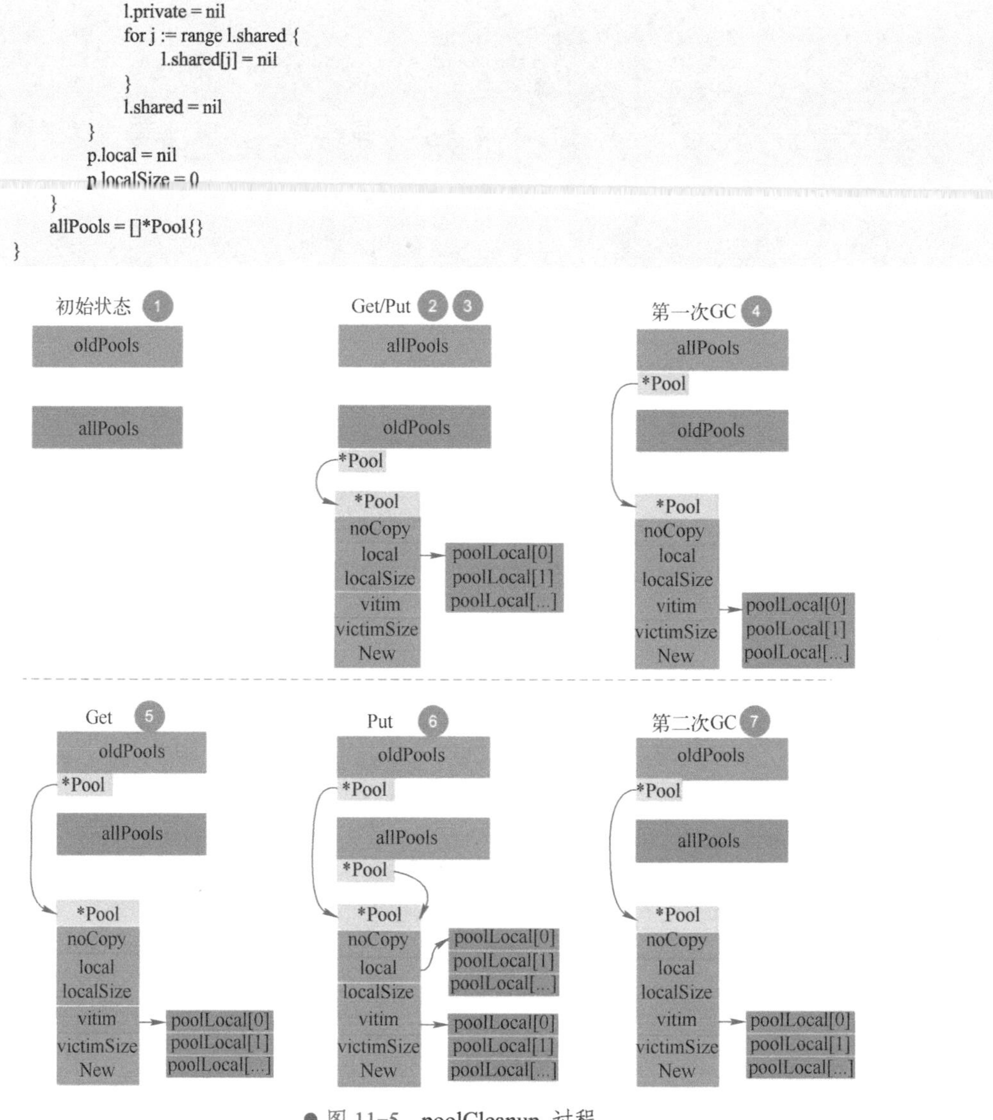

● 图 11-5 poolCleanup 过程

直接清空了所有 Pool 的 p.local 和 poolLocal.shared。

读者可以对比前后新旧两个版本的实现，新版的实现中，GC 的粒度被放大了，实际回收的时间线拉长，单位时间内 GC 的开销减小。

由此基本理解了 p.victim 的作用。它的定位是次级缓存，GC 时将对象放入其中，下一次 GC 来临之前如果有 Get 调用则会从 p.victim 中取，直到再一次 GC 来临时回收。

同时由于从 p.victim 中取出对象使用完毕之后并未放回 p.victim 中，在一定程度也减小了下一次 GC 的开销。原来 1 次 GC 的开销被拉长到 2 次且会有一定程度的开销减小，这就是引入 p.victim 的意图。

11.3 并发安全散列表 sync.Map

工作中，经常会碰到并发读写 map 而造成服务 panic 的情况，为什么在并发读写 map 的时候，会

panic 呢？因为在并发读写的情况下，map 里的数据会被写乱，之后就是 Garbage in 和 garbage out，还不如直接 panic 了。

Go 语言原生 map 并不是线程安全的，对它进行并发读写操作的时候，需要加锁。而 sync.Map 则是一种并发安全的 map，在 Go 1.9 引入。Sync.Map 是线程安全的，读取、插入、删除也都保持着常数级的时间复杂度。此外，sync.Map 的零值是有效的，并且零值是一个空的 map。它在第一次使用之后，不允许被复制。

一般情况下解决并发读写 map 的思路是加一把大锁，读写的时候都要先进行加锁；或者把一个 map 分成若干个小 map，对 key 进行哈希操作，只操作相应的小 map。前者锁的粒度比较大，影响效率；后者实现起来比较复杂，容易出错。

而使用 sync.Map 之后，对 map 的读写，不需要加锁。并且它通过空间换时间的方式，使用 read 和 dirty 两个 map 来进行读写分离，降低锁冲突来提高效率。

11.3.1 如何使用 sync.Map

使用非常简单，和普通 map 相比，仅遍历的方式略有区别：

```
package main

import (
	"fmt"
	"sync"
)

func main()	{
	var m sync.Map

	// 1. 写入
	m.Store("qcrao", 18)
	m.Store("stefno", 20)

	// 2. 读取
	age, _ := m.Load("qcrao")
	fmt.Println(age.(int))

	// 3. 遍历
	m.Range(func(key, value interface{}) bool {
		name := key.(string)
		age := value.(int)
		fmt.Println(name, age)
		return true
	})

	// 4. 删除
	m.Delete("qcrao")
	age, ok := m.Load("qcrao")
	fmt.Println(age, ok)

	// 5. 读取或写入
	m.LoadOrStore("stefno", 100)
	age, _ = m.Load("stefno")
	fmt.Println(age)
}
```

第 1 步，写入两个 k-v 对；

第 2 步，使用 Load 方法读取其中的一个 key；

第 3 步，遍历所有的 k-v 对，并打印出来；

第 4 步，删除其中的一个 key，再读这个 key，得到的就是 nil；

第 5 步，使用 LoadOrStore，尝试读取或写入 “Stefno”，因为这个 key 已经存在，因此写入不成功，并且读出原值。

程序输出：

```
18
stefno 20
qcrao 18
<nil> false
20
```

Sync.Map 适用于读多写少的场景。对于写多的场景，会导致 read map 缓存失效，需要加锁，进而导致冲突变多；而且由于未命中 read map 次数过多，导致 dirty map 提升为 read map，这是一个 O(N) 的操作，会进一步降低性能。

11.3.2 sync.Map 底层如何实现

1. 数据结构

先来看下 map 的数据结构：

```
// src/sync/map.go

type Map struct {
	mu Mutex
	read atomic.Value // readOnly
	dirty map[interface{}]*entry
	misses int
}
```

互斥量 mu 保护 read 和 dirty 字段。

字段 read 是 atomic.Value 类型，可以并发地读。但如果需要更新 read，则需要加锁保护。对于 read 中存储的 entry 字段，可能会被并发地 CAS 更新。但是如果要更新一个之前已被删除的 entry，则需要先将其状态从 expunged 改为 nil，再复制到 dirty 中，然后再更新。

字段 dirty 是一个非线程安全的原始 map。包含新写入的 key，并且包含 read 中的所有未被删除的 key。这样，可以快速地将 dirty 提升为 read 对外提供服务。如果 dirty 为 nil，那么下一次写入时，会新建一个新的 dirty，新的 dirty 是 read 的一个复制，但除掉了其中已被删除的 key。

每当从 read 中读取失败，都会将 misses 的计数值加 1，当加到一定阈值以后，需要将 dirty 提升为 read，以期减少 miss 的情形。

真正存储 key/value 的是 read 和 dirty 字段。可以看到，read map 和 dirty map 的存储方式是不一致的，前者使用 atomic.Value，后者只是单纯地使用 map。原因是 read map 使用 lock free 操作，必须保证 load/store 的原子性；而 dirty map 的 load+store 操作是由 lock（就是 mu）来保护的。

字段 read 里实际上是存储的是：

```
// src/sync/map.go

// readOnly is an immutable struct stored atomically in the Map.read field.
type readOnly struct {
	m        map[interface{}]*entry
	amended bool // true if the dirty map contains some key not in m.
}
```

注意到 read 和 dirty 里存储的东西都包含 entry，来看一下：

```
// src/sync/map.go

type entry struct {
	p unsafe.Pointer // *interface{}
}
```

很简单，它是一个指针，指向 value。由此看来，read 和 dirty 各自维护一套 key，key 指向的都是同一个 value。也就是说，只要修改了这个 entry，对 read 和 dirty 都是可见的。指针 p 的状态有三种，如图 11-6 所示。

当 p == nil 时，说明这个键值对已被删除，并且 m.dirty == nil 或 m.dirty[k] 指向该 entry。

当 p == expunged 时，说明这个键值对已被删除，并且 m.dirty != nil，且 m.dirty 中没有这个 key。

其他情况，p 指向一个正常的值，表示实际 interface{} 的地址，并且被记录在 m.read.m[key] 中。如果这时 m.dirty 不为 nil，那么它也被记录在 m.dirty[key] 中。两者实际上指向的是同一个值。

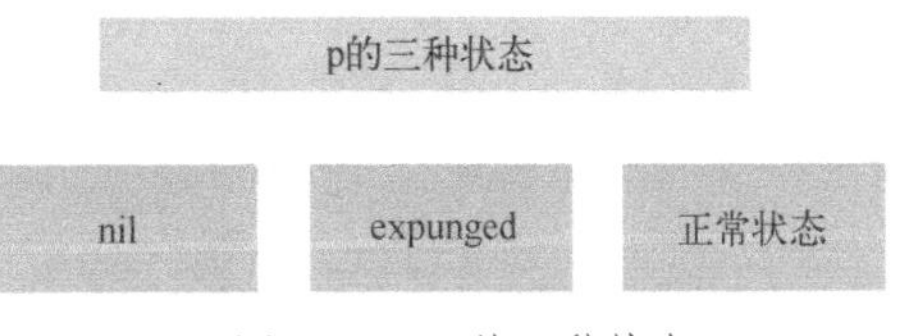

● 图 11-6　p 的三种状态

当删除 key 时，并不实际删除。一个 entry 可以通过原子地（CAS 操作）设置 p 为 nil 被删除。如果之后创建 m.dirty，p 又会被原子地设置为 expunged，且不会复制到 dirty 中。

如果 p 不为 expunged，和 entry 相关联的这个 value 可以被原子地更新；如果 p == expunged，那么仅当它初次被设置到 m.dirty 之后，才可以被更新。

以上对于各字段的解释可能不太容易理解，没关系，可以先接着往后看，回过头再来仔细阅读。

整体用一张图来表示，如图 11-7 所示。

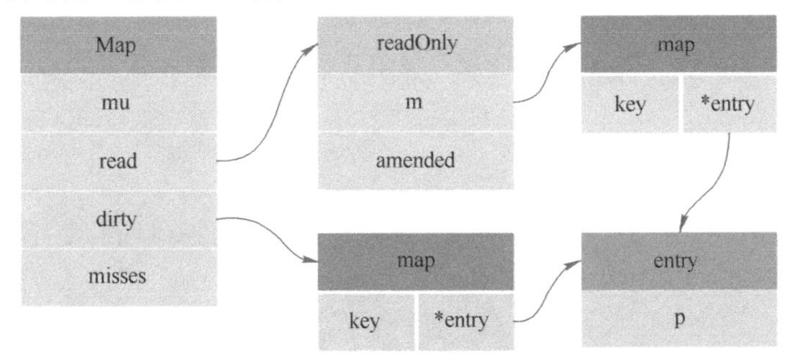

● 图 11-7　sync.Map 整体结构

2. Store

前面提到了 expunged：

```
// src/sync/map.go

var expunged = unsafe.Pointer(new(interface{}))
```

它是一个指向任意类型的指针，用来标记从 dirty map 中删除的 entry。

```
// src/sync/map.go

func (m *Map) Store(key, value interface{}) {
    // 如果 read map 中存在该 key 则尝试直接更改
    // 由于修改的是 entry 内部的 pointer，因此对 dirty map 也可见
    read, _ := m.read.Load().(readOnly)
    if e, ok := read.m[key]; ok && e.tryStore(&value) {
        return
    }

    m.mu.Lock()
    read, _ = m.read.Load().(readOnly)
    if e, ok := read.m[key]; ok {
        if e.unexpungeLocked() {
            // 如果 read map 中存在该 key，但 p == expunged，则说明 m.dirty != nil 并且 m.dirty 中不存在该 key 值 此时:
            //    a. 将 p 的状态由 expunged  更改为 nil
            //    b. dirty map 插入 key
            m.dirty[key] = e
        }
```

```
            // 更新 entry.p = value (read map 和 dirty map 里的 key 指向同一个 entry)
            e.storeLocked(&value)
        } else if e, ok := m.dirty[key]; ok {
            // 如果 read map 中不存在该 key，但 dirty map 中存在该 key，直接写入更新 entry(read map 中仍然没有这个 key)
            e.storeLocked(&value)
        } else {
            // 如果 read map 和 dirty map 中都不存在该 key，则：
            //    a. 如果 dirty map 为空，则需要创建 dirty map，并从 read map 中复制未删除的元素到新创建的 dirty map
            //    b. 更新 amended 字段，标识 dirty map 中存在 read map 中没有的 key
            //    c. 将 kv 写入 dirty map 中，read 不变
            if !read.amended {
                // 到这里就意味着，当前的 key 是第一次被加到 dirty map 中
                // store 之前先判断一下 dirty map 是否为空，如果为空，就把 read map 浅拷贝一次
                m.dirtyLocked()
                m.read.Store(readOnly{m: read.m, amended: true})
            }
            m.dirty[key] = newEntry(value) // 写入新 key，在 dirty 中存储 value
        }
        m.mu.Unlock()
    }
```

整体流程如下：

1）如果在 read 里能够找到待存储的 key，并且对应的 entry 的 p 值不为 expunged，也就是没被删除时，直接更新对应的 entry 即可。

2）若第一步没有成功：要么 read 中没有这个 key，要么 key 被标记为删除。则先加锁，再进行后续的操作。

3）再次在 read 中查找是否存在这个 key，也就是 double check 一下，这也是 lock-free 编程里的常见套路。

4）如果 read 中存在该 key，但 p == expunged，说明 m.dirty != nil 并且 m.dirty 中不存在该 key 值。此时：a. 将 p 的状态由 expunged 更改为 nil；b. dirty map 插入 key，然后直接更新对应的 value。

5）如果 read 中没有此 key，那就查看 dirty 中是否有此 key。如果有，则直接更新对应的 value，这时 read 中还是没有此 key。

6）最后一步，如果 read 和 dirty 中都不存在该 key，则：a. 如果 dirty 为空，则需要创建 dirty，并从 read 中复制未被删除的元素；b. 更新 amended 字段，标识 dirty map 中存在 read map 中没有的 key；c. 将 k-v 写入 dirty map 中，read.m 不变。最后，更新此 key 对应的 value。

再来看一些子函数：

```
// src/sync/map.go

// 如果 entry 没被删，tryStore 存储值到 entry 中。
// 如果 p == expunged，即 entry 被删，那么返回 false。
func (e *entry) tryStore(i *interface{}) bool {
    for {
        p := atomic.LoadPointer(&e.p)
        if p == expunged {
            return false
        }
        if atomic.CompareAndSwapPointer(&e.p, p, unsafe.Pointer(i)) {
            return true
        }
    }
}
```

在 Store 函数最开始的时候就会调用 tryStore，是比较常见的 for 循环加 CAS 操作，尝试更新 entry，让 p 指向新的值。

函数 unexpungeLocked 确保了 entry 没有被标记成已被清除：

```
// src/sync/map.go
```

```
// unexpungeLocked 函数确保了 entry 没有被标记成已被清除
// 如果 entry 先前被清除过了，那么在 mutex 解锁之前，它一定要被加入到 dirty map 中
func (e *entry) unexpungeLocked() (wasExpunged bool) {
    return atomic.CompareAndSwapPointer(&e.p, expunged, nil)
}
```

3. Load

Load 的流程与 Store 相比更为简单：

```
// src/sync/map.go

func (m *Map) Load(key interface{}) (value interface{}, ok bool) {
    read, _ := m.read.Load().(readOnly)
    e, ok := read.m[key]
    // 如果没在 read 中找到，并且 amended 为 true，即 dirty 中存在 read 中没有的 key
    if !ok && read.amended {
        m.mu.Lock() // dirty map 不是线程安全的，所以需要加上互斥锁
        // double check。避免在上锁的过程中 dirty map 提升为 read map
        read, _ = m.read.Load().(readOnly)
        e, ok = read.m[key]
        // 仍然没有在 read 中找到这个 key，并且 amended 为 true
        if !ok && read.amended {
            e, ok = m.dirty[key] // 从 dirty 中找
            // 不管 dirty 中有没有找到，都要"记一笔"，因为在 dirty 提升为 read 之前，都会进入这条路径
            m.missLocked()
        }
        m.mu.Unlock()
    }
    if !ok { // 如果没找到，返回空，false
        return nil, false
    }
    return e.load()
}
```

处理路径分为 fast path 和 slow path，整体流程如下：

1）首先是 fast path，直接在 read 中找，如果找到了直接调用 entry 的 load 方法，取出其中的值。

2）如果 read 中没有这个 key，且 amended 为 false，说明 dirty 为空，那直接返回空和 false。

3）如果 read 中没有这个 key，且 amended 为 true，说明 dirty 中可能存在要找的 key。当然要先上锁，再尝试去 dirty 中查找。在这之前，仍然有一个 double check 的操作。若还是没有在 read 中找到，那么就从 dirty 中找。不管 dirty 中有没有找到，都要“记一笔”，因为在 dirty 被提升为 read 之前，都会进入这条路径。

这里主要看下 missLocked 的函数的实现：

```
// src/sync/map.go

func (m *Map) missLocked() {
    m.misses++
    if m.misses < len(m.dirty) {
        return
    }
    // dirty map 晋升
    m.read.Store(readOnly{m: m.dirty})
    m.dirty = nil
    m.misses = 0
}
```

直接将 misses 的值加 1，表示一次未命中，如果 misses 值小于 m.dirty 的长度，就直接返回。否则，将 m.dirty 晋升为 read，并清空 dirty，清空 misses 计数值。这样，之前一段时间新加

入的 key 都会进入到 read 中，从而能够提升 read 的命中率。

再来看下 entry 的 load 方法：

```
// src/sync/map.go

func (e *entry) load() (value interface{}, ok bool) {
    p := atomic.LoadPointer(&e.p)
    if p == nil || p == expunged {
        return nil, false
    }
    return *(*interface{})(p), true
}
```

对于 nil 和 expunged 状态的 entry，直接返回 nil 和 false；否则，将 p 转成 interface{} 返回。

4. Delete

```
// src/sync/map.go

func (m *Map) Delete(key interface{}) {
    m.LoadAndDelete(key)
}

func (m *Map) LoadAndDelete (key interface{}) (value interface{}, loaded bool) {
    read, _ := m.read.Load().(readOnly)
    e, ok := read.m[key]
    // 如果 read 中没有这个 key，且 dirty map 不为空
    if !ok && read.amended {
        m.mu.Lock()
        read, _ = m.read.Load().(readOnly)
        e, ok = read.m[key]
        if !ok && read.amended {
        e, ok = m.dirty[key]
        delete(m.dirty, key)
        m.missLocked()
        }
        m.mu.Unlock()
    }
    if ok {
        return e.delete() // 如果在 read 中找到了这个 key 或者在 dirty 中找到了这个 key，将 p 置为 nil
    }
  Return nil, false
}
```

可以看到，基本套路还是和 Load，Store 类似，都是先从 read 里查是否有这个 key，如果有则执行 entry.delete 方法，将 p 置为 nil，这样 read 和 dirty 都能看到这个变化。

如果没在 read 中找到这个 key，并且 dirty 不为空，那么就要操作 dirty 了，操作之前，还是要先上锁。然后进行 double check，如果仍然没有在 read 里找到此 key，则先调 missLocked 函数决定是否要提升 dirty 到 read。如果最终发现 dirty 有这个 key，那就从 dirty 中删掉这个 key 对应的 value。但不是真正地从 dirty 中删除，而是更新 entry 的状态。

来看下 entry.delete 方法：

```
// src/sync/map.go
func (e *entry) delete() (hadValue bool) {
    for {
        p := atomic.LoadPointer(&e.p)
        if p == nil || p == expunged {
            return nil, false
        }
        if atomic.CompareAndSwapPointer(&e.p, p, nil) {
            return *(*interface{})(p), true
        }
    }
}
```

它真正做的事情是将正常状态（指向一个 interface{}）的 p 设置成 nil。没有设置成 expunged 的原因是，当 p 为 expunged 时，表示它已经不在 dirty 中了，这是 p 的状态机决定的。在 tryExpungeLocked 函数中，会将 nil 原子地设置成 expunged。

函数 tryExpungeLocked 是在新创建 dirty 时调用的，会将已被删除的 entry.p 从 nil 改成 expunged，这个 entry 就不会写入 dirty 了。

```
// src/sync/map.go
func (e *entry) tryExpungeLocked() (isExpunged bool) {
	p := atomic.LoadPointer(&e.p)
	for p == nil {
		// 如果原来是 nil，说明原 key 已被删除，则将其转为 expunged
		if atomic.CompareAndSwapPointer(&e.p, nil, expunged) {
			return true
		}
		p = atomic.LoadPointer(&e.p)
	}
	return p == expunged
}
```

注意到如果 key 同时存在于 read 和 dirty 中时，删除只是做了一个标记，将 p 置为 nil；而如果仅在 dirty 中含有这个 key 时，会直接删除这个 key。原因在于，若两者都存在这个 key，仅做标记删除，可以在下次查找这个 key 时，命中 read，提升效率。若只有在 dirty 中存在时，read 起不到"缓存"的作用，直接删除。

值得一提的是，Delete 和 LoadAndDelete 中调用的 delete 方法通过将值置为 nil 只能保证 key 所对应的 value 最终能够被回收，而 key 本身需要在 missLocked 前将 key 从 dirty 中进行删除，否则将导致 sync.Map 中存储的 key 都将无法被垃圾回收。

5. LoadOrStore

这个函数结合了 Load 和 Store 的功能，如果 map 中存在这个 key，那么返回这个 key 对应的 value；否则，将 key-value 存入 map。这在需要先执行 Store 查看某个 key 是否存在，之后再更新此 key 对应的 value 时很有效，因为 LoadOrStore 可以并发执行。

具体的过程不再一一分析了，可参考 Load 和 Store 的源码分析。

6. Range

Range 的参数是一个函数：

f func(key, value interface{}) bool

由使用者提供实现，Range 将遍历调用时刻的 map 中的所有 k-v 对，将它们传给 f 函数，如果 f 返回 false，将停止遍历。

```
// src/sync/map.go
func (m *Map) Range(f func(key, value interface{}) bool) {
	read, _ := m.read.Load().(readOnly)
	if read.amended {
		m.mu.Lock()
		read, _ = m.read.Load().(readOnly)
		if read.amended {
			read = readOnly{m: m.dirty}
			m.read.Store(read)
			m.dirty = nil
			m.misses = 0
		}
		m.mu.Unlock()
	}

	for k, e := range read.m {
		v, ok := e.load()
		if !ok {
```

```
                continue
            }
            if !f(k, v) {
                break
            }
        }
    }
```

当 amended 为 true 时，说明 dirty 中含有 read 中没有的 key，因为 Range 会遍历所有的 key，是一个复杂度为 O(n)的操作。将 dirty 提升为 read，会将开销分摊开来，所以这里直接就提升了效率。

之后，遍历 read，取出 entry 中的值，调用 f(k, v)。

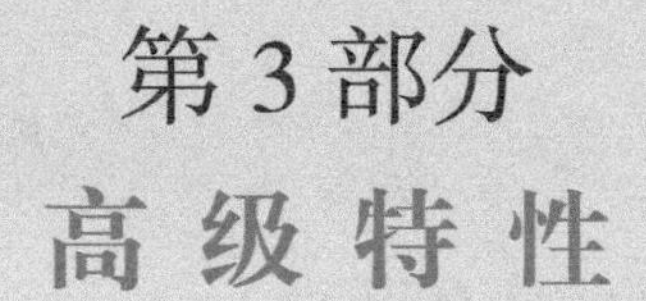

第3部分 高级特性

很多时候，仅仅掌握了一些 Go 语言的基础知识，了解了几个内置库的用法，就能写出执行效率非常高的程序了，这是 Go 语言的优势所在。然而，在一些情况下，还需要掌握 Go 语言的一些高级特性，例如调度的原理、内存分配的原理、GC 的原理等，才能迅速分析出程序的 Bug，发现瓶颈所在。此外，是否熟悉并熟练运用 Go 语言的高级特性也是企业划分工程师层次的一个重要标准。

第12章 调度机制

goroutine 是 Go 语言程序员永远都无法绕开的一个话题，因为人们写的代码都是以 goroutine 的形式在运行。而 Go 之所以如此高效和它的调度器是密不可分的。可以说，Go 调度器是企业面试中的必考点。

12.1 goroutine 和线程有什么区别

谈到 goroutine，绕不开的一个话题是：它和线程有什么区别？

可以从三个角度区别：内存消耗、创建与销毁和切换。

1. 内存消耗

创建一个 goroutine 的栈内存消耗为 2 KB，实际运行过程中，如果栈空间不够用，会自动进行扩容。创建一个线程则需要消耗 1 MB 栈内存，而且还需要一个被称为 “a guard page” 的区域用于和其他 thread 的栈空间进行隔离。

对于一个用 Go 构建的 HTTP Server 而言，对到来的每个请求，分别创建一个 goroutine 用来处理是非常轻松的一件事。而对于一个使用线程作为并发原语的语言（例如 Java）构建的服务来说，每个请求对应一个线程则太浪费资源了，如果不加限制，可能会出 OOM 错误（Out Of Mermory Error）。

2. 创建和销毁

线程创建和销毁都会产生巨大的消耗，因为要和操作系统打交道，是内核级的。通常解决的办法就是使用线程池，尽量复用，减小重复创建和销毁的开销。而 goroutine 由 Go runtime 负责管理，创建和销毁的消耗非常小，是用户级的。

3. 切换

当线程切换时，需要保存各种寄存器，以便将来恢复。包括：16 general purpose registers, PC (Program Counter)、SP (Stack Pointer)、segment registers、16 XMM registers、FP coprocessor state、16 AVX registers、all MSRs etc。

而 goroutine 切换只需保存三个寄存器：Program Counter、Stack Pointer 和 BP。

一般而言，线程切换会消耗 1000～1500ns，而 1ns 平均可以执行 12～18 条指令，所以由于线程切换，执行指令的条数会减少 12000～18000。

goroutine 的切换约为 200ns，相当于 2400～3600 条指令。

因此，goroutine 切换成本比 threads 要小得多。

12.2 Go sheduler 是什么

Go 程序的执行有两个层面：Go Program 和 Runtime，即用户程序和运行时。它们之间通过函数调用来实现内存管理、channel 通信、goroutine 创建等功能。用户程序进行的系统调用都会被

Runtime 拦截，以此来帮助它进行调度以及垃圾回收相关的工作。

一个展现了全景式的关系如图 12-1 所示。

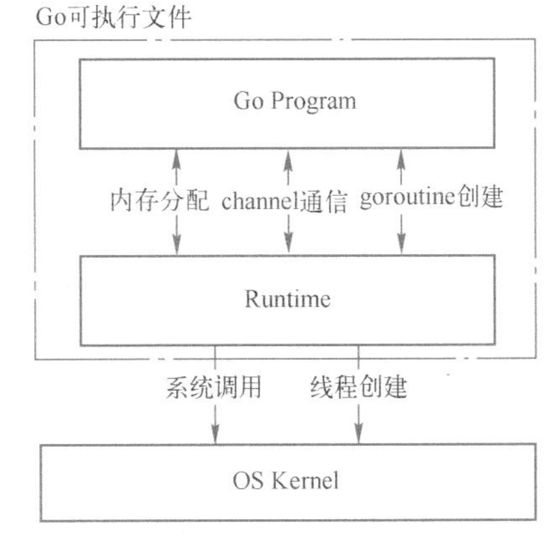

● 图 12-1　Runtime/OS/Go 程序之间的关系

Go scheduler 可以说是 Go 运行时的一个最重要的部分了。Runtime 维护所有的 goroutine，并通过 scheduler 来进行调度。goroutine 和 threads 是独立的，但是 goroutine 要依赖 threads 才能执行。

Go 程序执行的高效和 scheduler 的调度是分不开的。

实际上在操作系统看来，所有的程序都是在执行多线程。将 goroutine 调度到线程上执行，仅仅是 runtime 层面的一个概念，在操作系统之上的层面，操作系统并不能感知到 goroutine 的存在。

有三个基础的结构体来实现 goroutine 的调度：G、M、P。

G 代表一个 goroutine，它包含：表示 goroutine 栈的一些字段，指示当前 goroutine 的状态，指示当前运行到的指令地址，也就是 PC 值。

M 表示内核线程，包含正在运行的 goroutine 等字段。

P 代表一个虚拟的 Processor，它维护一个处于 Runnable 状态的 goroutine 队列，M 需要获得 P 才能运行 G。

当然还有一个核心的结构体：sched，它总揽全局，维持整个调度器的运行。

Runtime 起始时会启动一些 G：垃圾回收的 G，执行调度的 G，运行用户代码的 G；并且会创建一个 M 用来开始 G 的运行。随着时间的推移，更多的 G 会被创建出来，更多的 M 也会被创建出来。

在 Go 的早期版本，并没有 P 这个结构体，M 必须从一个全局的队列里获取要运行的 G，因此需要获取一个全局的锁，当并发量大的时候，锁就成了瓶颈。后来调度器在 Dmitry Vyokov 里，加上了 P 结构体。每个 P 维护一个处于 Runnable 状态的 G 的队列，解决了原来的全局锁问题。

Go scheduler 的目标：将 goroutine 调度到内核线程上。

Go scheduler 的核心思想是：

1）重用线程。

2）限制同时运行（不包含阻塞）的线程数为 N，N 等于 CPU 的核心数目。

3）线程私有 runqueues，并且可以从其他线程偷取 goroutine 来运行，线程阻塞后，可以将 runqueues 传递给其他线程。

为什么需要 P 这个组件，直接把 runqueues 放到 M 不行吗？

需要 P 组件的原因是当一个线程阻塞的时候，将和它绑定的 P 上的 goroutine 转移到其他线程。例如当线程进行阻塞系统调用的时候，这时它无法再执行其他代码，因此可以将与其相关联的 P 上的 goroutine 分配给其他线程运行。

另外，Go scheduler 会启动一个后台线程 sysmon，用来检测长时间（超过 10 ms）运行的 goroutine，将其“停靠”到 global runqueues。这是一个全局的 runqueue，优先级比较低，以示惩罚。

通常讲到 Go scheduler 都会提到 GPM 模型，来一个个地看。

图 12-2 是笔者所使用的 MacBook Pro 的硬件信息，只有 2 个核：

硬件概览：

型号名称：	MacBook Pro
型号标识符：	MacBookPro12,1
处理器名称：	Dual-Core Intel Core i5
处理器速度：	2.7 GHz
处理器数目：	1
核总数：	2
L2缓存（每个核）：	256 KB
L3缓存：	3 MB
超线程技术：	已启用
内存：	8 GB

● 图 12-2　MacBook Pro 硬件信息

如果加上 CPU 的超线程，1 个核可以“变成”2 个，所以当笔者在 MacBook Pro 上运行下面的程序时，会打印出 4。

```
func main() {
// NumCPU 返回当前进程可以用到的逻辑核心数
fmt.Println(runtime.NumCPU())
}
```

因为 NumCPU 返回的是逻辑核心数，而非物理核心数，所以最终结果是 4。

Go 调度循环可以看成是一个“生产-消费”的流程。

生产端就是我们写的 go func()...语句，它会产生一个 goroutine。消费者是 M，所有的 M 都是在不断地执行调度循环：找到 runnable 的 goroutine 来运行，运行完了就去找下一个 goroutine……

P 的个数是固定的，它等于 GOMAXPROCS 个，进程启动的时候就会被全部创建出来。随着程序的运行，越来越多的 goroutine 会被创建出来。这时，M 也会随之被创建，用于执行 goroutine，M 的个数没有一定的规律，视 goroutine 情况而定。

在初始化时，Go 程序会有一个 G（initial goroutine），G 会在 M 上得到执行，内核线程是在 CPU 核心上调度，而 G 则是在 M 上进行调度。

G、P、M 都说完了，还有两个比较重要的组件没有提到：全局可运行队列（GRQ）和本地可运行队列（LRQ）。LRQ 存储本地（也就是具体的 P）的可运行 goroutine，GRQ 存储全局的可运行 goroutine，这些 goroutine 不对应具体的 P，如图 12-3 所示。

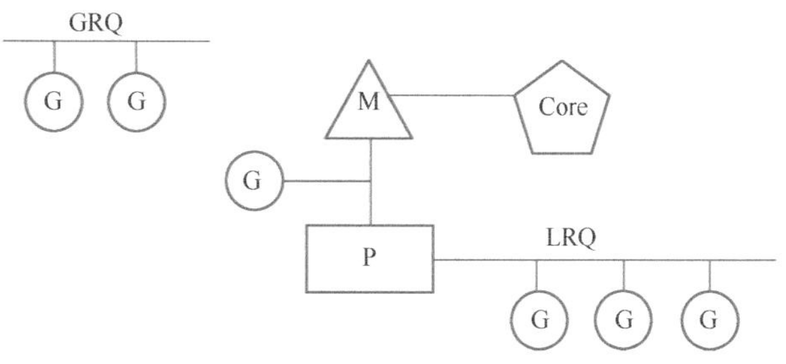

● 图 12-3　GPM global review

和线程类似，goroutine 的状态也是三种（简化版的），见表 12-1。

表 12-1　goroutine 状态简化版

状态	解释
Waiting	等待状态，goroutine 在等待某件事的发生。例如等待网络数据、硬盘 IO；调用操作系统 API；等待内存同步访问条件 ready，如 atomic、mutexes
Runnable	就绪状态，只要分配给 M 就可以运行
Executing	运行状态。goroutine 在 M 上执行指令

Go scheduler 是 Go runtime 的一部分，它内嵌在 Go 程序里，和 Go 程序一起运行。因此它运行在用户空间，在 kernel 的上一层。和操作系统 scheduler 对多任务执行有严格要求的抢占式调度（preemptive）不一样，Go scheduler 在支持抢占式调度的同时还支持协作式调度（cooperating）。所谓协作式调度，意味着抢占这一过程通常会被动地进行，在 Go 中表现为：编译器会在每个函数的执行代码前插入一小段检测代码，对是否需要协作调度的状态进行判断，一旦判断成立，则调度器会转去执行其他的 goroutine，而原 goroutine 将被放回调度队列，等待后续的调度。

这种协作式的模式，可想而知对于所有正在执行的且不会产生其他函数调用的 goroutine（例如死循环）都不会不给其他 goroutine 执行的机会，进而整个系统很可能面临假死状态。为此，Go scheduler 默认状态下启用了抢占式调度，同时给予了用户禁用抢占式调度的权利。显然，抢占式调度的支持需要确保代码执行到了可被安全抢占的位置，因此抢占式调度比协作式调度实现上更加复杂。

12.3 goroutine 的调度时机有哪些

在四种情形下，goroutine 可能会发生调度，但也并不一定会发生，只是说 Go scheduler 有机会进行调度，见表 12-2。

表 12-2 调度时机

情形	说明
使用关键字 go	创建一个新的 goroutine，Go scheduler 会考虑调度
GC	由于进行 GC 的 goroutine 也需要在 M 上运行，因此肯定会发生调度。当然，Go scheduler 还会做很多其他的调度，例如调度不涉及堆访问的 goroutine 来运行。GC 不管栈上的内存，只会回收堆上的内存
系统调用	当 goroutine 进行系统调用时，会阻塞 M，所以当前 goroutine 会被调度走，同时一个新的 goroutine 会被调度上来
内存同步访问	atomic，mutex，channel 操作等会使 Goroutine 阻塞，因此会被调度走。等条件满足后（例如其他 goroutine 解锁了）会被调度上来继续运行

12.4 M:N 模型是什么

在讲 channel 那一章我们提到过 M:N 模型，这里再复习一遍。Go runtime 会负责 goroutine 的“生老病死”，从创建到销毁，都“一手包办”。Go Runtime 会在程序启动后，“按需”创建 N 个线程（CPU 执行调度的单位），之后创建的 M 个 goroutine 都会依附在这 N 个线程上执行。这就是 M:N 模型，如图 12-4 所示。

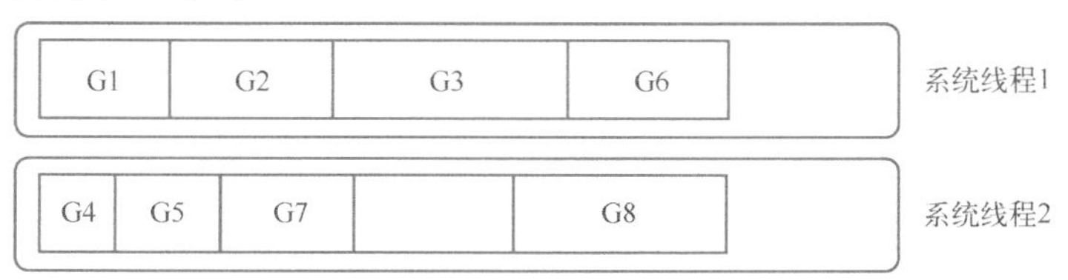

图 12-4 M:N scheduling

图 12-4 中，8 个 G 依附于 2 个系统线程，并得到执行。

在同一时刻，一个线程上只能跑一个 goroutine。当 goroutine 发生阻塞（例如向一个 channel 发送数据被阻塞）时，runtime 会把当前 goroutine 调度走，让其他 goroutine 来执行。目的就是不让一个线程闲着，“榨干 CPU 的每一滴油水”。

12.5 工作窃取是什么

Go scheduler 的职责就是将所有处于 runnable 的 goroutine 均匀调度到在 P 上运行的 M。

当一个 P 发现自己的 LRQ 已经没有 G 时，会从其他 P “偷” 一些 G 来运行，自己的工作做完了，为了全局的利益，主动为别人分担。这被称为工作窃取（Work-stealing），Go 从 1.1 开始支持这种模式。

Go scheduler 使用 M:N 模型，在任一时刻，M 个 goroutine（G） 要分配到 N 个内核线程（M），这些 M 跑在个数最多为 GOMAXPROCS 的逻辑处理器（P）上。每个 M 必须依附于一个 P，每个 P 在同一时刻只能运行一个 M。如果 P 上的 M 阻塞了，那它就需要其他的 M 来运行 P 的 LRQ 里的 goroutine。如图 12-5 所示。

实际上，Go scheduler 每一轮调度要做的工作就是找到处于 runnable 的 goroutine，并执行它。找的顺序如下：

1）从本地可运行队列里找。

2）从全局可运行队列里找。

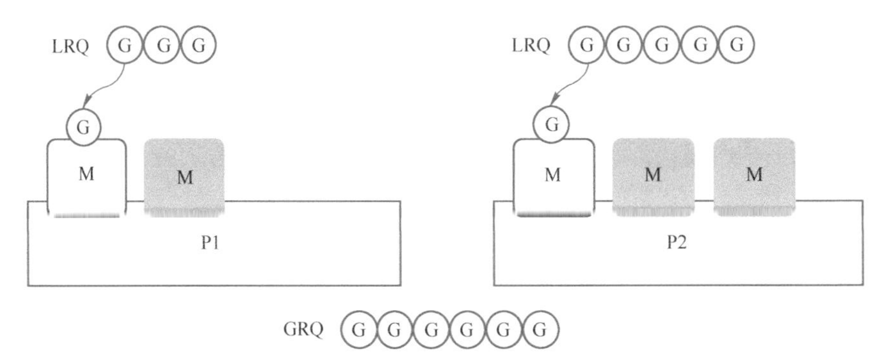

● 图 12-5　GPM relatioship

3）从 netpoll 里找。

4）从其他 P 偷取。

找到一个可执行的 goroutine 后，就会一直执行下去，直到被阻塞。

当 P2 上的一个 G 执行结束，它就会去 LRQ 获取下一个 G 来执行。如果 LRQ 已经空了，就是说本地可运行队列已经没有 G 需要执行，并且这时 GRQ 也没有 G 了。这时，P2 会随机选择一个 P（假设为 P1），P2 会从 P1 的 LRQ “偷”过来一半的 G，如图 12-6 所示。

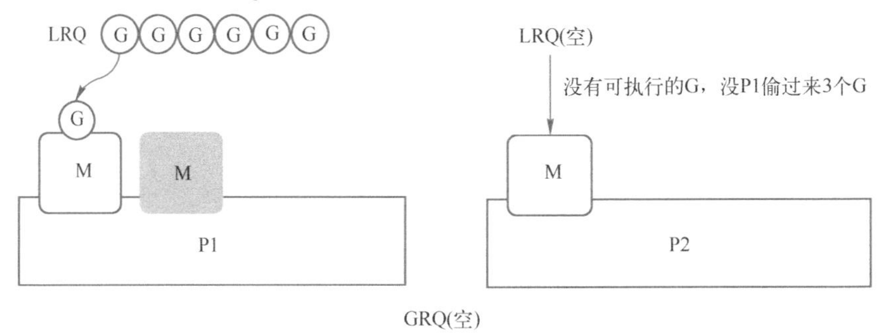

● 图 12-6　Work Stealing

这样做的好处是，有更多的 P 可以一起工作，加速执行完所有的 G。

12.6 GPM 底层数据结构是怎样的

G、P、M 是 Go scheduler 的三个核心组件，各司其职。在它们精密的配合下，Go 调度器才得以高效运转，这也是 Go 天然支持高并发的内在动力。

先看 G，取 goroutine 的首字母，主要保存 goroutine 的一些状态信息以及 CPU 的一些寄存器的值，例如 IP 寄存器，以便在轮到本 goroutine 执行时，CPU 知道要从哪一条指令处开始执行。

当 goroutine 被调离 CPU 时，调度器负责把 CPU 寄存器的值保存在 G 对象的成员变量之中；而当 goroutine 被调度起来运行时，调度器又负责把 G 对象的成员变量所保存的寄存器值恢复到 CPU 的寄存器中。

来看一下 G 的源码：

```
// src/runtime/runtime2.go

type g struct {
    stack       stack   // goroutine 使用的栈
    // 用于栈的扩张和收缩检查，抢占标志
    stackguard0 uintptr
    stackguard1 uintptr
```

```
    _panic          *_panic
    _defer          *_defer
    m               *m      // 当前与 g 绑定的 m
    sched           gobuf // goroutine 的运行现场
    syscallsp       uintptr
    syscallpc       uintptr
    stktopsp        uintptr
    param           unsafe.Pointer // wakeup 时传入的参数
    atomicstatus uint32
    stackLock       uint32
    goid            int64
    schedlink       guintptr    // 指向全局队列里下一个 g
    waitsince       int64       // g 被阻塞之后的近似时间
    waitreason      waitReason // g 被阻塞的原因

    preempt         bool // 抢占调度标志。这个为 true 时，stackguard0 等于 stackpreempt
    preemptStop     bool
    preemptShrink bool

    asyncSafePoint bool

    paniconfault bool
    gcscandone      bool
    throwsplit      bool
    activeStackChans bool

    raceignore      int8
    sysblocktraced bool
    sysexitticks    int64
    traceseq        uint64
    tracelastp      puintptr
    lockedm         muintptr // 如果调用了 LockOsThread，那么这个 g 会绑定到某个 m 上
    sig             uint32
    writebuf        []byte
    sigcode0        uintptr
    sigcode1        uintptr
    sigpc           uintptr
    gopc            uintptr         // 创建该 goroutine 的语句的指令地址
    ancestors       *[]ancestorInfo
    startpc         uintptr         // goroutine 函数的指令地址
    racectx         uintptr
    waiting         *sudog
    cgoCtxt         []uintptr
    labels          unsafe.Pointer
    timer           *timer          // time.Sleep 缓存的定时器
    selectDone      uint32
    gcAssistBytes int64
}
```

源码中，比较重要的字段已经作了注释。

G 关联了两个比较重要的结构体，stack 表示 goroutine 运行时的栈：

```
// src/runtime/runtime2.go

// 描述栈的数据结构，栈的范围：[lo, hi)
type stack struct {
    lo uintptr  // 栈顶，低地址
    hi uintptr // 栈低，高地址
}
```

G 运行时，光有栈还不行，至少还得包括 PC、SP 等寄存器，gobuf 就保存了这些值：

```
// src/runtime/runtime2.go

type gobuf struct {
    sp    uintptr // 存储 rsp 寄存器的值
    pc    uintptr // 存储 rip 寄存器的值
    g     guintptr // 指向 goroutine
```

```
    ctxt unsafe.Pointer
    ret   sys.Uintreg // 保存系统调用的返回值
    lr    uintptr
    bp    uintptr
}
```

再来看 M，取 machine 的首字母，它代表一个工作线程，或者说系统线程。G 需要调度到 M 上才能运行，M 是真正工作的实体。结构体 m 就是常说的 M，它保存了 M 自身使用的栈信息、当前正在 M 上执行的 G 信息、与之绑定的 P 信息等。

当 M 没有工作可做的时候，在它休眠前，会“自旋”地来找工作：检查全局队列，查看 network poller，试图执行 GC 任务，或者“偷”工作。

结构体 m 的源码如下：

```
// src/runtime/runtime2.go

// m 代表工作线程，保存了自身使用的栈信息
type m struct {
    // 记录工作线程（也就是内核线程）使用的栈信息。在执行调度代码时需要使用
    // 执行用户 goroutine 代码时，使用用户 goroutine 自己的栈，因此调度时会发生栈的切换
    g0        *g
    morebuf gobuf
    divmod   uint32

    procid          uint64
    gsignal         *g
    goSigStack      gsignalStack
    sigmask         sigset
    // 通过 tls 结构体实现 m 与工作线程的绑定
    // 这里是线程本地存储
    tls             [6]uintptr
    mstartfn        func()
    // 指向正在运行的 gorutine 对象
    curg            *g
    caughtsig       guintptr
    // 当前工作线程绑定的 p
    p               puintptr
    nextp           puintptr
    oldp            puintptr
    id              int64
    mallocing       int32
    throwing        int32
    // 该字段不等于空字符串的话，要保持 curg 始终在这个 m 上运行
    preemptoff      string
    locks           int32
    dying           int32
    profilehz       int32
    // 为 true 时表示当前 m 处于“自旋”状态，正在从其他线程“偷”工作
    spinning        bool
    // m 正阻塞在 note 上
    blocked         bool
    newSigstack     bool
    printlock       int8
    incgo           bool
    freeWait        uint32
    fastrand        [2]uint32
    needextram      bool
    traceback       uint8
    ncgocall        uint64
    ncgo            int32
    cgoCallersUse uint32
    cgoCallers      *cgoCallers
    // 没有 goroutine 需要运行时，工作线程睡眠在这个 park 成员上，
    // 其他线程通过这个 park 唤醒该工作线程
    park            note
    // 记录所有工作线程的链表
    alllink         *m
```

```
    schedlink     muintptr
    lockedg       guintptr
    createstack   [32]uintptr
```

再来看 P，取 processor 的首字母，为 M 的执行提供“上下文”，保存 M 执行 G 时的一些资源，例如本地可运行 G 队列，memory cache 等。

一个 M 只有绑定 P 才能执行 goroutine，当 M 被阻塞时，整个 P 会被传递给其他 M，或者说整个 P 被接管。

```
// src/runtime/runtime2.go

// p 保存 go 运行时所必须的资源
type p struct {
    id          int32 // 在 allp 中的索引
    status      uint32
    link        puintptr
    // 每次调用 schedule 时会加 1
    schedtick   uint32
    // 每次系统调用时加 1
    syscalltick uint32
    // 用于 sysmon 线程记录被监控 p 的系统调用时间和运行时间
    sysmontick  sysmontick
    // 指向绑定的 m，如果 p 是 idle 的话，那这个指针是 nil
    m           muintptr
    mcache      *mcache
    pcache      pageCache
    raceprocctx uintptr

    deferpool    [5][]*_defer
    deferpoolbuf [5][32]*_defer

    goidcache    uint64
    goidcacheend uint64

    // 本地可运行的队列，不用通过锁即可访问
    runqhead uint32 // 队列头
    runqtail uint32 // 队列尾
    runq     [256]guintptr // 使用数组实现的循环队列
    // runnext 非空时，代表的是一个 runnable 状态的 G
    // 这个 G 被当前 G 修改为 ready 状态，相比 runq 中的 G 有更高的优先级
    // 如果当前 G 还有剩余的可用时间，那么就应该运行这个 G
    // 运行之后，该 G 会继承当前 G 的剩余时间
    runnext guintptr

    // 空闲的 G
    gFree struct {
        gList
        n int32
    }

    mspancache struct {
        len int
        buf [128]*mspan
    }
```

GPM 三足鼎立，共同成就 Go scheduler：G 需要在 M 上才能运行，M 依赖 P 提供的资源，P 则持有待运行的 G，“你中有我，我中有你”。

用图 12-7 来描述三者的关系：

M 会从与它绑定的 P 的本地队列获取可运行的 G，也会从 network poller 里获取可运行的 G，还会从其他 P 偷 G。

最后看下 GPM 的状态图。首先是 G 的状态流转，如图 12-8 所示。

说明一下，上图省略了一些垃圾回收、栈复制相关的状态。G 的创建过程比较复杂，首先尝试从 P 本地空闲 G 链表或全局空闲 G 链表里获取，如果未获取到则新建一个，这时 G 处于

_Gidle 状态；创建完成后，G 被更改为 _Gdead 状态；在进行一些参数复制、入栈等的操作后，G 变为 _Grunnable 状态之后，G 被调度执行变成 _Grunning 状态；G 运行过程中，若进行了系统调用，则会进入 _Gsyscall 状态；系统调用结束后可能继续执行而变成 _Grunning 状态，也可能因为没有合适的 M 而得不到执行，因而变成 _Grunnable 状态；在 _Grunning 状态时，G 可能会遇到一些阻塞调用，例如获取锁，如果获取失败，则会进入 _Gwaiting 状态，条件成熟后，例如成功获取到了锁，则又进入 _Grunnable 状态。

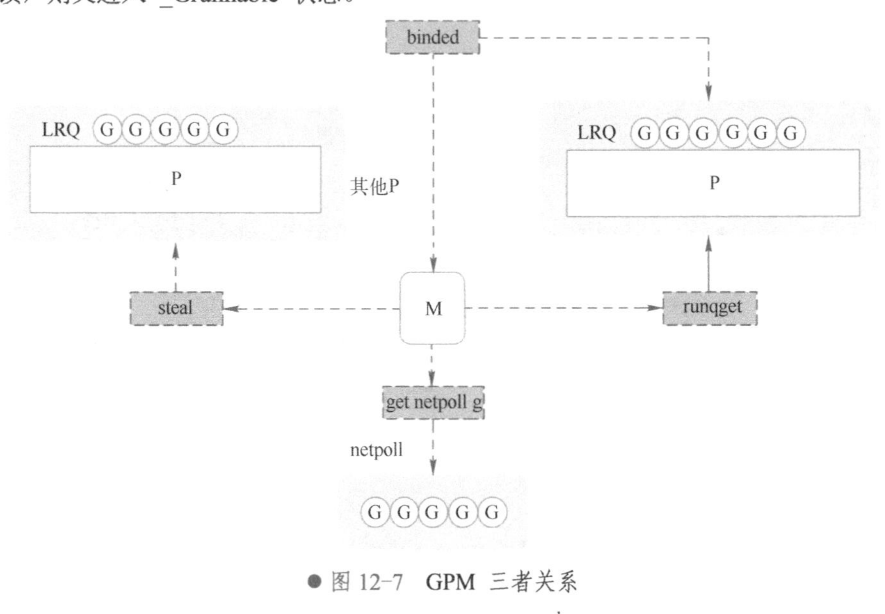

● 图 12-7　GPM 三者关系

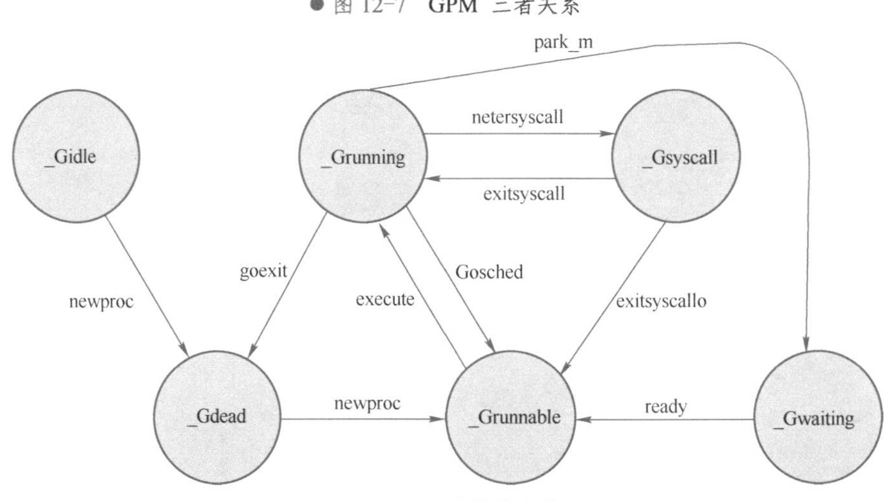

● 图 12-8　G 的状态流转图

接着是 P 的状态流转，如图 12-9 所示。

通常情况下（在程序运行时不调整 P 的个数），P 只会在上图中的四种状态下进行切换。当程序刚开始运行进行初始化时，所有的 P 都处于 _Pgcstop 状态，随着 P 的初始化（runtime.procresize），会被置于 _Pidle。

当 M 需要运行时，会调用 runtime.acquirep 来使 P 变成 Prunning 状态，并通过 runtime.releasep 来释放。

当 G 执行时需要进入系统调用，P 会被设置为 _Psyscall，如果这个时候被系统监控抢夺（runtime.retake），则 P 会被重新修改为 _Pidle。

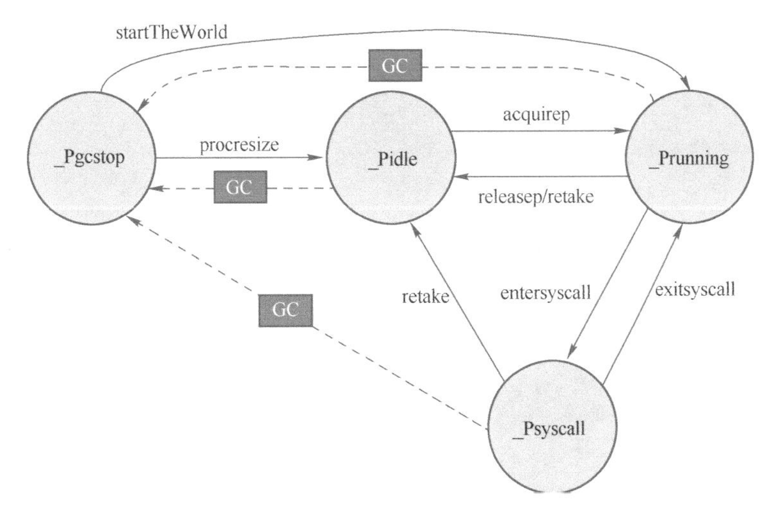

● 图 12-9　P 的状态流转图

如果在程序运行中发生 GC，则 P 会被设置为 _Pgcstop，并在 runtime.startTheWorld 时重新调整为 _Prunning。

最后，来看 M 的状态流转，如图 12-10 所示。

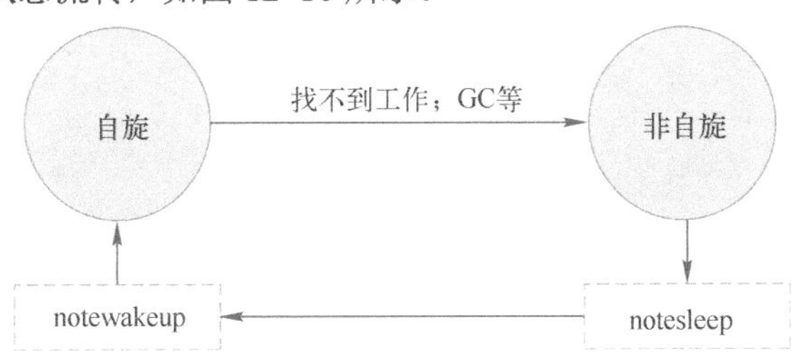

● 图 12-10　M 的状态流转图

M 只有自旋和非自旋两种状态。自旋的时候，会努力找工作；找不到的时候会进入非自旋状态，之后会休眠，直到有工作需要处理时，被其他工作线程唤醒，又进入自旋状态。

12.7 scheduler 的初始化过程是怎样的

上一节说完了 GPM 结构体，这一节来研究 sheduler 结构体以及整个调度器的初始化过程。

Go scheduler 在源码中的结构体为 schedt，保存调度器的状态信息、全局的可运行 G 队列等。源码如下：

```
// src/runtime/runtime2.go

// 保存调度器的信息
type schedt struct {
    // 需以原子访问形式进行访问
    // 保持在 struct 顶部，以使其在 32 位系统上可以对齐
    goidgen    uint64

    lock mutex

    // 由空闲的工作线程组成的链表
    midle         muintptr
    // 空闲的工作线程数量
    nmidle        int32
    // 空闲的且被 lock 的 m 计数
```

```
nmidlelocked int32
mnext        int64
// 表示最多所能创建的工作线程数量
maxmcount    int32

// goroutine 的数量，自动更新
ngsys uint32

// 由空闲的 p 结构体对象组成的链表
pidle       puintptr // idle p's
npidle      uint32 // 空闲的 p 结构体对象的数量
nmspinning uint32

// 全局可运行的 G 队列
runq       gQueue
runqsize int32

disable struct {
    user        bool
    runnable gQueue
    n           int32
}

gFree struct {
    lock      mutex
    stack    gList
    noStack gList
    n          int32
}


deferlock mutex
deferpool [5]*_defer // 不同大小的可用的 defer struct 的集中缓存池

freem *m

// 上次修改 gomaxprocs 的纳秒时间
procresizetime int64
```

在程序运行过程中，schedt 对象只有一份实体，它维护了调度器的所有信息。

关于调度器的初始化，在 proc.go 和 runtime2.go 文件中有一些很重要全局的变量，先列出来：

```
// src/runtime/runtime2.go

// 所有 g 的长度
allglen      uintptr
// 保存所有的 m
allm          *m
// 保存所有的 p
allp          []*p
// p 的最大值，默认等于 ncpu
gomaxprocs   int32
// 程序启动时，会调用 osinit 函数获得此值
ncpu          int32
// 调度器结构体对象，记录了调度器的工作状态
sched         schedt

// src/runtime/proc.go
// 代表进程的主线程
m0             m
// m0 的 g0，即 m0.g0 = &g0
g0             g
```

在程序初始化时，这些全局变量都会被初始化为零值：指针被初始化为 nil 指针，切片被初始化为 nil 切片，int 被初始化为 0，结构体的所有成员变量按其类型被初始化为对应的零值。

系统加载可执行文件大概都会经过这几个阶段：

1）从磁盘上读取可执行文件，加载到内存。

2）创建进程和主线程。

3）为主线程分配栈空间。

4）把由用户在命令行输入的参数复制到主线程的栈。

5）把主线程放入操作系统的运行队列等待被调度。

从一个 Hello World 的例子来回顾一下 Go 程序初始化的过程：

```
package main

import "fmt"

func main() {
    fmt.Println("hello world")
}
```

在项目根目录下执行：

```
go build -gcflags "-N -l" -o hello src/main.go
```

其中，-gcflags "-N -l" 是为了关闭编译器优化和函数内联，防止后面在设置断点的时候找不到相对应的代码位置。

得到了可执行文件 hello，执行：

```
$ gdb hello
```

进入 gdb 调试模式，执行 info files，可以得到可执行文件的文件头，下面列出了各种段，如图 12-11 所示。

```
(gdb) info files
Symbols from "/home/qcrao/hello-world/hello".
Local exec file:
        `/home/qcrao/hello-world/hello', file type elf64-x86-64.
        Entry point: 0x450e20
        0x0000000000401000 - 0x000000000049cded is .text
        0x000000000049ce00 - 0x000000000049cfe0 is .plt
        0x000000000049d000 - 0x00000000004e8c6e is .rodata
        0x00000000004e9440 - 0x00000000004e9770 is .dynsym
        0x00000000004e8c70 - 0x00000000004e8c88 is .rela
        0x00000000004e8c88 - 0x00000000004e8f40 is .rela.plt
        0x00000000004e8f40 - 0x00000000004e8f84 is .gnu.version
        0x00000000004e8fa0 - 0x00000000004e8ff0 is .gnu.version_r
        0x00000000004e9000 - 0x00000000004e90ac is .hash
        0x00000000004e9240 - 0x00000000004e942d is .dynstr
        0x00000000004e9780 - 0x00000000004ea4ac is .typelink
        0x00000000004ea4b0 - 0x00000000004ea5b0 is .itablink
        0x00000000004ea5b0 - 0x00000000004ea5b0 is .gosymtab
        0x00000000004ea5c0 - 0x0000000000544fa5 is .gopclntab
        0x0000000000545000 - 0x0000000000545100 is .got.plt
        0x0000000000545100 - 0x0000000000545230 is .dynamic
        0x0000000000545230 - 0x0000000000545238 is .got
        0x0000000000545240 - 0x00000000005531b8 is .noptrdata
        0x00000000005531c0 - 0x000000000055a070 is .data
        0x000000000055a080 - 0x0000000000576968 is .bss
        0x0000000000576980 - 0x0000000000579118 is .noptrbss
        0x0000000000000000 - 0x0000000000000008 is .tbss
        0x0000000000400fe4 - 0x0000000000401000 is .interp
        0x0000000000400f80 - 0x0000000000400fe4 is .note.go.buildid
```

● 图 12-11　gdb info

并且得到了入口地址：0x450e20。

```
(gdb) b *0x450e20
Breakpoint 1 at 0x450e20: file /usr/local/go/src/runtime/rt0_linux_amd64.s, line 8.
```

这就是 Go 程序的入口地址，因为在 linux 平台上运行。所以入口文件为 src/runtime/rt0_linux_amd64.s，runtime 目录下有各种不同名称的程序入口文件，为了支持各种操作系统和架构，代码如下：

```
// src/runtime/rt0_linux_amd64.s

TEXT _rt0_amd64_linux(SB),NOSPLIT,$-8
    JMP _rt0_amd64(SB)
```

JMP 的作用是跳转到 _rt0_amd64 函数：

```
// src/runtime/asm_amd64.s

TEXT _rt0_amd64(SB),NOSPLIT,$-8
    MOVQ    0(SP), DI    // argc
    LEAQ    8(SP), SI    // argv
JMP runtime·rt0_go(SB)
```

上面代码的功能是把 argc、argv 从内存保存到了寄存器。这里 LEAQ 指令的作用是计算内存地址，然后把内存地址本身放进寄存器里，也就是把 argv 的地址放到了 SI 寄存器中。最后跳转到 runtime·rt0_go(SB)，从而完成 Go 启动时所有的初始化工作，函数 rt0_go 的代码位于 /usr/local/go/src/runtime/asm_amd64.s，代码如下：

```
// src/runtime/asm_amd64.s

TEXT runtime·rt0_go(SB),NOSPLIT,$0
    MOVQ    DI, AX        // argc
    MOVQ    SI, BX        // argv
    SUBQ    $(4*8+7), SP        // 2args 2auto
    // 调整栈顶寄存器使其按 16 字节对齐
    ANDQ    $~15, SP
    // argc 放在 SP+16 字节处
    MOVQ    AX, 16(SP)
    // argv 放在 SP+24 字节处
MOVQ    BX, 24(SP)

    // 给 g0 分配栈空间

    // 把 g0 的地址存入 DI
    MOVQ    $runtime·g0(SB), DI
    // BX = SP - 64*1024 + 104
    LEAQ    (-64*1024+104)(SP), BX
    // g0.stackguard0 = SP - 64*1024 + 104
    MOVQ    BX, g_stackguard0(DI)
    // g0.stackguard1 = SP - 64*1024 + 104
    MOVQ    BX, g_stackguard1(DI)
    // g0.stack.lo = SP - 64*1024 + 104
    MOVQ    BX, (g_stack+stack_lo)(DI)
    // g0.stack.hi = SP
    MOVQ    SP, (g_stack+stack_hi)(DI)

    // ......................
    // 省略了很多检测 CPU 信息的代码
    // ......................


    // 初始化 m 的 tls
    // DI = &m0.tls，取 m0 的 tls 成员的地址到 DI 寄存器
    LEAQ    runtime·m0+m_tls(SB), DI
    // 调用 settls 设置线程本地存储，settls 函数的参数在 DI 寄存器中
    // 之后，可通过 fs 段寄存器找到 m.tls
    CALL    runtime·settls(SB)

    // 获取 fs 段基址并放入 BX 寄存器，其实就是 m0.tls[1] 的地址， get_tls 的代码由编译器生成
    get_tls(BX)
    MOVQ    $0x123, g(BX)
    MOVQ    runtime·m0+m_tls(SB), AX
    CMPQ    AX, $0x123
    JEQ 2(PC)
    MOVL    AX, 0    // abort
ok:
```

```
    // 获取 fs 段基址到 BX 寄存器
    get_tls(BX)
    // 将 g0 的地址存储到 CX，CX = &g0
    LEAQ     runtime·g0(SB), CX
    // 把 g0 的地址保存在线程本地存储里面，也就是 m0.tls[0]=&g0
    MOVQ     CX, g(BX)
    // 将 m0 的地址存储到 AX，AX = &m0
    LEAQ     runtime·m0(SB), AX

    // save m->g0 = g0
    // m0.g0 = &g0
    MOVQ     CX, m_g0(AX)
    // save m0 to g0->m
    // g0.m = &m0
    MOVQ     AX, g_m(CX)

    CLD
    CALL     runtime·check(SB)

    MOVL     16(SP), AX      // copy argc
    MOVL     AX, 0(SP)
    MOVQ     24(SP), AX      // copy argv
    MOVQ     AX, 8(SP)
    CALL     runtime·args(SB)

    // 初始化系统核心数
    CALL     runtime·osinit(SB)
    // 调度器初始化
    CALL     runtime·schedinit(SB)

    MOVQ     $runtime·mainPC(SB), AX      // entry
    // newproc 的第二个参数入栈，也就是新的 goroutine 需要执行的函数
    // AX = &funcval{runtime·main},
    PUSHQ    AX
    // newproc 的第一个参数入栈，该参数表示 runtime.main 函数需要的参数大小
    // 因为 runtime.main 没有参数，所以这里是 0
    PUSHQ    $0              // arg size
    // 创建主 goroutine
    CALL     runtime·newproc(SB)
    POPQ     AX
    POPQ     AX

    // 主线程进入调度循环，运行刚刚创建的 goroutine
    CALL     runtime·mstart(SB)

    // 永远不会返回，万一返回则 crash 掉
    CALL     runtime·abort(SB)

    MOVQ     $runtime·debugCallV1(SB), AX
RET
```

这段代码完成之后，整个 Go 程序就可以跑起来了。这一节其实只讲到了第 80 行，也就是调度器初始化函数：

```
CALL     runtime·schedinit(SB)
```

当 schedinit 函数返回后，调度器的相关参数都已经初始化好了，各就其位。接下来详细解释上面的汇编代码。

1．调整 SP

第一段代码，将 SP 调整到了一个地址是 16 的倍数的位置：

```
SUBQ     $(4*8+7), SP          // 2args 2auto
// 调整栈顶寄存器使其按 16 个字节对齐
ANDQ     $~15, SP
```

先是将 SP 减掉 39，也就是向下移动了 39 个字节，再进行与运算。

十进制 15 的二进制低四位是全 1：1111，其他位都是 0；取反后，变成了 0000，高位则是全 1。这样，与 SP 进行了与运算后，低 4 位变成了全 0，高位则不变。因此 SP 继续向下移动，并且移动到了一个地址值为 16 的倍数的地方，也就是与 16 字节对齐的地方。

为什么要这么做？画一张图就明白了。不过先得说明一点，在前面 _rt0_amd64_linux 函数里讲过，DI 里存的是 argc 的值，8 个字节，而 SI 里则存的是 argv 的地址，也是 8 个字节，如图 12-12 和图 12-13 所示。

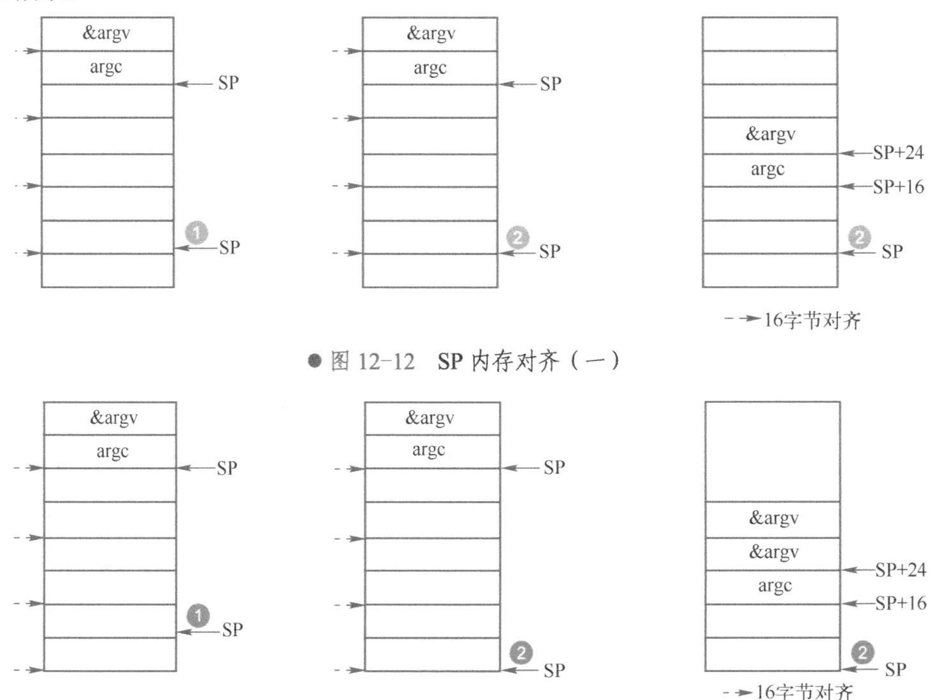

● 图 12-12 SP 内存对齐（一）

● 图 12-13 SP 内存对齐（二）

上面两张图中，左侧用箭头标注了 16 字节对齐的位置，第一步表示向下移动 39 字节，第二步表示与 ~15 相与。

存在两种情况，这也是第一步将 SP 下移的时候，多移了 7 个字节的原因。图 12-12 里，与 ~15 相与的时候，SP 值减少了 1，图 12-13 则减少了 9，最后都是移位到了 16 字节对齐的位置。

两张图的共同点是 SP 与 argc 中间多出了 16 个字节的空位。这个后面应该会用到，接着探索。

至于为什么进行 16 个字节对齐，是因为 CPU 有一组 SSE 指令，这些指令中出现的内存地址必须是 16 的倍数。

2. 初始化 g0 栈

接着往后看，开始初始化 g0 的栈了，g0 栈的作用就是为运行 runtime 代码提供一个“环境”。

```
1   // 把 g0 的地址存入 DI
2   MOVQ      $runtime·g0(SB), DI
3   // BX = SP - 64*1024 + 104
4   LEAQ      (-64*1024+104)(SP), BX
5   // g0.stackguard0 = SP - 64*1024 + 104
6   MOVQ      BX, g_stackguard0(DI)
7   // g0.stackguard1 = SP - 64*1024 + 104
8   MOVQ      BX, g_stackguard1(DI)
9   // g0.stack.lo = SP - 64*1024 + 104
10  MOVQ      BX, (g_stack+stack_lo)(DI)
11  // g0.stack.hi = SP
12  MOVQ      SP, (g_stack+stack_hi)(DI)
```

代码 L2 把 g0 的地址存入 DI 寄存器；L4 将 SP 下移 (64K-104)B，并将地址存入 BX 寄存器；L6 将 BX 里存储的地址赋给 g0.stackguard0；L8，L10，L12 分别将 BX 里存储的地址赋给 g0.stackguard1，g0.stack.lo，g0.stack.hi。

这部分完成之后，g0 栈空间如图 12-14 所示。

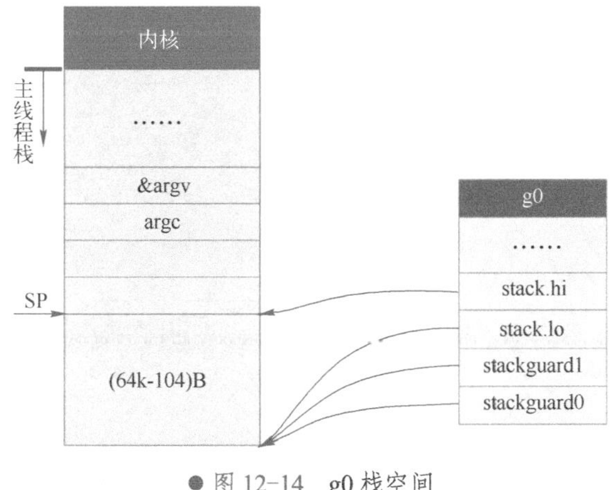

● 图 12-14 g0 栈空间

3. 主线程绑定 m0

接着往下看，中间省略了很多检查 CPU 相关的代码，直接看主线程绑定 m0 的部分：

```
1  // 初始化 m 的 tls
2  // DI = &m0.tls，取 m0 的 tls 成员的地址到 DI 寄存器
3  LEAQ     runtime·m0+m_tls(SB), DI
4  // 调用 settls 设置线程本地存储，settls 函数的参数在 DI 寄存器中
5  // 之后，可通过 fs 段寄存器找到 m.tls
6  CALL     runtime·settls(SB)
7
8  // 获取 fs 段基地址并放入 BX 寄存器，其实就是 m0.tls[1] 的地址，get_tls 的代码由编译器生成
9  get_tls(BX)
10 MOVQ     $0x123, g(BX)
11 MOVQ     runtime·m0+m_tls(SB), AX
12 CMPQ     AX, $0x123
13 JEQ 2(PC)
14 MOVL     AX, 0     // abort
```

因为 m0 是全局变量，而 m0 又要绑定到工作线程才能执行。并且，runtime 会启动多个工作线程，每个线程都会绑定一个 m0。而且，代码里还得保持一致，都是用 m0 来表示。这就要用到线程本地存储的知识了，也就是通常所说的 TLS（Thread Local Storage）。简单来说，TLS 就是线程本地的私有的全局变量。

一般而言，全局变量对进程中的多个线程同时可见。进程中的全局变量与函数内定义的静态（static）变量，是各个线程都可以访问的共享变量。一个线程修改了，其他线程就会“看见”。如果需要在一个线程内部的各个函数都能访问，但其他线程不能访问的变量（被称为 static memory local to a thread，线程局部静态变量），就需要新的机制来实现。这就是 TLS。

继续来看源码，L3 将 m0.tls 地址存储到 DI 寄存器，再调用 settls 完成 tls 的设置，tls 是 m 结构体中的一个数组。

tls [6]uintptr

设置 tls 的函数 runtime·settls(SB) 位于源码 src/runtime/sys_linux_amd64.s 处，主要内容就是通过一个系统调用将 fs 段基址设置成 m.tls[1] 的地址，而 fs 段基址又可以通过 CPU 里的寄存器 fs 来获取。

每个线程都有自己的一组 CPU 寄存器值，操作系统在把线程调离 CPU 时会把所有寄存器中的值保存在内存中，调度线程来运行时又会从内存中把这些寄存器的值恢复到 CPU。这样，工作线程代码就可以通过 fs 寄存器来找到 m.tls。

设置完 tls 之后，又来了一段验证上面 settls 是否能正常工作的代码。如果不能实现程序会直接 crash。

```
1  get_tls(BX)
2  MOVQ      $0x123, g(BX)
3  MOVQ      runtime·m0+m_tls(SB), AX
4  CMPQ      AX, $0x123
5  JEQ 2(PC)
6  MOVL      AX, 0     // abort
```

第一行代码 L1，获取 tls，get_tls(BX) 的代码由编译器生成，源码中并没有看到，由编译器实现，可以理解为将 m.tls 的地址存入 BX 寄存器。

L2 将一个数 0x123 放入 m.tls[0] 处，L3 则将 m.tls[0] 处的数据取出来放到 AX 寄存器，L4 比较两者是否相等。如果相等，则跳过 L6 行的代码，否则执行 L6，程序 crash。

继续看代码：

```
1  // 获取 fs 段基址到 BX 寄存器
2  get_tls(BX)
3  // 将 g0 的地址存储到 CX，CX = &g0
4  LEAQ      runtime·g0(SB), CX
5  // 把 g0 的地址保存在线程本地存储里面，也就是 m0.tls[0]=&g0
6  MOVQ      CX, g(BX)
7  // 将 m0 的地址存储到 AX，AX = &m0
8  LEAQ      runtime·m0(SB), AX
9
10 // save m->g0 = g0
11 // m0.g0 = &g0
12 MOVQ      CX, m_g0(AX)
13 // save m0 to g0->m
14 // g0.m = &m0
15 MOVQ      AX, g_m(CX)
```

L2 将 m.tls 地址存入 BX；L4 将 g0 的地址存入 CX；L6 将 CX，也就是 g0 的地址存入 m.tls[0]；L8 将 m0 的地址存入 AX；L12 将 g0 的地址存入 m0.g0；L15 将 m0 存入 g0.m。也就是：

```
tls[0] = g0
m0.g0 = &g0
g0.m = &m0
```

代码中寄存器前面的符号看着比较奇怪，其实它们最后会被链接器转化为偏移量。

例如，对于 gobuf_sp(BX) 这种写法在标准 plan9 汇编中只是个 symbol，没有任何偏移量的意思，但这里却用名字来代替了其偏移量，这是怎么回事呢？实际上这是 runtime 的特权，需要链接器配合完成，很明显，这种写法读起来比较容易。

这一段代码执行完之后，就把 m0、g0、m.tls[0] 串联起来了。通过 m.tls[0] 可以找到 g0，通过 g0 可以找到 m0（通过 g 结构体的 m 字段）。并且，m0 也可以找到 g0（通过 m 结构体的 g0 字段）。于是，主线程和 m0、g0 就关联起来了。

从这里还可以看到，保存在主线程本地存储中的值是 g0 的地址，也就是说工作线程的私有全局变量其实是一个指向 g 的指针而不是指向 m 的指针。目前这个指针指向 g0，表示代码正运行在 g0 栈。

于是，图 12-14 又增加了新的“玩伴” m0，如图 12-15 所示。

4. 初始化 m0

```
1  MOVL      16(SP), AX        // copy argc
2  MOVL      AX, 0(SP)
```

```
3   MOVQ     24(SP), AX        // copy argv
4   MOVQ     AX, 8(SP)
5   CALL     runtime·args(SB)
6   // 初始化系统核心数
7   CALL     runtime·osinit(SB)
8   // 调度器初始化
9   CALL     runtime·schedinit(SB)
```

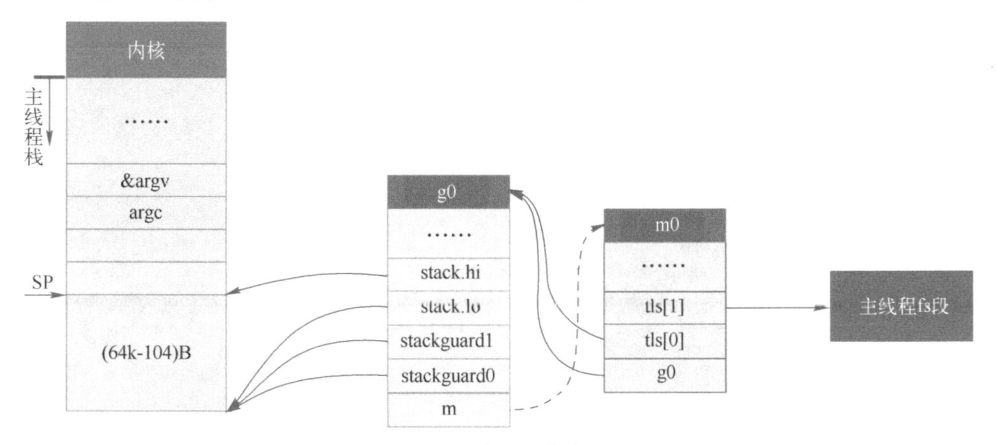

● 图 12-15　工作线程绑定 m0 和 g0

L1-L2 将 16(SP)处的内容移动到 0(SP)，也就是栈顶，通过前面的图，可以看出，16(SP) 处的内容为 argc；L3-L4 将 argv 存入 8(SP)，接下来调用 runtime·args 函数，处理命令行参数。

接着，连续调用了两个 runtime 函数：osinit 函数初始化系统核心数，将全局变量 ncpu 初始化为核心数；schedinit 则是本节的核心，负责调度器的初始化。

下面，重点看 schedinit 函数：

```
// src/runtime/proc.go

func schedinit() {
    // …… 省略很多锁的初始化代码

    // getg 由编译器实现。等同于下面两行代码：
    // get_tls(CX)
    // MOVQ g(CX), BX;
    // BX 存器里面现在放的是当前 g 结构体对象的地址
    _g_ := getg()
    if raceenabled {
        _g_.racectx, raceprocctx0 = raceinit()
    }

    // 最多启动 10000 个工作线程
    sched.maxmcount = 10000

    tracebackinit()
    moduledataverify()

    // 初始化栈空间，复用管理链表
    stackinit()
    mallocinit()

    // 初始化 m0
    mcommoninit(_g_.m, -1)
    cpuinit()
    alginit()
    modulesinit()
    typelinksinit()
    itabsinit()

    msigsave(_g_.m)
```

```
        initSigmask = _g_.m.sigmask

        goargs()
        goenvs()
        parsedebugvars()
        gcinit()

        sched.lastpoll = uint64(nanotime())

        // 初始化 P 的个数
        // 系统中有多少核，就创建和初始化多少个 p 结构体对象
        procs := ncpu
        if n, ok := atoi32(gogetenv("GOMAXPROCS")); ok && n > 0 {
            procs = n
        }

        // 初始化所有的 P，正常情况下不会返回有本地任务的 P
        if procresize(procs) != nil {
            throw("unknown runnable goroutine during bootstrap")
        }

        // ...
}
```

源码中主要字段功能介绍如下：

1）call osinit。初始化系统核心数。

2）call schedinit。初始化调度器。

3）make & queue new G。创建新的 goroutine。

4）call runtime·mstart。调用 mstart，启动调度。

5）The new G calls runtime·main。在新的 goroutine 上运行 runtime.main 函数。

函数首先调用 getg() 函数获取当前正在运行的 g，getg() 在 src/runtime/stubs.go 中声明，真正的代码由编译器生成。

```
func getg() *g
```

函数 getg 返回当前正在运行的 goroutine 的指针，它会从 tls 里取出 tls[0]，也就是当前运行的 goroutine 的地址。编译器插入类似下面的代码：

```
get_tls(CX)
MOVQ g(CX), BX; // BX 存器里面现在放的是当前 g 结构体对象的地址
```

继续往下看：

```
sched.maxmcount = 10000
```

设置最多只能创建 10000 个工作线程。

接着，调用了一堆 init 函数，初始化各种配置，现在不去深究。只关心本小节的重点，m0 的初始化：

```
// 初始化 m
func mcommoninit(mp *m, id int64) {
    // 初始化过程中_g_ = g0
    _g_ := getg()

    if _g_ != _g_.m.g0 {
        callers(1, mp.createstack[:])
    }

    lock(&sched.lock)

     // 设置 m 的 id
if id >= 0 {
    mp.id = id
} else {
```

```
        mp.id = mReserveID()
    }

        // …… 省略了 random 初始化
        // …… 省略了初始化 gsignal

        mp.alllink = allm

        atomicstorep(unsafe.Pointer(&allm), unsafe.Pointer(mp))
        unlock(&sched.lock)

        // ...
    }

    // 返回下一个 m 的 id
    func mReserveID() int64 {
        if sched.mnext+1 < sched.mnext {
            throw("runtime: thread ID overflow")
        }
        id := sched.mnext
        sched.mnext++
            // 检查已创建系统线程是否超过了数量限制（10000）
        checkmcount()
        return id
    }
```

因为 sched 是一个全局变量，多个线程同时操作 sched 会有并发问题，因此先要加锁，操作结束之后再解锁。

```
// 设置 m 的 id
id = sched.mnext
sched.mnext++
// 检查已创建系统线程是否超过了数量限制（10000）
checkmcount()
```

可以看到，m0 的 id 是 0，并且之后创建的 m 的 id 是递增的。函数 checkmcount() 检查已创建系统线程数是否超过了数量限制（10000）。

```
mp.alllink = allm
```

将 m 挂到全局变量 allm 上，allm 是一个指向 m 的指针。

```
atomicstorep(unsafe.Pointer(&allm), unsafe.Pointer(mp))
```

这一行将 allm 变成 m 的地址，之后再新建 m 的时候，新 m 的 alllink 就会指向原来的 m，最后 allm 又会指向新创建的 m，如图 12-16 所示。

图 12-16 中，1 将 m0 挂在 allm 上，但此时 allm 实际上为 nil。之后，若新创建 m，则 m1 会和 m0 相连。

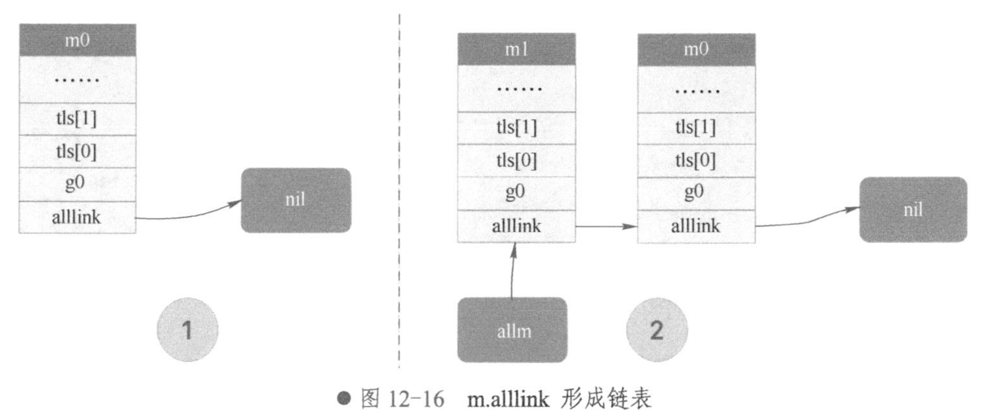

● 图 12-16　m.alllink 形成链表

完成这些操作后，大功告成，解锁。

5．初始化 allp

跳过一些其他的初始化代码，继续往后看：

```
procs := ncpu
if n, ok := atoi32(gogetenv("GOMAXPROCS")); ok && n > 0 {
    procs = n
}

if procresize(procs) != nil {
    throw("unknown runnable goroutine during bootstrap")
}
```

这里就是设置 procs，它决定创建 P 的数量。ncpu 这里已经被赋上了系统的核心数，因此用户代码里不设置 GOMAXPROCS 也是没问题的。

来看最后一个核心的函数：

```
// src/runtime/proc.go

func procresize(nprocs int32) *p {
    old := gomaxprocs //系统初始化时 gomaxprocs = 0
    if old < 0 || nprocs <= 0 {
        throw("procresize: invalid arg")
    }

    // …… 省略 race 相关操作

    // update statistics
    // 更新数据
    now := nanotime()
    if sched.procresizetime != 0 {
        sched.totaltime += int64(old) * (now - sched.procresizetime)
    }
    sched.procresizetime = now

    // Grow allp if necessary.
    if nprocs > int32(len(allp)) { // 初始化时 len(allp) == 0
        lock(&allpLock)
        if nprocs <= int32(cap(allp)) {
            allp = allp[:nprocs]
        } else { // 初始化时进入此分支，创建 allp 切片
            nallp := make([]*p, nprocs)
            copy(nallp, allp[:cap(allp)])
            allp = nallp
        }
        unlock(&allpLock)
    }

    // 初始化新增的 P
    for i := old; i < nprocs; i++ {
        pp := allp[i]
        if pp == nil {
            pp = new(p)
        }
        pp.init(i) // 初始化 pp，例如将其初始状态设为 stop
        // 将 pp 存放到 allp 处
        atomicstorep(unsafe.Pointer(&allp[i]), unsafe.Pointer(pp))
    }

    // 获取当前正在运行的 g 指针，初始化时 _g_ = g0
    _g_ := getg()
    if _g_.m.p != 0 && _g_.m.p.ptr().id < nprocs {
        // continue to use the current P
        // 继续使用当前 P
        _g_.m.p.ptr().status = _Prunning
        _g_.m.p.ptr().mcache.prepareForSweep()
```

```
	} else {
		// 初始化时执行这个分支

		// …… 省略 race 相关操作

		_g_.m.p = 0
		p := allp[0] // 取出第 0 号 p
		p.m = 0
		p.status = _Pidle
		// 将 p0 和 m0 关联起来
		acquirep(p)
		if trace.enabled {
			traceGoStart()
		}
	}

	mcache0 = nil

	// 释放多余的 P
	for i := nprocs; i < old; i++ {
		p := allp[i]
		p.destroy()
	}

	if int32(len(allp)) != nprocs {
		lock(&allpLock)
		allp = allp[:nprocs]
		unlock(&allpLock)
	}

	var runnablePs *p
	// 下面这个 for 循环把所有空闲的 p 放入空闲链表
	for i := nprocs - 1; i >= 0; i-- {
		p := allp[i]
		// allp[0] 跟 m0 关联了，不会进行之后的“放入空闲链表”
		if _g_.m.p.ptr() == p {
			continue
		}

		// 状态转为 idle
		p.status = _Pidle
		// p 的 LRQ 里没有 G
		if runqempty(p) {
			// 放入全局空闲链表
			pidleput(p)
		} else {
			p.m.set(mget())
			p.link.set(runnablePs)
			runnablePs = p
		}
	}
	stealOrder.reset(uint32(nprocs))
	var int32p *int32 = &gomaxprocs
	atomic.Store((*uint32)(unsafe.Pointer(int32p)), uint32(nprocs))
	// 返回有本地任务的 P 链表
	return runnablePs
}
```

代码比较长，这个函数不仅在初始化的时候会执行到，在中途改变 procs 的值的时候，仍然会调用它。所以存在很多一般不用关心的代码，因为一般不会在中途重新设置 procs 的值。把与初始化无关的代码删掉后，整个代码的逻辑更容易理解。

函数先是从堆上创建了 nproc 个 P，并且把 P 的状态设置为 _Pgcstop，全局变量 allp 指向 P 切片。

接着，调用函数 acquirep 将 p0 和 m0 关联起来。来详细看一下：

```
// src/runtime/proc.go
```

```
func acquirep(_p_ *p) {
    wirep(_p_)

    // ......
}
```

调用 wirop 函数真正地进行关联.

```
// src/runtime/proc.go

func wirep(_p_ *p) {
    _g_ := getg()

    // ........................

    _g_.m.p.set(_p_)
    _p_.m.set(_g_.m)
    _p_.status = _Prunning
}
```

可以看到就是一些字段相互设置，执行完成后：

```
g0.m.p = p0
p0.m = m0
```

并且，p0 的状态变成了 _Prunning。

接下来是一个循环，它将除了 p0 的所有非空闲的 P，放入 P 链表 runnablePs，并返回给 procresize 函数的调用者，并由调用者来“调度”这些 P。

函数 runqempty 用来判断一个 P 是否是空闲，依据是 P 的本地 run queue 队列里有没有 runnable 的 G，如果没有，那 P 就是空闲的。

```
// src/runtime/proc.go

// 如果 _p_ 的本地队列里没有待运行的 G，则返回 true
func runqempty(_p_ *p) bool {
    // 这里涉及一些数据竞争，并不是简单地判断 runqhead == runqtail 并且 runqnext == nil 就可以
    for {
        head := atomic.Load(&_p_.runqhead)
        tail := atomic.Load(&_p_.runqtail)
        runnext := atomic.Loaduintptr((*uintptr)(unsafe.Pointer(&_p_.runnext)))
        if tail == atomic.Load(&_p_.runqtail) {
            return head == tail && runnext == 0
        }
    }
}
```

并不是简单地判断 head == tail 并且 runnext == nil 为真，就可以说明 runq 是否为空。因为这里涉及数据竞争，例如在比较 head == tail 时为真，但此时 runnext 上其实有一个 G，之后再去比较 runnext == nil 的时候，这个 G 又通过 runqput 跑到 runq 里去了或者通过 runqget 被拿走了，于是 runnext == nil 也为真，最终就判断这个 P 是空闲的，这就会形成误判。

因此 runqempty 函数先是通过原子操作取出了 head，tail，runnext，然后再次确认 tail 没有发生变化，最后再比较 head == tail 以及 runnext == nil，保证了三者都是在“同时”观察到的，因此，返回的结果就是正确的。

说明一下，runnext 上有时会绑定一个 G，这个 G 是被当前 G 唤醒的，相比其他 G 有更高的执行优先级，因此把它单独拿出来。

函数的最后，初始化了一个“随机分配器”：

```
stealOrder.reset(uint32(nprocs))
```

将来有些 m 去“偷”工作的时候，会遍历所有的 P，这时为了“偷”地随机一些，就会用到

stealOrder 来返回一个随机选择的 P。

这样，整个 procresize 函数就讲完了，这也意味着，调度器的初始化工作已经完成了。

总结一下：

1）使用 make([]p, nprocs) 初始化全局变量 allp，即 allp = make([]p, nprocs)。

2）循环创建并初始化 nprocs 个 p 结构体对象并依次保存在 allp 切片之中。

3）把 m0 和 allp[0] 绑定在一起，即 m0.p = allp[0]，allp[0].m = m0。

4）把除了 allp[0] 之外的所有 p 放入到全局变量 sched 的 pidle 空闲队列之中。

说明一下，最后一步，代码里是将所有空闲的 P 放入到调度器的全局空闲队列；对于非空闲的 P（本地队列里有 G 待执行），则是生成一个 P 链表，返回给 procresize 函数的调用者。

最后将 allp 和 allm 都添加到图上，如图 12-17 所示。

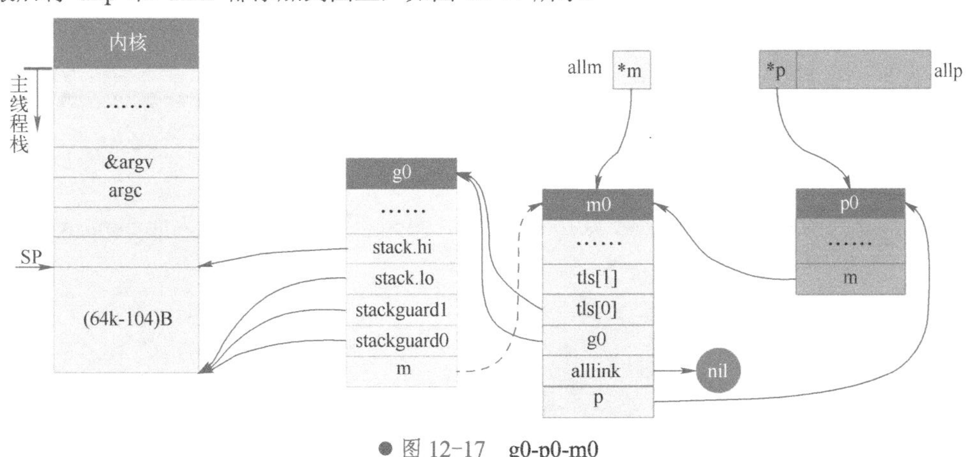

● 图 12-17　g0-p0-m0

12.8 主 goroutine 如何被创建

上一节讲完了 Go scheduler 的初始化，现在调度器一切就绪，就差被调度的实体了。本节就来讲述主 goroutine 是如何诞生，并且被调度的。

继续看代码，前面一节讲完了 schedinit 函数，这是 runtime·rt0_go 函数里的一步，接着往后看：

```
// 创建一个新的 goroutine 来启动程序
MOVQ    $runtime·mainPC(SB), AX      // entry
// newproc 的第二个参数入栈，也就是新的 goroutine 需要执行的函数
// AX = &funcval{runtime·main},
PUSHQ   AX
// newproc 的第一个参数入栈，该参数表示 runtime.main 函数需要的参数大小
// 因为 runtime.main 没有参数，所以这里是 0
PUSHQ   $0          // arg size
// 创建主 goroutine
CALL    runtime·newproc(SB)
POPQ    AX
POPQ    AX

// start this M
// 主线程进入调度循环，运行刚刚创建的 goroutine
CALL    runtime·mstart(SB)

// 永远不会返回，万一返回了，crash 掉
MOVL    $0xf1, 0xf1  // crash
RET
```

代码前面几行是在为调用 newproc 函数构造栈，执行完 runtime·newproc(SB) 后，就会有一个

新的 goroutine 来执行 mainPC 也就是 runtime.main() 函数。runtime.main() 函数最终会执行到用户写的 main 函数，将舞台交给用户。

重点来看 newproc 函数：

```
// src/runtime/proc.go

// 创建一个新的 g，运行 fn 函数，需要 siz byte 的参数
// 将其放至 G 队列等待运行
// 编译器会将 Go 关键字的语句转化成此函数

//go:nosplit
func newproc(siz int32, fn *funcval)
从这里开始要进入 hard 模式了，打起精神，随手写一句：
go func() {
	// 要做的事
}()
```

就启动了一个 goroutine 的时候，一定要知道，在 Go 编译器的作用下，这条语句最终会转化成 newproc 函数。

因此，newproc 函数需要两个参数：一个是新创建的 goroutine 需要执行的任务，也就是 fn，它代表一个函数 func；还有一个是 fn 的参数大小。

再回过头看，构造 newproc 函数调用栈的时候，第一个参数是 0，因为 runtime.main 函数没有参数：

```
// src/runtime/proc.go

func main()
```

第二个参数则是 runtime.main 函数的地址。

读者可能会感到奇怪，为什么要给 newproc 传一个表示 fn 的参数大小的参数呢？

goroutine 和线程一样，都有自己的栈，不同的是 goroutine 的初始栈比较小，只有 2KB，而且是可伸缩的，这也是创建 goroutine 的代价比创建线程代价小的原因。

换句话说，每个 goroutine 都有自己的栈空间，newproc 函数会新创建一个新的 goroutine 来执行 fn 函数，在新 goroutine 上执行指令，就要用新 goroutine 的栈。而执行函数需要参数，这个参数又是在老的 goroutine 上，所以需要将其复制到新 goroutine 的栈上。复制的起始位置就是栈顶，这好办。那复制多少数据呢？由 siz 来确定。

继续看代码，newproc 函数的第二个参数 funcval：

```
// src/runtime/runtime2.go
type funcval struct {
	fn uintptr
	// variable-size, fn-specific data here
}
```

它是一个变长结构，第一个字段是一个指针 fn，内存中，紧挨着 fn 的是函数的参数。

来看一个例子：

```
package main

func hello(msg string) {
	println(msg)
}

func main() {
	go hello("hello world")
}
```

栈布局是这样的，如图 12-18 所示。

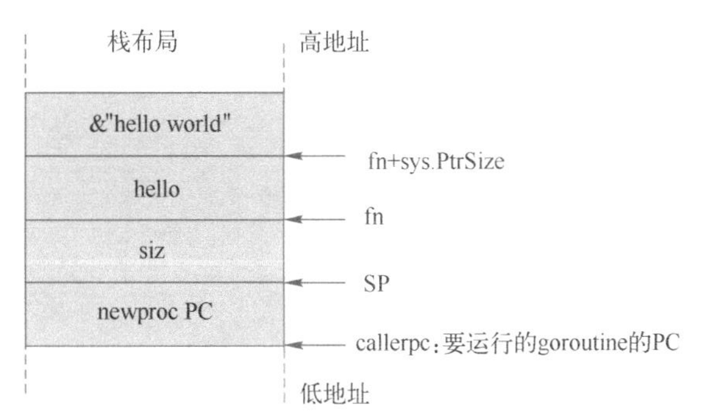

● 图 12-18 fn 与函数参数

栈顶是 siz，再往上是函数的地址，再往上就是传给 hello 函数的参数，string 在这里是一个地址。因此前面代码里先 push 参数的地址，再 push 参数大小。

```
// src/runtime/proc.go

func newproc(siz int32, fn *funcval) {
    // 获取第一个参数地址
    argp := add(unsafe.Pointer(&fn), sys.PtrSize)
    gp := getg()
    pc := getcallerpc() // 获取调用者的指令地址，也就是调用 newproc 时由 call 指令压栈的函数返回地址
    // systemstack 的作用是切换到 g0 栈执行作为参数的函数
    // 用 g0 系统栈创建 goroutine 对象
    // 传递的参数包括 fn 函数入口地址，argp 参数起始地址，siz 参数长度，调用方 pc（goroutine）
    systemstack(func() {
        newg := newproc1(fn, argp, siz, gp, pc)

        _p_ := getg().m.p.ptr()
        runqput(_p_, newg, true)

        if mainStarted {
            wakep()
        }
    })
}
```

因此，argp 跳过 fn，向上跳过一个指针的长度，拿到 fn 参数的地址。

接着通过 getcallerpc 获取调用者的下一条指令地址，也就是调用 newproc 时由 call 指令压栈的函数返回地址，也就是 runtime·rt0_go 函数里 CALL runtime·newproc(SB) 指令后面的 POPQ AX 这条指令的地址。

最后，调用 systemstack 函数在 g0 栈执行 fn 函数。由于本文讲述的是初始化过程中，由 runtime·rt0_go 函数调用，本身是在 g0 栈执行，因此会直接执行 fn 函数。而如果是用户在程序中写的 go xxx 代码，在执行时，就会先切换到 g0 栈执行，然后再切回来。

一鼓作气，继续看 newproc1 函数，为了连贯性，先将整个函数的代码贴出来，并且加上了注释。当然，本小节不会涉及所有的代码，只会讲部分内容：

```
// src/runtime/proc.go

// 创建一个新的 g 来跑 fn
func newproc1(fn *funcval, argp unsafe.Pointer, narg int32, callergp *g, callerpc uintptr) *g {
    // 当前 goroutine 的指针
    // 因为已经切换到 g0 栈，所以无论什么场景都是 _g_ = g0
    // g0 是指当前工作线程的 g0
    _g_ := getg()

    if fn == nil {
        _g_.m.throwing = -1 // do not dump full stacks
        throw("go of nil func value")
    }
```

```
acquirem()

// 参数加返回值所需要的空间（经过内存对齐）
siz := narg + nret
siz = (siz + 7) &^ 7

// ...............................

// 当前工作线程所绑定的 p
// 初始化时 _p_ = g0.m.p，也就是 _p_ = allp[0]
_p_ := _g_.m.p.ptr()
// 从 p 的本地缓冲里获取一个没有使用的 g，初始化时为空，返回 nil
newg := gfget(_p_)
if newg == nil {
    // new 一个 g 结构体对象，然后从堆上为其分配栈，并设置 g 的 stack 成员和两个 stackgard 成员
    newg = malg(_StackMin)
    // 初始化 g 的状态为 _Gdead
    casgstatus(newg, _Gidle, _Gdead)
    // 放入全局变量 allgs 切片中
    allgadd(newg)
}
if newg.stack.hi == 0 {
    throw("newproc1: newg missing stack")
}

if readgstatus(newg) != _Gdead {
    throw("newproc1: new g is not Gdead")
}

// 计算运行空间大小并对齐
totalSize := 4*sys.RegSize + uintptr(siz) + sys.MinFrameSize
totalSize += -totalSize & (sys.SpAlign - 1)
// 确定 sp 位置
sp := newg.stack.hi - totalSize
// 确定参数入栈位置
spArg := sp

// ...............................

if narg > 0 {
    // 将参数从执行 newproc 函数的栈复制到新 g 的栈
    memmove(unsafe.Pointer(spArg), unsafe.Pointer(argp), uintptr(narg))

    // ...............................
}

// 把 newg.sched 结构体成员的所有成员设置为 0
memclrNoHeapPointers(unsafe.Pointer(&newg.sched), unsafe.Sizeof(newg.sched))
// 设置 newg 的 sched 成员，调度器需要依靠这些字段才能把 goroutine 调度到 CPU 上运行
newg.sched.sp = sp
newg.stktopsp = sp
// newg.sched.pc 表示当 newg 被调度起来运行时从这个地址开始执行指令
newg.sched.pc = funcPC(goexit) + sys.PCQuantum
newg.sched.g = guintptr(unsafe.Pointer(newg))
gostartcallfn(&newg.sched, fn)
newg.gopc = callerpc
newg.ancestors = saveAncestors(callergp)
// 设置 newg 的 startpc 为 fn.fn，该成员主要用于函数调用栈的 traceback 和栈收缩
// newg 真正从哪里开始执行并不依赖于这个成员，而是 sched.pc
newg.startpc = fn.fn
if _g_.m.curg != nil {
    newg.labels = _g_.m.curg.labels
}
if isSystemGoroutine(newg) {
    atomic.Xadd(&sched.ngsys, +1)
}
```

```
        // 设置 g 的状态为 _Grunnable，就可以运行了
        casgstatus(newg, _Gdead, _Grunnable)

        if _p_.goidcache == _p_.goidcacheend {
            _p_.goidcache = atomic.Xadd64(&sched.goidgen, _GoidCacheBatch)
            _p_.goidcache -= _GoidCacheBatch - 1
            _p_.goidcacheend = _p_.goidcache + _GoidCacheBatch
        }
        // 设置 goid
        newg.goid = int64(_p_.goidcache)
        _p_.goidcache++

        // ……………………

        releasem(_g_.m)
        return newg
}
```

当前代码在 g0 栈上执行，因此执行完 _g_ := getg() 之后，无论是在什么情况下都可以得到 _g_ = g0。之后通过 g0 找到其绑定的 P，也就是 p0。

接着，尝试从 p0 上找一个空闲的 G：

```
// 从 p 的本地缓冲里获取一个没有使用的 g，初始化时为空，返回 nil
newg := gfget(_p_)
```

如果拿不到，则会在堆上创建一个新的 G，为其分配 2KB 大小的栈，并设置好新 goroutine 的 stack 成员，设置其状态为_Gdead，并将其添加到全局变量 allgs 中。创建完成之后，就在堆上有了一个 2KB 大小的栈。于是，图再次丰富，如图 12-19 所示。

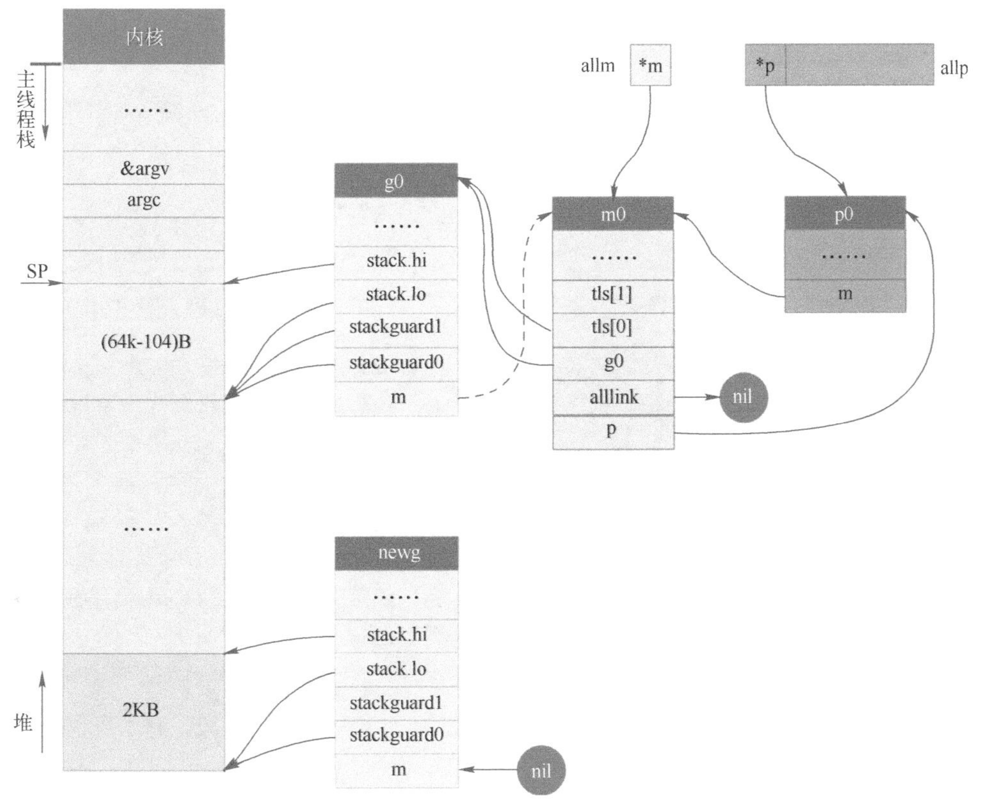

● 图 12-19　创建了新的 goroutine

这样，主 goroutine 就诞生了，图 12-19 中的 newg 就是主 goroutine。

12.9 g0 栈和用户栈如何被切换

上一节讲完了主 goroutine 的诞生，但是它不是第一个 goroutine，算上 g0，它要算第二个了。不过，要考虑的就是这个 goroutino，因为它会真正执行用户代码。

我们知道，g0 栈用于执行调度器的代码，它选择一个可以运行的 goroutiune，之后跳转到执行用户代码的地方。如何跳转？这中间涉及栈和寄存器的切换。函数调用和返回主要靠的也是 CPU 寄存器的切换，goroutine 的切换和此类似。

继续看 proc1 函数的代码。中间有一段调整运行空间的代码，计算出的结果一般为 0，也就是一般不会调整 SP 的位置，直接忽略。

```
// 确定参数入栈位置
spArg := sp
参数的入参位置也是从 SP 处开始，通过：
// 将参数从执行 newproc 函数的栈复制到新 g 的栈
memmove(unsafe.Pointer(spArg), unsafe.Pointer(argp), uintptr(narg))
```

将 fn 的参数从 g0 栈上复制到 newg 的栈上，memmove 函数需要传入源地址、目的地址、参数大小。由于主函数在这里没有参数需要复制，因此这里相当于没做什么。

接着，初始化 newg 的各种字段，而且涉及最重要的 pc，sp 等字段：

```
// 把 newg.sched 结构体成员的所有成员设置为 0
memclrNoHeapPointers(unsafe.Pointer(&newg.sched), unsafe.Sizeof(newg.sched))
// 设置 newg 的 sched 成员，调度器需要依靠这些字段才能把 goroutine 调度到 CPU 上运行
newg.sched.sp = sp
newg.stktopsp = sp
// newg.sched.pc 表示当 newg 被调度起来运行时从这个地址开始执行指令
newg.sched.pc = funcPC(goexit) + sys.PCQuantum
newg.sched.g = guintptr(unsafe.Pointer(newg))
gostartcallfn(&newg.sched, fn)
newg.gopc = callerpc
newg.ancestors = saveAncestors(callergp)
// 设置 newg 的 startpc 为 fn.fn，该成员主要用于函数调用栈的 traceback 和栈收缩
// newg 真正从哪里开始执行并不依赖于这个成员，而是 sched.pc
newg.startpc = fn.fn
if _g_.m.curg != nil {
    newg.labels = _g_.m.curg.labels
}
```

首先，memclrNoHeapPointers 将 newg.sched 的内存全部清零。接着，设置 sched 的 sp 字段，当 goroutine 被调度到 m 上运行时，需要通过 sp 字段来指示栈顶的位置，这里设置的就是新栈的栈顶位置。

最关键的一行来了：

```
// newg.sched.pc 表示当 newg 被调度起来运行时从这个地址开始执行指令
newg.sched.pc = funcPC(goexit) + sys.PCQuantum
```

设置 pc 字段为函数 goexit 的地址加 1，也说是 goexit 函数的第二条指令，goexit 函数是 goroutine 退出后的一些清理工作。有点奇怪，这是要干什么？接着往后看。

```
newg.sched.g = guintptr(unsafe.Pointer(newg))
```

设置 g 字段为 newg 的地址。插一句，sched 是 g 结构体的一个字段，它本身也是一个结构体，保存调度信息。复习一下：

```
// src/runtime/runtime2.go

type gobuf struct {
    // 存储 rsp 寄存器的值
```

```
    sp     uintptr
    // 存储 rip 寄存器的值
    pc     uintptr
    // 指向 goroutine
    g      guintptr
    ctxt unsafe.Pointer
    // 保存系统调用的返回值
    ret    sys.Uintreg
    lr     uintptr
    bp     uintptr
}
```

接下来的这个函数非常重要，可以解释之前为什么要那样设置 pc 字段的值。调用 gostartcallfn：

```
gostartcallfn(&newg.sched, fn) //调整 sched 成员和 newg 的栈
```

传入 newg.sched 和 fn。

```
// src/runtime/stack.go

func gostartcallfn(gobuf *gobuf, fv *funcval) {
    var fn unsafe.Pointer
    if fv != nil {
        // fn: gorotine 的入口地址，初始化时对应的是 runtime.main
        fn = unsafe.Pointer(fv.fn)
    } else {
        fn = unsafe.Pointer(funcPC(nilfunc))
    }
    gostartcall(gobuf, fn, unsafe.Pointer(fv))
}
```

继续调用 gostartcall 函数：

```
// src/runtime/sys_x86.go

func gostartcall(buf *gobuf, fn, ctxt unsafe.Pointer) {
    // newg 的栈顶，目前 newg 栈上只有 fn 函数的参数，sp 指向的是 fn 的第一参数
    sp := buf.sp

    // ..............................

    // 为返回地址预留空间
    sp -= sys.PtrSize
    // 这里填的是 newproc1 函数里设置的 goexit 函数的第二条指令
    // 伪装 fn 是被 goexit 函数调用的，使得 fn 执行完后返回到 goexit 继续执行，从而完成清理工作
    *(*uintptr)(unsafe.Pointer(sp)) = buf.pc
    // 重新设置 buf.sp
    buf.sp = sp
    // 当 goroutine 被调度起来执行时，会从这里的 pc 值开始执行，初始化时就是 runtime.main
    buf.pc = uintptr(fn)
    buf.ctxt = ctxt
}
```

函数 gostartcallfn 只是拆解出了包含在 funcval 结构体里的函数指针，然后调用 gostartcall。将 sp 减小了一个指针的位置，这是给返回地址留空间。果然接着就把 buf.pc 填入了栈顶的位置：

```
*(*uintptr)(unsafe.Pointer(sp)) = buf.pc
```

原来 buf.pc 只是做了一个搬运工。重新设置 buf.sp 为减掉一个指针位置之后的值，设置 buf.pc 为 fn，指向要执行的函数，这里就是指的 runtime.main 函数。

这才是应有的操作。之后，当调度器"光顾"此 goroutine 时，取出 buf.sp 和 buf.pc，恢复 CPU 相应的寄存器，就可以构造出 goroutine 的运行环境。

而 goexit 函数也通过"偷天换日"将自己的地址"强行"放到 newg 的栈顶，达到自己不可告人的目的：每个 goroutine 执行完之后，都要经过它的一些清理工作，才能"放行"。这样一看，goexit 函数还真是无私，默默地做一些"扫尾"的工作。

设置完 newg.sched 之后，图 12-19 又可以前进一步，如图 12-20 所示。

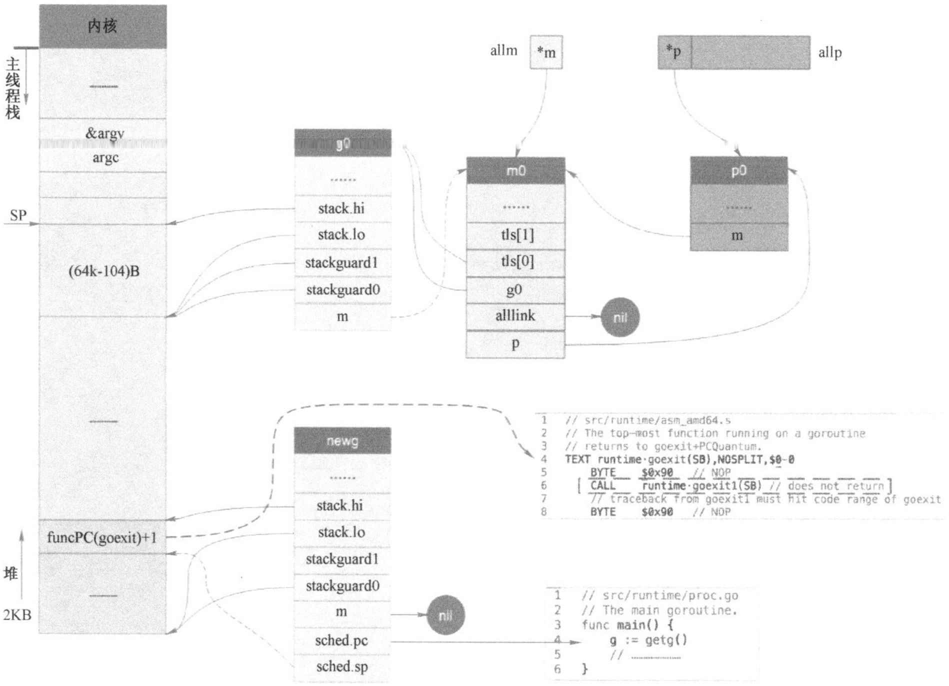

● 图 12-20 设置 newg.sched

图 12-20 中，newg 新增了 sched.pc，指向 runtime.main 函数，当它被调度起来执行时，就从这里开始；新增了 sched.sp 指向了 newg 栈顶位置，同时，newg 栈顶位置的内容是一个跳转地址，指向 runtime.goexit 的第 2 条指令，当 goroutine 退出时，这条地址会载入 CPU 的 PC 寄存器，跳转到这里执行“扫尾”工作。

之后，将 newg 的状态改为 runnable，设置 goroutine 的 id：

```
// 设置 g 的状态为 _Grunnable，可以运行了
casgstatus(newg, _Gdead, _Grunnable)

newg.goid = int64(_p_.goidcache)
```

每个 P 每次会批量（16 个）申请 id，每次调用 newproc 函数，如果新创建一个 goroutine，id 加 1。因此 g0 的 id 是 0，而主 goroutine 的 id 就是 1。

当 newg 的状态变成可执行后（Runnable），就可以将它加入到 P 的本地可运行队列里，等待调度。所以，goroutine 何时被执行，用户代码决定不了。来看源码：

```
// 将 G 放入 _p_ 的本地待运行队列
runqput(_p_, newg, true)

// src/runtime/proc.go
// runqput 尝试将 g 放到本地可执行队列里。
// 如果 next 为假，runqput 将 g 添加到可运行队列的尾部
// 如果 next 为真，runqput 将 g 添加到 p.runnext 字段
// 如果 run queue 满了，runnext 将 g 放到全局队列里
//
// runnext 成员中的 goroutine 会被优先调度起来运行
func runqput(_p_ *p, gp *g, next bool) {
    // ........................

    if next {
    retryNext:
        oldnext := _p_.runnext
```

```
            if !_p_.runnext.cas(oldnext, guintptr(unsafe.Pointer(gp))) {
                // 有其他线程在操作 runnext 成员，需要重试
                goto retryNext
            }
            // 老的 runnext 为 nil，不用管了
            if oldnext == 0 {
                return
            }
            // 把之前的 runnext 放入正常的 runq 中
            // 原本存放在 runnext 的 gp 放入 runq 的尾部
            gp = oldnext.ptr()
        }

retry:
        h := atomic.Load(&_p_.runqhead)
        t := _p_.runqtail
        // 如果 P 的本地队列没有满，入队
        if t-h < uint32(len(_p_.runq)) {
            _p_.runq[t%uint32(len(_p_.runq))].set(gp)
            // 原子写入
            atomic.Store(&_p_.runqtail, t+1)
            return
        }
        // 可运行队列已经满了，放入全局队列了
        if runqputslow(_p_, gp, h, t) {
            return
        }
        // 没有成功放入全局队列，说明本地队列没满，重试一下
        goto retry
}
```

函数 runqput 的主要作用就是将新创建的 goroutine 加入到 P 的可运行队列，如果本地队列满了，则加入到全局可运行队列。前两个参数都好理解，最后一个参数 next 的作用是，当它为 true 时，会将 newg 加入到 P 的 runnext 字段。于是，newg 具有最高优先级，将先于普通队列中的 goroutine 得到执行。

先将 P 中老的 runnext 成员取出，接着用一个原子操作 cas 来试图将 runnext 成员设置成 newg，目的是防止其他线程在同时修改 runnext 字段。

设置成功之后，相当于 newg “挤掉” 了原来老的处于 runnext 的 goroutine。但是还得“安顿”好人家，“安顿”的动作在 retry 代码段中执行。先通过 head，tail，len(_p_.runq) 来判断队列是否已满，如果没满，则直接写到队列尾部，同时修改队列尾部的指针。

```
atomic.Store(&_p_.runqtail, t+1)
```

这里使用原子操作写入 runtail，防止编译器和 CPU 指令重排，保证上一行代码对 runq 的修改发生在修改 runqtail 之前，并且保证当前线程对队列的修改对其他线程立即可见。

如果本地队列满了，那就只能试图将 newg 添加到全局可运行队列中了。调用 runqputslow(_p_, gp, h, t) 完成。

```
// src/runtime/proc.go

// 将 g 和 _p_ 本地队列的一半 goroutine 放入全局队列
// 因为要获取锁，所以会慢
func runqputslow(_p_ *p, gp *g, h, t uint32) bool {
    var batch [len(_p_.runq)/2 + 1]*g

    n := t - h
    n = n / 2
    if n != uint32(len(_p_.runq)/2) {
        throw("runqputslow: queue is not full")
    }
    for i := uint32(0); i < n; i++ {
        batch[i] = _p_.runq[(h+i)%uint32(len(_p_.runq))].ptr()
```

```
	}
	// 如果 cas 操作失败，说明本地队列不满了，直接返回
	if !atomic.Cas(&_p_.runqhead, h, h+n) {
		return false
	}
	batch[n] = gp

	// ..............................

	// 全局运行队列是一个链表，这里首先把所有需要放入全局运行队列的 g 链接起来
	// 减小锁粒度，从而降低锁冲突，提升性能
	for i := uint32(0); i < n; i++ {
		batch[i].schedlink.set(batch[i+1])
	}
	var q gQueue
	q.head.set(batch[0])
	q.tail.set(batch[n])

	// Now put the batch on global queue.
	lock(&sched.lock)
	globrunqputbatch(&q, int32(n+1))
	unlock(&sched.lock)
	return true
}
```

先将 P 本地队列里所有的 goroutine 加入到一个数组中，数组长度为 len(_p_.runq)/2 + 1，也就是 runq 的一半加上 newg。

接着，将从 runq 的头部开始的前一半 goroutine 存入 bacth 数组。然后，使用原子操作尝试修改 P 的队列头，因为出队了一半 goroutine，所以 head 要向后移动 1/2 的长度。如果修改失败，说明 runq 的本地队列被其他线程修改了，因此后面的操作就不进行了，直接返回 false，表示 newg 没被添加进来。

```
batch[n] = gp
```

将 newg 本身添加到数组。

通过循环将 batch 数组里的所有 g 连接成链表，如图 12-21 所示。

```
for i := uint32(0); i < n; i++ {
	batch[i].schedlink.set(batch[i+1])
}
```

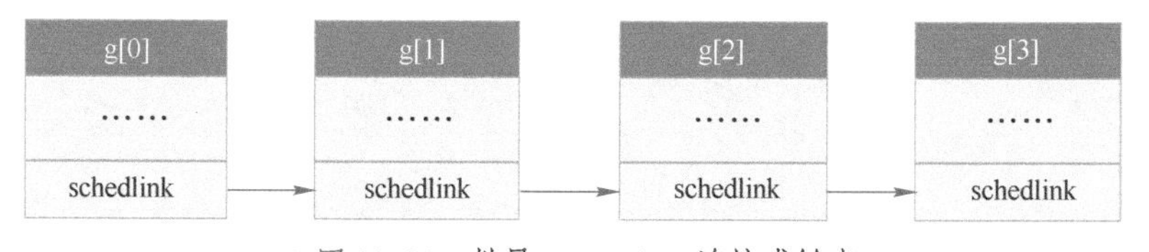

● 图 12-21　批量 goroutine 连接成链表

最后，将链表添加到全局队列中。由于操作的是全局队列，因此需要获取锁，因为存在竞争，所以代价较高。这也是本地可运行队列存在的原因。调用 globrunqputbatch：

```
// src/runtime/proc.go

func globrunqputbatch(batch *gQueue, n int32) {
	sched.runq.pushBackAll(*batch)
	sched.runqsize += n
	*batch = gQueue{}
}

func (q *gQueue) pushBackAll(q2 gQueue) {
	if q2.tail == 0 {
		return
	}
	q2.tail.ptr().schedlink = 0
	if q.tail != 0 {
```

```
            q.tail.ptr().schedlink = q2.head
        } else {
            q.head = q2.head
        }
        q.tail = q2.tail
    }
```

如果全局的队列尾 sched.runq.tail 不为空，则直接将其和前面生成的链表头相接，否则说明全局的可运行列队为空，那就直接将前面生成的链表头设置到 sched.runq.head。

最后，再设置好队列尾，增加 runqsize。设置完成如图 12-22 所示。

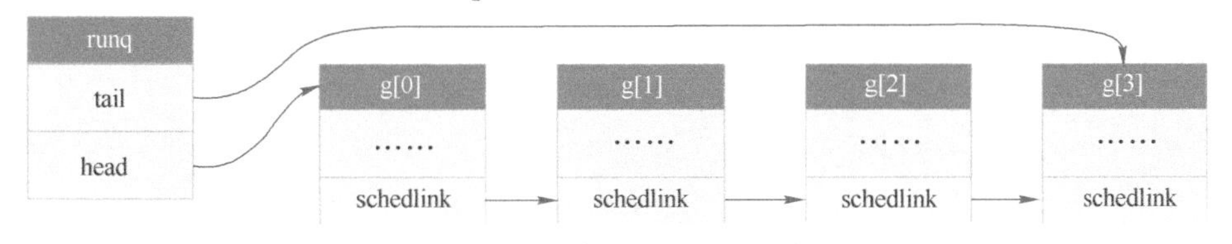

● 图 12-22　放到全局可运行队列

再回到 runqput 函数，如果将 newg 添加到全局队列失败了，说明本地队列在此过程中发生了变化，又有了位置可以添加 newg，因此重试 retry 代码段。并且，P 的本地可运行队列的长度为 256，它是一个循环队列，因此最多只能放下 256 个 goroutine。

因为本节还是处于初始化的场景，所以 newg 被成功放入 p0 的本地可运行队列，等待被调度。

将图 12-20 再完善一下，如图 12-23 所示。

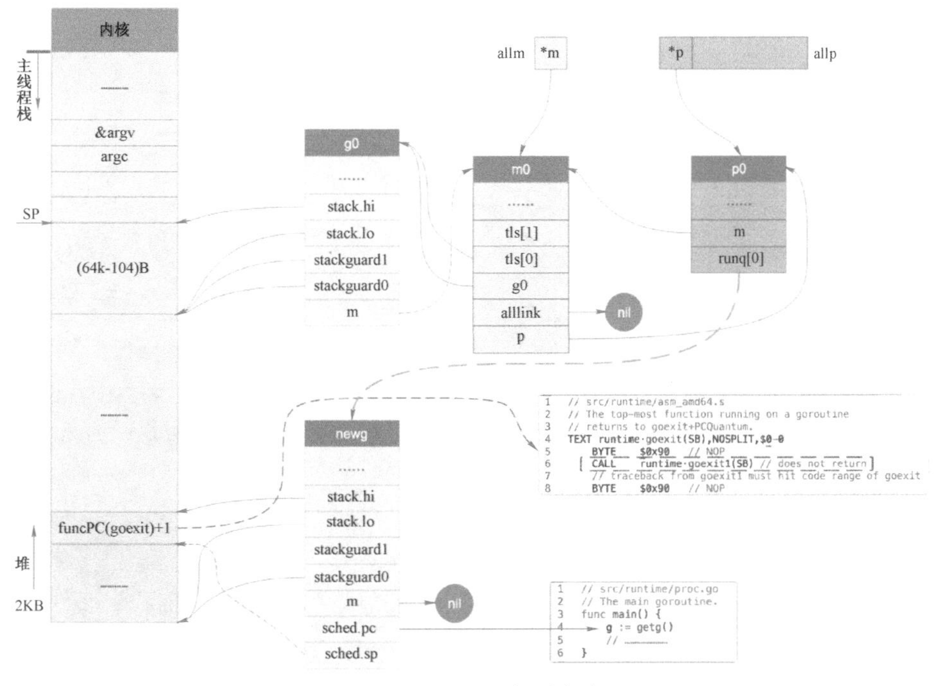

● 图 12-23　newg 添加到本地 runq

 12.10 Go schedule 循环如何启动

上一节新创建了一个 goroutine，设置好了 sched 成员的 sp 和 pc 字段，并且将其添加到了 p0 的本地可运行队列，坐等调度器的调度。

继续看代码。操作了半天，其实还在 runtime·rt0_go 函数里，执行完 runtime·newproc(SB) 后，继续执行两条 POP 指令将之前为调用它构建的参数弹出栈。好消息是，最后就只剩下一个函数了：

```
// start this M
// 主线程进入调度循环，运行刚刚创建的 goroutine
CALL        runtime·mstart(SB)
前面铺垫了半天，调度器终于要开始运转了。
函数 mstart 设置了 stackguard0 和 stackguard1 字段后，就直接调用 mstart1() 函数：
// src/runtime/proc.go

func mstart1() {
    // 启动过程时 _g_ = m0.g0
    _g_ := getg()

    if _g_ != _g_.m.g0 {
        throw("bad runtime·mstart")
    }

    // 一旦调用 schedule() 函数，永不返回
    // 所以栈帧可以被复用
    save(getcallerpc(), getcallersp())
    asminit()  // 在 AMD64 Linux 平台中，此函数什么也不做
    minit()    // 信号相关的初始化

    if _g_.m == &m0 {
        mstartm0() // 也是信号相关的初始化
    }

    // 执行启动函数。初始化过程中，fn == nil
    if fn := _g_.m.mstartfn; fn != nil {
        fn()
    }

    // m0 已经绑定了 allp[0]，不是 m0 的话还没有绑定 p，需要获取一个
    if _g_.m != &m0 {
        acquirep(_g_.m.nextp.ptr())
        _g_.m.nextp = 0
    }

    // 进入调度循环。永不返回
    schedule()
}
```

函数 mstart1 首先调用 save 函数来保存 g0 的调度信息到 g0.sched 结构体，getcallerpc() 返回的是 mstart 调用 mstart1 时被 call 指令压栈的返回地址，也就是 mstart 函数中 mstart1() 这一行代码之后的“switch GOOS {”这一行代码的地址。而 getcallersp() 函数返回的是调用 mstart1 函数之前 mstart 函数的栈顶地址。来看 save 函数的源码：

```
// src/runtime/proc.go

func save(pc, sp uintptr) {
    _g_ := getg() // g0

    // 保存 caller's PC，再次运行时的指令地址
    _g_.sched.pc = pc
    // 保存 caller's SP，再次运行时的栈顶
    _g_.sched.sp = sp
    _g_.sched.lr = 0
    _g_.sched.ret = 0
    _g_.sched.g = guintptr(unsafe.Pointer(_g_))
    if _g_.sched.ctxt != nil {
        badctxt()
    }
}
```

主要是设置了 g0.sched.sp 和 g0.sched.pc，前者指向调用 mstart1 函数之前 mstart 函数的栈顶地址，

后者则指向 mstart 函数中 mstart1() 这一行代码之后的“switch GOOS {”这一行代码的地址，如图 12-24 所示。

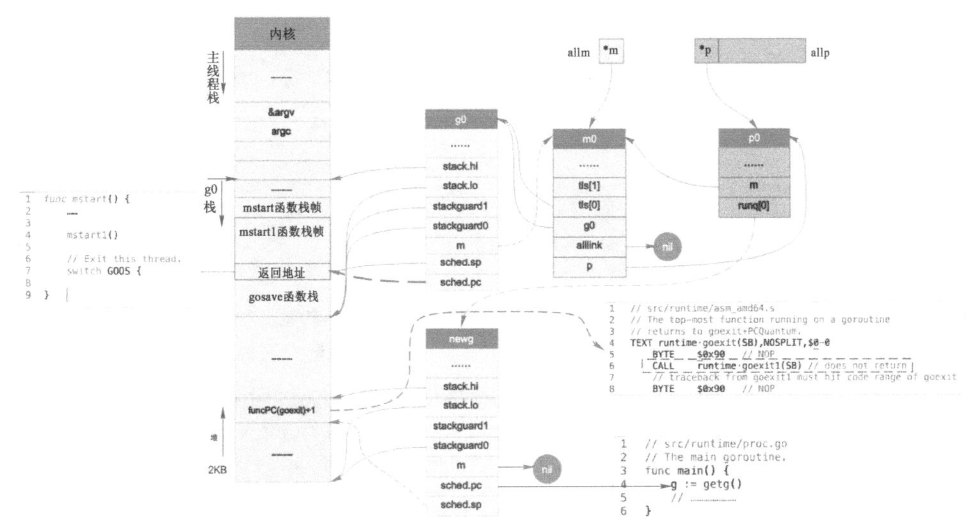

● 图 12-24　调用 gosave 函数后

图 12-24 中 sched.pc 并不直接指向返回地址，所以图中的虚线并没有箭头。接下来，进入 schedule 函数，永不返回。

```
// 执行一轮调度器的工作：找到一个 runnable 的 goroutine，并且执行它
// 永不返回
func schedule() {
    // _g_ = 每个工作线程 m 对应的 g0，初始化时是 m0 的 g0
    _g_ := getg()

    // ...

top:
    // ...

    var gp *g
    var inheritTime bool

    // ...

    if gp == nil {
        // 为了公平，每调用 schedule 函数 61 次就要从全局可运行 goroutine 队列中获取
        if _g_.m.p.ptr().schedtick%61 == 0 && sched.runqsize > 0 {
            lock(&sched.lock)
            // 从全局队列获取 1 个 gorutine
            gp = globrunqget(_g_.m.p.ptr(), 1)
            unlock(&sched.lock)
        }
    }

    // 从 P 本地获取 G 任务
    if gp == nil {
        gp, inheritTime = runqget(_g_.m.p.ptr())
    }

    if gp == nil {
        // 从本地运行队列和全局运行队列都没有找到需要运行的 goroutine
        // 调用 findrunnable 函数从其他工作线程的运行队列中偷取，如果偷不到，则当前工作线程进入睡眠
        // 直到获取到 runnable goroutine 之后 findrunnable 函数才会返回
        gp, inheritTime = findrunnable()
    }

    if _g_.m.spinning {
```

```
            resetspinning()
        }

        // ...

        if gp.lockedm != nil {
            startlockedm(gp)
            goto top
        }

        // 执行 goroutine 任务函数
        // 当前运行的是 runtime 的代码，函数调用栈使用的是 g0 的栈空间
        // 调用 execute 切换到 gp 的代码和栈空间去运行
        execute(gp, inheritTime)
    }
```

调用 runqget，从 P 本地可运行队列先选出一个可运行的 goroutine；为了公平，调度器每调度完 61 次，都会尝试调用 globrunqget 从全局队列里取出待运行的 goroutine 来运行；如果还没找到，就调用 findrunnable 函数去其他 P 里面去偷一些 goroutine 来执行。findrunnable 函数后面会再讲。

经过千辛万苦，终于找到了可以运行的 goroutine，调用 execute(gp, inheritTime) 切换到选出的 goroutine 栈执行，调度器的调度次数会在这里更新，源码如下：

```
// src/runtime/proc.go

// 调度 gp 在当前 M 上运行
// 如果 inheritTime 为真，gp 执行当前的时间片
// 否则，开启一个新的时间片
//
//go:yeswritebarrierrec
func execute(gp *g, inheritTime bool) {
    // g0
    _g_ := getg()

    // 将 gp 和 m 关联起来
    _g_.m.curg = gp
    gp.m = _g_.m
    // 将 gp 的状态改为 running
    casgstatus(gp, _Grunnable, _Grunning)
    gp.waitsince = 0
    gp.preempt = false
    gp.stackguard0 = gp.stack.lo + _StackGuard
    if !inheritTime {
        // 调度器调度次数增加 1
        _g_.m.p.ptr().schedtick++
    }

    // ..............................

    // gogo 完成从 g0 到 gp 真正的切换
    // CPU 执行权的转让以及栈的切换
    // 执行流的切换从本质上来说就是 CPU 寄存器以及函数调用栈的切换
    // 然而不管是 go 还是 c 这种高级语言都无法精确控制 CPU 寄存器的修改
    // 因而高级语言在这里也就无能为力了，只能依靠汇编指令来达成目的
    gogo(&gp.sched)
}
```

将 gp 的状态改为 _Grunning，将 m 和 gp 相互关联起来。最后，调用 gogo 完成从 g0 到 gp 的切换，CPU 的执行权将从 g0 转让到 gp。函数 gogo 用汇编语言写成，原因是 goroutine 的调度涉及不同执行流之间的切换，而执行流的切换从本质上来说就是 CPU 寄存器以及函数调用栈的切换，然而 Go 作为一门高级语言无法精确控制 CPU 寄存器，只能使用汇编语言。

继续看 gogo 函数的实现，传入 &gp.sched 参数，源码如下：

```
// src/runtime/asm_amd64.s

TEXT runtime·gogo(SB), NOSPLIT, $16-8
    // 0(FP) 表示第一个参数，即 buf = &gp.sched
```

```
MOVQ    buf+0(FP), BX          // gobuf
MOVQ    gobuf_g(BX), DX        // DX = gp.sched.g
MOVQ    0(DX), CX              // make sure g != nil
get_tls(CX)
// 将 g 放入到 tls[0]
// 把要运行的 g 的指针放入线程本地存储，这样后面的代码就可以通过线程本地存储
// 获取到当前正在执行的 goroutine 的 g 结构体对象，从而找到与之关联的 m 和 p
// 运行这条指令之前，线程本地存储存放的是 g0 的地址
MOVQ    DX, g(CX)
// 把 CPU 的 SP 寄存器设置为 sched.sp，完成了栈的切换
MOVQ    gobuf_sp(BX), SP       // restore SP
// 恢复调度上下文到 CPU 相关寄存器
MOVQ    gobuf_ret(BX), AX
MOVQ    gobuf_ctxt(BX), DX
MOVQ    gobuf_bp(BX), BP
// 清空 sched 的值，因为已经把相关值放入 CPU 对应的寄存器了，不再需要，这样做可以少 GC 的工作量
MOVQ    $0, gobuf_sp(BX)       // clear to help garbage collector
MOVQ    $0, gobuf_ret(BX)
MOVQ    $0, gobuf_ctxt(BX)
MOVQ    $0, gobuf_bp(BX)
// 把 sched.pc 值放入 BX 寄存器
MOVQ    gobuf_pc(BX), BX
// JMP 把 BX 寄存器的包含的地址值放入 CPU 的 IP 寄存器，于是，CPU 跳转到该地址继续执行指令
JMP BX
```

注释地比较详细了。核心的地方是：

```
1   MOVQ    gobuf_g(BX), DX
2   MOVQ    0(DX), CX
3   get_tls(CX)
4   MOVQ    DX, g(CX)
```

第 1 行，将 gp.sched.g 保存到 DX 寄存器；第 2 行，检查一下 g 是否为 nil，如果是 nil，说明程序有问题，直接 crash；第 3～4 行，已经见得比较多了，get_tls 将 tls 保存到 CX 寄存器，再将 gp.sched.g 放到 tls[0] 处。这样，当下次再调用 get_tls 时，取出的就是 gp，而不再是 g0，这一行完成从 g0 栈切换到 gp 的操作。

可能需要提一下的是，Go plan9 汇编中的一些奇怪的符号：

```
MOVQ    buf+0(FP), BX   # &gp.sched --> BX
```

FP 是个伪寄存器，前面加 0 表示是第一个参数的位置，最前面的 buf 是一个符号。关于 Go 汇编语言的一些知识，可以阅读《Go 语言高级编程》的相关章节。

接下来，将 gp.sched 的相关成员恢复到 CPU 对应的寄存器。最重要的是 sched.sp 和 sched.pc，前者被恢复到了 SP 寄存器，后者被保存到 BX 寄存器，最后一条跳转指令跳转到新的地址开始执行。通过前面的内容知道，这里保存的就是 runtime.main 函数的地址。

最终，调度器完成了这个值得铭记的时刻，从 g0 转到 gp，开始执行 runtime.main 函数。

用一张流程图总结一下从 g0 切换到主 goroutine 的过程，如图 12-25 所示。

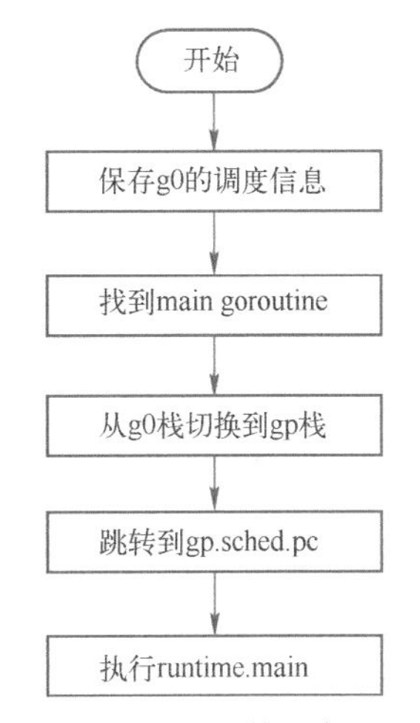

● 图 12-25 从 g0 切换到主 goroutine

12.11 goroutine 如何退出

上一节调度器将主 goroutine 推上舞台，为它铺好了道路，开始执行 runtime.main 函数。这一讲，探索主 goroutine 以及普通 goroutine 从执行到退出的整个过程。

接着上一节，开始执行 runtime.main 函数：

```
// src/runtime/proc.go

// 主 goroutine.
func main() {
    // g =主 goroutine，不再是 g0 了
    g := getg()

    g.m.g0.racectx = 0

    if sys.PtrSize == 8 {
        maxstacksize = 1000000000
    } else {
        maxstacksize = 250000000
    }

    // Allow newproc to start new Ms.
    mainStarted = true

    lockOSThread()

    if g.m != &m0 {
        throw("runtime.main not on m0")
    }

    doInit(&runtime_inittask)
    if nanotime() == 0 {
        throw("nanotime returning zero")
    }

    needUnlock := true
    defer func() {
        if needUnlock {
            unlockOSThread()
        }
    }()

    runtimeInitTime = nanotime()

    // 开启垃圾回收器
    gcenable()

    main_init_done = make(chan bool)

    // …

    // main 包的初始化，递归地调用 import 进来的包的初始化函数
    fn := main_init
    fn()
    close(main_init_done)

    needUnlock = false
    unlockOSThread()

    // …

    // 调用 main.main 函数
    fn = main_main
    fn()

    // …

    // 进入系统调用，退出进程，可以看出主 goroutine 并未返回，而是直接进入系统调用退出进程了
    exit(0)
    // 保护性代码，如果 exit 意外返回，下面的代码会让该进程 crash 死掉
    for {
        var x *int32
        *x = 0
```

```
    }
}
```

来看 main 函数的执行流程，如图 12-26 所示。

从流程图可知，main goroutine 执行完之后就直接调用 exit(0) 退出了，这会导致整个进程退出，太粗暴了。

不过，main goroutine 实际上就是代表用户的 main 函数，它都执行完了，肯定是用户的任务都执行完了，直接退出就可以了，就算有其他的 goroutine 没执行完，同样会直接退出，这一点需要注意。

例如，有这样一个简短的例子：

```
package main

import "fmt"

func main() {
    go func() {fmt.Println("hello qcrao.com")}()
}
```

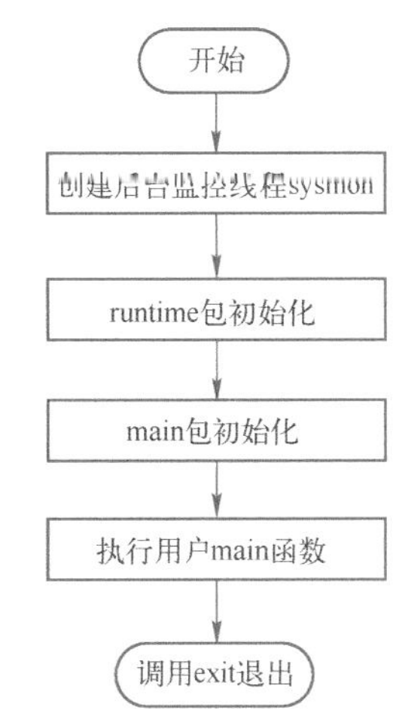

● 图 12-26 main 函数执行流程图

例子中，main gorutine 退出时，还来不及执行 go 出去的函数，整个进程就直接退出了，打印语句并不会执行，因此程序没有任何输出。

这时，可能会跳出疑问：之前在新创建 goroutine 的时候，不是整出了个“偷天换日”，风风火火地设置了 goroutine ，退出时应该跳到 runtime.goexit 函数吗，怎么这里不用了，是不是闲得慌？

回顾一下上一讲的内容，跳转到 main 函数的两行代码：

```
// 把 sched.pc 值放入 BX 寄存器
MOVQ    gobuf_pc(BX), BX
// JMP 把 BX 寄存器的包含的地址值放入 CPU 的 IP 寄存器，于是，CPU 跳转到该地址继续执行指令
JMP BX
```

这里直接使用了一个跳转，并没有使用 CALL 指令，而 runtime.main 函数中确实也没有 RET 返回的指令。所以，main goroutine 执行完后，直接调用 exit(0) 退出整个进程。

那之前一系列“偷天换日”的操作还有用吗？有用，其实它是针对非主 goroutine 起作用。继续探索非主 goroutine （后文称之为 gp）的退出流程。

当 gp 执行完后，RET 指令弹出 goexit 函数地址（实际上是 funcPC(goexit)+1），CPU 跳转到 goexit 的第二条指令继续执行：

```
// src/runtime/asm_amd64.s

TEXT runtime·goexit(SB),NOSPLIT,$0-0
    BYTE    $0x90    // NOP
    CALL    runtime·goexit1(SB)
    BYTE    $0x90    // NOP
```

直接调用 runtime·goexit1：

```
// src/runtime/proc.go

func goexit1() {
    // ......................
    mcall(goexit0)
}
```

调用 mcall 函数，作用是 切换到 g0 栈，执行 fn(g)：

```
1   // src/runtime/asm_amd64.s
2
3   TEXT runtime·mcall(SB), NOSPLIT, $0-8
4       // 取出参数的值放入 DI 寄存器，它是 funcval 对象的指针，此场景中 fn. fn 是 goexit0 的地址
```

```
5        MOVQ      fn+0(FP), DI
6
7        get_tls(CX)
8        // AX = g
9        MOVQ      g(CX), AX
10       // mcall 返回地址放入 BX
11       MOVQ      0(SP), BX           // caller PC
12       // g.sched.pc = BX，保存 g 的 PC
13       MOVQ      BX, (g_sched+gobuf_pc)(AX)
14       LEAQ      fn+0(FP), BX        // caller SP
15       // 保存 g 的 SP
16       MOVQ      BX, (g_sched+gobuf_sp)(AX)
17       MOVQ      AX, (g_sched+gobuf_g)(AX)
18       MOVQ      BP, (g_sched+gobuf_bp)(AX)
19
20       MOVQ      g(CX), BX
21       MOVQ      g_m(BX), BX
22       MOVQ      m_g0(BX), SI
23       CMPQ      SI, AX
24       JNE       3(PC)
25       MOVQ      $runtime·badmcall(SB), AX
26       JMP       AX
27       // 把 g0 的地址设置到线程本地存储中
28       MOVQ      SI, g(CX)     // g = m->g0
29       // 从 g 的栈切换到了 g0 的栈 D
30       MOVQ      (g_sched+gobuf_sp)(SI), SP    // sp = m->g0->sched.sp
31       // AX = g，参数入栈
32       PUSHQ     AX
33       MOVQ      DI, DX
34       // DI 是结构体 funcval 实例对象的指针，它的第一个成员才是 goexit0 的地址
35       // 读取第一个成员到 DI 寄存器
36       MOVQ      0(DI), DI
37       // 调用 goexit0(g)
38       CALL      DI
39       POPQ      AX
40       MOVQ      $runtime·badmcall2(SB), AX
41       JMP       AX
42       RET
```

函数参数是：

```
// src/runtime/runtime2.go

type funcval struct {
    fn uintptr
}
```

字段 fn 就表示 goexit0 函数的地址。

L5 将函数参数保存到 DI 寄存器，这里 fn.fn 就是 goexit0 的地址。

L7 将 tls 保存到 CX 寄存器，L9 将当前线程指向的 goroutine（非主 goroutine，称为 gp）保存到 AX 寄存器，L11 将调用者（调用 mcall 函数）的栈顶，这里就是 mcall 完成后的返回地址，存入 BX 寄存器。

L13 将 mcall 的返回地址保存到 gp 的 g.sched.pc 字段，L14 将 gp 的栈顶，也就是 SP 保存到 BX 寄存器，L16 将 SP 保存到 gp 的 g.sched.sp 字段，L17 将 g 保存到 gp 的 g.sched.g 字段，L18 将 BP 保存到 gp 的 g.sched.bp 字段。这一段主要是保存 gp 的调度信息。

L20 将当前指向的 g 保存到 BX 寄存器，L21 将 g.m 字段保存到 BX 寄存器，L22 将 g.m.g0 字段保存到 SI，g.m.g0 就是当前工作线程的 g0。

现在，SI = g0，AX = gp，L24 判断 gp 是否是 g0，如果 gp == g0 说明有问题，那就执行 runtime·badmcall。正常情况下，PC 值加 3，跳过下面的两条指令，直接到达 L28。

L28 将 g0 的地址设置到线程本地存储中，L30 将 g0.SP 设置到 CPU 的 SP 寄存器，这也就意味着从 gp 栈切换到了 g0 的栈。

L32 将参数 gp 入栈，为调用 goexit0 构造参数。L33 将 DI 寄存器的内容设置到 DX 寄存器，DI 是结构体 funcval 实例对象的指针，它的第一个成员才是 goexit0 的地址。L36 读取 DI 第一成员，也就是 goexit0 函数的地址。

L38 调用 goexit0 函数，这已经是在 g0 栈上执行了，函数参数就是 gp。

到这里，就会去执行 goexit0 函数，注意，这里永远都不会返回。所以，在 CALL 指令后面，如果返回了，又会去调用 runtime.badmcall2 函数去处理意外情况。

来继续看 goexit0：

```
// src/runtime/proc.go

// 在 g0 上执行
func goexit0(gp *g) {
	// g0
	_g_ := getg()

	casgstatus(gp, _Grunning, _Gdead)
	if isSystemGoroutine(gp) {
		atomic.Xadd(&sched.ngsys, -1)
	}

	// 清空 gp 的一些字段
	gp.m = nil
	locked := gp.lockedm != 0
	gp.lockedm = 0
	_g_.m.lockedg = nil
	gp.preemptStop = false
	gp.paniconfault = false
	gp._defer = nil
	gp._panic = nil
	gp.writebuf = nil
	gp.waitreason = ""
	gp.param = nil
	gp.labels = nil
	gp.timer = nil

	// ......

	// 解除 g 与 m 的关系
	dropg()

	// ......

	// 将 g 放入 free 队列缓存起来
	gfput(_g_.m.p.ptr(), gp)
	// ......

	schedule()
}
```

它主要完成最后的清理工作：

1）把 g 的状态从 _Grunning 更新为 _Gdead；

2）清空 g 的一些字段；

3）调用 dropg 函数解除 g 和 m 之间的关系，其实就是设置 g->m = nil, m->currg = nil；

4）把 g 放入 p 的 freeg 队列缓存起来供下次创建 g 时快速获取而不用从内存分配，freeg 就是 g 的一个对象池；

5）调用 schedule 函数再次进行调度。

到这里，gp 就完成了它的历史使命，功成身退，进入了 goroutine 缓存池，待下次有任务再重新启用。

而工作线程，又继续调用 schedule 函数进行新一轮的调度，整个过程形成了一个循环。

总结一下，main goroutine 和普通 goroutine 的退出过程：

对于主 goroutine，在执行完用户定义的 main 函数的所有代码后，直接调用 exit(0) 退出整个进程。

对于普通 goroutine 则需要经历一系列的过程：先是跳转到提前设置好的 goexit 函数的第二条指令，然后调用 runtime.goexit1，接着调用 mcall(goexit0)，而 mcall 函数会切换到 g0 栈，运行 goexit0 函数，清理 goroutine 的一些字段，并将其添加到 goroutine 缓存池里，然后进入 schedule 调度循环。到这里，普通 goroutine 才算完成使命。

12.12 schedule 循环如何运转

上一节，讲完了主 goroutine 以及普通 goroutine 的退出过程：main goroutine 退出后直接调用 exit(0) 使得整个进程退出，而普通 goroutine 退出后，则进行了一系列的调用，最终又切换到 g0 栈，执行 schedule 函数。

从前面的内容知道，普通 goroutine（gp）就是在 schedule 函数中被选中，然后才有机会执行。而现在，gp 执行完之后，再次进入 schedule 函数，形成一个循环。但这个循环实在是太长了，有必要再重新梳理一下，如图 12-27 所示。

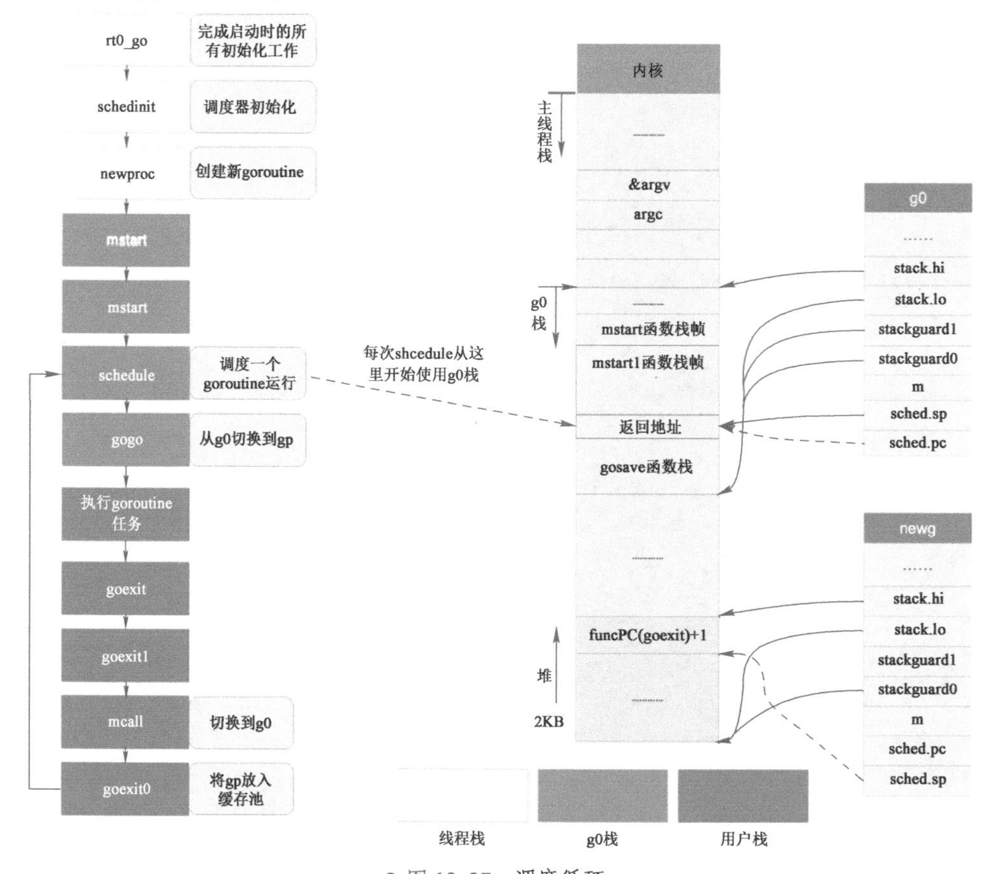

● 图 12-27　调度循环

如图 12-27 所示，rt0_go 负责 Go 程序启动的所有初始化工作，中间进行了很多初始化工作，在调用 mstart 之前，已经切换到了 g0 栈，图中不同色块表示使用不同的栈空间。

接着调用 gogo 函数，完成从 g0 栈到用户 goroutine 栈的切换，包括主 goroutine 和普通

goroutine。

之后，执行 main 函数或者用户自定义的 goroutine 任务。

执行完成后，main goroutine 直接调用 eixt(0) 退出，普通 goroutine 则调用 goexit -> goexit1 -> mcall，完成普通 goroutine 退出后的清理工作，然后切换到 g0 栈，调用 goexit0 函数，将普通 goroutine 添加到缓存池中，再调用 schedule 函数进行新一轮的调度。

```
schedule() -> execute() -> gogo() -> goroutine 任务 -> goexit() -> goexit1() -> mcall() -> goexit0() -> schedule()
```

可以看出，一轮调度从调用 schedule 函数开始，经过一系列过程再次调用 schedule 函数来进行新一轮的调度，从一轮调度到新一轮调度的过程，称之为一个调度循环。

注意，这里的调度循环是指某一个工作线程的调度循环，而同一个 Go 程序中存在多个工作线程，每个工作线程都在进行着自己的调度循环。

并且，从前面的代码分析中可以得知，调度循环中的每一个函数调用都没有返回，虽然 goroutine 任务-> goexit() -> goexit1() -> mcall() 是在 gp 的栈空间执行的，但剩下的函数都是在 g0 的栈空间执行的。这样会不会有问题呢？

在一个线上服务中，调度循环会一直在执行。而每次函数调用都会占用一定的栈空间，那无论 g0 有多少栈空间都会被调度循环耗尽。

其实没有问题，关键点就在于：每次执行 mcall 切换到 g0 栈时都是切换到 g0.sched.sp 所指向的固定位置，这之所以行得通，正是因为从 schedule 函数开始之后的一系列函数永远都不会返回，用不到这些它们自己构造的栈。所以重用这些函数上一轮调度时所使用过的栈内存是没有问题的。

栈空间在调用函数时会自动“增大”，而函数返回时，会自动“减小”，这里的“增大”和“减小”实际上是指栈顶指针 SP 的变化。上述这些函数都没有返回，说明调用者不需要用到被调用者的返回值，有点像“尾递归”。

因为 g0 一直没有动过，所以它之前保存的 SP 还能继续使用。每一次调度循环都会覆盖上一次调度循环的栈数据。

12.13 M 如何找工作

在 schedule 函数中，简单提过找一个 runnable goroutine 的过程，这一节来详细分析源码。

工作线程 M 费尽心机也要找到一个可运行的 goroutine，这是它的工作和职责，不达目的，绝不罢休，这种锲而不舍的精神值得每个人学习。

M“找工作”共经历三个过程：先从本地队列找；定期会从全局队列找；最后实在没办法，就去别的 P 中偷取。如图 12-28 所示。

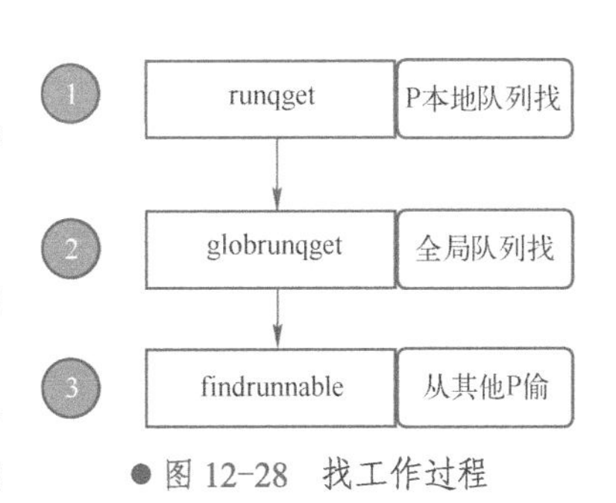

图 12-28 找工作过程

先看第一个，从 P 本地队列找。源码如下：

```
// src/runtime/proc.go

// 从本地可运行队列里找到一个 g
// 如果 inheritTime 为真，gp 应该继承这个时间片，否则，新开启一个时间片
func runqget(_p_ *p) (gp *g, inheritTime bool) {
    // 如果 runnext 不为空，则 runnext 是下一个待运行的 G
    for {
        next := _p_.runnext
        if next == 0 {
            // 为空，则直接跳出循环
            break
```

```
            }
            // 再次比较 next 是否没有变化
            if _p_.runnext.cas(next, 0) {
                // 如果没有变化，则返回 next 所指向的 g。且需要继承时间片
                return next.ptr(), true
            }
        }

        for {
            // 获取队列头
            h := atomic.LoadAcq(&_p_.runqhead)
            // 获取队列尾
            t := _p_.runqtail
            if t == h {
                // 头和尾相等，说明本地队列为空，找不到 g
                return nil, false
            }
            // 获取队列头的 g
            gp := _p_.runq[h%uint32(len(_p_.runq))].ptr()
            // 原子操作，防止这中间被其他线程因为偷工作而修改
            if atomic.CasRel(&_p_.runqhead, h, h+1) {
                return gp, false
            }
        }
    }
```

整个源码结构比较简单，主要关注两个 for 循环。

第一个 for 循环尝试返回 P 的 runnext 成员，因为 runnext 具有最高的运行优先级，因此要首先尝试获取 runnext。当发现 runnext 为空时，直接跳出循环，进入第二个。否则，用原子操作获取 runnext，并将其值修改为 0，也就是空。这里用到原子操作的原因是防止在这个过程中，有其他线程过来“偷工作”，导致并发修改 runnext 成员。

第二个 for 循环则是在尝试获取 runnext 成员失败后，尝试从本地队列中返回队列头的 goroutine。同样，先用原子操作获取队列头，使用原子操作的原因同样是防止其他线程“偷工作”时对队列头的并发写操作。之后，直接获取队列尾，因为不担心其他线程同时更改，所以直接获取。注意，“偷工作”时只会修改队列头。比较队列头和队列尾，如果两者相等，说明 P 本地队列没有可运行的 goroutine，直接返回空。否则，算出队列头指向的 goroutine，再用一个 CAS 原子操作来尝试修改队列头，使用原子操作的原因同上。

从本地队列获取可运行 goroutine 的过程比较简单，再来看从全局队列获取 goroutine 的过程。在 schedule 函数中调用 globrunqget 的代码：

```
// src/runtime/proc.go

// 为了公平，每调用 schedule 函数 61 次就要从全局可运行 goroutine 队列中获取
if _g_.m.p.ptr().schedtick%61 == 0 && sched.runqsize > 0 {
    lock(&sched.lock)
    // 从全局队列最大获取 1 个 gorutine
    gp = globrunqget(_g_.m.p.ptr(), 1)
    unlock(&sched.lock)
}
```

这说明，并不是每次调度都会从全局队列获取可运行的 goroutine。实际情况是调度器每调度 61 次并且全局队列有可运行 goroutine 的情况下才会调用 globrunqget 函数尝试从全局获取可运行 goroutine。毕竟，从全局获取需要上锁，这个开销可就大了，能不做就不做。但如果一直不从全局获取 goroutine，那全局队列里的所有 goroutine 就得不到执行的机会，俗称“饿死了”。

来详细看下 globrunqget 的源码：

```
// src/runtime/proc.go

// 尝试从全局队列里获取可运行的 goroutine 队列
```

```
func globrunqget(_p_ *p, max int32) *g {
    // 如果队列大小为 0
    if sched.runqsize == 0 {
        return nil
    }

    // 根据 p 的数量平分全局运行队列中的 goroutine
    n := sched.runqsize/gomaxprocs + 1
    if n > sched.runqsize {
        n = sched.runqsize // 如果 gomaxprocs 为 1
    }

    // 修正"偷"的数量
    if max > 0 && n > max {
        n = max
    }
    // 最多只能"偷"本地工作队列一半的数量
    if n > int32(len(_p_.runq))/2 {
        n = int32(len(_p_.runq)) / 2
    }

    // 更新全局可运行队列长度
    sched.runqsize -= n

    // 获取队列头指向的 goroutine
    gp := sched.runq.pop()
    n--
    for ; n > 0; n-- {
        // 获取当前队列头
        gp1 := sched.runq.pop()
        // 尝试将 gp1 放入 P 本地，使全局队列得到更多的执行机会
        runqput(_p_, gp1, false)
    }
    // 返回最开始获取到的队列头所指向的 goroutine
    return gp
}
```

代码同样比较简单。首先根据全局队列的可运行 goroutine 长度和 P 的总数，来计算一个数值，表示每个 P 可平均分到的 goroutine 数量。

然后根据函数参数中的 max 以及 P 本地队列的长度来决定把多少个全局队列中的 goroutine 转移到 P 本地。

最后，for 循环把全局队列中 n-1 个 goroutine 转移到本地，并且返回最开始获取到的队列头所指向的 goroutine，毕竟它最需要得到运行的机会。

把全局队列中的可运行 goroutine 转移到本地队列，给了全局队列中可运行 goroutine 运行的机会，不然全局队列中的 goroutine 一直得不到运行。

最后，继续看第三个过程，从其他 P 中"偷工作"：

```
// 从本地运行队列和全局运行队列都没有找到需要运行的 goroutine
// 调用 findrunnable 函数从其他工作线程的运行队列中偷取，如果偷不到，则当前工作线程进入睡眠
// 直到获取到 runnable goroutine 之后 findrunnable 函数才会返回
if gp == nil {
    gp, inheritTime = findrunnable()
}
```

这是整个找工作过程最复杂的部分：

```
// src/runtime/proc.go

// 从其他地方找 goroutine 来执行
func findrunnable() (gp *g, inheritTime bool) {
    _g_ := getg()

top:
    _p_ := _g_.m.p.ptr()
```

```
// ...

now, pollUntil, _ := checkTimers(_p_, 0)

// ...

// local runq
// 从本地队列获取
if gp, inheritTime := runqget(_p_); gp != nil {
    return gp, inheritTime
}

// global runq
// 从全局队列获取
if sched.runqsize != 0 {
    lock(&sched.lock)
    gp := globrunqget(_p_, 0)
    unlock(&sched.lock)
    if gp != nil {
        return gp, false
    }
}

// 非阻塞地从 netpoll 中寻找 ready 的 goroutine
if netpollinited() && atomic.Load(&netpollWaiters) > 0 && atomic.Load64(&sched.lastpoll) != 0 {
    if list := netpoll(0); !list.empty() {
        gp := list.pop()
        injectglist(&list)
        casgstatus(gp, _Gwaiting, _Grunnable)
        if trace.enabled {
            traceGoUnpark(gp, 0)
        }
        return gp, false
    }
}

// 如果其他的 P 都处于空闲状态，那肯定没有其他工作要做
procs := uint32(gomaxprocs)
ranTimer := false

// 如果有很多工作线程在找工作，那就停下休息。避免消耗太多 CPU
if !_g_.m.spinning && 2*atomic.Load(&sched.nmspinning) >= procs-atomic.Load(&sched.npidle) {
    goto stop
}

if !_g_.m.spinning {
    // 设置自旋状态为 true
    _g_.m.spinning = true
    // 自旋状态数加 1
    atomic.Xadd(&sched.nmspinning, 1)
}
// 从其他 p 的本地运行队列盗取 goroutine
for i := 0; i < 4; i++ {
    for enum := stealOrder.start(fastrand()); !enum.done(); enum.next() {
        // ...
        stealRunNextG := i > 2
        p2 := allp[enum.position()]
        if _p_ == p2 {
            continue
        }
        if gp := runqsteal(_p_, p2, stealRunNextG); gp != nil {
            return gp, false
        }

        if i > 2 || (i > 1 && shouldStealTimers(p2)) {
            tnow, w, ran := checkTimers(p2, now)
            now = tnow
            if w != 0 && (pollUntil == 0 || w < pollUntil) {
```

```
                    pollUntil = w
                }
                if ran {
                    if gp, inheritTime := runqget(_p_); gp != nil {
                        return gp, inheritTime
                    }
                    ranTimer = true
                }
            }
        }
    }

    if ranTimer {
        goto top
    }

stop:

    // ...

    allpSnapshot := allp

    lock(&sched.lock)
    if sched.gcwaiting != 0 || _p_.runSafePointFn != 0 {
        unlock(&sched.lock)
        goto top
    }
    if sched.runqsize != 0 {
        gp := globrunqget(_p_, 0)
        unlock(&sched.lock)
        return gp, false
    }
    // 当前工作线程解除与 p 之间的绑定，准备去休眠
    if releasep() != _p_ {
        throw("findrunnable: wrong p")
    }
    // 把 p 放入空闲队列
    pidleput(_p_)
    unlock(&sched.lock)

    wasSpinning := _g_.m.spinning
    if _g_.m.spinning {
        // m 即将睡眠，不再处于自旋
        _g_.m.spinning = false
        if int32(atomic.Xadd(&sched.nmspinning, -1)) < 0 {
            throw("findrunnable: negative nmspinning")
        }
    }

    // 休眠之前再检查一下所有的 p，看一下是否有工作要做
    for _, _p_ := range allpSnapshot {
        if !runqempty(_p_) {
            lock(&sched.lock)
            _p_ = pidleget()
            unlock(&sched.lock)
            if _p_ != nil {
                acquirep(_p_)
                if wasSpinning {
                    _g_.m.spinning = true
                    atomic.Xadd(&sched.nmspinning, 1)
                }
                goto top
            }
            break
        }
    }

    // ...
```

```
        // 休眠
        stopm()
        goto top
    }
```

这部分也是最能说明 M 找工作中的锲而不舍精神：尽力去各个运行队列中寻找 goroutine，如果实在找不到则进入睡眠状态，等待有工作时，会被其他 M 唤醒。

先获取当前指向的 G，也就是 g0，然后拿到其绑定的 P，即 _p_。

然后再次尝试从 _p_ 本地队列获取 goroutine，如果没有获取到，则尝试从全局队列获取。如果还没有获取到就会尝试去“偷”了，这也是没有办法的事。

不过，在“偷”之前，先看大的局势。如果其他所有的 P 都处于空闲状态，就说明其他 P 肯定没有工作可做，就没必要再去偷了，毕竟“地主家也没有余粮了”，跳到 stop 部分。接着再看下如果当前正在“偷工作”的线程数量“太多了”，也没必要扎堆了，这么多人，竞争肯定大，工作肯定不好找，也不好偷。

在真正的“偷”工作之前，把自己的自旋状态设置为 true，全局自旋数量加 1。

终于到了“偷工作”的部分了，整个过程由两层 for 循环组成，外层控制尝试“偷”的次数，内层控制“偷”的顺序，并真正去“偷”。实际上，内层会遍历所有的 P，因此，整体看来，会尝试 4 次扫遍所有的 P，并去“偷工作”。

第二层的循环并不是每次都按一个固定的顺序去遍历所有的 P，而是使用了一些方法“随机”地遍历。具体是使用了下面这个变量：

```
var stealOrder randomOrder

type randomOrder struct {
    count      uint32
    coprimes []uint32
}
```

初始化的时候会给 count 赋一个值，例如 8，根据 count 计算出 coprimes，里面的元素是小于 count 的值，且和 8 互质，算出来是：[1, 3, 5, 7]。

第二层循环，开始随机给一个值，例如 2，则第一个访问的 P 就是 P2；从 coprimes 里取出索引为 2 的值为 5，那么，第二个访问的 P 索引就是 2+5=7；依此类推，第三个就是 7+5=12，因为 12 大于 8，和 count 做一个取余操作，即 12%8=4……

在最后一次遍历所有的 P 的过程中，连人家的 runnext 也要尝试偷过来，毕竟前三次的失败经验证明，工作太不好“偷”了，stealRunNextG 控制是否要打 runnext 的主意：

```
stealRunNextG := i > 2
```

确定好准备“偷”的对象 allp[enum.position()] 之后，调用 runqsteal(_p_, allp[enum.position()], stealRunNextG) 函数执行。

```
// src/runtime/proc.go

// 从 p2 偷走一半的工作放到 _p_ 的本地
func runqsteal(_p_, p2 *p, stealRunNextG bool) *g {
    // 队尾
    t := _p_.runqtail
    // 从 p2 偷取工作，放到 _p_.runq 的队尾
    n := runqgrab(p2, &_p_.runq, t, stealRunNextG)
    if n == 0 {
        return nil
    }
    n--
    // 找到最后一个 g，准备返回
    gp := _p_.runq[(t+n)%uint32(len(_p_.runq))].ptr()
    if n == 0 {
        // 说明只偷了一个 g
```

```
            return gp
        }
        // 队列头
        h := atomic.LoadAcq(&_p_.runqhead)
        // 判断是否偷太多了
        if t-h+n >= uint32(len(_p_.runq)) {
            throw("runqsteal: runq overflow")
        }
        // 更新队尾，将偷来的工作加入队列
        atomic.StoreRel(&_p_.runqtail, t+n)
        return gp
}
```

调用 runqgrab 从 p2 偷走它一半的工作放到 _p_ 本地：

```
n := runqgrab(p2, &_p_.runq, t, stealRunNextG)
```

函数 runqgrab 将从 p2 偷来的工作放到以 t 为地址的数组里，数组就是 _p_.runq。并且，t 是 _p_.runq 的队尾，因此这行代码表达的真正意思是将从 p2 偷来的工作，放到 _p_.runq 的队尾，之后，再悄悄改一下 _p_.runqtail 就把这些偷来的工作据为己有了。

接着往下看，返回的 n 表示偷到的工作数量。先将 n 自减 1，目的是把第 n 个工作（也就是 g）直接返回，如果这时候 n 变成 0 了，说明就只偷到了一个 G，那就直接返回。否则，将队尾往后移动 n，把偷来的工作合法化。

接着往下看 runqgrab 函数的实现：

```
// src/runtime/proc.go

// 从 _p_ 批量获取可运行 goroutine，放到 batch 数组里
// batch 是一个环，起始于 batchHead
// 返回偷的数量，返回的 goroutine 可被任何 P 执行
func runqgrab(_p_ *p, batch *[256]guintptr, batchHead uint32, stealRunNextG bool) uint32 {
    for {
        // 队列头
        h := atomic.LoadAcq(&_p_.runqhead)
        // 队列尾
        t := atomic.LoadAcq(&_p_.runqtail)
        // g 的数量
        n := t - h
        // 取一半
        n = n - n/2
        if n == 0 {
            if stealRunNextG {
                // 获取 runnext
                if next := _p_.runnext; next != 0 {
                    // 这里是为了防止 _p_ 执行当前 g，并且马上就要阻塞，所以会马上执行 runnext
                    // 这个时候偷就没必要了，因为让 g 在 P 之间"游走"不太划算
                    // 不再偷了
                    // channel 一次同步的的接收发送需要 50ns 左右，因此 3μs 差不多给了他们 50 次机会了
                    If _p_.status == _Prunning {
if GOOS != "windows" {
                            usleep(3)
                        } else {
                            osyield()
                        }
}

                    if !_p_.runnext.cas(next, 0) {
                        continue
                    }
                    // 真的偷走了 next
                    batch[batchHead%uint32(len(batch))] = next
                    // 返回偷的数量，只有 1 个
                    return 1
                }
            }
            // 没偷到
```

```
				return 0
			}
			// 如果 n 这时变得太大了，则重新来一遍
			if n > uint32(len(_p_.runq)/2) {
				continue
			}
			// 将 g 放置到 batch 中
			for i := uint32(0); i < n; i++ {
				g := _p_.runq[(h+i)%uint32(len(_p_.runq))]
				batch[(batchHead+i)%uint32(len(batch))] = g
			}
			// 工作被偷走了，更新一下队列头指针
			if atomic.CasRel(&_p_.runqhead, h, h+n) { // cas-release,  commits consume
				return n
			}
		}
	}
```

外层直接就是一个无限循环，先用原子操作取出 _p_ 的队列头和队列尾，算出一半的 G 的数量，如果 n == 0，说明“地主家也没有余粮”，这时看 stealRunNextG 的值。如果为假，说明不偷 runnext，那就直接返回 0，啥也没偷到；如果为真，则要尝试偷一下 runnext。

先判断 runnext 是否为空，如果非空，那就真的准备偷了。不过在这之前，要先休眠 3μs。这是为了防止 _p_ 上正在执行当前的 G，并且 G 马上就要阻塞（可能是向一个非缓冲的 channel 发送数据，但没有接收者），之后 _p_ 会立即执行 runnext。这个时候偷就没必要了，因为 runnext 马上就要执行了，偷走它还不是要去执行，那何必要偷呢？“大家”共同的目标就是提高效率，这样让 G 在 P 之间“游走”不太划算，索性先不偷了，给它一个机会。因为 channel 一次同步的接收或发送需要 50ns 左右，因此休眠 3μs 差不多给了他们 50 次机会了，做得还是挺厚道的。

继续看，再次判断 n 是否小于等于 p.runq 长度的一半，因为这个时候很可能 P 也被其他线程偷了，它的 p.runq 就没那么多工作了，这个时候就不能偷这么多了，要重新再走一次循环。

最后一个 for 循环，将 p.runq 里的 g 放到 batch 数组里。使用原子操作更新 P 的队列头指针，往后移动 n 个位置，这些都是被偷走的。

回到 findrunnable 函数，经过上述三个层面的“偷窃”过程，仍然没有找到工作，于是就走到了 stop 这个代码块。

先上锁，因为要将 P 放到全局空闲 P 链表里去。在这之前再瞧一下全局队列里是否有工作，如果有，再去尝试偷全局。

如果没有，就先解除 M 和当前 P 的绑定关系：

```
// src/runtime/proc.go

// 解除 p 与 m 的关联
func releasep() *p {
	_g_ := getg()

	// ...

	_p_ := _g_.m.p.ptr()

	// ...

	// 清空一些字段
	_g_.m.p = 0
	_p_.m = 0
	_p_.status = _Pidle
	return _p_
}
```

主要的工作就是将 P 的 m 字段清空，并将 P 的状态修改为 _Pidle。

这之后，将其放入全局空闲 P 链表：

```
// src/runtime/proc.go

// 将 p 放到 _Pidle 列表里
//go:nowritebarrierrec
func pidleput(_p_ *p) {
	if !runqempty(_p_) {
		throw("pidleput: P has non-empty run queue")
	}
	_p_.link = sched.pidle
	sched.pidle.set(_p_)
	// 增加全局空闲 P 的数量
	atomic.Xadd(&sched.npidle, 1)
}
```

构造链表的过程其实比较简单，先将 p.link 指向原来的 sched.pidle 所指向的 P，也就是原空闲链表的最后一个 P，最后，再更新 sched.pidle，使其指向当前 P，这样新的链表就构造完成。

接下来就要真正地准备休眠了，但是还要再查看一次所有的 P 是否有工作，如果发现任何一个 P 有工作的话（判断 P 的本地队列不空），就先从全局空闲 P 链表里先拿到一个 P：

```
// src/runtime/proc.go

// 试图从 _Pidle 列表里获取 p
//go:nowritebarrierrec
func pidleget() *p {
	_p_ := sched.pidle.ptr()
	if _p_ != nil {
		sched.pidle = _p_.link
		atomic.Xadd(&sched.npidle, -1)
	}
	return _p_
}
```

比较简单，获取链表最后一个 P，再更新 sched.pidle，使其指向前一个 P。调用 acquirep(_p_) 绑定获取到的 P 和 M，主要的动作就是设置 P 的 m 字段，更改 P 的工作状态为 _Prunning，并且设置 M 的 p 字段。做完这些之后，再次进入 top 代码段，再走一遍之前找工作的过程：

```
// src/runtime/proc.go

// 休眠，停止执行工作，直到有新的工作需要做为止
func stopm() {
	// 当前 goroutine，g0
	_g_ := getg()

	// ...

	lock(&sched.lock)
	// 将 m 放到全局空闲链表里去
	mput(_g_.m)
	unlock(&sched.lock)
	// 进入睡眠状态
	notesleep(&_g_.m.park)
	// 这里被其他工作线程唤醒
	noteclear(&_g_.m.park)
	acquirep(_g_.m.nextp.ptr())
	_g_.m.nextp = 0
}
```

先将 M 放入全局空闲链表里，注意涉及到全局变量的修改，要上锁。接着，调用 notesleep(&_g_.m.park) 使得当前工作线程进入休眠状态。其他工作线程在检测到“当前有很多工作要做”后，会调用 notewakeup(&_g_.m.park) 将其唤醒。注意，这两个函数传入的参数都是一样的：&_g_.m.park，它的类型是：

```
// src/runtime/runtime2.go
```

```
type note struct {
    key uintptr
}
```

很简单，只有一个 key 字段。

实际上，note 的底层实现机制跟操作系统相关，不同系统使用不同的机制，比如 linux 下使用的是 futex 系统调用，而 mac 下则是使用的 pthread_cond_t 条件变量，note 对这些底层机制做了一个抽象和封装。这种封装给扩展性带来了很大的好处：当睡眠和唤醒功能需要支持新平台时，只需要在 note 层增加对特定平台的支持即可，不需要修改上层的任何代码。

```
// runtime/lock_futex.go

func notesleep(n *note) {
    gp := getg() // g0
    if gp != gp.m.g0 {
        throw("notesleep not on g0")
    }
    // -1 表示无限期休眠
    ns := int64(-1)

    // ........................

    // 这里之所以需要用一个循环，是因为 futexsleep 有可能意外从睡眠中返回
    // 所以 futexsleep 函数返回后还需要检查 note.key 是否还是 0
    // 如果是 0 则表示并不是被其他工作线程唤醒的
    // 只是 futexsleep 意外返回了，需要再次调用 futexsleep 进入睡眠
    for atomic.Load(key32(&n.key)) == 0 {
        // 表示 m 被阻塞
        gp.m.blocked = true
        futexsleep(key32(&n.key), 0, ns)

        // ...

        // 被唤醒，更新标志
        gp.m.blocked = false
    }
}
```

继续往下追：

```
// runtime/os_linux.go

func futexsleep(addr *uint32, val uint32, ns int64) {
    if ns < 0 {
        futex(unsafe.Pointer(addr), _FUTEX_WAIT_PRIVATE, val, nil, nil, 0)
        return
    }

    // ...
}
```

当 *addr 和 val 相等的时候，休眠。函数 futex 由汇编语言实现：

```
// src/runtime/sys_linux_amd64.s

TEXT runtime·futex(SB),NOSPLIT,$0
    // 为系统调用准备参数
    MOVQ    addr+0(FP), DI
    MOVL    op+8(FP), SI
    MOVL    val+12(FP), DX
    MOVQ    ts+16(FP), R10
    MOVQ    addr2+24(FP), R8
    MOVL    val3+32(FP), R9
    // 系统调用编号
    MOVL    $SYS_futex, AX
    // 执行 futex 系统调用进入休眠，被唤醒后接着执行下一条 MOVL 指令
    SYSCALL
```

```
    // 保存系统调用的返回值
    MOVL    AX, ret+40(FP)
    RET
```

这样，找不到工作的 M 就休眠了。当其他线程发现有工作要做时，就会先找到空闲的 M，再通过 m.park 字段来唤醒本线程。唤醒之后，回到 findrunnable 函数，继续寻找 goroutine，找到后返回 schedule 函数，然后就会去运行找到的 goroutine。

这就是 M 找工作的整个过程，历尽千辛万苦，终于修成正果。

12.14 系统监控 sysmon 后台监控线程做了什么

在 runtime.main() 函数中，执行 runtime_init() 前，会启动一个 sysmon 的监控线程，执行后台监控任务：

```
// src/runtime/proc.go

systemstack(func() {
    // 创建监控线程，该线程独立于调度器，不需要跟 p 关联即可运行
    newm(sysmon, nil, -1)
})
```

函数 sysmon 不依赖 P 直接执行，通过 newm 函数创建一个工作线程：

```
// src/runtime/proc.go

func newm(fn func(), _p_ *p, id int64) {
    // 创建 m 对象
    mp := allocm(_p_, fn, id)
    // 暂存 m
    mp.nextp.set(_p_)
    mp.sigmask = initSigmask

    // ……………………

    newm1(mp)
}

func newm1(mp *m) {
    // ……
    execLock.rlock()
    newosproc(mp) // 创建系统线程
    execLock.runlock()
}
```

先调用 allocm 在堆上创建一个 m，接着调用 newosproc 函数启动一个工作线程：

```
// src/runtime/os_linux.go

//go:nowritebarrier
func newosproc(mp *m) {
    // ……………………

    ret := clone(cloneFlags, stk, unsafe.Pointer(mp), unsafe.Pointer(mp.g0), unsafe.Pointer(funcPC(mstart)))

    // ……………………
}
```

核心就是调用 clone 函数创建系统线程，新线程从 mstart 函数开始执行，clone 函数由汇编语言实现：

```
// src/runtime/sys_linux_amd64.s

// int32 clone(int32 flags, void *stk, M *mp, G *gp, void (*fn)(void));
TEXT runtime·clone(SB),NOSPLIT,$0
```

```
    // 准备系统调用的参数
    MOVL     flags+0(FP), DI
    MOVQ     stk+8(FP), SI
    MOVQ     $0, DX
    MOVQ     $0, R10

    // 将 mp、gp、fn 复制到寄存器，对子线程可见
    MOVQ     mp+16(FP), R8
    MOVQ     gp+24(FP), R9
    MOVQ     fn+32(FP), R12

    // 系统调用 clone
    MOVL     $SYS_clone, AX
    SYSCALL

    // In parent, return.
    CMPQ     AX, $0
    JEQ 3(PC)
    // 父线程，返回
    MOVL     AX, ret+40(FP)
    RET

    // 在子线程中，设置 CPU 栈顶寄存器指向子线程的栈顶
    MOVQ     SI, SP

    CMPQ     R8, $0      // m
    JEQ nog
    CMPQ     R9, $0      // g
    JEQ nog

    // 通过 gettid 系统调用获取线程 ID（tid）
    MOVL     $SYS_gettid,, AX      // gettid
    SYSCALL
    // 设置 m.procid = tid
    MOVQ     AX, m_procid(R8)

    // 新线程刚刚创建出来，还未设置线程本地存储，即 m 结构体对象还未与工作线程关联起来
    // 下面的指令负责设置新线程的 TLS，把 m 对象和工作线程关联起来
    LEAQ     m_tls(R8), DI
    CALL     runtime·settls(SB)

    get_tls(CX)
    MOVQ     R8, g_m(R9) // g.m = m
    MOVQ     R9, g(CX) // tls.g = &m.g0
    CALL     runtime·stackcheck(SB)

nog:
    // Call fn
    // 调用 mstart 函数。永不返回
    CALL     R12

    MOVL     $111, DI
    MOVL     $SYS_exit, AX
    SYSCALL
    JMP -3(PC)
```

先是为 clone 系统调用准备参数，参数通过寄存器传递。第一个参数指定内核创建线程时的选项，第二个参数指定新线程应该使用的栈，这两个参数都是通过 newosproc 函数传递进来的。

接着将 m、g0、fn 分别保存到寄存器中，待子线程创建好后再拿出来使用。因为这些参数此时是在父线程的栈上，若不保存到寄存器中，子线程就取不出来了。

当把这个几个参数保存在父线程的寄存器中后，创建子线程时，操作系统内核会把父线程所有的寄存器复制一份给子线程，当子线程开始运行时就能拿到父线程保存在寄存器中的值，从而拿到这几个参数。

之后，调用 clone 系统调用，内核创建出了一个子线程。相当于原来的一个执行分支现在变成

了两个执行分支，于是会有两个返回。这和著名的 fork 系统调用类似，根据返回值来判断现在是处于父线程还是子线程。

如果是父线程，就直接返回了。如果是子线程，接着还要执行一堆操作，例如设置 tls，设置 m.procid 等。

最后执行 mstart 函数，这是在 newosproc 函数传递进来的。mstart 函数再调用 mstart1，在 mstart1 里会执行这一行：

```
// 执行启动函数。初始化过程中，fn == nil
if fn := _g_.m.mstartfn; fn != nil {
    fn()
}
```

之前在讲调度器初始化的时候，这里的 fn 是空，会跳过。但在这里，fn 就是最开始在 runtime.main 里设置的 sysmon 函数，因此这里会执行 sysmon，而它又是一个无限循环，永不返回。

所以，这里不会执行到 mstart1 函数后面的 schedule 函数，也就不会进入 schedule 循环。因此这是一个不用和 P 结合的 M，它直接在后台执行，默默地执行监控任务。

函数 sysmon 执行一个无限循环，一开始每次循环休眠 20μs，之后（1ms 后）每次休眠时间倍增，最终每一轮都会休眠 10ms。

接下来看 sysmon 函数到底做了什么？

总的来说，sysmon 中会进行 netpool（获取 fd 事件）、retake（抢占）、forcegc（按时间强制执行 GC），scavenge heap（释放闲置内存减少内存占用）等处理。

和调度相关的，只关心 retake 函数：

```
// src/runtime/proc.go

func retake(now int64) uint32 {
    n := 0
    lock(&allpLock)
    // 遍历所有的 p
    for i := int32(0); i < gomaxprocs; i++ {
        _p_ := allp[i]
        if _p_ == nil {
            continue
        }
        // 用于 sysmon 线程记录被监控 p 的系统调用时间和运行时间
        pd := &_p_.sysmontick
        // p 的状态
        s := _p_.status
        sysretake := false
        if s == _Prunning || s == _Psyscall {
            // p 处于运行状态，检查是否运行得太久了
            // 每发生一次调度，调度器 ++ 该值
            t := int64(_p_.schedtick)
            if int64(pd.schedtick) != t {
                pd.schedtick = uint32(t)
                pd.schedwhen = now
            } else if pd.schedwhen+forcePreemptNS <= now {
                // pd.schedtick == t 说明(pd.schedwhen ～ now)这段时间未发生过调度
                // 这段时间是同一个 goroutine 一直在运行，检查是否连续运行超过了 10ms
                preemptone(_p_)
                sysretake = true
            }
        }

        if s == _Psyscall {
            // _p_.syscalltick 用于记录系统调用的次数，在完成系统调用之后加 1
            t := int64(_p_.syscalltick)
            // pd.syscalltick != _p_.syscalltick，说明已经不是上次观察到的系统调用了，
            // 而是另外一次系统调用，所以需要重新记录 tick 和 when 值
            if !sysretake && int64(pd.syscalltick) != t {
```

```
                    pd.syscalltick = uint32(t)
                    pd.syscallwhen = now
                    continue
                }
                // 只要满足下面三个条件中的任意一个，则抢占该 p，否则不抢占
                // 1. p 的运行队列里面有等待运行的 goroutine
                // 2. 没有“无所事事”的 p
                // 3. 从上一次监控线程观察到 p 对应的 m 处于系统调用之中到现在已经超过 10ms
                if runqempty(_p_) && atomic.Load(&sched.nmspinning)+atomic.Load(&sched.npidle) > 0 && pd.syscallwhen+
10*1000*1000 > now {
                    continue
                }
                unlock(&allpLock)
                incidlelocked(-1)
                if atomic.Cas(&_p_.status, s, _Pidle) {
                    if trace.enabled {
                        traceGoSysBlock(_p_)
                        traceProcStop(_p_)
                    }
                    n++
                    _p_.syscalltick++
                    // 寻找一新的 m 接管 p
                    handoffp(_p_)
                }
                incidlelocked(1)
                lock(&allpLock)
            }
        }
        unlock(&allpLock)
        return uint32(n)
    }
```

从代码来看，主要会对处于 _Psyscall 和 _Prunning 状态的 P 进行抢占。

12.14.1 抢占进行系统调用的 P

当 P 处于 _Psyscall 状态时，表明对应的 goroutine 正在进行系统调用。如果抢占 P，需要满足几个条件：

1）P 的本地运行队列里面有等待运行的 goroutine。这时和 P 绑定的 M 正在进行系统调用，无法去执行其他的 G，因此需要接管 P 来执行其他的 G。

2）没有“无所事事”的 P。因为 sched.nmspinning 和 sched.npidle 都为 0，这就意味着没有“找工作”的 M，也没有空闲的 P，大家都在“忙”，可能有很多工作要做。因此要抢占当前的 P，让它来承担一部分工作。

3）从上一次监控线程观察到 P 对应的 M 处于系统调用之中到现在已经超过 10ms。这说明系统调用所花费的时间较长，需要对其进行抢占，以此来使得 retake 函数返回值不为 0，这样，会保持 sysmon 线程 20μs 的检查周期，提高 sysmon 监控的实时性。

注意，原代码是用的三个与条件，三者都要满足才会执行下面的 continue 语句，也就是不进行抢占。因此要想进行抢占的话，只需要三个条件中有一个不满足就行了。

确定要抢占当前 P 后，先使用原子操作将 P 的状态修改为 _Pidle，最后调用 handoffp 进行抢占：

```
// src/runtime/proc.go

func handoffp(_p_ *p) {
    // 如果 p 本地有工作或者全局有工作，需要绑定一个 m
    if !runqempty(_p_) || sched.runqsize != 0 {
        startm(_p_, false)
        return
    }
```

```
    // ……………………

    // 所有其他 p 都在运行 goroutine，说明系统比较忙，需要启动 m
    if atomic.Load(&sched.nmspinning)+atomic.Load(&sched.npidle) == 0 && atomic.Cas(&sched.nmspinning, 0, 1) { // TODO:
fast atomic
        // p 没有本地工作，启动一个自旋 m 来找工作
        startm(_p_, true)
        return
    }
    lock(&sched.lock)

    // ……………………

    // 全局队列有工作
    if sched.runqsize != 0 {
        unlock(&sched.lock)
        startm(_p_, false)
        return
    }

    // ……………………

    // 没有工作要处理，把 p 放入全局空闲队列
    pidleput(_p_)
    unlock(&sched.lock)
}
```

在函数 handoff 中再次进行场景判断，以调用 startm 启动一个工作线程来绑定 P，使得整体工作继续推进。

当 P 的本地运行队列或全局运行队列里面有待运行的 goroutine，说明还有很多工作要做，调用 startm(_p_, false) 启动一个 M 来结合 P，继续工作。

如果除了当前的 P 外，其他所有的 P 都在运行 goroutine，说明“天下太平”，每个人都有自己的事做，唯独自己没有。为了全局更快地完成工作，需要启动一个 M，且要使得 M 处于自旋状态，和 P 结合之后，尽快找到工作。

最后，如果实在没有工作要处理，就将 P 放入全局空闲队列里。

接着来看 startm 函数都做了些什么：

```
// runtime/proc.go
//
// 调用 m 来绑定 p，如果没有 m，那就新建一个
// 如果 p 为空，那就尝试获取一个处于空闲状态的 p，如果找到 p，那就什么都不做
func startm(_p_ *p, spinning bool) {
    lock(&sched.lock)
    if _p_ == nil {
        // 没有指定 p 则需要从全局空闲队列中获取一个 p
        _p_ = pidleget()
        if _p_ == nil {
            unlock(&sched.lock)
            if spinning {
                // 如果找到 p，放弃。还原全局处于自旋状态的 m 的数量
                if int32(atomic.Xadd(&sched.nmspinning, -1)) < 0 {
                    throw("startm: negative nmspinning")
                }
            }
            // 没有空闲的 p，直接返回
            return
        }
    }

    // 从 m 空闲队列中获取正处于睡眠之中的工作线程
    // 所有处于睡眠状态的 m 都在此队列中
    mp := mget()
    if mp == nil {
        // 如果没有找到 m
```

```
            var fn func()
            if spinning {
                fn = mspinning
            }
            // 创建新的工作线程
            newm(fn, _p_)
            return
        }
        unlock(&sched.lock)
        if mp.spinning {
            throw("startm: m is spinning")
        }
        if mp.nextp != 0 {
            throw("startm: m has p")
        }
        if spinning && !runqempty(_p_) {
            throw("startm: p has runnable gs")
        }
        mp.spinning = spinning
        // 设置 m 马上要结合的 p
        mp.nextp.set(_p_)
        // 唤醒 m
        notewakeup(&mp.park)
    }
```

首先处理 P 为空的情况，直接从全局空闲 P 队列里找，如果没找到，则直接返回。如果设置了 spinning 为 true 的话，还需要还原全局的处于自旋状态的 M 的数值：&sched.nmspinning。

搞定了 P，接下来看 M。先调用 mget 函数从全局空闲的 M 队列里获取一个 M，如果没找到 M，则要调用 newm 新创建一个 M，并且如果设置了 spinning 为 true 的话，先要设置好 mstartfn：

```
// src/runtime/proc.go

func mspinning() {
    getg().m.spinning = true
}
```

这样，启动 M 后，在 mstart1 函数里，进入 schedule 循环前，执行 mstartfn 函数，使得 M 处于自旋状态。

接下来是正常情况下（找到了 P 和 M）的处理：

```
mp.spinning = spinning
// 设置 m 马上要结合的 p
mp.nextp.set(_p_)
// 唤醒 m
notewakeup(&mp.park)
```

设置 nextp 为找到的 P，调用 notewakeup 唤醒 M。之前讲 findrunnable 函数的时候，对于最后没有找到工作的 M，调用 notesleep(&_g_.m.park)，使得 M 进入睡眠状态。现在终于有工作了，需要“老将出马”，将其唤醒：

```
// src/runtime/lock_futex.go

func notewakeup(n *note) {
    // 设置 n.key = 1, 被唤醒的线程通过查看该值是否等于 1
    // 来确定是被其他线程唤醒还是意外从睡眠中苏醒
    old := atomic.Xchg(key32(&n.key), 1)
    if old != 0 {
        print("notewakeup - double wakeup (", old, ")\n")
        throw("notewakeup - double wakeup")
    }
    futexwakeup(key32(&n.key), 1)
}
```

函数 notewakeup 首先使用 atomic.Xchg 设置 note.key 值为 1，这是为了使被唤醒的线程可以通过查看该值是否等于 1 来确定是被其他线程唤醒还是意外从睡眠中苏醒了过来。

如果该值为 1 则表示是被唤醒的，可以继续工作；但如果该值为 0 则表示是意外苏醒，需要再次进入睡眠。

调用 futexwakeup 来唤醒工作线程，它和 futexsleep 是相对的。

```
// src/runtime/os_linux.go

func futexwakeup(addr *uint32, cnt uint32) {
    // 调用 futex 函数唤醒工作线程
    ret := futex(unsafe.Pointer(addr), _FUTEX_WAKE_PRIVATE, cnt, nil, nil, 0)
    if ret >= 0 {
        return
    }

    // ........................
}
```

函数 futex 由汇编语言实现，前面已经分析过，这里就不重复了。主要内容就是先准备好参数，然后进行系统调用，由内核唤醒线程，被唤醒的工作线程则由内核负责在适当的时候调度到 CPU 上运行。

12.14.2　抢占长时间运行的 P

Go scheduler 采用的是一种称为协作式的调度，就是说并不强制调度，大家保持协作关系，互相信任。对于长时间运行的 P，或者说绑定在 P 上的长时间运行的 goroutine，sysmon 会检测到这种情况，然后设置一些标志，表明 goroutine 自己 CPU 的执行权，给其他 goroutine 一些执行机会。

接下来就来分析当 P 处于 _Prunning 状态的情况。监控线程 sysmon 扫描每个 P 时，都会记录下当前调度器调度的次数和当前时间，数据记录在结构体：

```
// src/runtime/proc.go

type sysmontick struct {
    schedtick   uint32
    schedwhen   int64
    syscalltick uint32
    syscallwhen int64
}
```

前面两个字段记录调度器调度的次数和时间，后面两个字段记录系统调用的次数和时间。

在下一次扫描时，对比 sysmon 记录下的 P 的调度次数和时间，与当前 P 自己记录下的调度次数和时间对比，如果一致。说明 P 在这一段时间内一直在运行同一个 goroutine，那就计算一下运行时间是否太长了。

如果发现运行时间超过了 10 ms，则要调用 preemptone(_p_) 发起抢占的请求：

```
// src/runtime/proc.go

func preemptone(_p_ *p) bool {
    mp := _p_.m.ptr()
    if mp == nil || mp == getg().m {
        return false
    }
    // 被抢占的 goroutine
    gp := mp.curg
    if gp == nil || gp == mp.g0 {
        return false
    }

    // 设置抢占标志
    gp.preempt = true

    // 在 goroutine 内部的每次调用都会比较栈顶指针和 g.stackguard0
    // 来判断是否发生了栈溢出。stackPreempt 是非常大的一个数，比任何栈都大
```

```
        // stackPreempt = 0xfffffade
        gp.stackguard0 = stackPreempt

        // ......

        return true
}
```

核心内容是将 stackguard0 设置了一个很大的值，而检查 stackguard0 的地方在函数调用前的一段汇编代码里进行。

举一个简单的例子：

```go
package main

import "fmt"

func main() {
        fmt.Println("hello qcrao.com!")
}
```

执行命令：

```
go tool compile -S main.go
```

得到汇编代码：

```
"".main STEXT size=138 args=0x0 locals=0x58
        0x0000 00000 (main.go:5)        TEXT    "".main(SB), ABIInternal, $88-0
        0x0000 00000 (main.go:5)        MOVQ    (TLS), CX
        0x0009 00009 (main.go:5)        CMPQ    SP, 16(CX)
        0x000d 00013 (main.go:5)        PCDATA  $0, $-2
        0x000d 00013 (main.go:5)        JLS     128
        0x000f 00015 (main.go:5)        PCDATA  $0, $-1
        0x000f 00015 (main.go:5)        SUBQ    $88, SP
        0x0013 00019 (main.go:5)        MOVQ    BP, 80(SP)
        0x0018 00024 (main.go:5)        LEAQ    80(SP), BP
        0x001d 00029 (main.go:5)        FUNCDATA        $0, gclocals·33cdeccccebe80329f1fdbee7f5874cb(SB)
        0x001d 00029 (main.go:5)        FUNCDATA        $1, gclocals·f207267fbf96a0178e8758c6e3e0ce28(SB)
        0x001d 00029 (main.go:5)        FUNCDATA        $3, "".main.stkobj(SB)
        0x001d 00029 (main.go:6)        XORPS   X0, X0
        0x0020 00032 (main.go:6)        MOVUPS  X0, ""..autotmp_11+64(SP)
        0x0025 00037 (main.go:6)        LEAQ    type.string(SB), AX
        0x002c 00044 (main.go:6)        MOVQ    AX, ""..autotmp_11+64(SP)
        0x0031 00049 (main.go:6)        LEAQ    ""..stmp_0(SB), AX
        0x0038 00056 (main.go:6)        MOVQ    AX, ""..autotmp_11+72(SP)
        0x003d 00061 (<unknown line number>)    NOP
        0x003d 00061 ($GOROOT/src/fmt/print.go:274)     MOVQ    os.Stdout(SB), AX
        0x0044 00068 ($GOROOT/src/fmt/print.go:274)     LEAQ    go.itab.*os.File,io.Writer(SB), CX
        0x004b 00075 ($GOROOT/src/fmt/print.go:274)     MOVQ    CX, (SP)
        0x004f 00079 ($GOROOT/src/fmt/print.go:274)     MOVQ    AX, 8(SP)
        0x0054 00084 ($GOROOT/src/fmt/print.go:274)     LEAQ    ""..autotmp_11+64(SP), AX
        0x0059 00089 ($GOROOT/src/fmt/print.go:274)     MOVQ    AX, 16(SP)
        0x005e 00094 ($GOROOT/src/fmt/print.go:274)     MOVQ    $1, 24(SP)
        0x0067 00103 ($GOROOT/src/fmt/print.go:274)     MOVQ    $1, 32(SP)
        0x0070 00112 ($GOROOT/src/fmt/print.go:274)     PCDATA  $1, $0
        0x0070 00112 ($GOROOT/src/fmt/print.go:274)     CALL    fmt.Fprintln(SB)
        0x0075 00117 (main.go:6)        MOVQ    80(SP), BP
        0x007a 00122 (main.go:6)        ADDQ    $88, SP
        0x007e 00126 (main.go:6)        RET
        0x007f 00127 (main.go:6)        NOP
        0x007f 00127 (main.go:5)        PCDATA  $1, $-1
        0x007f 00127 (main.go:5)        PCDATA  $0, $-2
        0x007f 00127 (main.go:5)        NOP
        0x0080 00128 (main.go:5)        CALL    runtime.morestack_noctxt(SB)
        0x0085 00133 (main.go:5)        PCDATA  $0, $-1
        0x0085 00133 (main.go:5)        JMP     0
```

来看比较关键的汇编命令：

```
0x0000 00000 (main.go:5)      MOVQ      (TLS), CX
```

将本地存储 tls 保存到 CX 寄存器中，（TLS）表示它所关联的 G，这里就是前面所讲到的主 goroutine。比较 SP 寄存器（代表主 goroutine 的栈顶寄存器）和 16(CX)：

```
0x0009 00009 (main.go:5)          CMPQ      SP, 16(CX)
0x000d 00013 (main.go:5)          PCDATA    $0, $-2
0x000d 00013 (main.go:5)          JLS       128
```

看下 G 结构体：

```
// src/runtime/runtime2.go

type g struct {
    // goroutine 使用的栈
    stack        stack
    // 用于栈的扩张和收缩检查
    stackguard0 uintptr
    // ……………………
}
```

对象 G 的第一个字段是 stack 结构体：

```
// src/runtime/proc.go

type stack struct {
    lo uintptr
    hi uintptr
}
```

共 16 字节。而 16(CX)表示 G 对象的第 16 个字节，跳过了 G 的第一个字段，也就是 g.stackguard0 字段。

如果 SP 小于 g.stackguard0，就跳转到 128。而这是必然的，因为前面已经把 g.stackguard0 设置成了一个非常大的值，因此跳转到了 128：

```
0x0080 00128 (main.go:5)          CALL      runtime.morestack_noctxt(SB)

调用 runtime.morestack_noctxt 函数：

// src/runtime/asm_amd64.s

TEXT runtime·morestack_noctxt(SB),NOSPLIT,$0
    MOVL      $0, DX
    JMP runtime·morestack(SB)
```

直接跳转到 morestack 函数：

```
// src/runtime/asm_amd64.s

TEXT runtime·morestack(SB),NOSPLIT,$0-0
    // Cannot grow scheduler stack (m->g0).
    get_tls(CX)
    // BX = g，g 表示主 goroutine
    MOVQ      g(CX), BX
    // BX = g.m
    MOVQ      g_m(BX), BX
    // SI = g.m.g0
    MOVQ      m_g0(BX), SI
    CMPQ      g(CX), SI
    JNE 3(PC)
    CALL      runtime·badmorestackg0(SB)
    CALL      runtime·abort(SB)

    // ……………………

    // Set g->sched to context in f.
    // 将函数的返回地址保存到 AX 寄存器
    MOVQ      0(SP), AX // f's PC
```

```
    // 将函数的返回地址保存到 g.sched.pc
    MOVQ      AX, (g_sched+gobuf_pc)(SI)
    // g.sched.g = g
    MOVQ      SI, (g_sched+gobuf_g)(SI)
    // 取地址操作符，调用 morestack_noctxt 之前的 rsp
    LEAQ      8(SP), AX // f's SP
    // 将主 函数的栈顶地址保存到 g.sched.sp
    MOVQ      AX, (g_sched+gobuf_sp)(SI)
    // 将 BP 寄存器保存到 g.sched.bp
    MOVQ      BP, (g_sched+gobuf_bp)(SI)
    MOVQ      DX, (g_sched+gobuf_ctxt)(SI)

    // Call newstack on m->g0's stack.
    // BX = g.m.g0
    MOVQ      m_g0(BX), BX
    // 将 g0 保存到本地存储 tls
    MOVQ      BX, g(CX)
    // 把 g0 栈的栈顶寄存器的值恢复到 CPU 的寄存器 SP，达到切换栈的目的，下面这一条指令执行之前
    // CPU 还是使用的调用此函数的 g 的栈，执行之后 CPU 就开始使用 g0 的栈了
    MOVQ      (g_sched+gobuf_sp)(BX), SP
    CALL      runtime·newstack(SB)
    CALL      runtime·abort(SB)     // crash if newstack returns
    RET
```

主要做的工作就是将当前 goroutine，也就是主 goroutine 和调度相关的信息保存到 g.sched 中，以便在调度到它执行时，可以恢复。

最后，将 g0 的地址保存到 tls 本地存储，并且切到 g0 栈执行之后的代码。继续调用 newstack 函数：

```
// src/runtime/stack.go

func newstack() {
    // thisg = g0
    thisg := getg()

    // ........................

    // gp =主 goroutine
    gp := thisg.m.curg

    // ........................

    morebuf := thisg.m.morebuf
    thisg.m.morebuf.pc = 0
    thisg.m.morebuf.lr = 0
    thisg.m.morebuf.sp = 0
    thisg.m.morebuf.g = 0

    // 检查 g.stackguard0 是否被设置成抢占标志
    preempt := atomic.Loaduintptr(&gp.stackguard0) == stackPreempt

    if preempt {
        if !canPreemptM(thisg.m) {
            // 还原 stackguard0 为正常值，表示已经处理过抢占请求了
            gp.stackguard0 = gp.stack.lo + _StackGuard
            // 不抢占，调用 gogo 继续运行当前这个 g，不需要调用 schedule 函数去挑选另一个 goroutine
            gogo(&gp.sched) // never return
        }
    }

    // ........................

    if preempt {
        if gp == thisg.m.g0 {
            throw("runtime: preempt g0")
        }
        if thisg.m.p == 0 && thisg.m.locks == 0 {
            throw("runtime: g is running but p is not")
        }
```

```
            //........................

            // 调用 gopreempt_m 把 gp 切换出去
            gopreempt_m(gp) // never return
        }

        //........................
    }
```

只关注有关抢占相关的。第一次判断 preempt 标志是 true 时，检查了 G 的状态，发现不能抢占，例如它所绑定的 P 的状态不是 _Prunning，那就恢复它的 stackguard0 字段，下次就不会走这一套流程了。然后，调用 gogo(&gp.sched) 继续执行当前的 goroutine。

中间又处理了很多判断流程，再次判断 preempt 标志是 true 时，调用 gopreempt_m(gp) 将 gp 切换出去。

```
// src/runtime/stack.go

func gopreempt_m(gp *g) {
    if trace.enabled {
        traceGoPreempt()
    }
    goschedImpl(gp)
}
```

最终调用 goschedImpl 函数：

```
// src/runtime/stack.go

func goschedImpl(gp *g) {
    status := readgstatus(gp)
    if status&^_Gscan != _Grunning {
        dumpgstatus(gp)
        throw("bad g status")
    }
    // 更改 gp 的状态
    casgstatus(gp, _Grunning, _Grunnable)
    // 解除 m 和 g 的关系
    dropg()
    lock(&sched.lock)
    // 将 gp 放入全局可运行队列
    globrunqput(gp)
    unlock(&sched.lock)

    // 进入新一轮的调度循环
    schedule()
}
```

将 gp 的状态改为 _Grunnable，放入全局可运行队列，等待下次有 M 来全局队列找工作时才能继续运行。

最后，调用 schedule() 函数进入新一轮的调度循环，找出一个 goroutine 来运行，永不返回。

这样，关于 sysmon 线程在关于调度这块到底做了什么，已经回答完毕。总结一下：

1）抢占处于系统调用的 P，让其他 M 接管它，以运行其他的 goroutine。

2）将运行时间过长的 goroutine 调度出去，给其他 goroutine 运行的机会。

12.15 异步抢占的原理是什么

我们先明确语言上的一些用词误区。“抢占”一词通常泛指将某个资源从他处转移到自己手中，正如本书在前文广泛使用的那样，“抢”字在这种意义上并没有主动和被动一说（例如系统监控的 P 抢占并非“抢”，因为 G 的阻塞 P 从逻辑上处于空闲状态）。本节在调度场景下，我们将这一词下进行严格的区分，抢占式调度特指被抢占者被动中断而非主动让权。并在这个意义下分别讨论协作式调度和抢占式调度的表现差异。

对于 Go 语言的协作式的调度而言（通过设置环境变量 GODEBUG=asyncpreempt=off 启用），不会像线程那样，在时间片用完后，由 CPU 中断任务强行将其调度走。对于 Go 语言中运行时间过长的 goroutine，Go scheduler 有一个后台线程在持续监控，一旦发现 goroutine 运行超过 10ms，会设置 goroutine 的“协作标志位”，之后调度器会进行处理，具体内容上一节已经讲过了。但是设置标志位的时机只有在函数“序言”部分，如果没有函数调用就没有办法设置了。

在启用协作式调度的某些极端情况下，会掉进一些陷阱。例如：

```
func main() {
    var x int
    threads := runtime.GOMAXPROCS(0)
    for i := 0; i < threads; i++ {
        go func() {
            for { x++ }
        }()
    }
    time.Sleep(time.Second)
    fmt.Println("x =", x)
}
```

运行结果是：在死循环里出不来，不会输出最后的那条打印语句。

为什么？上面的例子会启动和机器的 CPU 核心数相等的 goroutine，每个 goroutine 都会执行一个无限循环。

创建完这些 goroutine 后，main 函数里执行一条 time.Sleep(time.Second) 语句。Go scheduler 看到这条语句后，简直“高兴坏了”，要来“活”了。这是调度的好时机啊，于是主 goroutine 被调度走。先前创建的 threads 个 goroutine，刚好“一个萝卜一个坑”，把 M 和 P 都占满了。

在这些 goroutine 内部，又没有调用一些诸如 channel，time.sleep 这些会引发调度器工作的事情。麻烦了，只能任由这些无限循环执行下去了，整个程序进入了死循环，对外的表现就是“死机”了。

解决的办法也有，把 threads 减小 1：

```
func main() {
    var x int
    threads := runtime.GOMAXPROCS(0) - 1
    for i := 0; i < threads; i++ {
        go func() {
            for { x++ }
        }()
    }
    time.Sleep(time.Second)
    fmt.Println("x =", x)
}
```

运行结果：

```
x = 0
```

不难理解了吧，主 goroutine 休眠 1s 后，被 Go schduler 重新唤醒，调度到 M 上继续执行，打印一行语句后退出。主 goroutine 退出后，其他所有的 goroutine 都必须跟着退出。所谓“覆巢之下，焉有完卵”，一损俱损。

至于为什么最后打印出的 x 为 0，和编译器的指令重排有关，有兴趣的读者可以进一步研究，但这个主题已经偏离本章的内容范畴了。限于篇幅，这里就不再深入讨论了。

还有一种解决办法是在 for 循环里加一句：

```
go func() {
    time.Sleep(time.Second)
    for { x++ }
```

```
}()
```

同样可以让主 goroutine 有机会调度执行，原因是有了函数调用，就有机会在函数序言部分设置“协作标志”，执行协作式调度。

那么抢占式调度呢？我们来思考调度器的 MPG 模型不难发现，协作式调度的核心在于当 G 在 M 上执行时，G 主动的让出 M，因此抢占式调度本质上就是在 G 没有主动让出 M 的情况下强行中断 M 对 G 的执行。这一点怎么能实现呢？

我们不妨继续从系统监控产生的抢占谈起：

```
func retake(now int64) uint32 {
    ...
    for i := 0; i < len(allp); i++ {
            _p_ := allp[i]
            ...
            if s == _Prunning || s == _Psyscall {
                    ...
                    } else if pd.schedwhen+forcePreemptNS <= now {
                            // 对于 syscall 的情况，因为 M 没有与 P 绑定，
                            // preemptone() 不工作
                            preemptone(_p_)
                            sysretake = true
                    }
            }
            ...
    }
    ...
}
func preemptone(_p_ *p) bool {
    // 检查 M 与 P 是否绑定
    mp := _p_.m.ptr()
    if mp == nil || mp == getg().m {
            return false
    }
    gp := mp.curg
    if gp == nil || gp == mp.g0 {
            return false
    }

    // 将 G 标记为抢占
    gp.preempt = true

    // 一个 goroutine 中的每个调用都会通过比较当前栈指针和 gp.stackgard0
    // 来检查栈是否溢出。
    // 设置 gp.stackgard0 为 StackPreempt 来将抢占转换为正常的栈溢出检查。
    gp.stackguard0 = stackPreempt

    // 请求该 P 的异步抢占
    if preemptMSupported && debug.asyncpreemptoff == 0 {
            _p_.preempt = true
            preemptM(mp)
    }

    return true
}

const sigPreempt = _SIGURG

// preemptM 向 mp 发送抢占请求。该请求可以异步处理，也可以与对 M 的其他请求合并
// 接收到该请求后，如果正在运行的 G 或 P 被标记为抢占，并且 goroutine 处于异步安全点
// 它将抢占 goroutine。在处理抢占请求后，它始终以原子方式递增 mp.preemptGen。
func preemptM(mp *m) {
    ...
    signalM(mp, sigPreempt)
}
func signalM(mp *m, sig int) {
    tgkill(getpid(), int(mp.procid), sig)
}
```

可见系统监控中 preemptone 会在支持 M 抢占的情况下发起 preemptM 的抢占信号。

preemptM 完成了信号的发送，其实现也非常直接，直接向需要进行抢占的 M 发送 SIGURG 信号即可。但是真正的重要的问题是，为什么是 SIGURG 信号而不是其他的信号？如何才能保证该信号不与用户态产生的信号产生冲突？这里面有几个原因：

1）默认情况下，SIGURG 已经用于调试器传递信号。

2）SIGURG 可以不加选择地虚假发生的信号。例如，我们不能选择 SIGALRM，因为信号处理程序无法分辨它是否是由实际过程引起的（可以说这意味着信号已损坏）。而常见的用户自定义信号 SIGUSR1 和 SIGUSR2 也不够好，因为用户态代码可能会将其进行使用。

3）需要处理没有实时信号的平台（例如 macOS）。

考虑以上的观点，SIGURG 其实是一个很好的、满足所有这些条件且极不可能因被用户态代码进行使用的一种信号。

就作系统线程的 M 而言，每个运行的 M 都会设置一个系统信号的处理的回调，当出现系统信号时，操作系统将负责将运行代码进行中断，并安全的保护其执行现场，进而 Go 运行时能将针对信号的类型进行处理，当信号处理函数执行结束后，程序会再次进入内核空间，进而恢复到被中断的位置。

Go 运行时进行信号处理的基本做法，其核心是注册 runtime.sighandler 函数，并在信号到达后，由操作系统中断转入内核空间，而后将所中断线程的执行上下文参数（例如寄存器 rip、rep 等）传递给处理函数。如果在 runtime.sighandler 中修改了这个上下文参数，操作系统则会根据修改后的上下文信息恢复执行，这也就为抢占提供了机会。

```
//go:nowritebarrierrec
func sighandler(sig uint32, info *siginfo, ctxt unsafe.Pointer, gp *g) {
    ...
    c := &sigctxt{info, ctxt}
    ...
    if sig == sigPreempt {
        // 可能是一个抢占信号
        doSigPreempt(gp, c)
        // 即便这是一个抢占信号，它也可能与其他信号进行混合，因此我们
        // 继续进行处理
    }
    ...
}
// doSigPreempt 处理了 gp 上的抢占信号
func doSigPreempt(gp *g, ctxt *sigctxt) {
    // 检查 G 是否需要被抢占，抢占是否安全
    if wantAsyncPreempt(gp) && isAsyncSafePoint(gp, ctxt.sigpc(), ctxt.sigsp(), ctxt.siglr()) {
        // 插入抢占调用
        ctxt.pushCall(funcPC(asyncPreempt))
    }

    // 记录抢占
    atomic.Xadd(&gp.m.preemptGen, 1)
```

在 ctxt.pushCall 之前，ctxt.rip() 和 ctxt.rep() 都保存了被中断的 goroutine 所在的位置，但是 pushCall 直接修改了这些寄存器，进而当从 sighandler 返回用户态 goroutine 时，能够从注入的 asyncPreempt 开始执行：

```
func (c *sigctxt) pushCall(targetPC uintptr) {
    pc := uintptr(c.rip())
    sp := uintptr(c.rsp())
    sp -= sys.PtrSize
    *(*uintptr)(unsafe.Pointer(sp)) = pc
    c.set_rsp(uint64(sp))
    c.set_rip(uint64(targetPC))
}
```

完成 sighandler 之，我们成功恢复到 asyncPreempt 调用：

```
// asyncPreempt 保存了所有用户寄存器，并调用 asyncPreempt2
//
// 当栈扫描遭遇 asyncPreempt 栈帧时，将会保守的扫描调用方栈帧
func asyncPreempt()
```

该函数的主要目的是保存用户态寄存器，并且在调用完毕前恢复所有的寄存器上下文，就好像什么事情都没有发生过一样：

```
TEXT ·asyncPreempt(SB),NOSPLIT|NOFRAME,$0-0
    ...
    MOVQ AX, 0(SP)
    ...
    MOVUPS X15, 352(SP)
    CALL ·asyncPreempt2(SB)
    MOVUPS 352(SP), X15
    ...
    MOVQ 0(SP), AX
    ...
    RET
```

当调用 asyncPreempt2 时，会根据 preemptPark 或者 gopreempt_m 重新切换回调度循环，从而打断密集循环的继续执行。

```
//go:nosplit
func asyncPreempt2() {
    gp := getg()
    gp.asyncSafePoint = true
    if gp.preemptStop {
        mcall(preemptPark)
    } else {
        mcall(gopreempt_m)
    }
    // 异步抢占过程结束
    gp.asyncSafePoint = false
}
```

至此，异步抢占过程结束。我们总结一下抢占调用的整体逻辑：

1）M1 发送中断信号（signalM(mp, sigPreempt)）。

2）M2 收到信号，操作系统中断其执行代码，并切换到信号处理函数（sighandler(signum, info, ctxt, gp)）。

3）M2 修改执行的上下文，并恢复到修改后的位置（asyncPreempt）。

4）重新进入调度循环进而调度其他 goroutine（preemptPark 和 gopreempt_m）。

上述的异步抢占流程我们是通过系统监控来说明的，正如前面所提及的，异步抢占的本质是在为垃圾回收器服务，由于我们还没有讨论过 Go 语言垃圾回收的具体细节，这里便不做过多展开，读者只需理解，在垃圾回收周期开始时，垃圾回收器将通过上述异步抢占的逻辑，停止所有用户 goroutine，进而转去执行垃圾回收。

第13章 内存分配机制

在早期的程序设计中，例如 C/C++ 中程序员通常需要手动地对内存进行管理。随着时代的发展，后来者 Java 将自动内存管理功能发扬光大，将程序员从手动管理内存的琐碎任务中脱离出来；甚至近些年来如 Rust 要求在编译期就决定程序中进行内存分配的行为等，这些编程语言都在尝试不同的对传统程序设计中堆内存和栈内存这两个核心元素进行管理的方式，但这些管理方式通通逃脱不了两个基本的交互原语：分配和回收。

在本书中，我们将内存分配机制与垃圾回收机制从内存管理中分离出来以便读者能更加清晰地思考这两种机制分管的不同工作。除此之外，内存分配机制同样也是一种比垃圾回收机制更为基础的设施，尽管大多数内存分配策略的设计都与垃圾回收器有直接关联，但即使在没有垃圾回收的情况下，内存分配的工作仍然能够进行，反之则不然。

13.1 管理内存的动机是什么，通常涉及哪些组件

13.1.1 内存管理的动机

从一般意义上来讲，对于程序内存管理的动机来源于对内存分配性能的要求。从程序设计的角度而言，无外乎时间换空间、空间换时间。统一管理内存会提前分配或一次性释放一大块内存，进而减少与操作系统沟通造成的开销（系统调用），进而提高程序的运行性能；除此之外，支持内存管理另一个优势就是能够更好地支持垃圾回收，进而能够将程序员从繁杂的内存管理工作中解放出来，能够更加专注地思考而非不停地被内存管理问题干扰，这一点我们将留到垃圾回收器一节中进行讨论。

13.1.2 内存管理运行时的组件

正如本章开头所说，内存管理本质上只涉及分配和回收两个原语，但由于运行时这一介于用户程序和操作系统间的存在，从内存的生命周期以及运行时对其进行的管理来看，Go 语言运行时对内存的管理可以分为以下四个管理层级，如图 13-1 所示。并涉及两个分配器、两个回收器：

1）从操作系统申请内存，由页分配器（Page Allocator）负责。

2）为用户程序分配内存，由对象分配器（Object Allocator）负责。

3）回收用户程序所分配的内存，由垃圾回收器（Garbage Collector）负责。

4）向操作系统归还申请的内存，由拾荒器（Scavenger）负责。

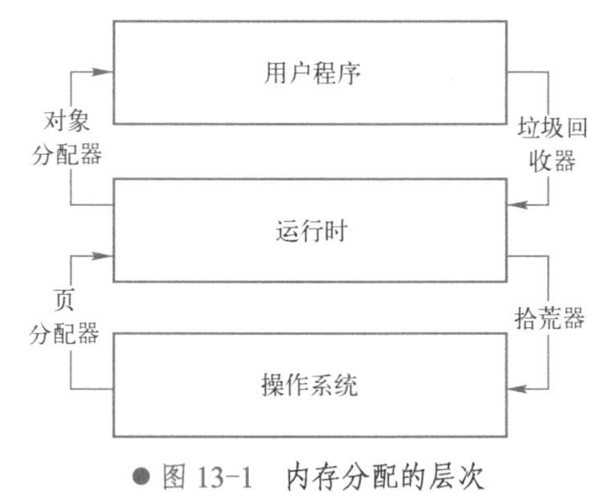

● 图 13-1　内存分配的层次

当程序开始启动时，运行时的页分配器向操作系统

申请内存，并将预留的内存驻留在运行时中；一旦用户程序需要进行内存分配时，即可从运行时的对象分配器分配新的内存进行使用；当用户程序不再使用这些所申请的内存后，运行时的垃圾回收器将这些内存进行标记并重新在运行时进行管理和再分配；对于某些长期不再使用的内存而言，拾荒器则会负责将这部分内存归还给操作系统，从而减轻整个应用程序的总内存消耗。

13.1.3　内存的使用状态

在介绍内存在运行时的使用状态之前，我们不妨回顾 Linux 操作系统提供的 mmap 系统调用功能。mmap 和 munmap 是一对系统调用级的内存管理接口，它们比一般的内存分配函数（例如 C 中的 malloc）更加底层，其函数声明如下：

```
#include <sys/mman.h>
void *mmap(void *addr, size_t length, int prot, int flags, int fd, off_t offset);
int munmap(void *addr, size_t length);
```

mmap 和 munmap 的功能是为进程的虚拟内存地址创建映射，并通过指定不同的保护模式（PROT）来辅助操作系统对用户空间内存使用情况的加速。具体而言，虚拟内存只是作为操作系统层级对进程间内存管理的一种高层映射，并没有带来物理上内存空间大小的提升。当所有进程实际使用的内存总量大于实际的物理容量时，则会发生映射的冲突，进而不可避免的产生内存的重新映射。如果进程对自身使用的内存有一个大致的预判，先提前向操作系统预告可能的使用状态，操作系统也能够根据该信息指定不同的策略，进而得到更好的性能。例如，使用 mmap 调用时，使用 PROT_NONE 进行预留的内存页还不能直接进行读写访问，而进一步使用 PROT_READ 和 PROT_WRITE 来支持对仅预留区域内存的读写。除了 mmap 和 munmap 之外，对于已经处于可读写状态的内存，还可以进一步通过 madvise 向操作系统提供一些“建议”，从而获得更好的预取和缓存性能：

```
#include <sys/mman.h>
int madvise(void *addr, size_t length, int advice);
```

其中第三个参数可为系统内核指定不同类型的建议。虽然具体的建议有很多，但由于 Go 语言运行时内存管理的具体实现方式，真正给到系统内核的建议只涉及：当有多个页分配给用户程序后的 MADV_HUGEPAGE、以及用户程序不再需要频繁使用的内存页的 MADV_DONTNEED 或 MADV_FREE。

从运行时对内存的管理角度来看，内存总共分为四种状态：**空状态**（None）、**预留态**（Reserved）、**准备态**（Prepared）以及**就绪态**（Ready），它们之间的转换关系如图 13-2 所示。

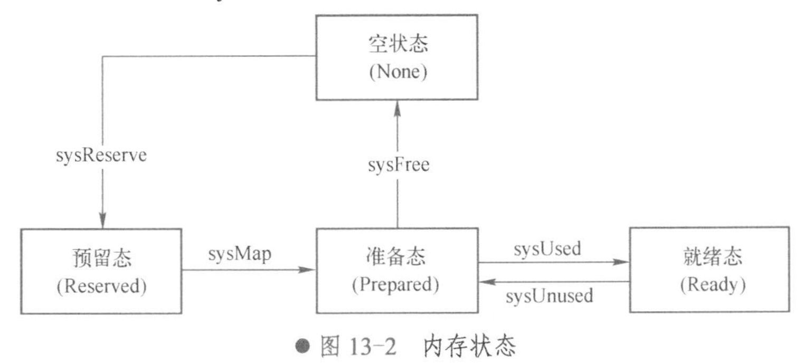

● 图 13-2　内存状态

空状态只是一个逻辑上的概念，意味某个区段的内存并没有从操作系统中申请获得，还无法使用，运行时初始化之前所有内存都是这个状态。

预留态可以通过 runtime.sysReserve 进行转换，该函数会执行 mmap 系统调用，使用 PORT_NONE，并选择匿名、私有映射（Anonymous/private mapping） 的方式 _MAP_ANON 向操

作系统申请预留虚拟地址空间，调用结束后预留地址所在的内存处于预留态，处于这种状态的内存只用于提前向操作系统预告其可能的使用状态，不能对得到的内存进行安全的读写操作，即映射的内存页数为零、在这段内存的任何修改都不会被其他进程观察到：

```
func sysReserve(v unsafe.Pointer, n uintptr) unsafe.Pointer {
    p, err := mmap(v, n, _PROT_NONE, _MAP_ANON|_MAP_PRIVATE, -1, 0)
    if err != 0 {
        return nil
    }
    return p
}
```

当内存被预留后，则可以通过 runtime.sysMap 来进一步将其状态转换为准备态。该函数同样会执行 mmap 系统调用，不同之处在于它会将保留好的内存进行进一步映射，将其转换为 PROT_READ 和 PROT_WRITE 可读写的状态：

```
func sysMap(v unsafe.Pointer, n uintptr, sysStat *sysMemStat) {
sysStat.add(int64(n))
    p, err := mmap(v, n, _PROT_READ|_PROT_WRITE, _MAP_ANON|_MAP_FIXED|_MAP_PRIVATE, -1, 0)
  ...
}
```

处于可读写状态的内存就可以直接在运行时正常进行读写使用了。但实际上，运行时并不会真正去使用这些可读写的内存页，只是对其使用状态进行管理。所以为了更好地运行，每当运行时分配器需要向用户程序执行内存分配时，则会再进一步通过 runtime.sysUsed 将内存的状态转换到就绪态，处于这个状态的内存在逻辑上就能正式地被用户程序使用了。在这个转换的过程中，其本质是通过 madvise 这个系统调用来通知系统内核这段内存的使用状态，进而获得更好的页映射的预读取和缓存性能：

```
func sysUsed(v unsafe.Pointer, n uintptr) {
    // physHugePageSize 是操作系统页大小的整数倍
    beg := alignUp(uintptr(v), physHugePageSize)            // 将 v 上舍入为 physHugePageSize 的倍数
    end := alignDown(uintptr(v)+n, physHugePageSize)      // 将 v 下舍入为 physHugePageSize 的倍数
    if beg < end {
madvise(unsafe.Pointer(beg), end-beg, _MADV_HUGEPAGE)
    }
}
```

而当用户程序不再需要使用这个就绪态的内存后，运行时可以进一步给系统内核指导，通过 runtime.sysUnused 调用告知系统内核这段内存不再需要系统级的预取和缓存，进入纯粹的管理状态，从而回归到准备态：

```
func sysUnused(v unsafe.Pointer, n uintptr) {
  madvise(v, n, _MADV_DONTNEED)
}
```

值得注意的是，sysUnused 调用结束后，madvise 实际上已经告知系统内核可以安全地将这段内存回收，但通过 mmap 保留的地址空间并没有得以释放。为此，需要运行时则会通过 runtime.sysFree 将解除内存的映射关系：

```
//go:nosplit
func sysFree(v unsafe.Pointer, n uintptr) {
  munmap(v, n)
}
```

除了上面提到的五个函数之外，运行时还有几个额外用于运行时开发和调试用的函数，例如在 runtime.persistentalloc 中会调用 runtime.sysAlloc 可以直接从操作系统分配可以使用的内存（从空状态直接转为就绪态），runtime.sysFault 则可以将就绪态的内存直接回落到不可读写的预留态，进而辅助判断对内存管理的正确性。由于这些函数仅用于运行时开发和调试目的，并不会真正与用户代码直接接触，这里暂时不做过多介绍，基于前面提到的内容，读者已经具备足够进一步深入探究的知识储备了。

13.2 Go 语言中的堆和栈概念与传统意义上的堆和栈有什么区别

我们知道，任何程序都有堆和栈的区分，但由于 Go 语言运行时的存在，传统意义上的（系统）栈被 Go 的运行时霸占，不开放给用户态代码；而传统意义上的（系统）堆内存，又被 Go 运行时划分为了两个部分，一个是 Go 运行时自身所需的堆内存，即非托管内存（或堆外内存，这部分内存会被 //go:notinheap 进行标记，用于显式区分分配在 mheap 上的内存）；另一部分则用于 Go 用户态代码所使用的堆内存，也称为 Go 堆，Go 堆负责用户态对象的存放以及 goroutine 的执行栈（从用户程序角度所理解的栈的概念），如图 13-3 所示。

● 图 13-3　堆外内存和 Go 堆

运行时中的 mheap 结构存储了整个 Go 堆的管理状态，其自身位于堆外内存之中，涉及页分配器和对象分配器这两大分配器，因此在对内存的管理上也从这两个分配器的视角可将内存考虑为两种不同的粒度单位。

```
//go:notinheap
type mheap struct {
  lock      mutex
  allspans []*mspan
 central [numSpanClasses]struct {
  mcentral mcentral
 ...
 }
 ...
}
```

从页分配器的视角来看，堆是按照连续的页（page）进行管理，每次对堆内存进行增长时都是以页为单位进行的，每个页的大小为 8KB。

从对象分配器视角来看，每次需要为用户程序的对象分配内存时，都是以**跨度**（span）的粒度进行管理的。一个跨度以 mspan 结构进行存储，每个跨度可以存储多个分配的对象，并由多个连续的页组成。

在 mheap 的结构中具有 allspans 字段，记录了程序生命周期中全部的分配过的 mspan。而堆上的全局 mspan 缓存被统一存放在了 mheap.central 的以 mcentral 为单位的多级数组结构中，我们在讨论对象分配器的时候再详细讨论这一结构。

13.3 对象分配器是如何实现的

对象分配器是与用户代码最能直接产生联系的地方，尽管我们在编码过程中可能很少去思考分配器何时进行了分配，但所有在程序运行中产生的对象都是从这个组件中分配出去的。因此，我们首先来理解运行时中对象分配器的实现原理。

13.3.1 分配的基本策略

分配机制的核心思想可以归为两大策略：顺序分配（sequential allocation）和自由表分配（free-list allocation）策略。在这两类策略的基础上还可以进一步发展出多自由表分配（multiple free-list allocation）的策略。

顺序分配策略在理解上非常简单和直观，分配策略直接从一段连续空间的一端开始，按需逐次将内存分配给用户程序。在实现上也非常简单，只需要一个自由指针（free pointer）和一个限制指针（limit pointer），如图 13-4 所示。

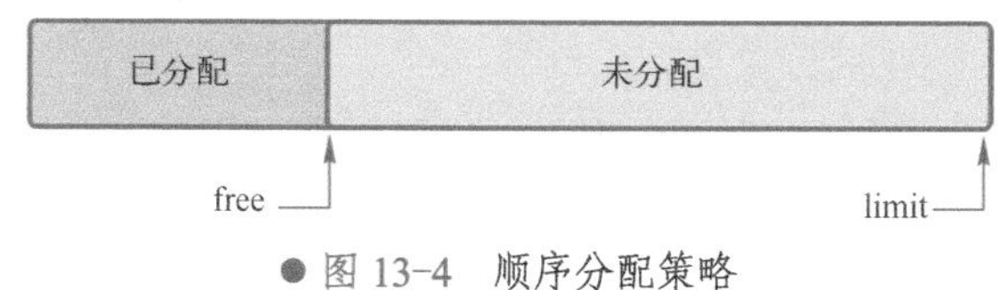

● 图 13-4　顺序分配策略

显然，不同的程序段对某段内存的需求可以认为是互相独立的随机事件，因为顺序分配策略总是朝着一个方向进行分配，进而还未归还的内存将在长时间使用后会让整块内存逐渐碎片化。这也导致顺序分配策略不能大规模应用。

但这并不意味着顺序分配就是一种“很笨”的分配机制，相反这种策略反而对缓存的局部性更加亲和。我们不妨考虑程序执行栈的分配行为：当产生函数调用时，程序压栈，进而分配内存。当函数返回时，出栈并归还内存。这一点恰好迎合了 Go 语言中不同 goroutine 拥有各自执行栈的场景，因为每个 goroutine 栈直接获得一整块内存，而后在该 goroutine 执行的过程中，通过顺序分配策略进一步将栈内存分配出去；而当 goroutine 执行完毕后，直接归还整块内存。整个过程并没有碎片化的趋势。从策略形式上看，自由表分配策略是一种比顺序分配策略更加一般化的分配策略。从策略名字中读者就不难发现，它使用链表这种结构对剩余可用的内存进行串联管理。

而自由表策略则依赖一个独立的链表，通过链表来维护未分配的内存，以供需要时将这些内存分配出去。如图所示，区块指针（chunk）指向固定大小的内存块，邻接指针（next）指向下一个可以用于分配的节点，如图 13-5 所示。

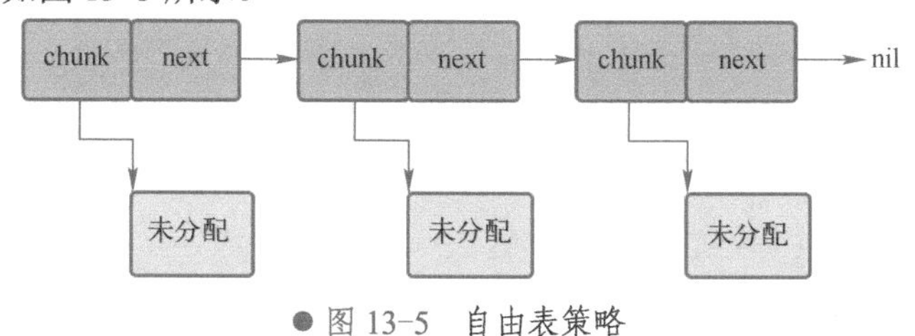

● 图 13-5　自由表策略

这里介绍的两种策略就是 Go 运行时中频繁使用的两种分配策略，对于运行时自身对象所在的非托管内存而言，采用自由表分配策略；对于用户程序的对象所在的 Go 堆内存，则采取的是顺序分配的策略。我们将在后面内容中再次提到这些分配策略。

13.3.2 对象分配器的基本组件和层级

运行时实现的对象分配器最早基于 Thread-Cache Malloc (tcmalloc) 进行实现，tcmalloc 的核心思想是为每个线程实现一个线程局部的缓存，并同时区分了小对象（小于 32KB）和大对象分配两种分配类型，其管理的内存单元就是跨度。但我们不再介绍更多 tcmalloc 的具体细节，因为运行时的对象分配器与 tcmalloc 存在一定差异。这个差异来源于 Go 语言本身被设计为没有显式的内存分配与释放，完全依靠编译器与运行时的配合来自动处理，因此也就有了分配器和回收器等组件的出现。

在用户程序视角下，堆内存中的对象本身都是存放在跨度上的，因此对象分配的核心原理便是围绕如何从堆中分配跨度进行展开。对象分配的缓存也分为两个等级：

1）本地跨度缓存：不需要分配新的跨度。对象可以直接放在 goroutine 所在的线程相关的某个现有的跨度缓存 mcache 中获取。

2）中枢跨度缓存：需要分配新的跨度。需要一个新的跨度来存放对象，当线程相关的跨度缓存中已经没有可用的跨度时，会尝试从堆上的中枢缓存获取可用的跨度，如图 13-6 所示。

读者不难发现，这样的设计其实跟调度器的本地队列（本地跨度缓存）配合全局队列（全局跨度缓存）设计有异曲同工之妙。

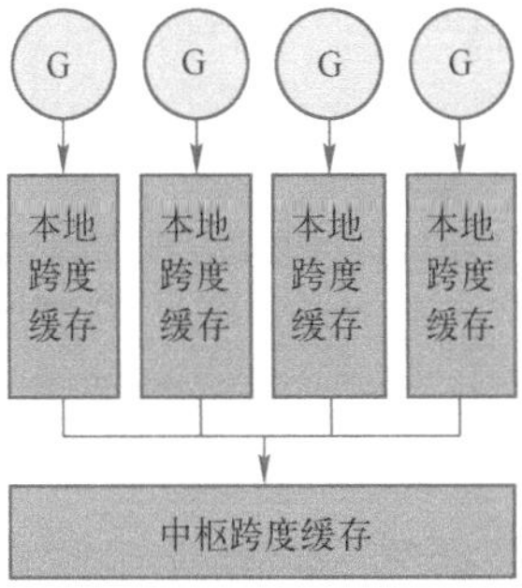

● 图 13-6　对象分配的缓存等级

1．跨度 mspan

所有的堆对象都通过**跨度**按照预先设定好的大小等级分别分配，小于等于 32KB 的小对象分配在固定**大小等级**（size class）的跨度上，否则会直接从 Go 堆上进行分配。配合固定大小等级的设计，将大小相近或相等，位于同一级别的对象都能被存放到相近的跨度上。

跨度的结构由 mspan 进行描述，它由一连串页组成，也是管理 Go 堆内存单元的基本大小。每个跨度是相同大小等级的跨度的双向链表的一个节点，每个节点还记录了自己的起始地址、指向跨度所包含的页的数量等：

```
//go:notinheap
type mspan struct {
    next *mspan
    prev *mspan
    startAddr uintptr
    npages    uintptr
    ...
}
```

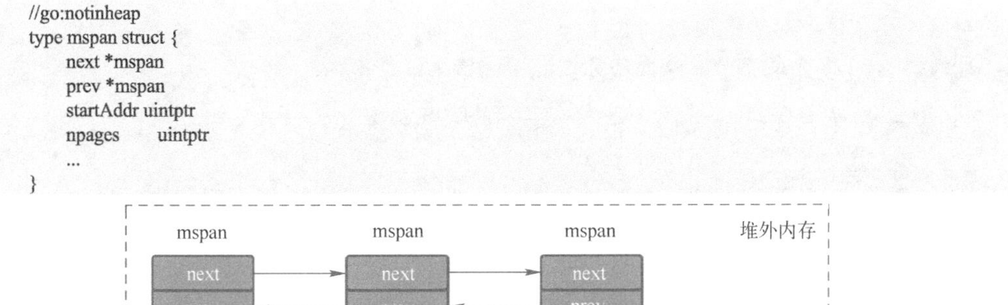

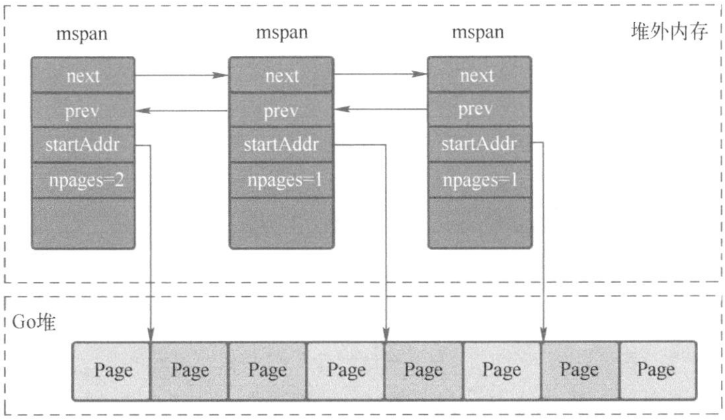

● 图 13-7　mspan

设计指定的对象的大小等级其实有两个目的。第一个目的是为了更好地使用顺序分配策略。在介绍顺序分配策略的时候我们知道了顺序分配策略本身是指朝着一个方向进行分配。那么在对内存进行回收时势必要对整块整块的内存进行回收。从某种意义上来说，固定大小等级的设计相当于牺牲了少量的分配时间来决定对象所在内存中的位置，使堆能够更好地管理对象的地址空间，保证了应用顺序分配对内存的局部性亲和；第二个目的是为了尽可能减少内存的浪费。因为分级的存在，相同的对象存放在指定的跨度中，从而对象在内存中的排布变得更加紧凑，进而在一定程度上减缓了内存碎片的问题。

一个很自然的问题是，在大小等级设计的加持下，浪费的内存究竟有多少呢？要回答这个问题还需要理解产生无法利用的内存碎片的两种不同的浪费源头。第一种内存浪费源本质上与对象的对齐方式有关。在目前的设计中，每个对象都要求至少 8 字节对齐，除非当对象大小超过 32 字节时要求 16 字节对齐，超过 2048 字节时要求 256 字节对齐；而第二种内存浪费源本质上与每次请求的页数有关。每当需要分配内存时，每个大小等级都设计有自己的页数，当需要该大小等级的新对象时，设计目标是选择的页数对于给定大小的对象最多浪费 12.5%的内存。

正是由于需要对这两种浪费源进行控制，大小等级总共设计了 67 种。但也由于这两种浪费源的叠加，每一种等级都会有不同程度的最大浪费率，见表 13-1。

表 13-1 不同等级的浪费

等级	bytes/obj	bytes/span	对象数	尾浪费字节数	最大浪费率
1	8	8192	1024	0	87.50%
2	16	8192	512	0	43.75%
3	24	8192	341	8	29.24%
4	32	8192	256	0	21.88%
…	…	…	…	…	…
67	32768	32768	1	0	12.50%

例如，对于大小位于 16 至 24 字节的对象而言（等级 3），在最坏的情况下，只存放 17 字节的对象，那么每个对象将浪费 $24-17=7$ 字节，而 $8192=341\times24+8$，即最多可放下 341 个对象，且剩余 8 个多余的字节。从而最坏情况下的最大浪费率为：

$$\frac{7\times341+8}{8192}\approx29.24\%$$

2．局部缓存 mcache

局部缓存 mcache 存储了线程局部的跨度缓存，它由 P 进程持有，是一个包含不同大小等级的跨度链表的数组，其中 mcache.alloc 的每一个数组元素都是某一个特定大小的 mspan 的链表头指针：

```
//go:notinheap
type mcache struct {
	alloc [numSpanClasses]*mspan                  // 变量分配缓存
	stackcache [_NumStackOrders]stackfreelist     // 执行栈分配缓存
	...
}
```

其中 numSpanClasses 是大小等级的总数（67），stackcache 是跨度作为执行栈这一特殊内存类型下的缓存。对于对象分配而言，不仅包括了变量的内存分配，同时也包括了 goroutine 执行栈的分配。我们在后面详细介绍对象内存分配的流程会再次回顾这个概念。

mcache 也是最接近用户程序进行内存分配的位置，当进行一次对象分配时，总是会先从这样的线程局部缓存中获取内存，当 mcache 中跨度的数量不够使用时，会从中枢缓存 mcentral 中获得新的跨度。

3．中枢缓存 mcentral

正如前面介绍的那样，跨度具有不同的大小等级，内存的回收不是及时进行的，从而在对跨度缓存进行清理时需要考虑不同的状态，例如某个跨度是否已经包含了对象等，因此跨度在堆上的全局缓存会根据这些特点进行分管，并由**中枢缓存** mcentral 结构表示：

```
//go:notinheap
```

```
type mcentral struct {
    spanclass spanClass
    partial [2]spanSet // 部分包含对象的跨度列表
    full     [2]spanSet // 已经存满对象的跨度列表
}
type spanSet struct {
    spineLock mutex
    spine      *[N]*spanSetBlock
    ...
}
type spanSetBlock struct {
    lfnode                    // 一个 lock-free 的栈结构
    spans [512]*mspan          // 4KB
    ...
}
```

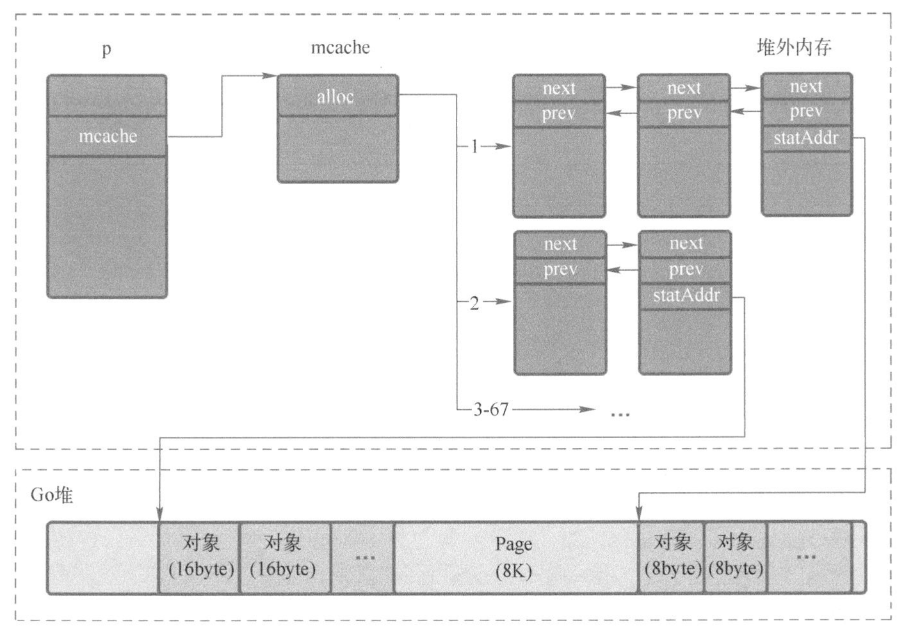

● 图 13-8　mcache

其中，spanclass 表示了当前 mcentral 所容纳的跨度的大小等级（sizeClass），并根据是否包含对象这一特点拆分成了两组不同的跨度集，其内部均由固定长度的跨度数组对 mspan 进行管理。因为数组结构与脊柱的形象很像，所以命名上使用了 spine。由于是全局缓存下的跨度数组，因此在实际从中枢缓存获取跨度时，将由互斥锁进行保护。

↗13.3.3　对象分配的产生条件和入口

在分析具体的分配过程之前，我们不妨先搞清楚究竟什么时候会发生分配。

goroutine 的执行栈与传统意义上的系统栈一样，当函数返回时，栈就会被回收，栈中的对象都会被回收，从而无须 GC 的标记；而堆则麻烦一些，由于 Go 支持垃圾回收，只要对象生存在堆上，Go 的运行时 GC 就会在后台将对应的内存进行标记从而能够在垃圾回收的时候将对应的内存回收，进而增加了开销。

下面这个程序（alloc.go）给出了四种情况：

```
package main

type smallobj struct {
    arr [1 << 10]byte
}
```

```
type largeobj struct {
    arr [1 << 26]byte
}

func f1() int {
    x := 1
    return x
}

func f2() *int {
    y := 2
    return &y
}

func f3() {
    large := largeobj{}
    println(&large)
}

func f4() {
    small := smallobj{}
    print(&small)
}

func main() {
    x := f1()
    y := f2()
    f3()
    f4()
    println(x, y)
}
```

我们可以使用编译标志 -gcflags "-N -l -m" 禁用编译器与内联优化并进行逃逸分析：

```
# alloc.go
# go build -gcflags "-N -l -m" -ldflags=-compressdwarf=false -o alloc.out alloc.go
# command-line-arguments
./alloc.go:18:9: &y escapes to heap
./alloc.go:17:2: moved to heap: y
./alloc.go:22:2: moved to heap: large
./alloc.go:23:10: f3 &large does not escape
./alloc.go:28:8: f4 &small does not escape
```

情况 1：f1 中 x 的变量被返回，没有发生逃逸；

情况 2：f2 中 y 的指针被返回，进而发生了逃逸；

情况 3：f3 中 large 无法被一个执行栈装下，即便没有返回，也会直接在堆上分配；

情况 4：f4 中 small 对象能够被一个执行栈装下，变量没有返回到栈外，进而没有发生逃逸。

如果我们再仔细检查一下编译得到的汇编代码：

```
TEXT main.f2(SB) alloc.go
  ...
  alloc.go:17       0x104e086       488d05939f0000       LEAQ type.*+40256(SB), AX
  alloc.go:17       0x104e08d       48890424        MOVQ AX, 0(SP)
  alloc.go:17       0x104e091       e8cabffbff      CALL runtime.newobject(SB)
  alloc.go:17       0x104e096       488b442408      MOVQ 0x8(SP), AX
  alloc.go:17       0x104e09b       4889442410      MOVQ AX, 0x10(SP)
  alloc.go:17       0x104e0a0       48c70002000000       MOVQ $0x2, 0(AX)
  ...

TEXT main.f3(SB) alloc.go
  ...
  alloc.go:22       0x104e0ed       488d05ecf60000       LEAQ type.*+62720(SB), AX
  alloc.go:22       0x104e0f4       48890424        MOVQ AX, 0(SP)
  alloc.go:22       0x104e0f8       e863bffbff      CALL runtime.newobject(SB)
  alloc.go:22       0x104e0fd       488b7c2408      MOVQ 0x8(SP), DI
  alloc.go:22       0x104e102       48897c2418      MOVQ DI, 0x18(SP)
```

```
alloc.go:22        0x104e107        b900008000        MOVL $0x800000, CX
alloc.go:22        0x104e10c        31c0              XORL AX, AX
alloc.go:22        0x104e10e        f348ab            REP; STOSQ AX, ES:0(DI)
...
```

不难发现，对于产生在 Go 堆上分配对象的情况，均调用了运行时的 runtime.newobject 方法。同样的，关键字 new 也会被编译器翻译为此函数，读者可以自行验证这一说法。而 runtime.newobject 其实非常简单，是对 mallocgc 的一层简单的封装：

```
// 创建一个新的对象
func newobject(typ *_type) unsafe.Pointer {
	return mallocgc(typ.size, typ, true) // true 内存清零
}
```

其中 _type 为 Go 类型的实现，通过其 size 属性能够获得该类型所需要的大小。

所以 runtime.mallocgc 就是对象分配器的核心入口了。作为理解整个对象分配器的起点，可以根据它的实现将对象分配的流程分为三种基本的情况：

1）微对象分配：针对小于 16B 的对象分配请求。

2）小对象分配：针对大小介于 16B 与 32KB 之间的分配请求。

3）大对象分配：针对大于 32KB 的对象分配请求。

```
func mallocgc(size uintptr, typ *_type, needzero bool) unsafe.Pointer {
	// 创建大小为零的对象，例如空结构体
	if size == 0 {
		return unsafe.Pointer(&zerobase)
	}
	mp := acquirem()
	mp.mallocing = 1
	...

	// 获取当前 g 所在 M 所绑定 P 的 mcache
	c := gomcache()
	var x unsafe.Pointer
	if size <= maxSmallSize {
		if size < maxTinySize {
			// 微对象分配 (0, 16B)
			...
		} else {
			// 小对象分配 [16B, 32KB]
			...
		}
	} else {
		// 大对象分配 (32KB, ∞)
		...
	}
	...
	mp.mallocing = 0
	releasem(mp)
	...
	return x
}
```

下面我们就来详细介绍涉及三种不同大小以及三种不同的分配层级的分配流程。

13.3.4 大对象分配

大对象分配非常直接，同时也是最简单的分配行为。由于大对象所需的内存已经远超大小等级设计，不与 mcache 和 mcentral 这两个级别的缓存进行沟通，故直接绕过并通过 mheap 进行分配。

```
func mallocgc(size uintptr, typ *_type, needzero bool) unsafe.Pointer {
	...
	c := getMCache() // 返回一个 mcache
	var span *mspan
	var x unsafe.Pointer
```

```
    if size <= maxSmallSize {
        ...
    } else {
        span = c.allocLarge(size, needzero) // 从堆上分配
        x = unsafe.Pointer(span.base())     // 获得对象存放的初始地址
        ...
    }
    ...
    return x
}

func (c *mcache) allocLarge(size uintptr, needzero bool) *mspan {
    npages := size >> _PageShift
    spc := makeSpanClass(0)
    s := mheap_.alloc(npages, spc, needzero) // 从堆上申请 n 个连续的页，并对内存进行清零
    if s == nil {
        throw("out of memory") // 当无法从堆上分配内存时，说明已经用尽了所有内存
    }
    ...
    return s
}
```

负责页分配的函数 mheap_.alloc 正是页分配器组件的核心，我们将在页分配器一节中进一步探讨它的设计。

13.3.5 小对象分配

当对一个小对象（<32KB）分配内存时，会将该对象所需的内存大小调整到某个能够容纳该对象的大小等级，并查看 mcache 中对应大小等级的 mspan 进而进行分配。如果获取到的 mcache 中现有的跨度已经足够容纳当前的新对象，则可以避免分配流程，直接计算出可以使用的内存地址范围，直接将对象记录并存放。只有当没有可用的空间时，才会从 nextFree 中获得新的跨度：

```
//go:notinheap
type mcache struct {
    alloc [numSpanClasses]*mspan // 变量分配缓存
    stackcache [_NumStackOrders]stackfreelist // 执行栈分配缓存
    ...
}
func mallocgc(size uintptr, typ *_type, needzero bool) unsafe.Pointer {
    ...
    c := getMCache() // 获得 goroutine 所在线程上缓存的 mcache
    ...
    var span *mspan
    var x unsafe.Pointer
    if size <= maxSmallSize {
        if size < maxTinySize {
            ...
        } else { // 小对象分配 [16B, 32KB]
            // 计算申请内存的对象所对应的大小等级，查表
            var sizeclass uint8
            sizeclass = size_to_class[roundUp(size)]
            size = uintptr(class_to_size[sizeclass])
            spc := makeSpanClass(sizeclass)
            span = c.alloc[spc]     // 从 mcache 中获得对应大小等级的 mspan
            v := nextFreeFast(span) // mspan 还有剩余的空间，计算对象的起始地址，并直接使用
            if v == 0 {
                v, span = c.nextFree(spc) // 没有足够的 mspan 缓存，需要从下一级（mcentral）获取
            }
            x = unsafe.Pointer(v)
            if needzero && span.needzero != 0 { // 内存清零
                memclrNoHeapPointers(unsafe.Pointer(v), size)
            }
        }
    } else {
        ...
    }
```

```
    ...
    return x
}
```

当没有可分配的 mspan 时，nextFree 会从中枢缓存 mcentral 中获取一个所需大小空间的新的 mspan，而从 mcentral 中分配 mspan 时会尝试从 partial 和 full 这两种不同的空闲对象列表中进行分配，但一次性获取整个跨度的过程实际上均摊了对 mcentral 加锁的成本。除此之外，因为 mcache 已经没有足够的跨度供使用，因此这个过程中还会将局部缓存中的跨度归还到中枢缓存（mcentral.uncacheSpan），以供垃圾回收器对这些内存进行清理：

```
func (c *mcache) nextFree(spc spanClass) *mspan {
// 从 mcentral 填充 mspan 到并 mcache
  c.refill(spc)
  // 获取一个填充后的 mspan
  s = c.alloc[spc]
    ...
    return s
}

func (c *mcache) refill(spc spanClass) {
    s := c.alloc[spc]
    if s != &emptymspan {
        // 将 mcache 中需要清理的 mspan 归还到 mcentral
        mheap_.central[spc].mcentral.uncacheSpan(s)
    }

    // 从 mcentral 获得更多新可用的 mspan
    s = mheap_.central[spc].mcentral.cacheSpan()
    if s == nil {
        throw("out of memory")
    }

    c.alloc[spc] = s
}

//go:notinheap
type mcentral struct {
    spanclass spanClass
    partial [2]spanSet // 包含空闲对象的 span 列表
    full    [2]spanSet // 不包含空闲对象的 span 列表
}
func (c *mcentral) cacheSpan() *mspan {
    var s *mspan
  sg := mheap_.sweepgen // GC 相关的清理周期，用于确定某个 mspan 的清理状态

  // 尝试从 mcentral 结构中获取 mspan
    if s = c.partialSwept(sg).pop(); s != nil {
        goto havespan
    }
  if s = c.partialUnswept(sg).pop(); s != nil {
        goto havespan
    }
  if s = c.fullUnswept(sg).pop(); s != nil {
        goto havespan
    }
  ...

  // 无法从 mcentral 获得 mspan，说明堆上已无可用 mspan
  // 执行堆增长
    s = c.grow()
    if s == nil {
        return nil
    }

havespan:
    ...
```

```
		return s
	}
```

如果 mcentral 的 mspan 也为空时，则说明堆中维护的内存已经不够充足，从而也会发生增长，令 mheap 获取一连串的页，作为一个新的 mspan 进行提供。而如果 mheap 仍然为空，或者没有足够大的对象来进行分配时，则会从操作系统中分配一组新的页（至少 1MB），从而均摊与操作系统沟通的成本：

```
	func (c *mcentral) grow() *mspan {
		npages := uintptr(class_to_allocnpages[c.spanclass.sizeclass()])
		size := uintptr(class_to_size[c.spanclass.sizeclass()])
		s := mheap_.alloc(npages, c.spanclass, true)
		if s == nil {
			return nil
		}
		...
		return s
	}
```

可见，这里我们又一次来到了在堆上的页分配流程 mheap_.alloc。

13.3.6 微对象分配

对于过小的微对象（<16B），正如前面讨论大小等级中我们看到的，过小的对象会导致过多的浪费，从而加剧内存碎片化的问题。因此微对象的分配过程与小对象的分配过程基本类似，但又有所不同。不同之处在于微对象的分配过程会将多个微对象进行合并，形成 16B 大小的块直接进行管理和释放。当一个新的微对象出现时，会首先检查是否能放入现有的微对象块中，由于微对象们是以整块进行管理的，因此这时不需要进行额外的对象标记进而提前结束分配流程：

```
	func mallocgc(size uintptr, typ *_type, needzero bool) unsafe.Pointer {
		...
		c := getMCache()
		var span *mspan
		var x unsafe.Pointer
		if size <= maxSmallSize {
			if size < maxTinySize {
				off := c.tinyoffset
				...
				if off+size <= maxTinySize && c.tiny != 0 {
					// 微对象能够放到现有的微对象块中，此块在分配时已被标记
					// 无需额外标记，可立刻结束分配流程
					x = unsafe.Pointer(c.tiny + off)
					...
					return x
				}
				span = c.alloc[tinySpanClass]
				v := nextFreeFast(span)
				if v == 0 {
					v, span = c.nextFree(tinySpanClass)
				}
				x = unsafe.Pointer(v)
				...
			} else {
				...
			}
		} else {
			...
		}
		...
		return x
	}
```

否则，则会推到类似于此前讨论小对象分配流程的方法，查看是否有可用的跨度直接作为微对象块进行使用（nextFreeFast），或者从下一级的中枢缓存获取新的跨度（nextFree）。

至此，我们完成了对整个对象分配器核心设计的叙述。

13.4 页分配器是如何实现的

页分配器着重解决的问题是当 mheap 上的 mcentral 也不再有可用的 mspan，即堆本身已经不够用时，需要对堆本身进行增长的问题。从堆自身的视角来看，管理内存地址空间不再需要关心具体的对象，进而管理粒度从原先的跨度进一步细化为页。

13.4.1 页的分配

正如前面对象分配器中描述的具体流程中谈到的，页分配器的核心入口由 mheap.alloc 进行展开。由于页的分配实际上是向操作系统申请内存，因此这个过程不能像 goroutine 一样发生在自己的执行栈上，而是需要进一步切换到系统栈上进行，而后对分配好的内存进行清零（memclr）：

```
func (h *mheap) alloc(npages uintptr, spanclass spanClass, needzero bool) *mspan {
	var s *mspan
	systemstack(func() {
		...
		s = h.allocSpan(npages, spanAllocHeap, spanclass)
	})
	if s != nil {
		if needzero && s.needzero != 0 {
			memclrNoHeapPointers(unsafe.Pointer(s.base()), s.npages<<_PageShift)
		}
		s.needzero = 0
	}
	return s
}
```

allocSpan 就是页分配器的真正入口，请求 n 个页，并将其构造为一个可供对象分配器使用的跨度 mspan。和调度器、对象分配器的多级缓存设计一样，页分配器也不例外的具有自己的局部缓存，同样位于 P 上。作为快速路径，P 上具有少量已经缓存的页，如果可行，则会直接尝试使用这些缓存页直接创建跨度；否则，则会尝试从全局的页分配器进行分配：

```
//go:systemstack
func (h *mheap) allocSpan(npages uintptr, typ spanAllocType, spanclass spanClass) (s *mspan) {
	gp := getg()
	base := uintptr(0)
	...

	// 存在关联的 P，尝试从局部的页缓存中获取页并分配跨度
	pp := gp.m.p.ptr()
	if pp != nil && npages < pageCachePages/4 {
		c := &pp.pcache // pageCache

		// 如果缓存空，则进行填充
		if c.empty() {
			lock(&h.lock)
			*c = h.pages.allocToCache() // 从全局页分配器填充页缓存
			unlock(&h.lock)
		}
		base = c.alloc(npages) // 从页缓存中分配所需的页
		if base != 0 {
			s = h.tryAllocMSpan() // 从分配的页中构造跨度
			if s != nil {
				goto HaveSpan
			}
		}
	}
	...
HaveSpan:
```

```
        ...
        return s
}
type pageCache struct {
        base    uintptr // 页缓存的起始地址
        ...
}
```

这个过程中的跨度缓存与我们在对象分配器中接触到的 mcache 局部缓存不同，这里的 mspan 缓存并没有被正常地初始化，只是完成了在非托管内存上的分配流程，自身所属的大小等级并未确定，起始地址也未知：

```
//go:systemstack
func (h *mheap) allocSpan(npages uintptr, typ spanAllocType, spanclass spanClass) (s *mspan) {
        gp := getg()
        base := uintptr(0)
        ...

        // 从页缓存中获取
        pp := gp.m.p.ptr()
        if pp != nil && npages < pageCachePages/4 {
                ...
        }

        // 无法在不持有所的情况下完成页分配，获取堆的全局锁
        lock(&h.lock)
        ...
        if base == 0 {
                base = h.pages.alloc(npages) // 从页分配器分配地址
                if base == 0 {
                        if !h.grow(npages) { // 并在分配失败时进行堆增长
                                unlock(&h.lock)
                                return nil // 如果无法增长堆也不再需要构造跨度了，直接宣告失败
                        }
                        base = h.pages.alloc(npages)
                        ...
                }
        }
        if s == nil {
                s = h.allocMSpanLocked()
        }
        ...

        unlock(&h.lock)

HaveSpan:
        ...
        return s
}
```

页分配的过程本质上是从堆上划出一块区域，获得其地址的范围，因为页本身的大小是固定的，因此最终页分配的核心功能只有两个：

1）在堆地址空间足够时，通过 h.pages.alloc(npages) 获取初始地址；

2）在堆地址空间不够时，通过 h.grow(npages) 增长可用的地址空间。

由于这个过程涉及更多复杂的内存地址管理，其自身已一定程度上偏离内存分配管理的核心，限于篇幅这里便不再赘述，有兴趣的读者可以进一步由此深入。

13.4.2 跨度的分配

正是由于页分配器的特殊存在，跨度本身涉及两种不同状态的转换，一种是首次作为非托管内存在运行时被创建，这时它还不包含也不记录任何信息，只是作为运行时管理的对象被创建出来；另一种是作为 Go 程序对象的载体，记录对象的存放地址等信息，在页分配过程结束，跨度进行初

始化时进行完成转换：

```
//go:systemstack
func (h *mheap) allocSpan(npages uintptr, typ spanAllocType, spanclass spanClass) (s *mspan) {
	...
	unlock(&h.lock)
HaveSpan:
	s.init(base, npages) // 初始化跨度，包含起始地址和包含的页数
	if h.allocNeedsZero(base, npages) {
		s.needzero = 1
	}
	sysUsed(unsafe.Pointer(base), nbytes) // 使用 sysUsed 宣告使用情况，完成内存的状态转换
	...

	return s
}
```

在堆上分配页的过程中，我们已经见到了跨度缓存，它实际上就表示了最原始的跨度形态，这时的跨度并没有记录自身管理的地址。只是正常的从 P 的局部缓存中拿到一个 mspan 的对象：

```
//go:systemstack
func (h *mheap) tryAllocMSpan() *mspan {
	pp := getg().m.p.ptr()
	if pp == nil || pp.mspancache.len == 0 {
		return nil
	}
	s := pp.mspancache.buf[pp.mspancache.len-1]
	pp.mspancache.len--
	return s
}

type p struct {
	...
	mspancache struct {
		len int
		buf [128]*mspan
	}
	...
}
```

在慢速路径中（allocMSpanLocked），跨度将在非托管内存中由 mheap.spanalloc 创建：

```
//go:systemstack
func (h *mheap) allocMSpanLocked() *mspan {
	pp := getg().m.p.ptr()
	if pp == nil {
		return (*mspan)(h.spanalloc.alloc())
	}
	// 填充 mspan 的 P 缓存
	if pp.mspancache.len == 0 {
		const refillCount = len(pp.mspancache.buf) / 2
		for i := 0; i < refillCount; i++ {
			pp.mspancache.buf[i] = (*mspan)(h.spanalloc.alloc())
		}
		pp.mspancache.len = refillCount
	}
	s := pp.mspancache.buf[pp.mspancache.len-1]
	pp.mspancache.len--
	return s
}
```

除了创建本身之外，还可以额外利用这个持有锁的机会将缓存填满，让未来更多的请求能够在快速路径中得到完成，进而又一次合理地减少锁带来的冲突。

13.4.3　非托管对象与定长分配器

非托管对象作为运行时自行管理的对象，例如跨度 mspan 自身，都是直接从系统内存上直接

分配得来。这类对象的分配行为只会由运行时本身产生，天生的就不会出现多么频繁的调用，对于这类分配行为而言，就涉及了创建运行时对象的定长分配器（fixalloc）。我们在前面讨论跨度的分配时就见过它的身影，mheap.spanalloc 就是一个定长分配器：

```
//go:notinheap
type mheap struct {
    ...
    spanalloc fixalloc
    ...
}
```

fixalloc 自身其实非常简单，基本操作只包含创建和回收：

```
type fixalloc struct {
    size    uintptr
    list    *mlink
    chunk   uintptr
    nchunk uint32
    inuse   uintptr // 正在使用的字节
    zero    bool        // 清零标记
    ...
}
//go:notinheap
type mlink struct {
    next *mlink
}
```

fixalloc 的分配原则是基于空闲链表分配策略的，分配操作只存在两种需要考虑的情况：存在可复用的内存、不存在可复用的内存。

当存在可复用内存时，需要将这部分内存加以清理置零，否则的话则直接向操作系统申请（persistentalloc）：

```
const           _FixAllocChunk = 16 << 10 // FixAlloc 一个 Chunk 的大小

func (f *fixalloc) alloc() unsafe.Pointer {
    ...

    // 说明还存在已经释放、可复用的内存，直接将其分配
    if f.list != nil {
            v := unsafe.Pointer(f.list)
            f.list = f.list.next
            f.inuse += f.size
            if f.zero { // 清零初始化
                    memclrNoHeapPointers(v, f.size)
            }
            return v
    }

    // f.list 中没有可复用的内存
    if uintptr(f.nchunk) < f.size {
            // 向操作系统直接申请内存
            f.chunk = uintptr(persistentalloc(_FixAllocChunk, 0, f.stat))
            f.nchunk = _FixAllocChunk
    }

    // 指向申请好的内存
    v := unsafe.Pointer(f.chunk)
    ...
    // 扣除并保留 size 大小的空间
    f.chunk = f.chunk + f.size
    f.nchunk -= uint32(f.size)
    f.inuse += f.size
    return v
}
```

当不再需要这段申请的非托管的内存时，只会将其重新记录到分配表中：

```
func (f *fixalloc) free(p unsafe.Pointer) {
	f.inuse -= f.size
	v := (*mlink)(p)
	v.next = f.list
	f.list = v
}
```

对于运行时本身而言，其自身正确性要求是相当高的。这是因为如果运行时需要不停地创建诸如跨度这类对象时，依靠定长分配器分配的这些非托管内存只增不减，只会被复用，但并不会得到释放。

13.5 与内存管理相关的运行时组件还有哪些

除了对象分配器和页分配器之外，与内存管理相关的其他组件同样在内存中起到关键作用，例如 goroutine 的执行栈就是一类特殊的内存，内存有了分配的行为自然又有回收的需求，这又与垃圾回收器和拾荒器相关。

13.5.1 执行栈管理

用户程序的执行栈、在堆上分配的对象，本质上都是位于传统意义上的系统堆上。运行时为了内存管理的方便，对用户程序的执行栈进行了管理，而由调度器的设计知识我们可以知道，所有的用户程序其实都是运行在 goroutine 上，所以当谈论程序对执行栈的管理时，本质上是在谈论对于 goroutine 的执行栈的管理。

描述执行栈的方法在逻辑上与系统栈的概念是一致的，它着重描述了栈的低地址和高地址，而对于一个 goroutine 而言，执行栈即定义了栈内存的边界：

```
type g struct {
	stack stack // 描述了实际的栈内存：[stack.lo, stack.hi)
	...
}

type stack struct {
	lo uintptr
	hi uintptr
}
```

运行时会有两种分配栈的方式：一种是当需要创建一个 goroutine 时，会调用 runtime.mallg 进而根据所需的栈大小来在 runtime.stackalloc 中对执行栈进行分配；另一种则是当运行时需要对已经分配过的 G 进行复用（runtime.gfget），但这个 G 却没有可用的执行栈时（因为可能已被垃圾回收器回收掉），也会通过调用 runtime.stackalloc 的方式来分配执行栈：

```
func malg(stacksize int32) *g {
	newg := new(g)
	if stacksize >= 0 {
		...
		systemstack(func() {
			newg.stack = stackalloc(uint32(stacksize))
		})
		...
	}
	return newg
}

func gfget(_p_ *p) *g {
  ...
	gp := _p_.gFree.pop()
	...
	if gp.stack.lo == 0 { // 零值，说明没有执行栈
		systemstack(func() {
```

```
                    gp.stack = stackalloc(_FixedStack)
                })
                ...
            }
            return gp
        }
```

和对象分配的多级设计类似，执行栈本身也被设计为了多个层级：小栈和大栈。小栈指大小为2K/4K/8K/16K的栈，大栈则是比小栈指定大小更大的栈。stackalloc基本上也就是在权衡应该从哪里分配出一个执行栈，返回所在栈的内存的低位和高位。当然，高低位的确定很简单，因为我们已经知道了需要栈的大小，那么只需要知道分配好的栈的起始位置在哪儿就够了：

```
//go:systemstack
func stackalloc(n uint32) stack {
    thisg := getg()
    ...
    var v unsafe.Pointer
    // 检查是否从缓存分配
    if n < _FixedStack<<_NumStackOrders && n < _StackCacheSize {
            ... // 小栈分配
    } else {
            ... // 大栈分配
    }

    ...
    return stack{uintptr(v), uintptr(v) + uintptr(n)}
}
```

小栈的分配都会从一个全局的栈池中进行分配，栈池的设计跟mcentral对不同大小等级的对象进行分管的设计原则类似，栈池也对不同大小的小栈进行分管：

```
const _NumStackOrders = 4 // 2K/4K/8K/16K 四个不同的 order
var stackpool [_NumStackOrders]struct {
    item stackpoolItem
    ...
}
//go:notinheap
type stackpoolItem struct {
    mu     mutex
    span mSpanList
}
```

大栈的分配并非直接从mheap上进行，它也有自己的缓存，只不过相比小栈的分级锁不同，大栈缓存只有一个全局锁：

```
var stackLarge struct {
    lock mutex
    free [heapAddrBits - pageShift]mSpanList // free lists by log_2(s.npages)
}
```

和对象分配器从多级缓存中获取mspan的方式不同，无论是大栈分配还是小栈分配，即使执行栈通过一个全局的栈缓存进行分配，最终当缓存未命中时，都会直接从mheap上获取一连串的mspan：

```
func stackpoolalloc(order uint8) gclinkptr {
    list := &stackpool[order].item.span
    s := list.first
    ...
    if s == nil {
            s = mheap_.allocManual(_StackCacheSize>>_PageShift, spanAllocStack)
            ...
    }
    ...
}
//go:systemstack
func (h *mheap) allocManual(npages uintptr, typ spanAllocType) *mspan {
    ...
```

```
        return h.allocSpan(npages, typ, 0)
    }
```

这又回到了我们在介绍对象分配器的时候，讲的 mheap.allocSpan 的情况了。

除了分配操作而言，执行栈还有什么需要管理的地方呢？我们知道，传统意义上的系统栈内存是不可伸缩的，但 Go 为了降低开发者的心智负担，将栈设计成近乎无穷大，当前 goroutine 的执行栈不够用时，将会进行扩张操作。当消耗的执行空间较少但栈本身比较大时，还会进行收缩。

早年的 Go 运行时使用**分段栈**的机制，即当一个 goroutine 的执行栈溢出时，栈的扩张操作在另一个栈上进行的，这两个栈彼此没有连续。这种设计的问题在于很容易破坏缓存的局部性原理，从而降低程序的运行时性能。因此目前 Go 运行时使用的是**连续栈**机制，当一个执行栈发生溢出时，新建一个两倍于原栈大小的新栈，再将原栈整个复制到新栈上，从而整个栈在内存上总是连续的。

最后，当某个 goroutine 死亡，不再需要其执行栈时，会按死亡时的栈大小按前面提到的栈缓存大小等级重新放入 stackpool 或者 stackLarge 缓存之中，这个过程非常的直观，这里也就不做过多介绍了。

13.5.2　垃圾回收器和拾荒器

无论是对象分配器还是页分配器，完成的工作都只是分配任务。那么对这部分分配内存的回收工作则由另外两个组件来进行：垃圾回收器和拾荒器。垃圾回收器负责将对象分配器分配的内存进行搜集（这个过程比较复杂，我们将在第 14 章中进行详细讲解），除此之外，我们其实还关心内存将在何时以何种方式归还给操作系统，恰好这部分工作是由拾荒器来完成的。

早期的（Go 1.11 之前）拾荒器的归还策略非常的简单直接：周期性的每 5 分钟就检查整个堆内存的消耗，并将长时间未使用的内存归还给操作系统。这种策略是可以奏效的，因为程序只需要撑过 5 分钟，就能够释放掉不需要的内存。但这在需要大量应对瞬时场景的应用是难以接受的，很有可能因为恰好 5 分钟过后，内存刚归还给了操作系统，又出现了峰值请求，又需要重新大量的向操作系统申请内存。如此循环往复，就很容易导致内存使用居高不下，如图 13-9 所示。

除了每隔一段时间向操作系统归还内存这一**主动策略**（对于运行时而言的）之外，还有什么更好的办法能够判断什么时候该向操作系统归还内存呢？另一个更容易想到的点就是每当需要向操作系统申请内存的时候。这时如果堆内存本身就包含很多需要释放的内存，那么这个申请操作其实是不需要的，甚至可以归还一部分。这是一种（对于运行时而言的）**被动策略**，那这么做能够解决问题吗？实际上还不能。如果在 5 分钟内用户程序本身也不向操作系统申请内存，那么这个策略本质上是无法奏效的。因此还需要进一步改进的策略。

读者可能意识到了，无论是每 5 分钟对整个堆进行扫描、还是在申请内存时进行归还，都只是不同的决策。对于解决何时向操作系统归还多少内存这个问题的拾荒器而言，是没有绝对正确的标准答案的，因为这个问题的本质是在预测未来。为了更好地向操作系统主动归还内存，在目前的拾荒器的实现中选择了与回收器近乎相同的设计，按照一定的比例、以驻留内存比实际消耗内存高 10% 为目标，循序渐进地主动归还内存，在一定程度上解决了运行时驻留内存过高的问题，如图 13-10 所示。

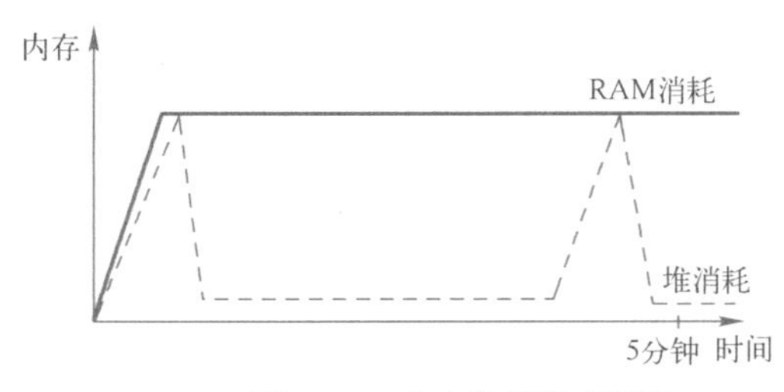

● 图 13-9　内存使用居高不下

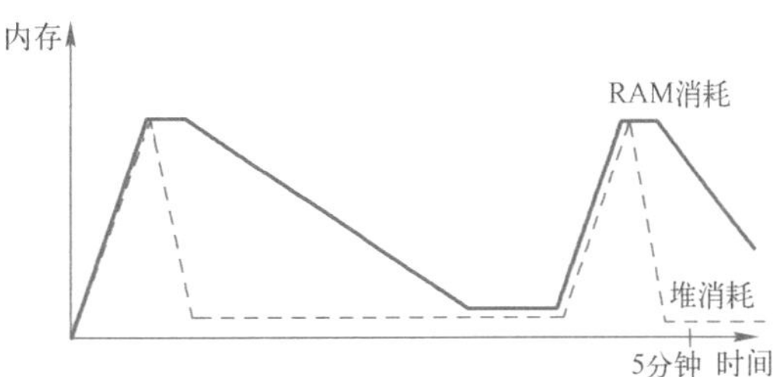

● 图 13-10　内存使用过高得到缓解

由于每次对整个堆空间进行检查将是非常昂贵的，另一个需要考虑的问题是，如果没有对堆内存进行整理的机制，那么主动释放会非常容易导致堆内存的碎片化。因此，对内存的地址空间进行管理是十分有必要的，并且这个管理能够同时让我们理解并选择将来分配器最不可能分配的内存。从而在每次检查时，只选择一部分的内存块进行检查，在需要时归还给操作系统。例如，每次都优先选择最大的整块连续页进行检查。当然，对于虚拟地址的管理方法、所需清理内存的选取策略同样也是相对开放性的问题，在策略的选择中有很多不同的方式。据实验模拟表明，选择高地址进行优先归还能够更好地均摊归还内存所产生的系统调用，这也是目前拾荒器的实现方式。

13.6 衡量内存消耗的指标有哪些

前面已经介绍过运行时向操作系统归还内存并不是在垃圾回收后立即进行的，而是按照一定的策略，循序渐进地将驻留的内存归还给操作系统。这也就进一步引出了在实践环境中，当我们对程序内存消耗进行优化或是对服务本身消耗进行监控时所需要关注的指标。

在实践中我们可能关心一个正在运行服务所消耗的系统内存，原因在于服务消耗的内存通常决定了在同一台物理机器上的可扩展性。例如，当我们的服务跑在容器中，可能需要根据流量扩展不同的容器副本，如果不对容器本身的资源消耗进行限制，则可能会导致扩展失败（比如内存资源已经不足，无法再扩展）；如果对容器资源进行限制，则又可能触发不可恢复的运行时 OOM（Out Of Memory）恐慌。

那么衡量内存消耗通常需要参考哪些指标呢？以 Linux 为例，我们先来介绍 Linux 是如何对内存报告的，这就又要说回到 mmap 系统调用了。

前面我们在介绍 Go 程序运行时涉及的内存状态时就已经介绍，运行时会先使用 sysReserve 对 mmap 系统调用进行封装，创建进程的虚拟地址空间，而后使用 sysMap 正式将映射的内存改为可读写状态：

```
// in sysReserve
p, err := mmap(v, n, _PROT_NONE, _MAP_ANON|_MAP_PRIVATE, -1, 0)
// in sysMap
p, err := mmap(v, n, _PROT_READ|_PROT_WRITE, _MAP_ANON|_MAP_FIXED|_MAP_PRIVATE, -1, 0)
```

mmap 涉及的内存映射包含两种：文件映射（file mapping）和匿名映射（anonymous mapping)。文件映射的作用是将某个指定的文件区域直接映射到内存中以供访问；匿名映射使用的内存映射参数为 _MAP_ANON，表明 Go 程序进程使用的是匿名映射的形式，将一个虚拟的空文件映射到内存，即没有页被映射；除此之外，映射还可以分为私有映射（private mapping）和共享映射（shared mapping)，从参数上看，_MAP_PRIVATE 显然是选择了私有映射，即映射后得到的内存私有独占不对其他进程共享。但这时内存为 _PROT_NONE，即还不能读写，当真正开始对内存进行读写以后，会在 sysMap 中转换到 _PROT_READ 和 _PROT_WRITE 让映射后的虚拟地址不再处于缺页状态，能够进行正常读写。这就是典型的 mmap 用于内存分配场景下的参数设置。

真正的内存分配发生在 sysUsed，释放发生在 sysUnused。这两个函数最终将调用 madvise 系统调用，以向操作系统提供建议的形式，对内存进行逻辑上的申请和释放操作，其中 _MADV_HUGEPAGE 是 Linux 系统内核最常见且默认的行为，完成的功能就是申请，避免前面映射的内存发生缺页错误；当不再需要时，则使用 _MADV_DONTNEED 参数告知操作系统进行回收：

```
// in sysUsed
madvise(v, n, _MADV_HUGEPAGE)
// in sysUnused
madvise(v, n, _MADV_DONTNEED)
```

例如，我们可以利用标准库中的 syscall 包编写程序验证程序的预取和缺页表现得到实际性能：

```
package main_test

import (
	"syscall"
	"testing"
)

func benchMemAlloc(b *testing.B, prefetch bool) {
	var pageSize = syscall.Getpagesize()
	b.ResetTimer()
	for j := 0; j < b.N; j++ {
		b.StopTimer()
		anonMB := 10 << 20 // 10 MiB
		m, err := syscall.Mmap(-1, 0, anonMB,
			syscall.PROT_READ|syscall.PROT_WRITE,
			syscall.MAP_ANON|syscall.MAP_PRIVATE)
		if err != nil {
			panic(err)
		}
		if prefetch { // 通知系统内核完成预取
			err = syscall.Madvise(m, syscall.MADV_HUGEPAGE)
			if err != nil {
				panic(err)
			}
		}
		b.StartTimer()
		// 如果没有预取则会产生缺页错误降低性能
		for i := 0; i < len(m); i += pageSize {
			m[i] = 42
		}
		b.StopTimer()
		err = syscall.Madvise(m, syscall.MADV_DONTNEED)
		if err != nil {
			panic(err)
		}
	}
}

func BenchmarkPrefetch(b *testing.B)   { benchMemAlloc(b, true) }
func BenchmarkPageFault(b *testing.B) { benchMemAlloc(b, false) }
```

实际运行得到的性能如下，使用预取比直接缺页带来的性能提升约为 1ms：

```
$ go test -run=^$ -bench=. -count=10 | tee bench.txt
$ benchstat bench.txt
goos: linux
goarch: amd64
cpu: Intel(R) Core(TM) i9-9900K CPU @ 3.60GHz
name          time/op
Prefetch-16     676µs ±3%
PageFault-16   1.65ms ±1%
```

理解 _MADV_DONTNEED 这个参数是我们理解 Linux 系统程序占用指标的关键。Linux 上程序的内存占用通常涉及四个不同的指标：虚拟集大小（Virtual Set Size，VSS）、驻留集大小（Resident Set Size，RSS）、比例集大小（Proportional Set Size，PSS）和唯一集大小（Unique Set Size，USS）。

虚拟集大小 VSS 是一个进程能访问的所有内存空间地址的大小，这个值包含了未被使用的内存，例如处于 PROT_NONE 还未转变为 PROT_READ|PROT_WRITE 状态的内存；驻留集大小 RSS 表示一个进程在 RAM 中实际持有的内存大小，即仅包含 PROT_READ|PROT_WRITE 部分。因为它包含了所有该进程使用的共享库所占用的内存，一个被加载到内存中的共享库可能有很多进程会使用它，因此 RSS 不是单个进程使用内存量的精确表示。

除此之外，虽然 madvise 是向操作系统提供关于内存使用的相关建议，但对于使用 _MADV_DONTNEED 参数的 madvise 系统调用，会对 RSS 的大小产生直接影响，调用结束后 RSS 的大小会立刻减少，即操作系统会立刻回收这部分宣告不再需要的内存，后续如果继续访问这块内存则会发生缺页错误。

比例集大小 PSS 与 RSS 不同，它会按比例分配共享库所占用的内存。例如，如果有三个进程共享一个占 30 页内存控件的共享库，每个进程在计算 PSS 的时候，只会计算 10 页。如果系统中所有的进程的 PSS 相加，所得和即为系统占用内存的总和。但使用 PSS 进行监控仍然也有自己的问题，因为当一个进程被杀死后，所占用的共享库内存将会被其他仍然使用该共享库的进程所分担。因此当一个进程被杀后，PSS 并不代表系统回收的内存大小。

唯一集大小 USS 是进程独自占用的物理内存，这部分内存完全是该进程独享的。USS 它表明了运行一个特定进程所需的真正内存成本。当一个进程被杀死，USS 就是所有系统回收的内存。

USS 是原则上用来检查进程中是否有内存泄漏的最好选择，但事实真的是这样吗？我们先来了解如何获取这些指标。对于 VSS/RSS 指标，许多系统工具都有提供，例如 ps 和 top：

```
$ ps aux
USER        PID %CPU %MEM     VSZ    RSS TAT START    TIME COMMAND
root          1  0.0  0.7 225784  7296 s      2020    8:34 /lib/systemd/systemd --system --deserialize 21
root          2  0.0  0.0       0      0      2020    0:00 [kthreadd]
root          3  0.0  0.0       0      0      2020    1:05 [ksoftirqd/0]
root          5  0.0  0.0       0      0 <    2020    0:00 [kworker/0:0H]

$ top
  PID USER      PR  NI    VIRT    RES    SHR S %CPU %MEM     TIME+ COMMAND
    1 root      20   0  225784   7296   4984 S  0.0  0.7   8:34.57 systemd
    2 root      20   0       0      0      0 S  0.0  0.0   0:00.02 kthreadd
    3 root      20   0       0      0      0 S  0.0  0.0   1:05.04 ksoftirqd/0
    5 root       0 -20       0      0      0 S  0.0  0.0   0:00.00 kworker/0:0H
```

上面的 VSZ 和 VIRT 表示虚拟集大小，RSS 和 RES 表示为驻留集大小。这两个命令的本质实际上是去读取 /proc/[pid]/stat 文件下的信息，例如，它的一个可读版信息被记录在了/proc/ [pid]/status 中：

```
$ cat /proc/1/status
Name:    systemd
VmPeak:    290952 kB
VmSize:    225784 kB
VmHWM:       9624 kB
VmRSS:       7296 kB
...
```

其中 VmRSS 就是 RSS 的指标。除了 _MADV_DONTNEED 之外，还有一个性能相对较好的参数 _MADV_FREE。使用这个参数释放的内存并不会立刻被操作系统回收，相反仅当内核发现内存紧张时才会将这些内存释放。在 Go 1.12 至 1.16 这几个发行版中运行时就曾以性能提升为由将 madvise 的释放参数从 _MADV_DONTNEED 修改为了 _MADV_FREE。这就导致了依赖 RSS 指标进行内存使用状态监控产生的误报，因为 _MADV_FREE 参数并不会立刻影响 RSS 的值，就会给监控方带来内存占用居高不下的印象，与内存泄漏导致的内存居高不下非常相近，这会对现有的已经基于 RSS 指标的监控决策产生直接影响。对于使用这些版本的 Go 程序可以通过设置环境变量 GODEBUG=madvdontneed=1 来强制切换到 _MADV_DONTNEED 来避免 _MADV_FREE 带来的懒惰释放行为。这虽然是一种解决问题的手段，但实际上使用 _MADV_FREE 还会导致特定平台下的内核在不释放内存页的情况下直接将应用误判 OMM 并杀掉应用进程（例如 Android 9）。

我们可以通过编写下面这个程序，使用 mincore 这个系统调用来检查内存的缺页状态，进而进一步验证 madvise 内存的释放行为：

```
package main

import (
    "flag"
    "fmt"
    "io/ioutil"
    "log"
```

```
	"os"
	"runtime"
	"strconv"
	"strings"
	"syscall"
	"unsafe"
)

/*
#include <stdlib.h>
#include <unistd.h>
#include <sys/mman.h>
#include <stdint.h>
static int inCore(void *base, uint64_t length, uint64_t pages) {
	int count = 0;
	unsigned char *vec = malloc(pages);
	if (vec == NULL)
		return -1;
	if (mincore(base, length, vec) < 0)
		return -1;
	for (int i = 0; i < pages; i++)
		if (vec[i] != 0)
			count++;
	free(vec);
	return count;
}
*/
import "C"

var pageSize = syscall.Getpagesize()

func main() {
	useDontneed := flag.Bool("dontneed", false, "use MADV_DONTNEED instead of MADV_FREE")
	flag.Usage = func() {
		fmt.Fprintf(os.Stderr, "usage: %s [flags] anon-MiB\n", os.Args[0])
		flag.PrintDefaults()
		os.Exit(2)
	}
	flag.Parse()
	if flag.NArg() != 1 {
		flag.Usage()
	}
	anonMB, err := strconv.Atoi(flag.Arg(0))
	if err != nil {
		flag.Usage()
	}

	// 匿名映射 mmap
	m, err := syscall.Mmap(-1, 0, anonMB<<20, syscall.PROT_READ|syscall.PROT_WRITE, syscall.MAP_PRIVATE|syscall.MAP_ANON)
	if err != nil {
		log.Fatal(err)
	}
	printStats("After anon mmap:", m)

	// 通过访问内存来触发缺页错误
	for i := 0; i < len(m); i += pageSize {
		m[i] = 42
	}
	printStats("After anon fault:", m)

	// 使用不同的参数来释放内存
	if *useDontneed {
		err = syscall.Madvise(m, syscall.MADV_DONTNEED)
		if err != nil {
				log.Fatal(err)
		}
		printStats("After MADV_DONTNEED:", m)
	} else {
		err = syscall.Madvise(m, C.MADV_FREE)
```

```
		if err != nil {
				log.Fatal(err)
		}
		printStats("After MADV_FREE:", m)
	}
	runtime.KeepAlive(m)
}

func printStats(ident string, m []byte) {
	fmt.Print(ident, " ", rss(), " MiB RSS, ", inCore(m), " MiB anon in core\n")
}

func rss() int {
	data, err := ioutil.ReadFile("/proc/self/stat")
	if err != nil {
		log.Fatal(err)
	}
	fs := strings.Fields(string(data))
	rss, err := strconv.ParseInt(fs[23], 10, 64)
	if err != nil {
		log.Fatal(err)
	}
	return int(uintptr(rss) * uintptr(pageSize) / (1 << 20)) // MiB
}

func inCore(b []byte) int {
	n, err := C.inCore(unsafe.Pointer(&b[0]), C.uint64_t(len(b)), C.uint64_t(len(b)/pageSize))
	if n < 0 {
		log.Fatal(err)
	}
	return int(uintptr(n) * uintptr(pageSize) / (1 << 20)) // MiB
}
```

我们可以得到这样的结果：

```
$ ./main 10
After anon mmap: 2 MiB RSS, 0 MiB anon in core
After anon fault: 13 MiB RSS, 10 MiB anon in core
After MADV_FREE: 13 MiB RSS, 10 MiB anon in core

$ ./main -dontneed 10
After anon mmap: 2 MiB RSS, 0 MiB anon in core
After anon fault: 13 MiB RSS, 10 MiB anon in core
After MADV_DONTNEED: 3 MiB RSS, 0 MiB anon in core
```

可以看到，当使用 _MADV_FREE 时，mincore 系统调用检查到的 madvise 宣告需要释放的内存并没有得到回收，仍然没有处于缺页状态。而使用 _MADV_DONTNEED 参数时，mincore 立即检查到了内存已经处于缺页状态，即得到了回收。我们知道了 _MADV_FREE 不会影响 RSS 的大小，那么它会影响 PSS 和 USS 的大小吗？答案是不会。它们的计算方法与 VSS 和 RSS 相比较为复杂，内核将更详细的内存相关的信息记录在了 /proc/[pid]/smaps 中，我们可以编写下面的代码来读取这部分信息：

```
type mmapStat struct {
	Size            uint64
	RSS             uint64
	PSS             uint64
	PrivateClean    uint64
	PrivateDirty    uint64
	PrivateHugetlb uint64
}

func getMmaps() (*[]mmapStat, error) {
	var ret []mmapStat
	contents, err := ioutil.ReadFile("/proc/self/smaps")
	if err != nil {
		return nil, err
```

```
    }
    lines := strings.Split(string(contents), "\n")
    // function of parsing a block
    getBlock := func(block []string) (mmapStat, error) {
        m := mmapStat{}
        for _, line := range block {
            if strings.Contains(line, "VmFlags") ||
                strings.Contains(line, "Name") {
                continue
            }
            field := strings.Split(line, ":")
            if len(field) < 2 {
                continue
            }
            v := strings.Trim(field[1], " kB") // remove last "kB"
            t, err := strconv.ParseUint(v, 10, 64)
            if err != nil {
                return m, err
            }
            switch field[0] {
            case "Size":
                m.Size = t
            case "Rss":
                m.RSS = t
            case "Pss":
                m.PSS = t
            case "Private_Clean":
                m.PrivateClean = t
            case "Private_Dirty":
                m.PrivateDirty = t
            case "Private_Hugetlb":
                m.PrivateHugetlb = t
            }
        }
        return m, nil
    }
    blocks := make([]string, 16)
    for _, line := range lines {
        if strings.HasSuffix(strings.Split(line, " ")[0], ":") == false {
            if len(blocks) > 0 {
                g, err := getBlock(blocks)
                if err != nil {
                    return &ret, err
                }
                ret = append(ret, g)
            }
            blocks = make([]string, 16)
        } else {
            blocks = append(blocks, line)
        }
    }
    return &ret, nil
}

type smapsStat struct {
    VSS uint64 // bytes
    RSS uint64 // bytes
    PSS uint64 // bytes
    USS uint64 // bytes
}

func getSmaps() (*smapsStat, error) {
    mmaps, err := getMmaps()
    if err != nil {
        panic(err)
    }
    smaps := &smapsStat{}
    for _, mmap := range *mmaps {
        smaps.VSS += mmap.Size * 1014
```

```
            smaps.RSS += mmap.RSS * 1024
            smaps.PSS += mmap.PSS * 1024
            smaps.USS += mmap.PrivateDirty*1024 + mmap.PrivateClean*1024 + mmap.PrivateHugetlb*1024
    }
    return smaps, nil
}
```

讲而可以这样来获取四项指标的大小：

```
stat, err := getSmaps()
if err != nil {
    panic(err)
}
fmt.Printf("RSS: %d MiB, PSS: %d MiB, USS: %d MiB\n",
    stat.RSS/(1<<20), stat.PSS/(1<<20), stat.USS/(1<<20))
```

我们将这个信息嵌入到前面判断 madvise 行为的代码中，能够得到这样的结果：

```
$ ./main 10
After anon mmap: 2 MiB RSS, 0 MiB anon in core
After anon fault: 13 MiB RSS, 10 MiB anon in core
After MADV_FREE: 13 MiB RSS, 10 MiB anon in core
VSS: 1048 MiB, RSS: 13 MiB, PSS: 12 MiB, USS: 12 MiB

$ ./main -dontneed 10
After anon mmap: 2 MiB RSS, 0 MiB anon in core
After anon fault: 13 MiB RSS, 10 MiB anon in core
After MADV_DONTNEED: 3 MiB RSS, 0 MiB anon in core
VSS: 1048 MiB, RSS: 3 MiB, PSS: 2 MiB, USS: 2 MiB
```

在这个结果中，可以看到 VSS 开局就将近 1GB，即运行时在程序启动时就会尝试去保留 1GB 的内存映射，无论是 RSS、PSS 还是 USS，它们的大小都非常相近，即虽然它们有共享库内存计算上的差异，但对于系统尚未回收的内存也仍然是计算在内的，如图 13-11 所示。

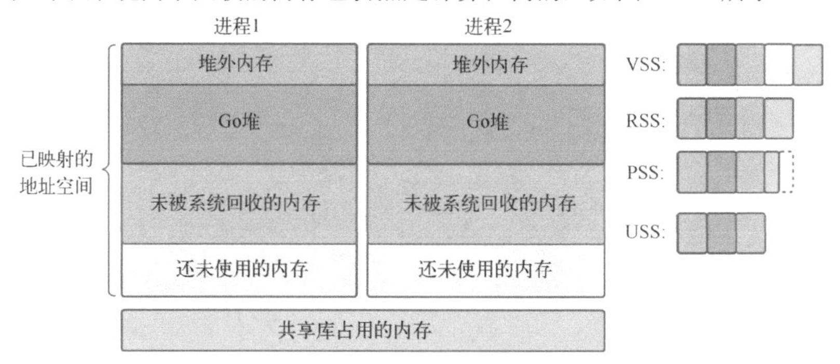

● 图 13-11 VSS、RSS、PSS、USS 的含义

因此，由于对这一懒惰释放行为的不知情，无论是使用 RSS、PSS 还是 USS，都不能对内存的消耗进行准确监控，可行的做法虽然是通过 mincore 进行缺页判断，但用户代码对内存地址并没有实际的控制权，这也就导致除了通过运行时启用 pprof 监控进行上报外，几乎难以正确的对内存消耗进行监控，因此在 Go 1.12 至 1.15 这些版本中大量用户曾将这一行为视为是 Go 的运行时没有正确释放内存的一个 Bug，在 Go 1.16 版本中，运行时重新将释放行为从 _MADV_FREE 改回了 _MADV_DONTNEED，也就自然地解决了这一问题。

13.7 运行时内存管理的演变历程

13.7.1 演变过程

内存分配器的实现甚至早于如今基于 MPG 模型的调度器。早在 Go 1 的开发早期阶段，G 直接

在 M 上调度，Russ Cox 首次实现了 M 上的缓存 mcache，在 64 位机器上仅支持使用 16GB 内存。

但这时的内存分配器有着致命的缺陷，因为内存并不会归还给操作系统，从而运行时非常容易 OOM，直到 Go 1 正式发布前才被社区成员解决。但方案也非常简单：即在独立的线程上按固定的周期向操作系统归还内存。虽然后来 Go 1.1 进一步将运行时允许使用的内存提升到了 128GB、引入了诸如 debug.FreeOSMemory 这类手动内存管理的 API，但运行时内存分配器 OOM、可用内存固定等问题并没有得到根本性的解决。

在这之后的很多年的时间里，内存分配器几乎处于无人维护的状态，虽然 1.4 为了向 Go 语言在 1.5 进行自举做准备，进行了适当的性能优化，并用 Go 重写了 mallocgc 方法，且将归还操作系统的拾荒器线程整合至了系统监控线程，并在 1.5 时将运行时最大可使用内存提升到了 512GB，可惜的是前面提到的分配器的缺陷仍然无人问津。

终于，直到 1.11，运行时取消了 512GB 的内存限制，并启用了 MADV_FREE 的回收模式。并在 1.13、1.14、1.15 依次重新设计了拾荒器、页分配器和 Mcentral。但 MADV_FREE 的回收模式在经历过几个版本的实践后发现它本身会带来诸多监控的误导和使用上的问题，最终在 1.16 得到了回归，回归到了 MADV_DONTNEED。至此内存分配器所固有的运行时内在缺陷被几乎彻底解决。

13.7.2　存在的问题

内存分配器的设计似乎已经解决了潜在的扩展性问题了，那它还存在什么问题吗？这个问题可能很让人出乎意料，那就是分配器的速度太快。过快的分配速度会导致分配的内存增加，从而进一步的增加回收器的压力。而由于回收器触发回收的条件是基于分配和回收这个反馈循环的，过快的分配速度将导致更多、甚至无节制的内存消耗。

这在垃圾回收器一章中读者将会了解到回收器调步器（Pacer）使用的反馈循环机制，届时读者将能够对这个问题有更进一步的认识。由于这仍然是一个开放性的待解决问题，这里不再做深入讨论，有兴趣的读者可以在 Go 语言仓库的 Issue #43430 了解进一步的进展。

第 14 章 垃圾回收机制

在对 Go 语言内存分配机制做过一定程度的了解后，另一个绕不开的话题就是垃圾回收（Garbage Collection，GC）。作为一门高级语言，Go 也是有 GC 的。在很长一段时间内，Go GC 的实现并不那么理想，由于停顿时间过长，导致无法在生产环境中使用。Go 1.7 解决了停顿时长的问题，控制停顿时长在 2ms 以内，这在线上很多场景下都是可以容忍的。GC 是一个很大的话题，对于 Go GC 问题的考查也经常出现在各个面试现场，而绝大部分问题都可以在本章找到答案。

GC 是一个复杂的系统工程，本章讨论的这些问题尽管已经展现了一个相对全面的 Go GC。但它们仍然只是 GC 这一宏观问题的一小部分较为重要的内容，还有非常多的细枝末节、研究进展无法在有限的篇幅内完整讨论。

从 Go 诞生之初，Go 团队就一直在对 GC 的表现进行实验与优化，但仍然有诸多未解决的公开问题，我们不妨对 GC 未来的改进拭目以待。

14.1 垃圾回收的认识

14.1.1 垃圾回收是什么，有什么作用

GC，全称 Garbage Collection，即垃圾回收，是一种自动内存管理的机制。

当程序向操作系统申请的内存不再需要时，垃圾回收主动将其回收并供其他代码进行内存申请时候复用，或者将其归还给操作系统，这种针对内存级别资源的自动回收过程，即为垃圾回收。而负责垃圾回收的程序组件，即为垃圾回收器。

垃圾回收其实是一个完美的“Simplicity is Complicated”的例子。一方面，程序员受益于GC，也不再需要对内存进行手动的申请和释放操作，GC 在程序运行时自动释放残留的内存。另一方面，GC 对程序员几乎不可见，仅在程序需要进行特殊优化时，通过提供可调控的 API，对 GC 的运行时机、运行开销进行把控的时候才得以现身。

通常，垃圾回收器的执行过程被划分为两个半独立的组件：

1）赋值器（Mutator）：这一名称本质上是在指代用户态的代码。因为对垃圾回收器而言，用户态的代码仅仅只修改对象之间的引用关系，也就是在对象图（对象之间引用关系的一个有向图）上进行操作。

2）回收器（Collector）：负责执行垃圾回收的代码。

14.1.2 根对象到底是什么

根对象在垃圾回收的术语中又称为根集合，它是垃圾回收器在标记过程时最先检查的对象，包括：

1）全局变量：程序在编译期就能确定的那些存在于程序整个生命周期的变量。

2）执行栈：每个 goroutine 都包含自己的执行栈，这些执行栈上包含栈上的变量及指向分配的堆内存区块的指针。

3）寄存器：寄存器的值可能表示一个指针，参与计算的这些指针可能指向某些赋值器分配的堆内存区块。

14.1.3　常见的垃圾回收的实现方式有哪些，Go 语言使用的是什么

所有的 GC 算法其存在形式可以归结为追踪（Tracing）和引用计数（Reference Counting）这两种形式的混合运用。

（1）追踪式 GC

从根对象出发，根据对象之间的引用信息，一步步推进直到扫描完毕整个堆并确定需要保留的对象，从而回收所有可回收的对象。Go、 Java、V8 对 JavaScript 的实现等均为追踪式 GC。

（2）引用计数式 GC

每个对象自身包含一个被引用的计数器，当计数器归零时自动得到回收。因为此方法缺陷较多，在追求高性能时通常不被应用。Python、Objective-C 等均为引用计数式 GC。

比较常见的 GC 实现方式包括：

1）追踪式，分为多种不同类型，例如：

标记清扫：从根对象出发，将确定存活的对象进行标记，并清扫可以回收的对象。

标记整理：为了解决内存碎片问题而提出，在标记过程中，将对象尽可能整理到一块连续的内存上。

增量式：将标记与清扫的过程分批执行，每次执行很小的部分，从而增量推进垃圾回收，达到近似实时、几乎无停顿的效果。

增量整理：在增量式的基础上，增加对对象的整理过程。

分代式：将对象根据存活时间的长短进行分类，存活时间小于某个值的为年轻代，存活时间大于某个值的为老年代，永远不会参与回收的对象为永久代。并根据分代假设（如果一个对象存活时间不长则倾向于被回收，如果一个对象已经存活很长时间则倾向于存活更长时间）对对象进行回收。

2）引用计数：根据对象自身的引用计数来回收，当引用计数归零时立即回收。

关于各类方法的详细介绍及其实现不在本书中详细讨论。对于 Go 而言，Go 的 GC 使用的是无分代（对象没有代际之分）、不整理（回收过程中不对对象进行移动与整理）、并发（与用户代码并发执行）的三色标记清扫算法。原因在于：

1）对象整理的优势是解决内存碎片问题以及“允许”使用顺序内存分配器。但 Go 运行时的分配算法基于 tcmalloc，基本上没有碎片问题。并且顺序内存分配器在多线程的场景下并不适用。Go 使用的是基于 tcmalloc 的现代内存分配算法，对对象进行整理不会带来实质性的性能提升。

2）分代 GC 依赖分代假设，即 GC 将主要的回收目标放在新创建的对象上（存活时间短，更倾向于被回收），而非频繁检查所有对象。但 Go 的编译器会通过**逃逸分析**将大部分新生对象存储在栈上（栈直接被回收），只有那些需要长期存在的对象才会被分配到需要进行垃圾回收的堆中。也就是说，分代 GC 回收的那些存活时间短的对象在 Go 中是直接被分配到栈上，当 goroutine 死亡后栈也会被直接回收，不需要 GC 的参与，进而分代假设并没有带来直接优势。并且 Go 的垃圾回收器与用户代码并发执行，使得 STW 的时间与对象的代际、对象的 size 没有关系。Go 团队更关注于如何更好地让 GC 与用户代码并发执行（使用适当的 CPU 来执行垃圾回收），而非减少停顿时间这一单一目标上。

14.1.4　三色标记法是什么

理解**三色标记法**的关键是理解对象的**三色抽象**以及波面（wavefront）推进这两个概念。**三色抽象**只是一种描述追踪式回收器的方法，在实践中并没有实际含义，它的重要作用在于从逻辑上严密

推导标记清理这种垃圾回收方法的正确性。也就是说，当谈及三色标记法时，通常指标记清扫的垃圾回收。

从垃圾回收器的视角来看，三色抽象规定了三种不同类型的对象，并用不同的颜色相称：

1）白色对象（可能死亡）：未被回收器访问到的对象。在回收开始阶段，所有对象均为白色，当回收结束后，白色对象均不可达。

2）灰色对象（波面）：已被回收器访问到的对象，但回收器需要对其中的一个或多个指针进行扫描，因为它们可能还指向白色对象。

3）黑色对象（确定存活）：已被回收器访问到的对象，其中所有字段都已被扫描，黑色对象中任何一个指针都不可能直接指向白色对象。

这样三种不变性所定义的回收过程其实是一个波面不断前进的过程，这个波面同时也是黑色对象和白色对象的边界，灰色对象就是这个波面。

当垃圾回收开始时，只有白色对象。随着标记过程的进行，灰色对象开始出现（着色），这时候波面便开始扩大。当一个对象的所有子节点均完成扫描时，会被着色为黑色。当整个堆遍历完成时，只剩下黑色和白色对象，这时的黑色对象为可达对象，即存活；而白色对象为不可达对象，即死亡。这个过程可以视为以灰色对象为波面，将黑色对象和白色对象分离，使波面不断向前推进，直到所有可达的灰色对象都变为黑色对象为止的过程，如图 14-1 所示。

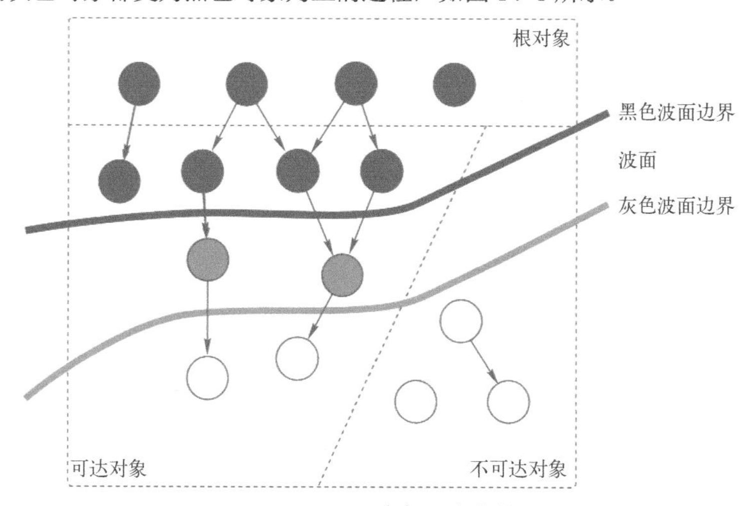

● 图 14-1　三色标记法全貌

图中展示了根对象、可达对象、不可达对象，黑、灰、白对象以及波面之间的关系。

14.1.5　STW 是什么意思

STW 可以是 Stop the World 的缩写，也可以是 Start the World 的缩写。通常意义上指代从 Stop the World 这一动作发生时到 Start the World 这一动作发生时这一段时间间隔，即万物静止。STW 是在垃圾回收过程中为了保证实现的正确性、防止无止境的内存增长等问题而不可避免的需要停止赋值器进一步操作对象图的一段过程。

在这个过程中整个用户代码被停止或者放缓执行，STW 越长，对用户代码造成的影响（例如延迟）就越大，早期 Go 对垃圾回收器的实现中 STW 长达几百毫秒，对时间敏感的实时通信等应用程序会造成巨大的影响。来看一个例子：

```
package main

import (
    "runtime"
```

```
        "time"
)

func main() {
        go func() {
                for {
                }
        }()

        time.Sleep(time.Millisecond)
        runtime.GC()
        println("OK")
}
```

上面的这个程序在 Go 1.14 以前永远都不会输出 OK，其罪魁祸首是进入 STW 这一操作的执行被无限制的延长。

尽管 STW 如今已经优化到了毫秒级别以下，但这个程序被卡死的原因是由于需要进入 STW 导致的。原因在于，GC 在需要进入 STW 时，需要通知并让所有的用户态代码停止，但是 for {} 所在的 goroutine 永远都不会被中断，从而始终无法进入 STW 阶段。实际实践中也是如此，当程序的某个 goroutine 长时间得不到停止，强行拖慢进入 STW 的时机，这种情况下造成的影响（卡死）是非常可怕的。好在自 Go 1.14 之后，这类 goroutine 能够被异步地抢占，从而使得进入 STW 的时间不会超过抢占信号触发的周期，程序也不会因为仅仅等待一个 goroutine 的停止而停顿在进入 STW 之前的操作上。

14.1.6 如何观察 Go 语言的垃圾回收现象

以下面的程序为例，先使用四种不同的方式来介绍如何观察 GC，并在后面的问题中通过几个详细的例子再来讨论如何优化 GC。

```
package main

func allocate() {
        _ = make([]byte, 1<<20)
}

func main() {
        for n := 1; n < 100000; n++ {
                allocate()
        }
}
```

方式 1：GODEBUG=gctrace=1

首先可以通过如下命令：

```
$ go build -o main
$ GODEBUG=gctrace=1 ./main

gc 1 @0.000s 2%: 0.009+0.23+0.004 ms clock, 0.11+0.083/0.019/0.14+0.049 ms cpu, 4->6->2 MB, 5 MB goal, 12 P
scvg: 8 KB released
scvg: inuse: 3, idle: 60, sys: 63, released: 57, consumed: 6 (MB)
gc 2 @0.001s 2%: 0.018+1.1+0.029 ms clock, 0.22+0.047/0.074/0.048+0.34 ms cpu, 4->7->3 MB, 5 MB goal, 12 P
scvg: inuse: 3, idle: 60, sys: 63, released: 56, consumed: 7 (MB)
gc 3 @0.003s 2%: 0.018+0.59+0.011 ms clock, 0.22+0.073/0.008/0.042+0.13 ms cpu, 5->6->1 MB, 6 MB goal, 12 P
scvg: 8 KB released
scvg: inuse: 2, idle: 61, sys: 63, released: 56, consumed: 7 (MB)
gc 4 @0.003s 4%: 0.019+0.70+0.054 ms clock, 0.23+0.051/0.047/0.085+0.65 ms cpu, 4->6->2 MB, 5 MB goal, 12 P
scvg: 8 KB released
scvg: inuse: 3, idle: 60, sys: 63, released: 56, consumed: 7 (MB)
scvg: 8 KB released
scvg: inuse: 4, idle: 59, sys: 63, released: 56, consumed: 7 (MB)
gc 5 @0.004s 12%: 0.021+0.26+0.49 ms clock, 0.26+0.046/0.037/0.11+5.8 ms cpu, 4->7->3 MB, 5 MB goal, 12 P
scvg: inuse: 5, idle: 58, sys: 63, released: 56, consumed: 7 (MB)
```

```
gc 6 @0.005s 12%: 0.020+0.17+0.004 ms clock, 0.25+0.080/0.070/0.053+0.051 ms cpu, 5->6->1 MB, 6 MB goal, 12 P
scvg: 8 KB released
scvg: inuse: 1, idle: 62, sys: 63, released: 56, consumed: 7 (MB)
```

在这个日志中可以观察到两类不同的信息：

```
gc 1 @0.000s 2%: 0.009+0.23+0.004 ms clock, 0.11+0.083/0.019/0.14+0.049 ms cpu, 4->6->2 MB, 5 MB goal, 12 P
gc 2 @0.001s 2%: 0.018+1.1+0.029 ms clock, 0.22+0.047/0.074/0.048+0.34 ms cpu, 4->7->3 MB, 5 MB goal, 12 P
...
```

以及：

```
scvg: 8 KB released
scvg: inuse: 3, idle: 60, sys: 63, released: 57, consumed: 6 (MB)
scvg: inuse: 3, idle: 60, sys: 63, released: 56, consumed: 7 (MB)
...
```

对于用户代码，运行时申请内存产生的垃圾回收如下：

```
gc 2 @0.001s 2%: 0.018+1.1+0.029 ms clock, 0.22+0.047/0.074/0.048+0.34 ms cpu, 4->7->3 MB, 5 MB goal, 12 P
```

其字段含义见表 14-1：

表 14-1　字段含义

字段	含义
gc 2	第二个 GC 周期
0.001	程序开始后的 0.001s
2%	该 GC 周期中 CPU 的使用率
0.018	标记开始时，STW 所花费的时间（wall clock）
1.1	标记过程中，并发标记所花费的时间（wall clock）
0.029	标记终止时，STW 所花费的时间（wall clock）
0.22	标记开始时，STW 所花费的时间（cpu time）
0.047	标记过程中，标记辅助所花费的时间（cpu time）
0.074	标记过程中，并发标记所花费的时间（cpu time）
0.048	标记过程中，GC 空闲的时间（cpu time）
0.34	标记终止时，STW 所花费的时间（cpu time）
4	标记开始时，堆的大小的实际值
7	标记结束时，堆的大小的实际值
3	标记结束时，标记为存活的对象大小
5	标记结束时，堆的大小的预测值
12	P 的数量

其中，wall clock 是指开始执行到完成所经历的实际时间，包括其他程序和本程序所消耗的时间；cpu time 是指特定程序使用 CPU 的时间；它们存在以下关系：

1）wall clock < cpu time：充分利用多核。

2）wall clock ≈ cpu time：未并行执行。

3）wall clock > cpu time：多核优势不明显。

对于运行时向操作系统申请内存产生的垃圾回收（向操作系统归还多余的内存）：

```
scvg: 8 KB released
scvg: inuse: 3, idle: 60, sys: 63, released: 57, consumed: 6 (MB)
```

其字段含义见表 14-2：

表 14-2　字段含义

字段	含义
8KB released	向操作系统归还了 8KB 内存
3	已经分配给用户代码、正在使用的总内存大小（MB）
60	空闲以及等待归还给操作系统的总内存大小（MB）
63	通知操作系统中保留的内存大小（MB）
57	已经归还给操作系统的（或者说还未正式申请）的内存大小（MB）
6	已经从操作系统中申请的内存大小（MB）

方式 2：go tool trace

go tool trace 的主要功能是将统计而来的信息以一种可视化的方式展示给用户，如图 14-2 所示。要使用此工具，可以通过调用 trace API：

```
package main

func main() {
	f, _ := os.Create("trace.out")
	defer f.Close()
	trace.Start(f)
	defer trace.Stop()
	(...)
}
```

并通过：

```
$ go tool trace trace.out
2019/12/30 15:50:33 Parsing trace...
2019/12/30 15:50:38 Splitting trace...
2019/12/30 15:50:45 Opening browser. Trace viewer is listening on
http://127.0.0.1:51839
```

命令来启动可视化界面：

127.0.0.1:51839

View trace (0s-844.269008ms)
View trace (844.269551ms-1.826481946s)
View trace (1.826482242s-2.52088221s)
View trace (2.52088221s-3.22860561s)
View trace (3.22860561s-3.976239505s)
View trace (3.976239382s-4.753985376s)
View trace (4.753985524s-5.449047986s)
View trace (5.449048134s-5.773377624s)

Goroutine analysis
Network blocking profile (⬇)
Synchronization blocking profile (⬇)
Syscall blocking profile (⬇)
Scheduler latency profile (⬇)
User-defined tasks
User-defined regions
Minimum mutator utilization

● 图 14-2　go tool trace 可视化界面

选择第一个链接可以获得 view trace 可视化界面，如图 14-3 所示。

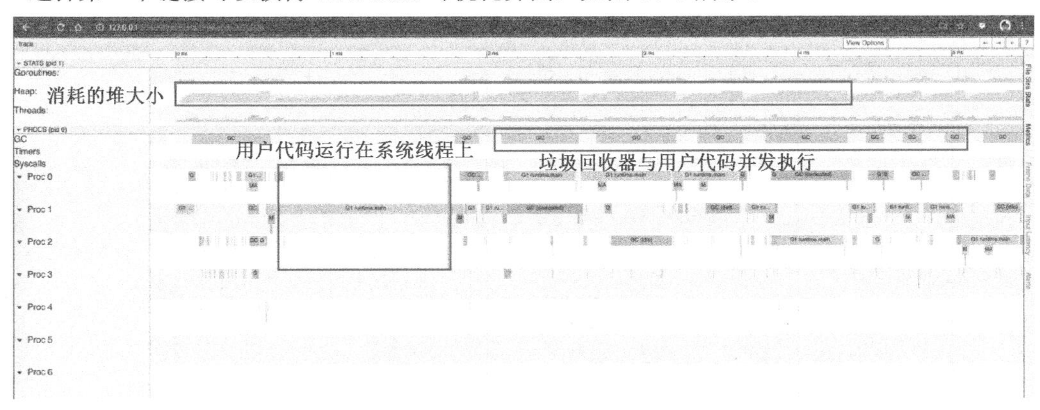

● 图 14-3　view trace 可视化界面

右上角的问号可以打开帮助菜单，主要使用方式包括：

1）〈w/s〉键可以用于放大或者缩小视图。

2）〈a/d〉键可以用于左右移动。

3）按住〈Shift〉键可以选取多个事件。

方式 3：debug.ReadGCStats

此方式可以通过代码的方式来直接实现对感兴趣指标的监控，例如希望每隔一秒钟监控一次

GC 的状态：

```
func printGCStats() {
	t := time.NewTicker(time.Second)
	s := debug.GCStats{}
	for {
		select {
		case <-t.C:
			debug.ReadGCStats(&s)
			fmt.Printf("gc %d last@%v, PauseTotal %v\n", s.NumGC, s.LastGC, s.PauseTotal)
		}
	}
}
func main() {
	go printGCStats()
	(...)
}
```

能够看到如下输出：

```
$ go run main.go

gc 4954 last@2019-12-30 15:19:37.505575 +0100 CET, PauseTotal 29.901171ms
gc 9195 last@2019-12-30 15:19:38.50565 +0100 CET, PauseTotal 77.579622ms
gc 13502 last@2019-12-30 15:19:39.505714 +0100 CET, PauseTotal 128.022307ms
gc 17555 last@2019-12-30 15:19:40.505579 +0100 CET, PauseTotal 182.816528ms
gc 21838 last@2019-12-30 15:19:41.505595 +0100 CET, PauseTotal 246.618502ms
```

方式 4：runtime.ReadMemStats

除了使用 debug 包提供的方法外，还可以直接通过运行时的内存相关的 API 进行监控：

```
func printMemStats() {
	t := time.NewTicker(time.Second)
	s := runtime.MemStats{}

	for {
		select {
		case <-t.C:
			runtime.ReadMemStats(&s)
			fmt.Printf("gc %d last@%v, next_heap_size@%vMB\n", s.NumGC, time.Unix(int64(time.Duration(s.LastGC).Seconds()), 0),
s.NextGC/(1<<20))
		}
	}
}
func main() {
	go printMemStats()
	(...)
}
```

运行结果如下：

```
$ go run main.go

gc 4887 last@2019-12-30 15:44:56 +0100 CET, next_heap_size@4MB
gc 10049 last@2019-12-30 15:44:57 +0100 CET, next_heap_size@4MB
gc 15231 last@2019-12-30 15:44:58 +0100 CET, next_heap_size@4MB
gc 20378 last@2019-12-30 15:44:59 +0100 CET, next_heap_size@6MB
```

当然，后两种方式能够监控的指标很多，读者可以自行查看 debug.GCStats 和 runtime.MemStats 的字段，这里不再赘述。

14.1.7 有了垃圾回收，为什么还会发生内存泄漏

在一门具有 GC 功能的语言中，人们常说的内存泄漏，用严谨的话来说应该是：预期的能很快被释放的内存由于附着在了长期存活的内存上或生命期意外地被延长，导致预计能够立即回收的内存却长时间得不到回收。

在 Go 中，由于 goroutine 的存在，所谓的内存泄漏除了附着在长期对象上之外，还存在多种不同的形式。

形式 1：预期能被快速释放的内存因被根对象引用而没有得到迅速释放

当有一个全局对象时，可能不经意间将某个变量附着其上，且忽略了将其进行释放，则该内存永远不会得到释放。例如：

```
var cache = map[interface{}]interface{}{}

func keepalloc() {
	for i := 0; i < 10000; i++ {
		m := make([]byte, 1<<10)
		cache[i] = m
	}
}
```

形式 2：goroutine 泄漏

goroutine 作为一种逻辑上理解的轻量级线程，需要维护执行用户代码的上下文信息。在运行过程中也需要消耗一定的内存来保存这类信息，而这些内存在 Go 中是不会被释放的。因此，如果一个程序持续不断地产生新的 goroutine、且不结束已经创建的 goroutine 并复用这部分内存，就会造成内存泄漏，例如：

```
func keepalloc2() {
	for i := 0; i < 100000; i++ {
		go func() {
			select {}
		}()
	}
}
```

验证

可以通过如下形式来调用上述两个函数：

```
package main

import (
	"os"
	"runtime/trace"
)

func main() {
	f, _ := os.Create("trace.out")
	defer f.Close()
	trace.Start(f)
	defer trace.Stop()
	keepalloc()
	keepalloc2()
}
```

运行程序：

```
go run main.go
```

会看到程序中生成了 trace.out 文件，可以使用 go tool trace trace.out 命令得到其可视化界面，如图 14-4 所示。

可以看到，图中的 Heap 在持续增长，没有内存被回收，因此产生了内存泄漏的现象。

值得一提的是，这种形式的 goroutine 泄漏还可能由 channel 泄漏导致。而 channel 的泄漏本质上与 goroutine 泄漏存在直接联系。channel 作为一种同步原语，会连接两个不同的 goroutine，如果一个 goroutine 尝试向一个没有接收方的无缓冲 channel 发送消息，则该 goroutine 会被永久的休眠，整个 goroutine 及其执行栈都得不到释放，例如：

```
var ch = make(chan struct{})
```

```
func keepalloc3() {
	for i := 0; i < 100000; i++ {
		// 没有接收方，goroutine 会一直阻塞
		go func() { ch <- struct{}{} }()
	}
}
```

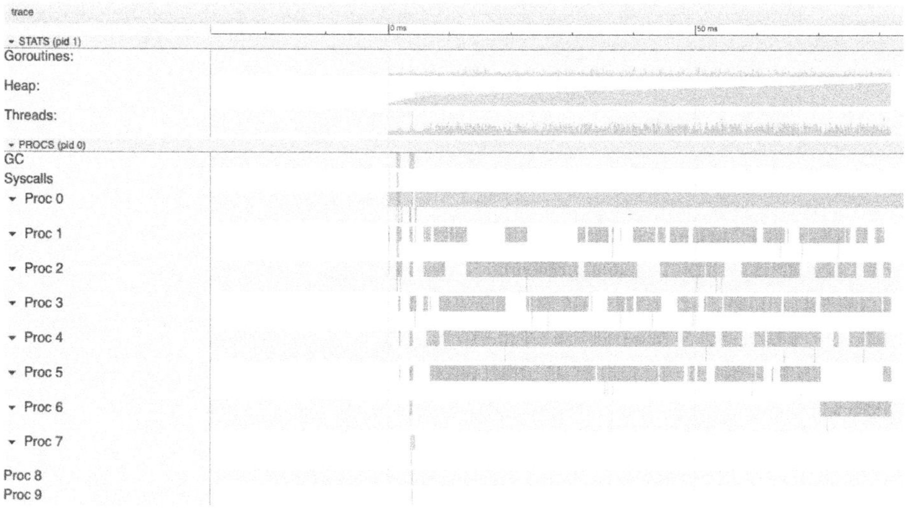

● 图 14-4　go tool trace 命令可视化

14.1.8 并发标记清除法的难点是什么

在没有用户态代码并发修改三色抽象的情况下，回收可以正常结束。并发回收的根本问题在于，用户态代码在回收过程中会并发地更新对象图，从而造成赋值器和回收器可能对对象图的结构产生不同的认知，这时以一个固定的三色波面作为回收过程前进的边界则不再合理。

赋值器写操作见表 14-3。

表 14-3　赋值器写操作

时序	回收器	赋值器	说明
1	shade(A, gray)		回收器：根对象的子节点着色为灰色对象
2	shade(C, black)		回收器：当所有子节点着色为灰色后，将节点着为黑色
3		C.ref3 = C.ref2.ref1	赋值器：并发的修改了 C 的子节点
4		A.ref1 = nil	赋值器：并发的修改了 A 的子节点
5	shade(A.ref1, gray)		回收器：进一步将灰色对象的子节点着色为灰色对象，这时由于 A.ref1 为 nil，什么事情也没有发生
6	shade(A, black)		回收器：由于所有子节点均已标记，回收器也不会重新扫描已经被标记为黑色的对象，此时 A 被着色为黑色，scan(A) 什么也不会发生，进而 B 在此次回收过程中永远不会被标记为黑色，进而错误地被回收

- 初始状态：假设某个黑色对象 C 指向某个灰色对象 A，而 A 指向白色对象 B；
- C.ref3 = C.ref2.ref1：赋值器并发地将黑色对象 C 指向（ref3）了白色对象 B；
- A.ref1 = nil：移除灰色对象 A 对白色对象 B 的引用（ref2）；
- 最终状态：在继续扫描的过程中，白色对象 B 永远不会被标记为黑色对象了（回收器不会重新扫描黑色对象），进而对象 B 被错误地回收，如图 14-5 所示。

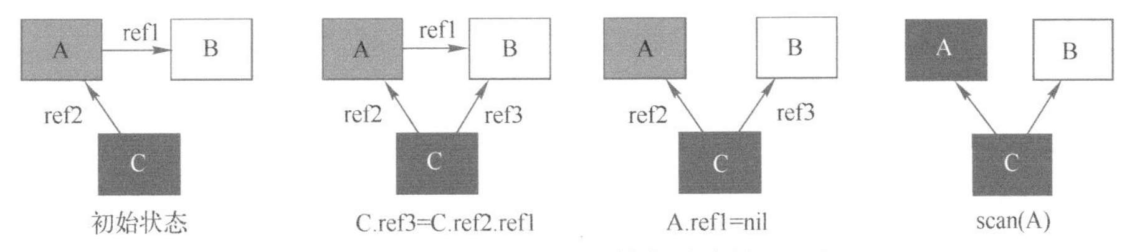

● 图 14-5　一个赋值器与回收期并发执行的例子

总而言之，并发标记清除中面临的一个根本问题就是如何保证标记与清除过程的正确性。

↗14.1.9　什么是写屏障、混合写屏障，如何实现

要讲清楚写屏障，就需要理解三色标记清除算法中的**强弱不变性**以及**赋值器的颜色**，理解它们需要一定的抽象思维。写屏障是一个在并发垃圾回收器中才会出现的概念，垃圾回收器的正确性体现在：**不应出现对象的丢失，也不应错误地回收还不需要回收的对象。**

可以证明，当以下两个条件同时满足时会破坏垃圾回收器的正确性：

条件 1：赋值器修改对象图，导致某一黑色对象引用白色对象；

条件 2：从灰色对象出发，到达白色对象的、未经访问过的路径被赋值器破坏。

只要能够避免其中任何一个条件，就不会出现对象丢失的情况，因为：

1）如果条件 1 被避免，则所有白色对象均被灰色对象引用，没有白色对象会被遗漏；

2）如果条件 2 被避免，即便白色对象的指针被写入到黑色对象中，但从灰色对象出发，总存在一条没有访问过的路径，从而找到到达白色对象的路径，白色对象最终不会被遗漏。

不妨将三色不变性所定义的波面根据这两个条件进行削弱：

1）当满足原有的三色不变性定义（或上面的两个条件都不满足时）的情况称为**强三色不变性（strong tricolor invariant）**

2）当赋值器令黑色对象引用白色对象时（满足条件 1 时）的情况称为**弱三色不变性（weak tricolor invariant）**

3）当赋值器进一步破坏灰色对象到达白色对象的路径时（进一步满足条件 2 时），即打破弱三色不变性，也就破坏了回收器的正确性；或者说，在破坏强弱三色不变性时必须引入额外的辅助操作。弱三色不变性的好处在于：**只要存在未访问的能够到达白色对象的路径，就可以将黑色对象指向白色对象。**

如果考虑并发的用户态代码，回收器不允许同时停止所有赋值器，就是涉及了存在的多个不同状态的赋值器。为了对概念加以明确，还需要换一个角度，把回收器视为对象，把赋值器视为影响回收器这一对象的实际行为（即影响 GC 周期的长短），从而引入赋值器的颜色：

1）黑色赋值器：已经由回收器扫描过，不会再次对其进行扫描。

2）灰色赋值器：尚未被回收器扫描过，或尽管已经扫描过但仍需要重新扫描。

赋值器的颜色对回收周期的结束产生影响：

1）如果某种并发回收器允许灰色赋值器的存在，则必须在回收结束之前重新扫描对象图。

2）如果重新扫描过程中发现了新的灰色或白色对象，回收器还需要对新发现的对象进行追踪，但是在新追踪的过程中，赋值器仍然可能在其根中插入新的非黑色对象的引用，如此往复，直到重新扫描过程中没有发现新的白色或灰色对象。

于是，在允许灰色赋值器存在的算法，最坏的情况下，回收器只能将所有赋值器线程停止才能完成其根对象的完整扫描，也就是人们所说的 STW。

为了确保强弱三色不变性的并发指针更新操作，需要通过赋值器屏障技术来保证指针的读写操作一致。因此 Go 中的写屏障、混合写屏障，其实是指赋值器的写屏障，赋值器的写屏障作为一种同步机制，使赋值器在进行指针写操作时，能够“通知”回收器，进而不会破坏弱三色不变性。

有两种非常经典的写屏障：Dijkstra 插入屏障和 Yuasa 删除屏障。

灰色赋值器的 Dijkstra 插入屏障的基本思想是避免满足条件 1：

```
// 灰色赋值器 Dijkstra 插入屏障
func DijkstraWritePointer(slot *unsafe.Pointer, ptr unsafe.Pointer) {
    shade(ptr)
    *slot = ptr
}
```

为了防止黑色对象指向白色对象，应该假设 *slot 可能会变为黑色，为了确保 ptr 不会在被赋值到 *slot 前变为白色，shade(ptr) 会先将指针 ptr 标记为灰色，进而避免了条件 1，如图 14-6 所示。

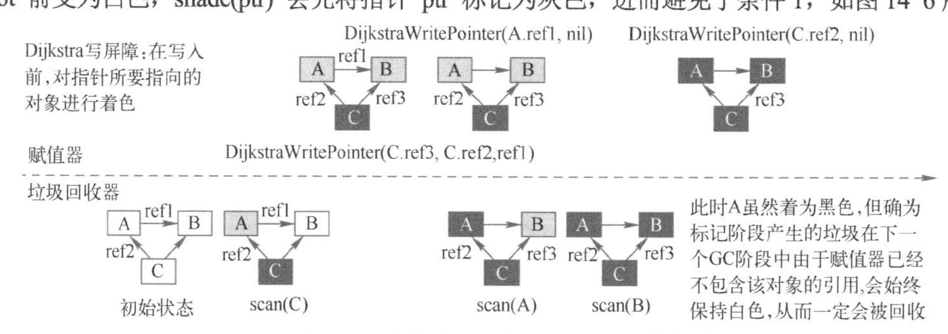

● 图 14-6　灰色赋值器的 Dijkstra 写屏障

Dijkstra 插入屏障的好处在于可以立刻开始并发标记。但存在两个缺点：

1）由于 Dijkstra 插入屏障的“保守”，在一次回收过程中可能会残留一部分对象没有回收成功，只有在下一个回收过程中才会被回收；

2）在标记阶段中，每次进行指针赋值操作时，都需要引入写屏障，这无疑会增加大量性能开销；为了避免造成性能问题，Go 团队在最终实现时，没有为所有栈上的指针写操作启用写屏障，而是当发生栈上的写操作时，将栈标记为灰色，但此举产生了灰色赋值器，将会需要标记终止阶段 STW 时对这些栈进行重新扫描。

另一种比较经典的写屏障是黑色赋值器的 Yuasa 删除屏障。其基本思想是避免满足条件 2：

```
// 黑色赋值器 Yuasa 删除屏障
func YuasaWritePointer(slot *unsafe.Pointer, ptr unsafe.Pointer) {
    shade(*slot)
    *slot = ptr
}
```

为了防止丢失从灰色对象到白色对象的路径，应该假设 *slot 可能会变为黑色，为了确保 ptr 不会在被赋值到 *slot 前变为白色，shade(*slot) 会先将 *slot 标记为灰色，进而该写操作总是创造了一条灰色到灰色或者灰色到白色对象的路径，进而避免了条件 2。

Yuasa 删除屏障的优势则在于不需要标记结束阶段的重新扫描，结束时能够准确回收所有需要回收的白色对象。缺陷是 Yuasa 删除屏障会拦截写操作，进而导致波面的退后，产生“冗余”的扫描，如图 14-7 所示。

Go 1.8 为了简化 GC 的流程，同时减少标记终止阶段的重扫成本，将 Dijkstra 插入屏障和 Yuasa 删除屏障进行混合，形成混合写屏障。该屏障提出时的基本思想是：**对正在被覆盖的对象进行着色，且如果当前栈未扫描完成，则同样对指针进行着色。**

但在最终实现时原提案中对 ptr 的着色还额外包含对执行栈的着色检查，但由于时间有限，并未完整实现过，所以混合写屏障实现的伪代码是：

```
// 混合写屏障
func HybridWritePointerSimple(slot *unsafe.Pointer, ptr unsafe.Pointer) {
    shade(*slot)
    shade(ptr)
    *slot = ptr
}
```

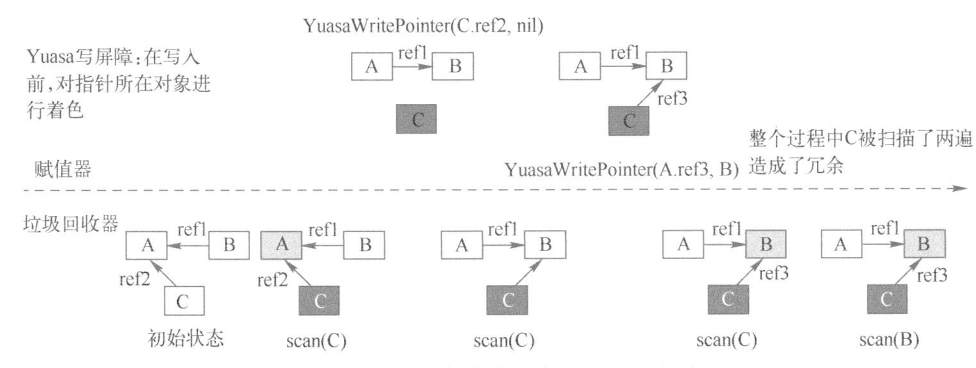

● 图 14-7　黑色赋值器的 Yuasa 写屏障

在这个实现中，如果无条件对引用双方进行着色，自然结合了 Dijkstra 和 Yuasa 写屏障的优势，但缺点也非常明显，因为着色成本是双倍的，而且编译器需要插入的代码也成倍增加，随之带来的结果就是编译后的二进制文件大小也进一步增加。为了针对写屏障的性能进行优化，Go 1.10 前后，Go 团队随后实现了批量写屏障机制。其基本想法是将需要着色的指针统一写入一个缓存，每当缓存满时统一对缓存中的所有 ptr 指针进行着色。

14.2 垃圾回收机制的实现细节

14.2.1 Go 语言中进行垃圾回收的流程是什么

当前版本的 Go 以 STW 为界限，可以将 GC 划分为五个阶段，见表 14-4。

表 14-4　GC 的五个阶段

阶段	说明	赋值器状态
SweepTermination	清扫终止阶段，为下一个阶段的并发标记做准备工作，启动写屏障	STW
Mark	扫描标记阶段，与赋值器并发执行，写屏障开启	并发
MarkTermination	标记终止阶段，保证一个周期内标记任务完成，停止写屏障	STW
GCoff	内存清扫阶段，将需要回收的内存归还到堆中，写屏障关闭	并发
GCoff	内存归还阶段，将过多的内存归还给操作系统，写屏障关闭	并发

具体而言，各个阶段的触发函数如图 14-8 所示。

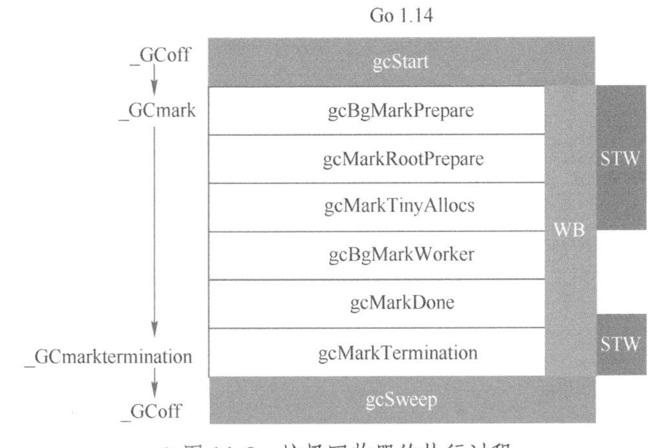

● 图 14-8　垃圾回收器的执行过程

14.2.2 触发垃圾回收的时机是什么

Go 语言中对 GC 的触发时机存在两种形式：

1）主动触发，通过调用 runtime.GC 来触发 GC，此调用阻塞式地等待当前 GC 运行完毕。

2）被动触发，分为两种方式：

- 使用系统监控，当超过两分钟没有产生任何 GC 时，强制触发 GC。
- 使用步调（Pacing）算法，其核心思想是控制内存增长的比例。

通过 GO GC 或者 debug.SetGCPercent 进行控制（它们控制的是同一个变量，即堆的增长率ρ），如图 14-9 所示。整个算法的设计考虑的是优化问题：如果设上一次 GC 完成时，内存的数量为 H_m（heap marked），估计需要触发 GC 时的堆大小 H_T（heap trigger），使得完成 GC 时候的目标堆大小 H_g（heap goal）与实际完成时候的堆大小 H_a（heap actual）最为接近，即：$\min|H_g - H_a| = \min|(1+\rho)H_m - H_a|$。

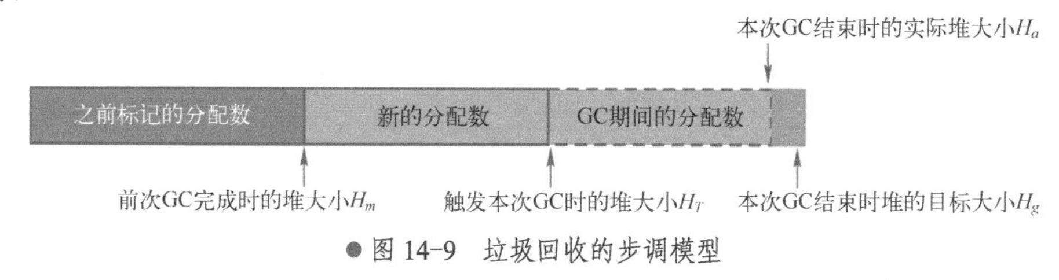

● 图 14-9　垃圾回收的步调模型

除此之外，步调算法还需要考虑 CPU 利用率的问题，显然不应该让垃圾回收器占用过多的 CPU，即不应该让每个负责执行用户 goroutine 的线程都在执行标记过程。理想情况下，在用户代码满载的时候，GC 的 CPU 使用率不应该超过 25%，即另一个优化问题：如果设 u_g 为目标 CPU 使用率（goal utilization），而 u_a 为实际 CPU 使用率（actual utilization），则 $\min|u_g - u_a|$。

求解这两个优化问题的具体数学建模过程不在此做深入讨论，有兴趣的读者可以参考两个设计文档：Go 1.5 concurrent garbage collector pacing 和 Separate soft and hard heap size goal。

计算 h_T 的最终结论（从 Go 1.10 时开始 h_t 增加了上界 0.95ρ，从 Go 1.14 为 h_t 增加了下界 0.6）是：

- 设第 n 次触发 GC 时 (n > 1)，估计得到的堆增长率为 $h_t^{(n)}$、运行过程中的实际堆增长率为 $h_a^{(n)}$，用户设置的增长率为 $\rho = GOGC/100$（$\rho > 0$）则第 $n+1$ 次触发 GC 时候，估计的堆增长率为：

$$h_t^{(n+1)} = h_t^{(n)} + 0.5\left[\frac{H_g^{(n)} - H_a^{(n)}}{H_a^{(n)}} - h_t^{(n)} - \frac{u_a^{(n)}}{u_g^{(n)}}(h_a^{(n)} - h_t^{(n)})\right]$$

- 特殊情况下，当 $h_t^{(1)} = 7/8$，$u^{(1)} = 0.25$，$u^{(1)} = 0.3$，第一次触发 GC 时，如果当前的堆小于 4ρ MB，则强制调整到 4ρ MB 时触发 GC。
- 特殊情况下，当 $h_t^{(n)} < 0.6$ 时，将其调整为 0.6，当 $h_t^{(n)} > 0.95\rho$ 时，将其设置为 0.95ρ。
- 默认情况下，$\rho = 1$（即 GOGC = 100），第一次触发 GC 时强制设置触发第一次 GC 为 4MB，可以写如下程序进行验证：

```
package main
import (
	"os"
	"runtime"
	"runtime/trace"
	"sync/atomic"
)
```

```
var stop uint64

// 通过对象 P 的释放状态，来确定 GC 是否已经完成
func gcfinished() *int {
    p := 1
    runtime.SetFinalizer(&p, func(_ *int) {
        println("gc finished")
        atomic.StoreUint64(&stop, 1) // 通知停止分配
    })
    return &p
}

func allocate() {
    // 每次调用分配 0.25MB
    _ = make([]byte, int((1<<20)*0.25))
}

func main() {
    f, _ := os.Create("trace.out")
    defer f.Close()
    trace.Start(f)
    defer trace.Stop()

    gcfinished()

    // 当完成 GC 时停止分配
    for n := 1; atomic.LoadUint64(&stop) != 1; n++ {
        println("#allocate: ", n)
        allocate()
    }
    println("terminate")
}
```

先来验证最简单的一种情况，即第一次触发 GC 时的堆大小：

```
$ go build -o main
$ GODEBUG=gctrace=1 ./main
###allocate:  1
(...)
###allocate:  20
gc finished
gc 1 @0.001s 3%: 0.016+0.23+0.019 ms clock, 0.20+0.11/0.060/0.13+0.22 ms cpu, 4->5->1 MB, 5 MB goal, 12 P
scvg: 8 KB released
scvg: inuse: 1, idle: 62, sys: 63, released: 58, consumed: 5 (MB)
terminate
```

通过这一行数据可以看到：

```
gc 1 @0.001s 3%: 0.016+0.23+0.019 ms clock, 0.20+0.11/0.060/0.13+0.22 ms cpu, 4->5->1 MB, 5 MB goal, 12 P
```

1）程序在完成第一次 GC 后便终止了程序，符合设想。

2）第一次 GC 开始时的堆大小为 4MB，符合设想。

3）当标记终止时，堆大小为 5MB，此后开始执行清扫，这时分配执行到第 20 次，即 20*0.25 = 5MB，符合设想。

将分配次数调整到 50 次：

```
for n := 1; n < 50; n++ {
    println("#allocate: ", n)
    allocate()
}
```

来验证第二次 GC 触发时是否满足公式所计算得到的值（为 GODEBUG 进一步设置 gcpacertrace=1）：

```
$ go build -o main
$ GODEBUG=gctrace=1,gcpacertrace=1 ./main
###allocate:   1
(...)

pacer:  H_m_prev=2236962  h_t=+8.750000e-001  H_T=4194304  h_a=+2.387451e+000  H_a=7577600  h_g=+1.442627e+000  H_g=5464064  u_a=+2.652227e-001  u_g=+3.000000e-001  W_a=152832  goalΔ=+5.676271e-001  actualΔ=+1.512451e+000  u_a/u_g=+8.840755e-001
###allocate:   28
gc 1 @0.001s 5%: 0.032+0.32+0.055 ms clock, 0.38+0.068/0.053/0.11+0.67 ms cpu, 4->7->3 MB, 5 MB goal, 12 P

(...)
###allocate:   37
pacer:  H_m_prev=3307736  h_t=+6.000000e-001  H_T=5292377  h_a=+7.949171e-001  H_a=5937112  h_g=+1.000000e+000  H_g=6615472  u_a=+2.658428e-001  u_g=+3.000000e-001  W_a=154240  goalΔ=+4.000000e-001  actualΔ=+1.949171e-001  u_a/u_g=+8.861428e-001
###allocate:   38
gc 2 @0.002s 9%: 0.017+0.26+0.16 ms clock, 0.20+0.079/0.058/0.12+1.9 ms cpu, 5->5->0 MB, 6 MB goal, 12 P
```

可以得到数据：

第一次估计得到的堆增长率为 $h_t^{(1)} = 0.875$。

第一次的运行过程中的实际堆增长率为 $h_a^{(1)} = 0.2387451$。

第一次实际的堆大小为 $H^{(1)} = 7577600$。

第一次目标的堆大小为 $^{(1)} = 5464064$。

第一次的 CPU 实际使用率为 $_a^{(1)} = 0.2652227$。

第一次的 CPU 目标使用率为 $u_g^{(1)} = 0.3$。

据此计算第二次估计的堆增长率：

$$h_t^{(2)} = h_t^{(1)} + 0.5\left[\frac{H_g^{(1)} - H_a^{(1)}}{H_a^{(1)}} - h_t^{(1)} - \frac{u_a^{(1)}}{u_g^{(1)}}(h_a^{(1)} - h_t^{(1)})\right]$$

$$= 0.875 + 0.5\left[\frac{5464064 - 7577600}{5464064} - 0.875 - \frac{0.2652227}{0.3}(0.2387451 - 0.875)\right]$$

$$\approx 0.52534543909$$

因为 $0.52534543909 < 0.6\rho = 0.6$，因此下一次的触发率为 $h_t^2 = 0.6$，与实际观察到的第二次 GC 的触发率 0.6 吻合。

14.2.3 如果内存分配速度超过了标记清除的速度怎么办

在 Go 1.15 的实现中，当 GC 触发后，会首先进入并发标记的阶段。并发标记会设置一个标志，并在 mallocgc 调用时进行检查。当存在新的内存分配时，会暂停分配内存过快的那些 goroutine，并将其转去执行一些辅助标记（Mark Assist）的工作，从而达到放缓继续分配、辅助 GC 的标记工作的目的。

编译器会分析用户代码，并在需要分配内存的位置，将申请内存的操作翻译为 mallocgc 调用，而 mallocgc 的实现决定了标记辅助的实现，其伪代码思路如下：

```
func mallocgc(t typ.Type, size uint64) {
    if enableMarkAssist {
        // 进行标记辅助，此时用户代码没有得到执行
        (...)
    }
    // 执行内存分配
    (...)
}
```

14.3 垃圾回收的优化问题

14.3.1 垃圾回收关注的指标有哪些

Go 的 GC 被设计为成比例触发、大部分工作与赋值器并发、不分代、无内存移动且会主动向操作系统归还申请的内存。因此最主要关注的、能够影响赋值器的性能指标有：

1）CPU 利用率：回收算法会在多大程度上拖慢程序？有时候，这个是通过回收占用的 CPU 时间与其他 CPU 时间的百分比来描述的。

2）GC 停顿时间：回收器会造成多长时间的停顿？GC 中需要考虑 STW 和 Mark Assist 两个部分可能造成的停顿。

3）GC 停顿频率：回收器造成的停顿频率是怎样的？GC 中需要考虑 STW 和 Mark Assist 两个部分可能造成的停顿。

4）GC 可扩展性：当堆内存变大时，垃圾回收器的性能如何？但大部分的程序可能并不一定关心这个问题。

14.3.2 Go 的垃圾回收过程如何调优

Go 的 GC 被设计为极致简洁，与较为成熟的 Java GC 的数十个可控参数相比，严格意义上来讲，Go 可供用户调整的参数只有 GOGC 环境变量。当人们谈论 GC 调优时，通常是指减少用户代码对 GC 产生的压力，这一方面包含了减少用户代码分配内存的数量（即对程序的代码行为进行调优），另一方面包含了最小化 Go 的 GC 对 CPU 的使用率（即调整 GOGC）。

GC 的调优是在特定场景下产生的，并非所有程序都需要针对 GC 进行调优。只有那些对执行延迟非常敏感、 GC 的开销成为程序性能瓶颈的程序，才需要针对 GC 进行性能调优，在实际情况中，99%的应用程序都不需要针对 GC 进行调优。除此之外，Go 的 GC 也仍然有一定的可改进的空间，也有部分 GC 造成的问题，仍属于未解决的问题之一。

总体来说，可以在现在的开发中处理的有以下几种情况：

1）对停顿敏感：GC 过程中产生的长时间停顿或由于需要执行 GC 而没有执行用户代码，导致需要立即执行的用户代码执行滞后。

2）对资源消耗敏感：对于频繁分配内存的应用而言，频繁分配内存增加 GC 的工作量，原本可以充分利用 CPU 的应用不得不频繁地执行垃圾回收，影响用户代码对 CPU 的利用率，进而影响用户代码的执行效率。

从这两点来看，所谓 GC 调优的核心思想也就是充分地围绕上面的两点来展开：优化内存的申请速度，尽可能地少申请内存，复用已申请的内存。或者简单来说，不外乎这三个关键字：**控制、减少、复用。**

后面将通过三个实际例子介绍如何定位 GC 存在的问题，并一步一步进行性能调优。当然，在实际情况中问题远比这些例子要复杂，这里也只是讨论调优的核心思想，更多的时候也只能具体问题具体分析。

例 1：合理化内存分配的速度、提高赋值器的 CPU 利用率

来看一个例子，在这个例子中，concat 函数负责拼接一些长度不确定的字符串。并且为了快速完成任务，出于某种原因，在两个嵌套的 for 循环中一口气创建了 800 个 goroutine。在 main 函数中，启动了一个 goroutine 并在程序结束前不断地触发 GC，并尝试输出 GC 的平均执行时间：

```
package main

import (
```

```
	"fmt"
	"os"
	"runtime"
	"runtime/trace"
	"sync/atomic"
	"time"
)

var (
	stop  int32
	count int64
	sum   time.Duration
)

func concat() {
	for n := 0; n < 100; n++ {
		for i := 0; i < 8; i++ {
			go func() {
				s := "Go GC"
				s += " " + "Hello"
				s += " " + "World"
				_ = s
			}()
		}
	}
}

func main() {
	f, _ := os.Create("trace.out")
	defer f.Close()
	trace.Start(f)
	defer trace.Stop()

	go func() {
		var t time.Time
		for atomic.LoadInt32(&stop) == 0 {
			t = time.Now()
			runtime.GC()
			sum += time.Since(t)
			count++
		}
		fmt.Printf("GC spend avg: %v\n", time.Duration(int64(sum)/count))
	}()

	concat()
	atomic.StoreInt32(&stop, 1)
}
```

这个程序的执行结果是：

```
$ go build -o main
$ ./main
GC spend avg: 2.583421ms
```

GC 平均执行一次需要长达 2ms 的时间，再进一步观察 trace 的结果，如图 14-10 所示。

程序的整个执行过程中仅执行了一次 GC，而且仅 Sweep STW 就耗费了超过 1 ms，非常反常。查看赋值器 mutator 的 CPU 利用率，在整个 trace 尺度下连 40% 都不到，如图 14-11 所示。

主要原因是什么？不妨查看 goroutine 的分析，如图 14-12 所示。

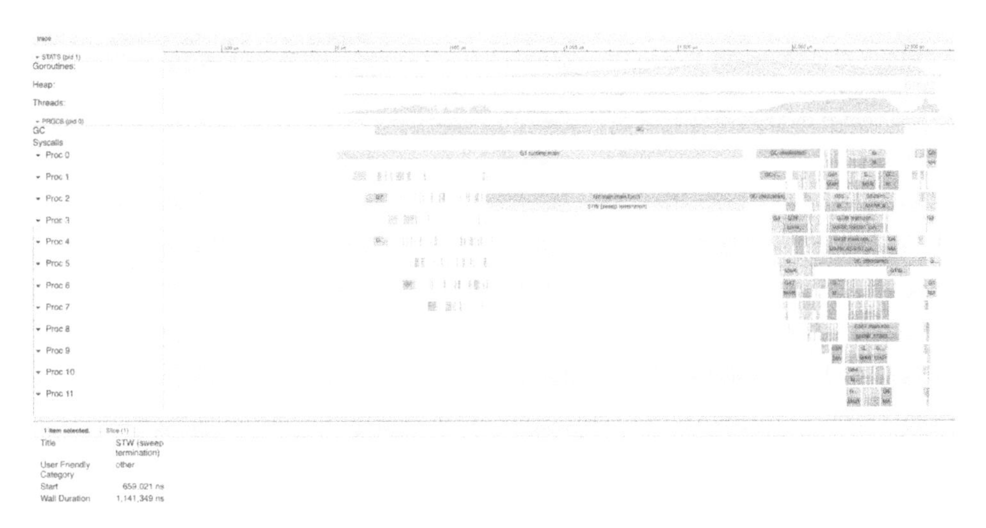

● 图 14-10　trace 结果

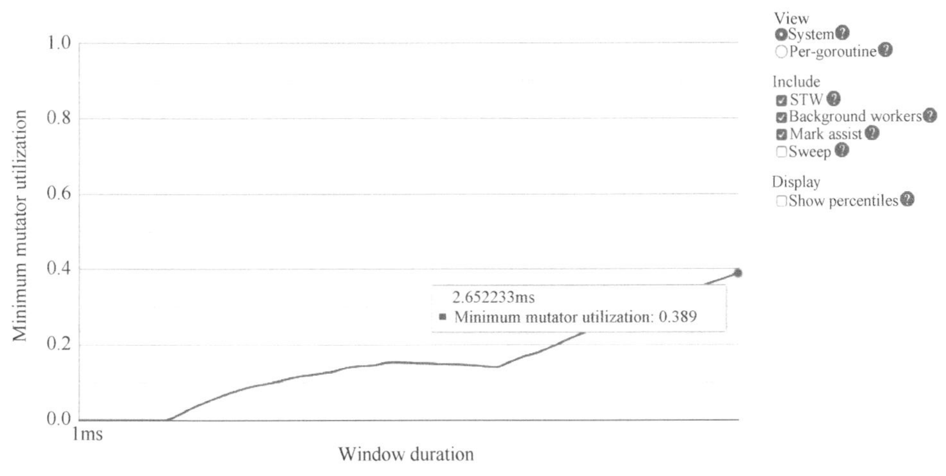

● 图 14-11　mutator 的 CPU 利用率

Goroutine Name: main.concat.func1
Number of Goroutines: 764
Execution Time: 48.94% of total program execution time
Network Wait Time: graph(download)
Sync Block Time: graph(download)
Blocking Syscall Time: graph(download)
Scheduler Wait Time: graph(download)

（蓝色的部分）

Goroutine	Total	Execution	Network wait	Sync block	Blocking syscall	Scheduler wait	GC sweeping	GC pause
394	1966μs	8149ns	0ns	0ns	0ns	1632μs	0ns (0.0%)	1801μs (91.6%)
395	1965μs	290μs	0ns	0ns	0ns	1674μs	0ns (0.0%)	1800μs (91.6%)
396	1964μs	11μs	0ns	235μs	0ns	1717μs	0ns (0.0%)	1799μs (91.6%)
397	1963μs	47μs	0ns	0ns	0ns	1916μs	7753ns (0.4%)	1798μs (91.6%)
426	1903μs	4963ns	0ns	0ns	0ns	1888μs	0ns (0.0%)	1738μs (91.3%)
390	1902μs	9359ns	0ns	0ns	0ns	1893μs	0ns (0.0%)	1804μs (94.9%)
432	1897μs	6247ns	0ns	265μs	0ns	1625μs	0ns (0.0%)	1732μs (91.3%)
433	1894μs	3284ns	0ns	0ns	0ns	1809μs	0ns (0.0%)	1729μs (91.3%)
434	1893μs	7234ns	0ns	248μs	0ns	1637μs	0ns (0.0%)	1728μs (91.3%)
435	1892μs	3062ns	0ns	0ns	0ns	1822μs	0ns (0.0%)	1727μs (91.3%)
430	1890μs	5827ns	0ns	0ns	0ns	1554μs	0ns (0.0%)	1734μs (91.8%)
389	1879μs	112μs	0ns	0ns	0ns	1767μs	0ns (0.0%)	1805μs (96.1%)
436	1878μs	47μs	0ns	193μs	0ns	1637μs	0ns (0.0%)	1713μs (91.2%)
431	1842μs	237μs	0ns	0ns	0ns	1605μs	0ns (0.0%)	1733μs (94.1%)
459	1833μs	41μs	0ns	231μs	0ns	1557μs	0ns (0.0%)	1668μs (91.0%)
425	1811μs	41μs	0ns	0ns	0ns	1770μs	0ns (0.0%)	1738μs (96.0%)
437	1776μs	2766ns	0ns	0ns	0ns	1773μs	0ns (0.0%)	1712μs (96.4%)
438	1776μs	296ns	0ns	0ns	0ns	1776μs	0ns (0.0%)	1711μs (96.3%)
439	1776μs	296ns	0ns	0ns	0ns	1775μs	0ns (0.0%)	1710μs (96.3%)
440	1775μs	247ns	0ns	0ns	0ns	1775μs	0ns (0.0%)	1709μs (96.3%)
441	1775μs	272ns	0ns	0ns	0ns	1775μs	0ns (0.0%)	1708μs (96.2%)
442	1775μs	271ns	0ns	0ns	0ns	1774μs	0ns (0.0%)	1707μs (96.2%)
443	1774μs	271ns	0ns	0ns	0ns	1774μs	0ns (0.0%)	1706μs (96.2%)
444	1774μs	247ns	0ns	0ns	0ns	1773μs	0ns (0.0%)	1705μs (96.2%)
445	1768μs	296ns	0ns	0ns	0ns	1768μs	0ns (0.0%)	1700μs (96.1%)
446	1768μs	296ns	0ns	0ns	0ns	1768μs	0ns (0.0%)	1698μs (96.1%)

● 图 14-12　goroutine 分析结果

在这个榜单中不难发现，goroutine 的执行时间占其生命周期总时间非常短的一部分，但大部分时间都花费在调度器的等待上了（蓝色的部分），说明同时创建大量 goroutine 对调度器产生的压力确实不小，不妨将这一产生速率减慢，一批一批地创建 goroutine：

```
func concat() {
	wg := sync.WaitGroup{}
	for n := 0; n < 100; n++ {
		wg.Add(8)
		for i := 0; i < 8; i++ {
			go func() {
				s := "Go GC"
				s += " " + "Hello"
				s += " " + "World"
				_ = s
				wg.Done()
			}()
		}
		wg.Wait()
	}
}
```

这时候再来看：

```
$ go build -o main
$ ./main
GC spend avg: 328.54µs
```

GC 的平均时间就降到 300µs 了。这时的赋值器 CPU 使用率也超过了 60%，相对来说就很可观了，如图 14-13 所示。

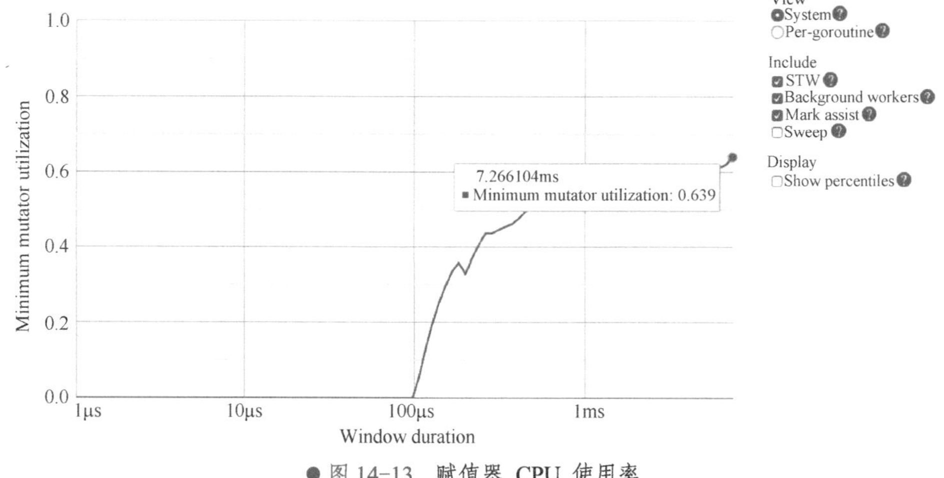

● 图 14-13　赋值器 CPU 使用率

当然，这个程序仍然有优化空间，例如其实没有必要等待很多 goroutine 同时执行完毕才去执行下一组 goroutine。而可以当一个 goroutine 执行完毕时，直接启动一个新的 goroutine，也就是 goroutine 池的使用。有兴趣的读者可以沿着这个思路进一步优化这个程序中赋值器对 CPU 的使用率。

例 2：降低并复用已经申请的内存

通过一个非常简单的 Web 程序来说明复用内存的重要性。在这个程序中，每当产生一个 /example2 的请求时，都会申请一段内存，并用于进行一些后续的工作：

```
package main

import (
	"fmt"
	"net/http"
	_ "net/http/pprof"
```

```
)

func newBuf() []byte {
	return make([]byte, 10<<20)
}

func main() {
	go func() {
		http.ListenAndServe("localhost:6060", nil)
	}()

	http.HandleFunc("/example2", func(w http.ResponseWriter, r *http.Request) {
		b := newBuf()

		// 模拟执行一些工作
		for idx := range b {
			b[idx] = 1
		}

		fmt.Fprintf(w, "done, %v", r.URL.Path[1:])
	})
	http.ListenAndServe(":8080", nil)
}
```

为了进行性能分析，还额外创建了一个监听 6060 端口的 goroutine，用于使用 pprof 进行分析。先让服务器跑起来：

```
$ go build -o main
$ ./main
```

这次使用 pprof 的 trace 来查看 GC 在此服务器中面对大量请求时候的状态，要使用 trace 可以通过访问 /debug/pprof/trace 路由来进行，其中 seconds 参数设置为 20s，并将 trace 的结果保存为 trace.out：

```
$ wget http://127.0.0.1:6060/debug/pprof/trace\?seconds\=20 -O trace.out
--2020-01-01 22:13:34--  http://127.0.0.1:6060/debug/pprof/trace?seconds=20
Connecting to 127.0.0.1:6060... connected.
HTTP request sent, awaiting response...
```

这时候使用一个压测工具 ab，来同时产生 500 个请求（-n 表示一共 500 个请求，-c 表示一个时刻执行请求的数量，每次 100 个并发请求），如图 14-14 所示。

```
$ ab -n 500 -c 100 http://127.0.0.1:8080/example2
This is ApacheBench, Version 2.3 <$Revision: 1843412 $>
Copyright 1996 Adam Twiss, Zeus Technology Ltd, http://www.zeustech.net/
Licensed to The Apache Software Foundation, http://www.apache.org/

Benchmarking 127.0.0.1 (be patient)
Completed 100 requests
Completed 200 requests
Completed 300 requests
Completed 400 requests
Completed 500 requests
Finished 500 requests


Server Software:
Server Hostname:        127.0.0.1
Server Port:            8080

Document Path:          /example2
Document Length:        14 bytes

Concurrency Level:      100
Time taken for tests:   0.987 seconds
Complete requests:      500
Failed requests:        0
Total transferred:      65500 bytes
HTML transferred:       7000 bytes
Requests per second:    506.63 [#/sec] (mean)
```

```
Time per request:        197.382 [ms] (mean)
Time per request:        1.974 [ms] (mean, across all concurrent requests)
Transfer rate:           64.81 [Kbytes/sec] received

Connection Times (ms)
              min  mean[+/-sd] median   max
Connect:        0    1   1.1      0       7
Processing:    13  179  77.5    170     456
Waiting:       10  168  78.8    162     433
Total:         14  180  77.3    171     458

Percentage of the requests served within a certain time (ms)
  50%    171
  66%    203
  75%    222
  80%    239
  90%    281
  95%    335
  98%    365
  99%    400
 100%    458 (longest request)
```

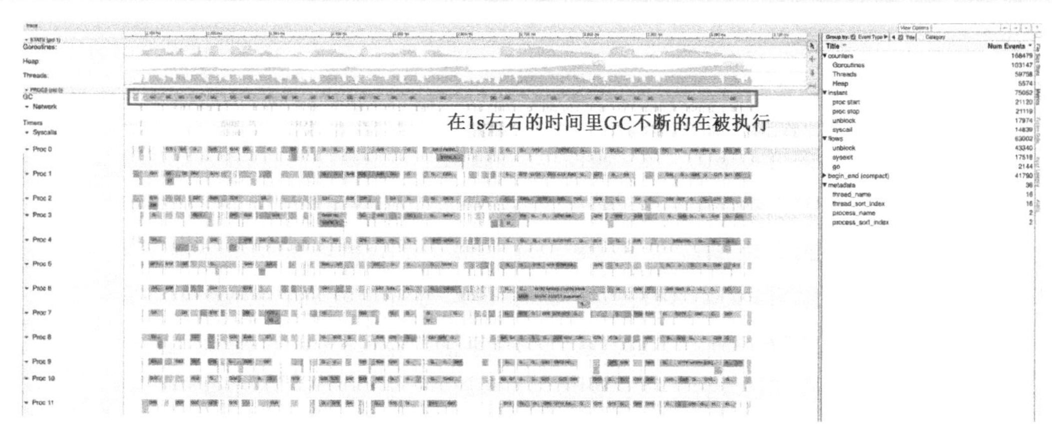

● 图 14-14 go tool trace 分析结果

GC 反复被触发，一个显而易见的原因就是内存分配过多。可以通过 go tool pprof 来查看究竟是谁被分配了大量内存（使用 web 指令来使用浏览器打开统计信息的可视化图形），如图 14-15 所示。

```
$ go tool pprof http://127.0.0.1:6060/debug/pprof/heap
Fetching profile over HTTP from http://localhost:6060/debug/pprof/heap
Saved profile in /Users/qcrao/pprof/pprof.alloc_objects.alloc_space.inuse_o
bjects.inuse_space.003.pb.gz
Type: inuse_space
Time: Jan 1, 2020 at 11:15pm (CET)
Entering interactive mode (type "help" for commands, "o" for options)
(pprof) web
(pprof)
```

可见是 newBuf 产生的申请内存过多，现在使用 sync.Pool 来复用 newBuf 所产生的对象：

```
package main

import (
    "fmt"
    "net/http"
    _ "net/http/pprof"
    "sync"
)

// 使用 sync.Pool 复用需要的 buf
var bufPool = sync.Pool{
    New: func() interface{} {
        return make([]byte, 10<<20)
    },
```

```
}

func main() {
	go func() {
		http.ListenAndServe("localhost:6060", nil)
	}()
	http.HandleFunc("/example2", func(w http.ResponseWriter, r *http.Request) {
		b := bufPool.Get().([]byte)
		for idx := range b {
			b[idx] = 0
		}
		fmt.Fprintf(w, "done, %v", r.URL.Path[1:])
		bufPool.Put(b)
	})
	http.ListenAndServe(":8080", nil)
}
```

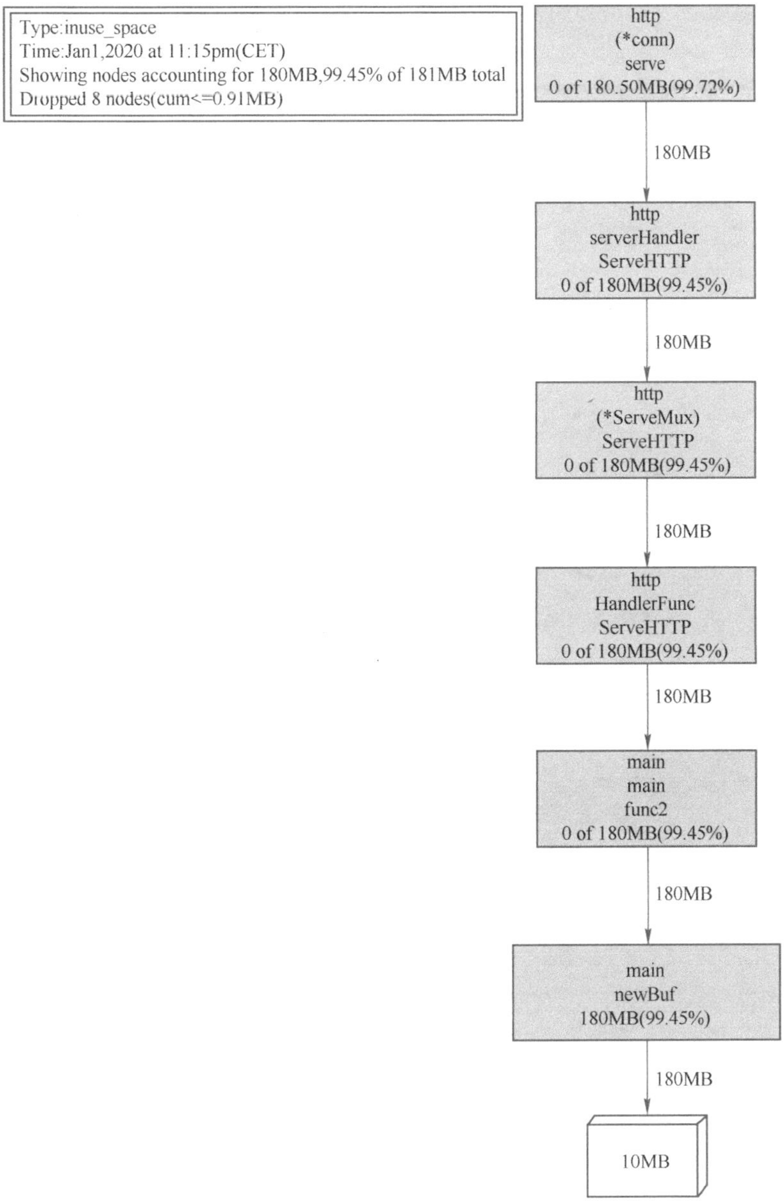

● 图 14-15　内存占用分析

其中 ab 输出的统计结果为：

```
$ ab -n 500 -c 100 http://127.0.0.1:8080/example2
This is ApacheBench, Version 2.3 <$Revision: 1843412 $>
Copyright 1996 Adam Twiss, Zeus Technology Ltd, http://www.zeustech.net/
Licensed to The Apache Software Foundation, http://www.apache.org/

Benchmarking 127.0.0.1 (be patient)
Completed 100 requests
Completed 200 requests
Completed 300 requests
Completed 400 requests
Completed 500 requests
Finished 500 requests


Server Software:
Server Hostname:        127.0.0.1
Server Port:            8080

Document Path:          /example2
Document Length:        14 bytes

Concurrency Level:      100
Time taken for tests:   0.427 seconds
Complete requests:      500
Failed requests:        0
Total transferred:      65500 bytes
HTML transferred:       7000 bytes
Requests per second:    1171.32 [#/sec] (mean)
Time per request:       85.374 [ms] (mean)
Time per request:       0.854 [ms] (mean, across all concurrent requests)
Transfer rate:          149.85 [Kbytes/sec] received

Connection Times (ms)
              min  mean[+/-sd] median   max
Connect:        0    1   1.4      1       9
Processing:     5   75  48.2     66     211
Waiting:        5   72  46.8     63     207
Total:          5   77  48.2     67     211

Percentage of the requests served within a certain time (ms)
  50%     67
  66%     89
  75%    107
  80%    122
  90%    148
  95%    167
  98%    196
  99%    204
 100%    211 (longest request)
```

但从 Requests per second 每秒请求数来看，从原来的 506.63 变为 1171.32 得到了近乎一倍的提升。从 trace 的结果来看，GC 也没有频繁地被触发从而长期消耗 CPU 使用率，如图 14-16 所示。

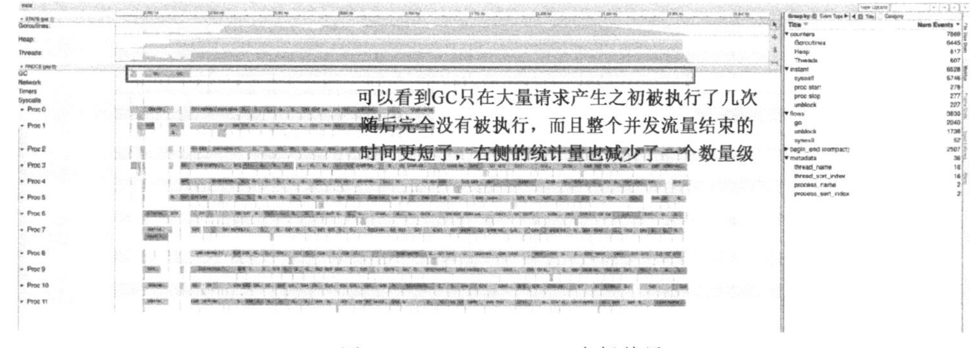

● 图 14-16　go tool trace 分析结果

sync.Pool 是内存复用的一个最为显著的例子，从语言层面上来看还有很多类似的例子，例如在例 1 中，concat 函数可以预先分配一定长度的缓存，而后再通过 append 的方式将字符串存储到缓存中：

```
func concat() {
	wg := sync.WaitGroup{}
	for n := 0; n < 100; n++ {
		wg.Add(8)
		for i := 0; i < 8; i++ {
			go func() {
				s := make([]byte, 0, 20)
				s = append(s, "Go GC"...)
				s = append(s, ' ')
				s = append(s, "Hello"...)
				s = append(s, ' ')
				s = append(s, "World"...)
				_ = string(s)
				wg.Done()
			}()
		}
		wg.Wait()
	}
}
```

原因在于“+”运算符会随着字符串长度的增加而申请更多的内存，并将内容从原来的内存位置复制到新的内存位置，造成大量不必要的内存分配，先提前分配好足够的内存，再慢慢地填充，也是一种减少内存分配、复用内存形式的一种表现。

例 3：调整 GOGC

前面已经知道了 GC 的触发原则是由步调算法来控制的，其关键在于估计下一次需要触发 GC 时，堆的大小。可想而知，如果在遇到海量请求的时候，为了避免 GC 频繁触发，是否可以通过将 GOGC 的值设置得更大，让 GC 触发的时间变得更晚，从而减少其触发频率，进而增加用户代码对机器的使用率呢？答案是肯定的。

可以非常简单粗暴地将 GOGC 调整为 1000，来执行上一个例子中未复用对象之前的程序：

```
$ GOGC=1000 ./main
```

这时再重新执行压测：

```
$ ab -n 500 -c 100 http://127.0.0.1:8080/example2
This is ApacheBench, Version 2.3 <$Revision: 1843412 $>
Copyright 1996 Adam Twiss, Zeus Technology Ltd, http://www.zeustech.net/
Licensed to The Apache Software Foundation, http://www.apache.org/

Benchmarking 127.0.0.1 (be patient)
Completed 100 requests
Completed 200 requests
Completed 300 requests
Completed 400 requests
Completed 500 requests
Finished 500 requests


Server Software:
Server Hostname:        127.0.0.1
Server Port:            8080

Document Path:          /example2
Document Length:        14 bytes

Concurrency Level:      100
Time taken for tests:   0.923 seconds
Complete requests:      500
Failed requests:        0
```

```
Total transferred:      65500 bytes
HTML transferred:       7000 bytes
Requests per second:    541.61 [#/sec] (mean)
Time per request:       184.636 [ms] (mean)
Time per request:       1.846 [ms] (mean, across all concurrent requests)
Transfer rate:          69.29 [Kbytes/sec] received

Connection Times (ms)
              min  mean[+/-sd] median   max
Connect:        0    1   1.8      0      20
Processing:     9  171 210.4     66     859
Waiting:        5  158 199.6     62     813
Total:          9  173 210.6     68     860

Percentage of the requests served within a certain time (ms)
  50%     68
  66%    133
  75%    198
  80%    292
  90%    566
  95%    696
  98%    723
  99%    743
 100%    860 (longest request)
```

可以看到，压测的结果得到了一定幅度的改善（Requests per second 从原来的 506.63 提高为了 541.61），并且 GC 的执行频率明显降低，如图 14-17 所示。

● 图 14-17　GC 执行频率降低

在实践中可表现为需要紧急处理一些由 GC 带来的瓶颈时，人为地将 GOGC 调大，加栈加内存，扛过这一段峰值流量时期。

当然，这种做法其实是治标不治本的，并没有从根本上解决内存分配过于频繁的问题，极端情况下，反而会由于 GOGC 太大而导致回收不及时而耗费更多的时间来清理产生的垃圾，这对时间不算敏感的应用还好，但对实时性要求较高的程序来说就是致命的打击了。

因此这时更妥当的做法仍然是，定位问题的所在，并从代码层面上进行优化。

总结

通过上面的三个例子可以看到在 GC 调优过程中 go tool pprof 和 go tool trace 的强大作用可以帮助我们快速定位 GC 导致瓶颈的具体位置，但这些例子仅仅覆盖了其功能的很小一部分，当然也没有必要完整覆盖所有的功能，因为总是可以通过 http pprof 官方文档、runtime pprof 官方文档以及 trace 官方文档来举一反三。

现在来总结一下前面三个例子中的优化情况：

1）控制内存分配的速度，限制 goroutine 的数量，从而提高赋值器对 CPU 的利用率。

2）减少并复用内存，例如使用 sync.Pool 来复用需要频繁创建的临时对象，例如提前分配足够的内存来降低多余的复制。

3）需要时，增大 GOGC 的值，降低 GC 的运行频率。

这三种情况几乎涵盖了 GC 调优中的核心思路，虽然从语言上还有很多小技巧可说，但本书并不会在这里事无巨细的进行总结。实际情况也是千变万化，我们更应该着重于培养具体问题具体分析的能力。

当然，还应该谨记**过早优化是万恶之源**这一警语，在没有遇到应用的真正瓶颈时，将宝贵的时间分配在开发中其他优先级更高的任务上。

14.3.3　Go 的垃圾回收有哪些相关的 API，其作用分别是什么

在 Go 中存在数量极少的与 GC 相关的 API，它们是

- runtime.GC：手动触发 GC。
- runtime.ReadMemStats：读取内存相关的统计信息，其中包含部分 GC 相关的统计信息。
- debug.FreeOSMemory：手动将内存归还给操作系统。
- debug.ReadGCStats：读取关于 GC 的相关统计信息。
- debug.SetGCPercent：设置 GOGC 调步变量。
- debug.SetMaxHeap（Go 1.15 尚未发布）：设置 Go 程序堆的上限值。

14.4 历史及演进

14.4.1　Go 历史各个版本在垃圾回收方面的改进

- Go 1：串行三色标记清扫。
- Go 1.3：并行清扫，标记过程需要 STW，停顿时间约几百毫秒。
- Go 1.5：并发标记清扫，停顿时间在 100ms 以内。
- Go 1.6：使用 bitmap 来记录回收内存的位置，大幅优化垃圾回收器自身消耗的内存，停顿时间在 10ms 以内。
- Go 1.7：停顿时间控制在 2ms 以内。
- Go 1.8：混合写屏障，停顿时间在 0.5ms 左右。
- Go 1.9：彻底移除了栈的重扫描过程。
- Go 1.12：整合了两个阶段的 Mark Termination，但引入了一个严重的 GC Bug 至今未修（见 14.4.5），尚无该 Bug 对 GC 性能影响的报告。
- Go 1.13：着手解决向操作系统归还内存的问题，提出了新的 Scavenger。
- Go 1.14：替代了仅存活了一个版本的 scavenger，全新的页分配器，优化分配内存过程的速率与现有的扩展性问题，并引入了异步抢占，解决了由于密集循环导致的 STW 时间过长的问题。

图 14-18 直观地说明了 GC 的演进历史。

在 Go 1 刚发布时的版本中，甚至没有将 Mark-Sweep 的过程并行化，当需要进行垃圾回收时，所有的代码都必须进入 STW 的状态。而到了 Go 1.3 时，官方迅速地将清扫过程进行了并行化的处理，即仅在标记阶段进入 STW。

这一想法很自然，因为并行化导致算法结果不一致的情况仅仅发生在标记阶段，而当时的垃圾回收器没有针对并行结果的一致性进行任何优化，因此才需要在标记阶段进入 STW。对于 Scavenger 而言，早期的版本中会有一个单独的线程来定期将多余的内存归还给操作系统，如图 14-19 所示。

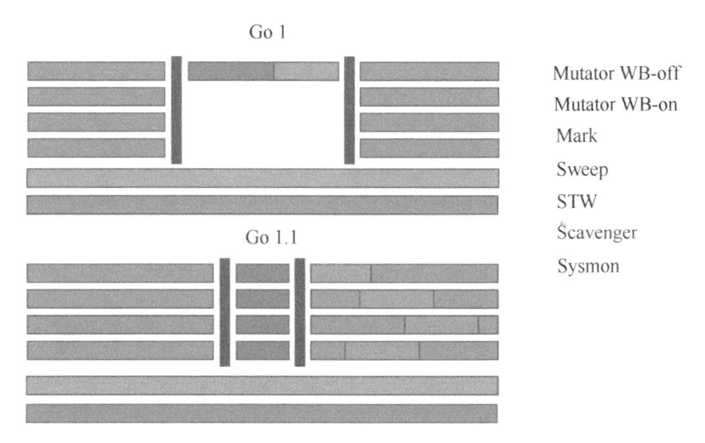

● 图 14-18　垃圾回收器中各组件在 Go 1 和 Go 1.1 版本中的执行状态图示

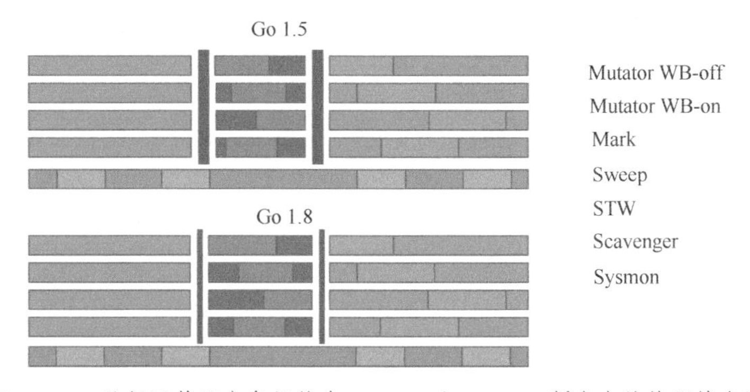

● 图 14-19　垃圾回收器中各组件在 Go 1.5 和 Go 1.8 版本中的执行状态图示

而到了 Go 1.5 后，Go 团队花费了相当大的力气，通过引入写屏障的机制来保证算法的一致性，才得以将整个 GC 控制在很小的 STW 内，而到了 Go 1.8 时，由于新的混合屏障的出现，消除了对栈本身的重新扫描，STW 的时间进一步缩减。

从这个时候开始，Scavenger 已经从独立线程中移除，合并至系统监控这个独立的线程中，并周期性地向操作系统归还内存，但仍然会有内存溢出这种比较极端的情况出现，因为程序可能在短时间内应对突发性的内存申请需求时，内存还没来得及归还操作系统，导致堆不断向操作系统申请内存，从而出现内存溢出，如图 14-20 所示。

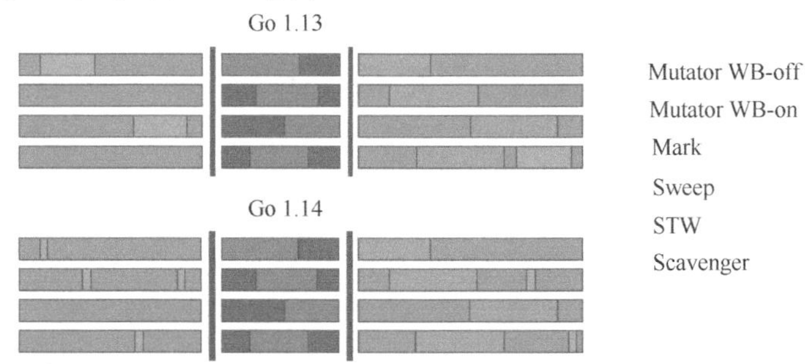

● 图 14-20　垃圾回收器中各组件在 Go 1.13 和 Go 1.14 版本中的执行状态图示

到了 Go 1.13，定期归还操作系统的问题得以解决，Go 团队开始将周期性的 Scavenger 转化为可被调度的 goroutine，并将其与用户代码并发执行。而到了 Go 1.14，这一向操作系统归还内存的操作时间进一步得到缩减。

14.4.2 Go 在演化过程中还存在哪些其他设计，为什么没有被采用

1. 并发栈重扫

正如前面所说，允许灰色赋值器存在的垃圾回收器需要引入重扫过程来保证算法的正确性，除了引入混合屏障来消除重扫这一过程外，有另一种做法可以提高重扫过程的性能，那就是将重扫过程并发执行。然而这一方案并没有得到实现，原因很简单：实现过程相比引入混合屏障而言十分复杂，而且引入混合屏障能够消除重扫这一过程，简化垃圾回收的步骤。

2. ROC

ROC 的全称是面向请求的回收器（Request Oriented Collector），它其实也是分代 GC 的一种重新叙述。它提出了一个请求假设（Request Hypothesis）：与一个完整请求、休眠 goroutine 所关联的对象比其他对象更容易死亡。这个假设听起来非常符合直觉，但在实现上，由于垃圾回收器必须确保是否有 goroutine 私有指针被写入公共对象，因此写屏障必须一直打开，这也就产生了该方法的致命缺点：昂贵的写屏障及其带来的缓存未命中，这也是这一设计最终没有被采用的主要原因。

3. 传统分代 GC

在发现 ROC 性能不行之后，作为备选方案，Go 团队还尝试了实现传统的分代式 GC。但最终同样发现分代假设并不适用于 Go 的运行栈机制，年轻代对象在栈上就已经死亡，扫描本就该回收的执行栈并没有为由于分代假设带来明显的性能提升。这也是这一设计最终没有被采用的主要原因。

14.4.3 Go 语言中垃圾回收还存在哪些问题

尽管 Go 团队宣称 STW 停顿时间得以优化到 100μs 级别，但这本质上是一种取舍。原本的 STW 某种意义上来说其实转移到了可能导致用户代码停顿的几个位置；除此之外，由于运行时调度器的实现方式，同样对 GC 存在一定程度的影响。

Go 1.15 中的 GC 仍然存在以下问题：

1. Mark Assist 停顿时间过长

```
package main

import (
	"fmt"
	"os"
	"runtime"
	"runtime/trace"
	"time"
)

const (
	windowSize = 200000
	msgCount   = 1000000
)

var (
	best    time.Duration = time.Second
	bestAt  time.Time
	worst   time.Duration
	worstAt time.Time

	start = time.Now()
)

func main() {
	f, _ := os.Create("trace.out")
	defer f.Close()
	trace.Start(f)
```

```
        defer trace.Stop()

        for i := 0; i < 5; i++ {
            measure()
            worst = 0
            best = time.Second
            runtime.GC()
        }
}

func measure() {
        var c channel
        for i := 0; i < msgCount; i++ {
            c.sendMsg(i)
        }
        fmt.Printf("Best send delay %v at %v, worst send delay: %v at %v. Wall clock: %v \n", best, bestAt.Sub(start), worst,
worstAt.Sub(start), time.Since(start))
}

type channel [windowSize][]byte

func (c *channel) sendMsg(id int) {
        start := time.Now()

        // 模拟发送
        (*c)[id%windowSize] = newMsg(id)

        end := time.Now()
        elapsed := end.Sub(start)
        if elapsed > worst {
            worst = elapsed
            worstAt = end
        }
        if elapsed < best {
            best = elapsed
            bestAt = end
        }
}

func newMsg(n int) []byte {
        m := make([]byte, 1024)
        for i := range m {
            m[i] = byte(n)
        }
        return m
}
```

运行此程序可以得到类似下面的结果：

```
$ go run main.go

Best send delay 330ns at 773.037956ms, worst send delay: 7.127915ms at 579.835487ms. Wall clock: 831.066632ms
Best send delay 331ns at 873.672966ms, worst send delay: 6.731947ms at 1.023969626s. Wall clock: 1.515295559s
Best send delay 330ns at 1.812141567s, worst send delay: 5.34028ms at 2.193858359s. Wall clock: 2.199921749s
Best send delay 338ns at 2.722161771s, worst send delay: 7.479482ms at 2.665355216s. Wall clock: 2.920174197s
Best send delay 337ns at 3.173649445s, worst send delay: 6.989577ms at 3.361716121s. Wall clock: 3.615079348s
```

如图 14-21 所示，在这个结果中，第一次的最坏延迟时间高达 7.12ms，发生在程序运行 578ms 左右。通过 go tool trace 可以发现，这个时间段中，Mark Assist 执行了 7112312ns，约为 7.127915ms；可见，此时最坏情况下，标记辅助拖慢了用户代码的执行，是造成 7ms 延迟的原因。

2. Sweep 停顿时间过长

同样还是刚才的例子，如果仔细观察 Mark Assist 后发生的 Sweep 阶段，竟然对用户代码的影响长达约 30ms，根据调用栈信息可以看到，该 Sweep 过程发生在内存分配阶段，如图 14-22 所示。

● 图 14-21　go tool trace 分析结果

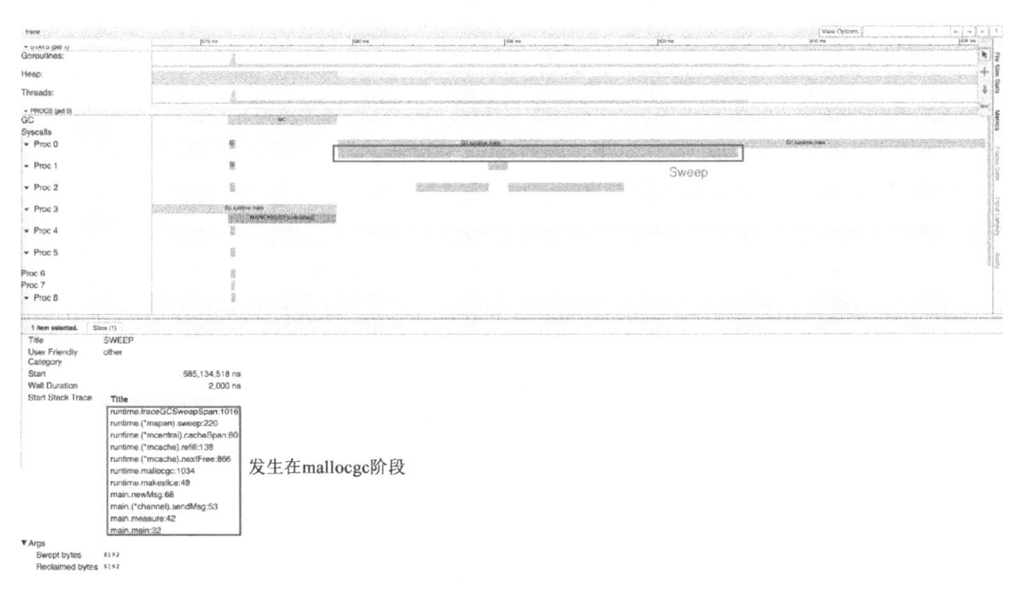

● 图 14-22　Sweep 过程发生在内存分配阶段

3．由于 GC 算法的不正确性导致 GC 周期被迫重新执行

此问题很难复现，但是一个已知的问题，根据 Go 团队的描述，能够在 1334 次构建中发生一次，可以计算出其触发概率约为 0.0007496251874。虽然发生概率很低，但一旦发生，GC 需要被重新执行。

4．创建大量 goroutine 后导致 GC 消耗更多的 CPU

这个问题可以通过以下程序进行验证：

```
func BenchmarkGCLargeGs(b *testing.B) {
    wg := sync.WaitGroup{}

    for ng := 100; ng <= 1000000; ng *= 10 {
```

```
            b.Run(fmt.Sprintf("#g-%d", ng), func(b *testing.B) {
                // 创建大量 goroutine，由于每次创建的 goroutine 会休眠
                // 从而运行时不会复用正在休眠的 goroutine，进而不断创建新的 g
                wg.Add(ng)
                for i := 0; i < ng; i++ {
                    go func() {
                        time.Sleep(100 * time.Millisecond)
                        wg.Done()
                    }()
                }
                wg.Wait()

                // 现运行一次 GC 来提供一致的内存环境
                runtime.GC()

                // 记录运行 b.N 次 GC 需要的时间
                b.ResetTimer()
                for i := 0; i < b.N; i++ {
                    runtime.GC()
                }
            })

        }
    }
```

其结果可以通过如下指令来获得：

```
$ go test -bench=BenchmarkGCLargeGs -run=^$ -count=5 -v . | tee 4.txt
$ benchstat 4.txt
name                          time/op
GCLargeGs/#g-100-12           192µs ± 5%
GCLargeGs/#g-1000-12          331µs ± 1%
GCLargeGs/#g-10000-12        1.22ms ± 1%
GCLargeGs/#g-100000-12       10.9ms ± 3%
GCLargeGs/#g-1000000-12      32.5ms ± 4%
```

这种情况通常发生于峰值流量后，大量 goroutine 由于任务等待被休眠，从而运行时不断创建新的 goroutine，旧的 goroutine 由于休眠未被销毁而得不到复用，导致 GC 需要扫描的执行栈越来越多，进而完成 GC 所需的时间越来越长。一个解决办法是使用 goroutine 池来限制创建的 goroutine 数量。

结束语

毫无疑问，Go 语言的未来是光明的。回顾 Go 语言走过来的这十几年的时间里，虽然语言本身没有太多进化，但内部的基石也在不断地夯实，而围绕它展开的周边生态也已经越来越旺盛。正如 Rob Pike 所说，Go 语言已经成为现代云计算基础架构语言。

本书从 Go 1.12 开始编写，到出版之际读者应该已经能够接触到 Go 1.17 了。早在 2018 年 Russ Cox 便已公布了 Go 2 的计划，如今随着 Go Modules 和 Error 包的改进，我们离他也越来越近。从公开的一些信息来看，Go 语言未来几年的发展重心将围绕语言自身的改进以及周边工具链进一步展开，例如：

语言层面增加泛型的支持：从 Go 正式对外公布以来，关于 Go 语言缺失泛型这一作为现代编程语言必不可少的基础设施，就一直饱受诟病。但这样的局面很快将得到改善，正如 Go 团队所公布的计划那样，Go 语言最早可能在 Go 1.17 支持基于类型参数的泛型，届时 Go 语言的用户终于可以编写诸如支持序比较类型的 Max 函数：

```
func Max [T constraint.Ordered] (args ...T) T { ... }
```

其中 T 是类型参数，该类型参数受到 constraint.Ordered 条件的约束。

工具链的进一步完善：虽然 Go 语言支持 Module 已经是早在 Go 1.11 时期的事情，但直到 Go 1.16 才正式将 Module 的支持调整为默认开启，并且进一步完善的 Module 还提供了延迟加载的支持；与此同时工具链中诸如文件嵌入、运行时统计、模糊测试等也在陆续进行完善加以支持。

笔者希望读者在阅读完本书后，对 Go 语言的理解已经有所提高。虽然本书的篇幅已经相对厚实，但它仍然只是有关 Go 语言的冰山一角，希望读者在阅读完本书之后能够激励读者对 Go 语言的进一步探索，那些受限于篇幅未被本书覆盖的内容同样值得读者进一步研究。